국가와 주체

국가와 주체

라캉 정신분석과 한국 정치의 단층들

신병식 지음

도서출판 b

서문

　라캉주의 정신분석은 우리 사회에서 여전히 낯설고 이해하기 어려운 분야에 속한다. 필자 역시 라캉 정신분석에 입문한 지 꽤 오랜 시간이 흘렀지만 여전히 명료하지 않은 부분이 많아 다소 어려운 책이 되어 버렸다. 혁명에는 메타언어가 없기에 모든 조건이 충족되기까지 기다리는 것은 불가능하며, 그에 도달하는 유일한 방법은 실패로 귀결될 시도들을 성급히 감행하는 길밖에 없다고 슬라보예 지젝이 말한 적이 있다. 이 책 역시 그런 시도의 하나라는 말로 변명을 대신한다.

　이 책은 그동안 내가 발표한 글들을 기초로 하여 구성되었는데, 논문 형태의 글들을 책의 형태에 맞도록 대폭 손질을 하였고, 또 라캉 정신분석에 생소한 독자들의 이해를 돕기 위해 기본 개념에 대한 설명을 주석의 형태로 덧붙였다. 이 책에 실린 글들은 원래 썼던 시간적 순서와 좀 다르다. 제3부의 권력 문제를 다룬 두 글이 가장 앞선다. 정치학 전공자로서 정치학의 중심 주제 가운데 하나인 권력 문제가 라캉 정신분석에서 어떻게 다루어질 수 있는지가 제일 궁금했기 때문이다. 그이래 제1부의 글들인 국방의 의무와 군사적 주체화 그리고 고문과 조작의 현실에 관한 문제에 주목할 수 있었고, 그리고 제2부의 글들인 일제강점기의 혁명적 독립운동가 내지 문명개화론자에게 제기되는 정체성의 문제로 논의를 이어갈 수 있었다. 책을 구성하는 글들을 발표된 순서대로 적어보면 다음과 같다.

> 「라캉 정신분석과 권력 개념: 초자아와 권력의 양면성」(2009), 『라 깡과 현대정신분석』, 11권 2호.
> 「영화 '똥파리'를 통해 본 정신분석적 권력 개념」(2010), 『라깡과 현대정신분석』, 12권 1호.
> 「기표와 권력—박정희 시대 '신성한 국방의 의무'와 라캉의 주인 기표」(2011), 『라깡과 현대정신분석』, 13권 1호.
> 「라캉 정신분석과 정치의 종언: 정치와 민주주의의 관계를 중심으로」(2013), 『라깡과 현대정신분석』, 15권 1호.
> 「정신분석의 시각에서 본 현대 한국의 고문과 조작」(2014), 『라깡과 현대정신분석』, 16권 2호.
> 「한국현대사와 정체성의 문제: 이광수, 조봉암, 김산을 중심으로」(2015), 『한국라깡과현대정신분석학회 정기학술대회[전기] 프로시딩』, 2015년 9월 19일.
> 「이광수와 근대 주체의 문제」(2016), 『한국라깡과현대정신분석학회 정기학술대회[전기] 프로시딩』, 2016년 6월 11일.

이 책이 다루고 있는 주제와 문제의식들은 오랜 기간 동안 한국현대사 내지 한국정치에 대해 같이 고민했던 한국정치연구회의 연구자들 속에서 싹터 왔던 것이라 할 수 있다. 이 책이 나오기까지 도움을 주신 여러분들께 감사의 말씀을 드린다. 무엇보다 먼저 『라깡과 현대정신분석』에 실린 글들을 단행본의 형태로 출판할 수 있도록 허락해준 <한국라깡과 현대정신분석학회>에 감사의 말씀을 드린다. 또 이 책을 출판할 수 있도록 해준 <도서출판 b>의 조기조 사장, 이성민 선생 두 분께도 감사드린다. 그리고 나를 라깡 정신분석의 세계로 이끌어준 라깡학회의 여러분들께도 깊은 감사의 말씀을 드린다. 이 책의 초고를 쓰고 나서 주변의 여러분들을 괴롭혔다. 다듬어지지 않은 거친 초고를 거의 강요하다시피 읽어줄 것을 부탁드렸는데, 라깡 정신분석에 익숙하지 않은 분들께 너무 큰 짐과 고통을 안겨드렸다고 생각된다. 이 자리를 빌려 사죄와 감사의 말씀을 드린다.

2017년 3월
치악산 자락에서
신병식

차 례

제3부 권력과 주체 361

서론

1. 왜 라캉 정신분석인가?

한국정치에 왜 라캉 정신분석인가? 내가 정신분석에 관심을 갖게
된 것은 한국현대사를 주체의 차원에서 해명해보고자 하는 생각 때문이
었다. 1980년대 이래 정치학 전공자로서 한국현대사를 주된 연구영역으
로 삼아 공부하면서도 늘 어떤 허전함이 남아 있었다. 한국현대사 연구가
사건과 인물을 중심으로 하는 초기 단계를 벗어나 사회구조, 국가론
내지 세계체제 등 보다 이론적인 접근이 가능한 단계로 접어들게 되었지
만, 주체를 중심으로 접근하는 데에는 여전히 어려운 점이 있다고 생각되
었기 때문이다. 해방 이후 분단과 전쟁이라는 한국현대사의 비극적 과정
은 수많은 사람들의 희생을 낳았고, 그로 인한 고통은 오랜 기간 이어졌
다. 현대사 연구자로서 이때 느꼈던 것은 일종의 부채의식이었다. 그
수많은 희생자들의 고통이 주체의 차원에서 어떻게 해명될 수 있으며,

역사 속에서 어떻게 자리매김될 수 있을 것인가라는 문제의식이었다. 그러던 차에 2000년대에 들어 여러 분야의 사회과학 전공자들과 함께 수행했던 '박정희 시대 일상생활'이라는 연구프로젝트가 그러한 문제의식을 보다 명료하게 해주었고, 결국 그것이 나를 정신분석으로 이끈 동인이 되었다.

내가 정신분석에 입문한 길은 슬라보예 지젝의 글들을 통해서였다. 다시 말해 내가 공부한 정신분석은 자크 라캉의 정신분석이고, 그것은 지젝을 통해 본 라캉주의 정신분석이다. 그 이후 나는 지젝과 브루스 핑크를 중심으로 한 영어권 라캉 연구자들의 글들, 그리고 영어로 번역된 라캉의 글들을 읽게 되었으며, 라캉 연구단체인 <한국라캉과현대정신분석학회>에 의지하여 내 갈증을 채우고자 했다.

지젝의 글들은 독자들에게 강렬한 지적 자극을 불러일으키는 것으로 유명하다. 특히 그는 정신분석을 이데올로기 분석, 사회정치적 분석으로 연결시킨다는 점에서 사회과학도들에게 큰 흥미와 도전을 불러일으킨다. 따라서 이 책에 실린 글들은 지젝이 내게 불러일으킨 도전의식의 결과물이기도 하다. 지젝이 라캉 정신분석에 의거하여 현대 사회와 정치, 경제에 대해 주목할 만한, 논쟁적이기도 한 연구업적들을 끊임없이 생산해내고 있다면, 나 역시 그러한 틀에 의지하여 한국현대사의 밝혀지지 않은, 혹은 논의되지 않은 주제 영역을 해명해볼 수 있지 않을까라는 생각을 가졌던 것이다. 지금 생각하면 다소 순진하고 무모한 생각이었기도 하지만 어쨌든 당시에는 그런 생각을 가졌고 그게 나를 이끈 힘이기도 하였다.

라캉주의 정신분석과 관련하여 무엇보다 먼저 제기되는 문제는 무의식을 중심으로 개인의 정신세계를 탐색한다고 알려진 정신분석이 사회를 분석하는 데 과연 적절할 것인가라는 의문이다. 그러나 슬라보예 지적을 중심으로 많은 라캉주의 연구자들은 정신분석을 사회분석에 성공적으로 적용하고 있다. 라캉 정신분석은 구조주의 언어학을 일정하게 받아들여 사회적 공유물로서의 언어가 개인의 의식과 무의식을 결정한다는 입장에 서 있다. "무의식은 언어처럼 구조화되어 있다", "무의식은 타자의 담론이다", "인간의 욕망은 타자의 욕망이다", "주체의 진실은 타자의 장에서 실현된다" 등과 같은 라캉의 핵심적 명제들은 모두 이를 가리킨다. (대)타자(Other)는 우리 주체를 지배하는 언어적 질서이며 그에 의해 이루어지는 현실 사회의 질서이다. 주체와 대립되는 타자로서의 언어 내지 언어의 질서(=법)가 우리의 사고와 욕망, 그리고 행동을 지배하고 있음을 의미한다. 라캉 정신분석에서 주체를 지배하는 세 가지 질서, 상상계, 상징계, 실재계 가운데 이는 상징적 질서(symbolic order) 즉 상징계에 해당한다.[1] 따라서 라캉 정신분석에서 주체를 지배하는

1_ 라캉은 우리의 삶을 지배하는 세 가지 질서를 제시한다. 그것은 상상계(the imaginary order), 상징계(the symbolic order), 실재계(the real)이다. 상상적 질서, 상상계는 자아가 형성되는 장이다. 자아는 거울 이미지(동년배 혹은 어머니의 말에 비친 자신의 모습 등)와의 동일시에 의해 형성되므로, [상상적] 동일시는 상상적 질서의 중요한 측면이다. 상상적인 것은 표면적 외관의 질서이다. 상상적인 것의 주요 환영들은 전체성, 종합, 자율성, 이자성 그리고 무엇보다도 유사성이다. 상상적인 것은 항상 이미 상징적 질서에 의해 구조화되어 있다. 하지만 상상적인 것은 자신을 떠받치고 있는 상징적 구조를 은폐하는 '기만적'이며 '시각적'인 현상이다. 상징적 질서, 상징계는 언어·법에 이르는 모든 사회적 체계들을 포함하는 가장 광범한 세계이다. 상징계는 우리가 보통 '현실'(reality)이라 부르는 것이며 사회의 비인격적 틀로서, 우리는 그 안에서 특정한 자리를 차지한다. 상징계는 의미화 사슬, 기표의 법칙에 의해 통합되어 있으며, 우리는 그 속에서 기표에 의해 대표되는 주체로 형성된다. 상징계는 (상상적으로) 동일시될 수 없는 근본적 타자성의 영역이다. 대타자는 상징계를 대표하며 주체들 간의 관계에 늘 제3자로서 개입하며 중재한다. 우리는 상징적 질서에 의해 규정되는 주체의 삶을 상상적인 것의

언어와 언어적, 상징적 질서는 바로 사회이자 사회적 현실을 가리키며, 바로 여기서 정신분석과 사회분석의 접점이 형성된다.

자크 라캉(1901~1981)은 정신분석의 창립자인 지그문트 프로이트 (1856~1939) 이래 가장 중요한 정신분석가로 평가된다.[2] 전 세계 분석가의 절반 이상이 라캉학파의 방식을 채택하고 있으며, 라캉의 사상은 문학, 영화학, 교육학, 사회이론 등 다양한 분야에 적용되고 있다. 라캉은

지배를 받는 자아의 수준에서 살아간다고 말할 수 있다. 그에 비해 실재계는 언어에 의해 포착되기 이전의 세계이다. 실재적인 것은 '불가능한 것'이다. 왜냐하면 그것은 상상하기가 불가능하고, 상징적 질서에 통합하기가 불가능하며, 어떤 방식이든 획득하기가 불가능하기 때문이다. 실재적인 것은 알려질 수 없다. 왜냐하면 그것은 상상적인 것과 상징적인 것 너머에 있기 때문이다. 그것은 칸트의 물자체와 같이 알 수 없는 x이다. 그것은 '상징화에 절대적으로 저항하는 것'으로서 '그게 뭐든 상징화 바깥에 잔존하는 그 무엇의 영역', 상징화 이후 남는 잔여, 상징계의 빈틈, 결여, 공백 부분이다(딜런 에반스, 김종주 외 옮김, 『라깡 정신분석 사전』, 인간사랑, 1998, 173-181, 216-219쪽; 토니 마이어스, 박정수 옮김, 『누가 슬라보예 지젝을 미워하는가』, 앨피, 53-55쪽).

2_ 라캉에 대한 간략한 소개는 숀 호머, 김서영 옮김, 『라캉 읽기』, 은행나무, 2006, 11-21쪽; 김석, 『에크리 ― 라캉으로 이끄는 마법의 문자들』, 살림, 2007, 40-59쪽을 참조할 수 있다. 우리말로 된 라캉 정신분석의 입문서로는 숀 호머의 『라캉 읽기』, 김석의 『에크리 ― 라캉으로 이끄는 마법의 문자들』이 있으며, 프로이트 입문서로는 맹정현의 『프로이트 패러다임』, 김석의 『프로이트&라캉: 무의식에로의 초대』 등이 있다. 그리고 라캉 정신분석과 현대철학의 관계에 대해서는 홍준기의 『라캉과 현대철학』을 참고할 수 있다. 또 직접 지젝을 소개한 책으로는 토니 마이어스의 『누가 슬라보예 지젝을 미워하는가』가 있다. 라캉 정신분석의 주요 용어들은 『라깡 정신분석 사전』을 참고할 수 있다. 이 책에서 정신분석의 기본 개념들에 대한 소개 역시 주로 이 사전에 의거하였고(다만 이 사전을 인용할 때 부분적으로 번역을 수정하는 경우가 있는데 그 점은 일일이 밝히지 않기로 한다), 이에 대한 조금 더 상세한 설명들은 대개 참고문헌에 나와 있는 슬라보예 지젝이나 브루스 핑크의 저작들에 의거하였다.

정신분석을 의학보다는 철학과 예술에 더 가까운 분야로 이해했다. 라캉은 평생 동안 국제정신분석학회와 갈등과 불화 속에서 살았으며 결국 학회로부터 제명까지 당한다. 그것은 라캉이 의식의 방어기제를 강조하는 자아심리학이라는 당시의 주류를 벗어나 무의식에 중심을 두는 '프로이트로의 복귀'를 주장하였기 때문이다. 라캉의 이론이 1930년대에 자아 형성 메커니즘을 설명하기 위해 '거울 단계' 즉 상상계에 집중하였다면, 1950년대에는 언어적 접근을 중시하며 상징계의 중요성을 강조한다. 라캉은 1953년부터 매해 하나의 주제를 정하여 정기적으로 세미나를 진행했다. 그는 1964년에 국제정신분석학회로부터 제명되면서 루이 알튀세르와의 학문적 동맹 아래 에콜 노르말로 장소를 변경하며 세미나를 계속한다. 이때 청중들도 정신분석가들에서 클로드 레비스트로스, 알튀세르, 폴 리쾨르 등 넓은 범위의 지식인들로 바뀌게 되고, 그의 관심도 상징계를 넘어서서 실재계에 대한 강조로 변화된다.

　그러나 라캉의 글들은 읽는 것 자체가 어렵고 고통스러운 것으로 유명하다. 그래서 앞서 말한 바와 같이 주로 브루스 핑크나 슬라보예 지젝 등의 라캉 해설서에 의지하여 라캉의 이론들을 이해하고 있다. 정신분석 이론이 임상 분석을 통해 발전하였고, 또 그것을 목표로 해야 한다는 것은 너무나 당연하다. 그러나 어떤 이유로 임상 분석을 할 수 없는 경우 그것을 일정부분이나마 대신할 수 있는 것이 현실 분석이 아닌가 생각된다. 슬라보예 지젝의 경우가 그러하다. 그는 임상 분석을 하지 않고, 라캉 이론을 현실 사회에 적극적으로 적용하고 분석하고 있는 것으로 유명하다. 나의 경우도 이와 유사하다. 나 역시 정신분석 공부를 시작하게 된 배경이 한국근현대사에 정신분석을 적용하여 그것이 갖는 다양한 함의를 밝혀보고자 하는 것이기 때문이다.

2. 이 책의 구성과 개요

이 책을 관통하는 하나의 주제가 있다면 그것은 근대 주체의 형성이
다. 라캉에 의하면 주체는 상징적 질서에 의해 형성된다. 우리의 경우
근대적 상징 질서 및 근대 주체의 본격적 형성은 1960~70년대 박정희
시대를 통해 이루어졌고, 그 과정에서 국가가 중요한 역할을 했다. 근대
세계와 조우하고 그를 통해 근대 주체로 태어나고자 했던 최초의 모습들
은 일제강점기 전후의 시기를 통해 살펴볼 수 있다. 나는 라캉 정신분석
이 이 과정에 대해 개인 내지 주체를 중심으로 미시적이고 구체적 분석을
가능하게 해주는 하나의 틀을 제공해준다고 믿는다.[3] 여기서 주체 차원

3_ '주체'(subject)는 라캉 정신분석에서 핵심 개념의 하나이다. 라캉 정신분석에
서 주체는 상징계로 진입하는 것과 더불어 형성된다. 상징계를 대표하는
대타자에 의해 자신의 자리와 역할을 배정받으면서 주체가 형성되는데, 그
주체는 상징계에 의해 규정되고 구성되는 따라서 상징계의 지배를 받는 주체
이다. 그 자리와 역할은 기표를 통해 부여되고, 기표들의 연쇄망 속에서 규정
된다. 그 기표와의 동일시 과정이 주체화의 과정이다. 그 동일시의 과정은
상상적 동일시와 상징적 동일시의 과정에 해당되는데, 이는 결코 완벽하지
않으며 늘 결여와 공백을 남긴다. 그 결여를 메워주는 것이 환상이다. 환상은
바로 이 상징화되지 못한 잔여, 결여로서의 실재를 감싸 그것을 은폐하여
상징계를 완성하고자 한다. 주체는 그 환상에 의해 자신의 고유한 욕망(의
대상)을 갖게 된다. 그러한 측면에서 상징계는 이 실재에 의해 틀 지어진
환상을 중심으로 구성되어 있다고 할 수 있다. 이데올로기 역시 사회적 환상
가운데 하나이다. 그 환상 너머에 실재의 주체, 무의식의 주체가 있다. 주체는
기표에 의해 대표되면서 탄생하지만, 그와 동시에 그 기표가 차지하는 자리
역시 탄생하는데, 실재의 주체는 바로 그 자리, 공백에 해당한다. 그것은
상징화되지 않는 실재, 잔여 내지 공백으로 남아 있는 주체이다. 따라서 주체
는 상징계 내에서 그의 지배를 받는 자동인형으로서만 존재하는 것이 아니다.
상징계 외부와 관계를 갖게 될 때, 실재의 주체는 순간적으로 나타났다 사라진
다. 기표와 기표 간에 새로운 연쇄를 만들어낼 때 은유의 불꽃으로 나타나는

의 미시 분석이 거시 분석과 연결되는 것은 뜻밖에도 주체의 '무의식'을 통해서이다. 라캉이 강조하는 무의식은 주체 외부에 있는 것으로서 상징 질서 내지 사회구조 그리고 그 구조의 빈틈에 의해 형성되는 것이기 때문이다.[4]

박정희 시대와 일제강점기를 비교할 때, 박정희 시대에 국가 기구가 상징 질서 및 주체 형성에서 주도적 역할을 맡았다면, 일제강점기 독립운동가들은 자신이 '선택'한 국가나 지역에 따라 서로 다른 상징 질서 속에서 그 나름의 근대적 주체의 형성을 이루었다고 할 수 있다. 일제강점기에 식민지 현실을 벗어나기 위해 혁명적 독립운동을 위시하여 실력 양성, 외교, 문화운동, 식민 근대화 등 다양한 형태의 운동이 전개되었음은 잘 알려진 사실이다. 국권이 상실된 상황에서 이러한 노력들은 상당한 정도 정체성의 위기 속에 그리고 그것을 나름대로 극복하는 과정 속에서 이루어졌다. 식민지로부터 독립한 국가, 즉 근대 국가를 만들어내고자 하는 노력의 과정은 그 개개인들이 근대 주체로 형성되는 과정을

주체라든지, 우리가 말을 할 때 그 말 속의 주체(주어, 언표의 주체)가 아니라 말하는 그 행위 속에서 드러나는 언표 행위의 주체라든지, 그리고 환상 이면에 그것이 은폐하고자 하는 무시무시한 공백과 자신을 동일시하고자 하는 주체 등이 여기에 해당된다. 이에 해당하는 구체적 사례들은 뒤에 다시 제시될 것이다.

4 _ 지젝의 이론을 소개하는 책을 쓴 토니 마이어스에 따르면, 지젝이 마르크스주의에 선사한 가장 두드러진 공헌은 마르크스주의에 적절한 주체 모델을 제공하고, 그것을 이데올로기 및 역사와 연결시킨 데 있다. "왜냐하면 라캉 정신분석학은 사람들의 내면의식과 감정을 다루는 심리학이 아니라, 무의식이 언제나 외부, 즉 의례와 실천들 속에 물질화되어 있다는 이론이기 때문이다. 달리 말해, 지젝의 정신분석학은 정치적인 것과 개인적인 것을 매개하는 사회를 가장 유효한 분석 대상으로 삼음으로써 마르크스주의와 동일한 출발점을 갖는다." 토니 마이어스, 『누가 슬라보예 지젝을 미워하는가』, 219쪽.

그 안에 포함하고 있다. 다른 한편 식민지배 아래에서 식민국가에 의해 부과된 근대화의 과정, 특히 근대 주체로 규율화하는 과정과 그 결과 역시 우리 자신의 근대를 이해하는 데 중요한 요소이다. 이것이 제1부와 제2부의 주제라면, 제3부는 이 논의를 뒷받침하는 권력 이론과 정치의 본질 문제를 다루고 있다.

1) 국가와 주체

제1부는 박정희 시대에 근대 주체의 형성이라는 주제를 다루고 있다. 제1장은 군대 복무 경험을 통해 어떻게 군사적으로 규율화된 근대 주체가 탄생하는지, 그리고 그렇게 이루어진 인간개조가 일상생활 속에서 어떻게 유지, 보완되는지의 과정을 살펴보고 있다. 제2장은 죽음보다 더한 고통을 수단으로 하여 극히 짧은 과정 속에서 인간개조를 이루고자 했던 박정희 시대 고문과 조작의 과정을 살펴보고 있다.

지젝은 "사회는 존재하지 않는다"라는 입장을 고수하는데, 이는 사회가 적대적으로 분열되어 있기에 조화로운 사회란 존재할 수 없다는 것을 뜻한다. 사회적 적대는 결코 상징화될 수 없는 공백으로서 실재에 해당된다. 지젝에 의하면 그 상징계의 구멍을 은폐하는 것이 이데올로기적 환상이다. 그 환상에 의해 조화로운 사회가 가능한 것처럼 여겨지며(환상1), 현실적으로 존재하는 사회의 갈등과 분열은 조화로운 사회 그 자체의 불가능성 때문이 아니라, 가령 유태인이나 간첩 등 사회의 불순세력들 때문이라 여겨져, 이들만 제거하면 조화로운 사회가 회복될 것으로 여겨진다(환상2).[5] 다음에 살펴볼 것이지만 박정희 시대가 군사적 규율

5_ 지젝, 「환상의 일곱 가지 베일」, 대니 노부스 엮음, 문심정연 옮김, 『라캉 정신분석의 핵심개념들』, 문학과지성사, 2013, 233-236쪽. 지젝의 "사회는

화를 통해 만들어진 주체만을 '국민'이라 이름 붙이는 것은 이들을 통해 조화로운 사회가 가능하다는 환상(환상1)에 사로잡혀 있었음을 보여주는 것이며, 그 조화로운 사회를 파괴하는 불순세력을 간첩으로 조작하여 제거하고자 했다는 것은 그들이 제거되면 그런 조화로운 사회가 다시 회복될 것이라는 환상(환상2)을 가졌음을 보여주는 것이다.[6] 그러한 점

존재하지 않는다'라는 명제는, 라캉이 말하는 (남녀 간의 조화로운) "성관계는 존재하지 않는다"라는 명제에 대응된다. 라캉에 의하면 남녀 간의 성차는 서로를 보완하는 관계 속에 있지 않으며, 남녀는 전혀 별개의 구조를 갖는다. 그러나 우리는 성관계가 가능하다는 나름대로의 환상을 갖고 살아간다. 성관계의 부재는 상징화를 벗어나는 실재, 상징화의 잔여에 해당된다. 주체는 성관계의 부재를 환상을 통해 은폐하고, 그 환상 속에서 자신의 욕망을 키워낸다. 그러나 그 환상 속 욕망의 대상을 주체가 획득해도 그 공백은 여전히 남는데, 주체는 이 경우 또 다른 욕망 대상을 찾게 된다. 이처럼 주체는 끝없는 욕망의 환유 연쇄에 사로잡혀 살아간다. 그것을 넘어서서 환상이 은폐하고자 하는 공백 그 자체와 동일시하는 것을 '환상 가로지르기'(환상의 횡단)라 한다. 에반스, 『라캉 정신분석 사전』, 187-188쪽 참조.

6 _ 따라서 군사적으로 규율화된 개별 주체들이 이 이데올로기적 환상에 사로잡힐 때 그들은 이들 불순세력(희생양)을 제거하고자 하는 욕망을 갖게 된다. 그러나 이들을 제거해도 사회적 적대는 사라지지 않기에 그를 대신하는 새로운 희생양(욕망의 대상)들이 필요하게 되며, 이러한 욕망의 환유 연쇄는 끝나지 않고 영원히 지속된다. 환상에 대해 조금 더 설명하기로 한다. 프로이트는 '환상'이라는 용어를 사용하여 상상적으로 제시되는 하나의 장면, 무의식적 욕망을 무대에 올리는 하나의 장면을 가리키고자 했다. 환상적 장면은 의식적일 수도 있고 무의식적일 수도 있다. 환상은 정지된 스크린과 같은 상상적 장면을 사용하여 (대)타자의 거세, 즉 타자도 거세되고 결여되어 있다는 것을 감추고, 또 그럼으로써 주체 자신의 결여를 감추어 스스로를 방어하고자 하는 하나의 방식이다. 또 환상은 주체가 자신의 욕망을 계속 유지할 수 있게 해주는 역할을 한다. 그러한 점에서 환상은 욕망의 무대이다. 근본적 환상은 분석자의 다양한 개별 환상들의 기저에 놓여 있으면서 주체가 타자의 욕망과 맺고 있는 가장 심원한 관계를 구성하는 환상이다. 핑크는 라캉주의 정신분석 역시 주체가 자신을 구성하는 근본적 환상을 뒤흔들어 놓을 방법을

22

에서 제1장과 제2장은 박정희 시대가 무의식적으로 실천에 옮기고 있었던 이데올로기적 환상의 두 측면에 상응되는 논의라 할 수 있다.

제1장 '박정희 시대 국방의 의무 담론과 군사적 주체화'는 개발독재 시기 사회적 불문율처럼 통용되었던 '무조건 명령과 무조건 복종'이라는 행위 규범이 주체 차원의 군대생활 경험 속에서 어떻게 형성되었는지, 그리고 군 제대 후 일상적 사회생활 속에서 어떻게 유지되었는지를 주제로 삼는다. 이 장은 이를 라캉 정신분석의 '주인 기표'와 '주인 담론'이라는 개념 틀, 그리고 상상적·상징적 동일시라는 주체 형성 과정을 통해 파악하고자 하였다.[7] 박정희 시대는 '국방의 의무'를 다른 무엇보다 중요

발명하는 것이라고 말한다. 에반스, 『라캉 정신분석 사전』, 437-438쪽; 브루스 핑크, 이성민 옮김, 『라캉의 주체: 언어와 향유 사이에서』, 도서출판 b, 2010, 126, 175쪽 참조.

7_ 라캉의 기표 개념은 페르디낭 드 소쉬르의 언어 이론을 기초로 하는데, 라캉의 경우 늘 그렇듯이 이는 소쉬르 이론에 중요한 수정을 가하면서 이루어진다. 소쉬르에 따르면 언어는 기호의 체계이며, 기호는 기표(signifier)와 기의(signified)로 구성된다. 기의가 그 기호가 가리키는 개념 이미지라면, 기표는 청각(소리) 이미지이다. 언어는 이 기호들 간의 차별적 체계이다. 각 기호는 다른 기호와의 차이에 의해서만 의미를 갖게 된다. 소쉬르는 기표와 기의가 상호의존적이고 동등한 관계를 갖는다고 보는 데 반해, 라캉은 기의에 대한 기표의 우위를 주장한다. 라캉에게는 기표가 일차적이다. 기표는 기의를 생산하고 기의는 기표들의 놀이의 단순한 효과에 불과하다. 따라서 라캉에게 언어는 기호의 체계가 아니라 기표의 체계이다. 기표는 단어가 될 수도 있고, 단어보다 작은 형태소나 음소 그리고 단어보다 큰 구나 절이 될 수도 있으며, 또 비언어적 사물들, 즉 대상, 관계, 증상적 행위 등이 될 수도 있다. 기표가 될 수 있는 조건은 그것이 그 체계 내의 다른 요소들과 차이를 갖게 되는 것이다. 다른 모든 기표들에 대하여 주체를 대표하는 기표를 주인 기표라 부른다. 또 그렇게 주인 기표를 통해 주체를 생성해내는 담론을 주인 담론이라 부른다. 주인 담론은 (기표에 의한 소외 속에서) 주체가 형성되는 기반이다. 호머, 『라캉 읽기』, 71-75쪽; 에반스, 『라캉 정신분석 사전』, 94-97, 197-198쪽; 브루스 핑크, 「주인 기표와 네 담론」, 대니 노부스 엮음, 문심정연 옮김,

시한, '신성함'의 차원까지 끌어올린 시대였다. 당대를 규정하는 주인 기표로서 '국방의 의무'라는 가치는 당시 가장 중요한 국가적 과제였던 경제발전보다 우월한 가치였다. 그 기표로 규정된 당시의 개개인들은 국방 의무의 수행을 통해 군사적 주체화의 과정을 밟게 되고 군인으로서 정체성을 갖는 주체로 다시 태어나게 된다.

　박정희 시대에 있어 군인으로 인간개조된 주체에 의해 생산되는 '무조건 명령과 무조건 복종'이라는 결과물이야말로 경제발전의 전제조건이자, 경제발전을 이룬다고 상정되는 국가권력 유지의 전제조건이었다. 국방 의무를 경제발전보다 우위에 놓는 주인 담론, 국민의 의사와는 무관하게 일방적 정책의 모습으로 발화되는 그 담론은 독재권력의 뒷받침을 받음으로써 수행력을 갖는다. '무조건 명령과 무조건 복종'이 신체에 각인된 주체이자 '산업 전사'로 군사화된 노동자, 그러한 충성스러운 '애국 국민'들을 생산해내는 길을 통해서만 독재권력이 성립되고 유지될 수 있었다고 말하는 것이 보다 올바를 것이다. 그런 의미에서 당시의 국가목표는 '조국 근대화'였다기보다는 '조국 군대화'였다. 조국 군대화라는 형태의 조국 근대화였던 것이다.[8] 푸코의 논의에 따라 근대를 특징짓는 것이 근대적 규율화, '순종적이고 효율적인' 근대 주체를 생산해내는 규율화라고 한다면, '보다 덜 효율적이더라도 보다 더 순종적인' 근대 주체를 생산하고자 한 군사적 규율화야말로 박정희 시대 한국 근대화의 특징이었다. '보다 덜 효율적이더라도 보다 더 순종적인' 군인 노동자라는 정체성을 갖는 당대 주체들을 그 토대로 삼아야만 경제발전과 독재권

『라캉 정신분석의 핵심개념들』, 문학과지성사, 2013, 52-54쪽 참조.
8_ 한홍구 역시 '조국 군대화'라는 개념을 사용하여 유신 시대를 설명하고자 한다. 한홍구, 『유신: 오직 한 사람을 위한 시대』, 한겨레출판, 2013, 247쪽.

력, 다시 말해 개발독재가 성립할 수 있었다.

　이 장은 이 군사적 규율화의 과정, 다시 말해 병영이라는 낯선 공간과 시간의 틀 안에 갇혀 계급적 서열에 따라 조직 내 역할이 부여되고, 군 입대 당시 가증스럽게 보였던 낯선 고참의 모습으로 자신도 모르는 사이에 단계적으로 변모해가는 과정을 추적해 보고자 하였으며, 이를 '상상적 동일시'와 '상징적 동일시'라는 주체화 과정의 개념들을 통해 조명해보았다. 서구에서 작업장, 학교, 교회, 감옥, 군대 등을 통해 이루어진 규율화에 비해 한국의 군사적 규율화는 폭력적 수단을 통해 단기간에 이루어진다는 특징을 갖는다. 따라서 한국의 근대화와 경제발전이 압축적 근대화이자 압축적 경제발전이었다고 한다면 그것은 바로 군사적 규율화를 통한 압축적 규율화가 뒷받침되었기에 가능할 수 있었다. 이는 일본과 서구 열강의 개입과 지배를 받아온 조선 말 이래 우리가 가졌던 근대화에 대한 뿌리 깊은 '조급증'이 낳은 결과이기도 하다. 이 장과 제2부 제2장에서 살펴볼 것이지만, 이광수의 '민족개조론', 『사상계』 집필자들의 '민족정신의 혁명론', 박정희의 '새마을운동' 등의 형태로 나타난 근대 주체 형성과 근대화에 대한 조급증, 압축 성장을 달성해야 한다는 강박적 조급증은 한국의 근현대를 특징짓는 중요 지점이라고 할 수 있다.

　제2장 '현대 한국의 고문과 폭압적 재주체화: 김근태, 김병진, 서승 등의 사례'에서는 세 사람의 사례를 중심으로 박정희 시대에 이루어진 고문과 조작을 나름대로 해명해보고자 하였다. 고문자들은 "이 나라의 재판은 형식적이야. 우리가 간첩이라고 하면 간첩이지"라는 '주인 담론'을 제시하고, 피고문자를 간첩이라는 주인 기표로 규정하고자 한다. 그 다음으로 고문자는 피고문자에게 그렇다면 어떻게 북한에 갔다 왔는지를 합리적으로 설명하고 증거를 제시하라고 강요한다. 이를 통해 고문자

는 주체의 상징적 세계의 근본적 변화, 주체의 재정립이라는 인간개조를 실현시키고자 한다. 고문자 앞에 선 피고문자는 '고문이냐, 자백이냐'의 선택을 강요받으며, 죽음보다 더 고통스런 고문 상황 속에서 대체로 자백을 선택하지 않을 수 없게 된다.

2) 혁명과 주체

제2부는 시대를 거슬러 일본 제국주의가 지배하던 시간적 공간 속에서 조국 독립을 위해 활동했던 인물들이 결국 비극적 최후를 맞게 되는 과정을 살펴보았다. 앞의 장들이 주체화의 과정, 정체성의 형성 과정을 타자 내지 구조에 의해 강요되는 '강제된 선택'과 '동일시'의 측면에서 살펴보고 있는데, 제2부 역시 그것을 이어받고 있으면서 그 동일시의 측면, 즉 상상적 동일시와 상징적 동일시의 측면을 앞의 장들보다는 심도 있게 적용해보고자 하였다.[9] 국권이 상실된 상황에서 해외에서건

9_ 라캉은 상상적 동일시에 의해 형성되는 자아(ego)와 상징적 동일시에 의해 형성되는 주체(subject) 사이의 구분을 명확히 한다. 자아는 상상적 질서의 일부인 데 반해, 주체는 상징적 질서에 속한다. 라캉은 프로이트의 무의식 발견이 자아를 중심적 위치로부터 추방했다고 주장한다. 자아는 거울 단계에서 거울상과의 동일시를 통해 형성되는 하나의 구축물이다. 자아는 따라서 상상적 형성물이며, 상징적인 것의 산물인 주체와 대립된다. 자아는 '착각의 자리'이므로 그것을 강화하는 것은 주체의 소외를 심화시키는 것일 뿐이다. 주체는, 자아에 의해 생성되는 단순한 환영에 불과한 의식적 감각과 동등한 것이 아니라, 무의식과 동등한 것이다. 라캉의 '주체'는 무의식의 주체이다. 라캉은 주체를, 다른 기표에 대하여 하나의 기표에 의해 대표되는 [어떤] 것으로 정의한다. 달리 말해 주체는 언어의 효과이다. 주체의 상징인 S가 프로이트의 용어 에스Es와 발음이 같다는 사실은 라캉에게 진정한 주체는 무의식의 주체라는 것을 보여주고 있다. 라캉은 이 상징[S]에 금을 그어 지우면서, 상징 $, 즉 '빗금 쳐진 주체'를 만들어내는데, 그를 통해 라캉은 주체가 본질적으로 분열되어 있다는 사실을 보여주고자 한다. 주체와 자아를 구분하

식민지배 아래에서건 주체 형성의 문제는 그만큼 더 복잡하게 되었기 때문이다.

제1장에서 특히 관심을 갖는 주제는 주체 자신이 믿었던 세계, 자기 정체성의 뿌리가 기거하던 그 세계가 갑자기 '낯선' 얼굴로 자신에게 다가올 때 주체는 어떤 선택을 할 수 있는가라는 부분이다. 김산은 일본 경찰에 체포되었다가 풀려난 이후, 일본 경찰에 협력한 변절자라는 혐의를 결코 벗어나지 못했다. 조봉암은 해방 공간에서 공산주의로부터 반공주의로 전향하지 않을 수 없었던 상황에 처했다. 우리는 혁명과 독립을 위해 한평생 몸을 바친 인물들, 김산과 조봉암과 같은 혁명가들이 처한 궁지와 그리고 그에 대응하여 선택한 삶의 행로를 어떻게 이해할 수 있을 것인가? 이 장에서는 그것을 '환상의 횡단'이라는 라캉 정신분석의 주요 개념을 통해 조명하고자 했다.[10] 그것은 타자에 대한 신뢰('전이')가

는 라캉의 입장에 따르면, 우리는 상징적 질서, 언어의 질서에 진입하면서 주체의 지위를 갖게 되지만, 의식의 수준에서는 여전히 상상적인 것의 지배를 받는 '자아'로서 살아간다. 다시 말해 상징적 주체의 삶을 살아가는 것은 나(self)라고 느끼는 자아로서이다. 에반스, 『라깡 정신분석 사전』, 321-324, 370-372쪽 참조.

10_ 라캉 정신분석에서 환상은 허구 내지 허위의식이 아니라 상징적 현실의 일부를 이루고 있으며 더 나아가 그 상징적 현실이 구성되는 틀의 역할을 하고 있다. 대부분의 사회에는 그 자신이 조화로운 사회 공동체라는 신화, 환상이 존재한다. 이 경우 환상 가로지르기는 사회 그 자체가 결코 조화로운 공동체가 될 수 없다는 '불편한 진실'을 깨닫는 것, 타자의 결여를 깨닫는 것을 통해 이루어진다. 타자 내지 사회가 완전할 수 있다는 믿음('상징적 전이')이 무너지고, 그 결여를 주체의 노력에 의해 채우는 것이 불가능하다는 것을 인정할 수밖에 없는 '주체적 궁핍화'에 이르게 되는 것, 이 두 가지가 환상 횡단의 내용을 이룬다. 이데올로기 역시 사회적 환상의 한 형태이다. 지젝, 『이데올로기의 숭고한 대상』, 인간사랑, 2002, 220쪽; 에반스, 『라깡 정신분석 사전』, 163-164, 436-438쪽 참조.

무너지고 자기 존재의 의미를 상실한 궁핍한 주체의 상황에 관한 것이다. 자신의 생을 떠받치며 현실의 일부를 이루던 '환상'이 무너져 내린 그런 주체가 어떻게 그 환상을 가로질러 자신의 존재를 지탱해낼 수 있을 것인가라는 문제에 관한 것이다. 이 문제는 혁명의 시기를 살아갔던 많은 사람들, 가령 박헌영이나 김단야, 그리고 니콜라이 부하린을 위시하여 스탈린 시기에 숙청된 사람들에 이르기까지 보다 많은 인물들이 겪어야 했던 비극이기도 했다.

　이 문제는 혁명 노선을 둘러싼 당내 투쟁과 관련된 것이기도 하다. 그 대표적인 논쟁으로서 에두아르트 베른슈타인과 로자 룩셈부르크 간의 논쟁에 대해 지젝은 정신분석의 관점에서 조명한다. 베른슈타인의 수정주의적 두려움은 객관적 조건이 성숙되기도 전에 권력을 너무 '성급히' 장악하고자 하는 것에 대한 것이라면, 로자 룩셈부르크의 대답은 최초의 권력 장악 시도는 필연적으로 '시기상조'라는 것이며, 노동자계급이 성숙함에 도달하는 유일한 방법은 '성급하게' 그걸 시도하는 것이고, 만약 '적당한 시기'를 기다린다면 우리는 절대 그 순간에 도달하지 못한다는 것이다. 다시 말해 혁명적 힘이 성숙된다는 조건은 오직 실패로 귀착될 일련의 '성급한' 시도들을 통해서만 가능하다는 것이다. 자신이 처한 궁지에 대해 김산이 도달한 결론은 이와 정확히 동일하다. 그의 결론은 혁명 과정에 메타언어는 불가능하며 오직 '성급한 시도', 오류를 통해서만 올바른 길로 나아갈 수 있다는 것이었다.

　제2장은 근대적 계몽주의자로서 이광수와 그의 작품들을 대상으로 식민지 아래 근대 주체의 형성 문제를 다루고 있다. 이광수는 평생을 조선 민중의 문명개화를 위하여 노력했다. 이광수에게 조선 민중의 문명개화란 조선 민중이 근대적 주체로 정립되는 것을 의미하는데, 이광수가 근대 주체의 특징을 '정의적 습관'이라 이름 붙인 근대적 규율화로 파악

한 점은 탁월한 통찰이라 할 만하다. 이광수와 식민지 국가는 앞서거니 뒤서거니 하면서 식민지 주민들을 근대 주체로 규율화하기 위해 경쟁했다.

1910년대에는 이광수 등 일본유학생 출신 지식인들과 조선총독부 간에 누가 규율화의 주체가 될 것인가를 놓고 '사회' 영역을 둘러싼 담론 정치적 갈등이 전개되었다. 1920년대에 이광수는 규율화 기구로서 동우회와 같은 자발적 결사체의 영역을 확보하기 위해 일제와 일면 타협, 일면 경쟁을 벌였다. 3·1운동 이후 조선 사회가 민족주의자들과 사회주의자들로 양분된 상황에서 이광수의 「민족개조론」은 사회주의자들에 의해 장악되었다고 생각되는 '우매한 민중'들을 의식하면서 민족주의자들이 사회개조의 과정에서 떠맡아야 할 과제를 제시한 글이다. 그것이 바로 근대적 규율화였는데, 이광수는 이를 근대사회의 불문율이자 사회적 도덕이라 생각했다. 이 시기에 사회주의 세력이 민중의 지지를 얻는 그만큼, 그리고 식민지 국가기구가 규율화의 실행 기구로서 식민지 사회에 뿌리를 내리는 그만큼 이광수의 영역은 협소해졌다. 1930년대 후반 이래 일제의 총동원체제 아래 이광수는 경쟁적 협조의 위치를 넘어서서 식민지 국가보다 더 앞장서서 조선 민중을 동원하고자 노력했는데, 전체주의적 총동원체제야말로 극단에 이른 규율 사회, 규율 체제라 할 수 있다. 이광수는 이 시기에 친일파라는 오명을 뒤집어쓰는 자기희생을 통해 자신이 근거하고 있는 중간 계층을 살리고자 했지만, 그 계층으로부터 이광수가 되돌려 받은 것은 차가운 조소뿐이었다. 이광수는 이러한 주체적 궁핍화의 지점에서, 더 이상 그 어떤 환상도 그려낼 수 없는 지점에서 그가 할 수 있는 것은 증상과의 동일시, 철저히 일제의 이데올로그가 되는 길뿐이었다. 그러나 그 증상과의 동일시를 통한 환상 가로지르기가 철저하지 못했다는 것이 이광수의 비극이기도 하다. 이광수의 생애는 식민지 체제 아래에서 한 보수주의 지식인이 근대 주체로 자신을 정립하고자 하는 것이 얼마나 험난한 길이었는지를 잘 보여준다.

3) 권력과 주체

제3부는 다소 이론적인 주제들을 다루고 있다. 여기에 포함된 세 개의 장은 정치학의 중심 주제인 권력과 정치의 개념이 라캉 정신분석 내에서 어떠한 모습으로 나타나는지를 모색하고자 했다. 제1장 '권력이란 무엇인가'는 라캉 정신분석에서 권력 개념이 어떻게 접근될 수 있는지를 탐색해 보았다. 라캉 정신분석에서 타자 내지 상징적 질서는 주체를 특정 기표로 규정하고 지배하는 힘을 갖는다. 그 힘이 뒷받침되는 타자의 담론이 바로 '주인 담론'에 해당되며, 주체를 규정하는 기표가 '주인 기표'에 해당된다. 주인 담론은 주체가 특정 기표로 동일화 내지 정체화되도록 하는 수행력을 갖는다. 이것이 바로 라캉 정신분석에서 나타나는 권력 개념의 핵심이다. 기표와의 동일화 과정은 주체의 측면에서는 '상상적 동일시'와 '상징적 동일시' 과정에 해당된다. 이것은 권력이 좁은 의미의 권력에서 영향력 그리고 권위의 형태로 변화되어 나가는 과정과 유사하다. 상상적·상징적 동일시의 주체화 과정에 행사되는 '보이지 않는 권력'은 이른바 구조적 권력에 해당되며, 푸코가 말하는 규율권력 개념과도 그 맥이 닿아 있다.

미국정치학에서 권력 개념은 1950, 60년대에 벌어진 논쟁을 통해 정교하게 다듬어졌다. 논쟁의 백미는 '권력의 두 얼굴'에 관한 것이었다. 그 하나가 공식적 정책결정 과정에서 행사되는 권력, 결정(decision)의 권력이라면, 다른 하나는 공식적 과정의 바깥에서, 그 이면에서 행사되는 권력, 무결정(non-decision)의 권력이다. 이 입장에 서 있는 연구자들은 미국의 지배엘리트들이 공식 과정보다는 그 이면 과정에서 결정적인 영향력을 행사하며 그를 통해 자신의 지배적 지위를 유지한다고 주장한다. 이 '두 얼굴의 권력'은 라캉 정신분석에서 말하는 자아 이상과 초자아의 구분과 일치한다. 또 평등성을 보장하는 공식적인 헌법 질서에 대하여, 평등하지 않은 '일 잘하고 말 잘 듣는' 근대 주체를 주조해내는 푸코의 규율권력의 대립과도 연결된다.

지젝은 국가권력이 공식적 명문법 즉 상징계의 규칙과 외설적 초자아의 불문율로 분열되어 있다고 본다. 결코 써진 형태로는 존재하지 않는 초자아의 불문율은 공식적 법의 이면에서 그 법을 위반하면서까지 법을 지키고자 하는 외설적 권력이다. 나는 여기서 초자아의 권력이 바로 미국의 권력 논쟁에서 도출된 무결정의 권력에 해당한다는 것을 보여주고자 했다.

제2장 '영화 <똥파리>에 나타난 권력의 모습'은 이러한 초자아의 권력이 행사되는 극단적인 예로서 용역깡패들의 경우를 살펴보았다. 영화의 주인공들인 용역깡패는 불법 집단이지만, 현실 사회의 질서를 실질적으로 지탱해주는 존재들이다. 이들은 자본주의 사회의 기본원칙인 사적 소유권과 경쟁적 시장질서라는 공식적 법질서를 유지하기 위해, 그 법의 이면에서 그 법을 위반하면서까지 폭력적, 외설적으로 공식적 법질서를 보완한다. 그럼으로써 이들 용역깡패들은 정신분석에서 말하는 외설적 초자아의 일정 영역을 담당하고 있다.

제3장 '정치란 무엇인가: 정치의 위기 문제를 중심으로'는 보다 이론적인 글로서 정치의 위기 내지 민주주의의 위기라는 주제와 관련하여 정치란 무엇인가라는 근본적 질문을 다루고 있다. 오늘날 정치는 위기에 처해 있다. 나는 여기서 이 정치의 위기에 대해 최장집, 칼 보그스, 자크 랑시에르, 슬라보예 지젝이 내리는 진단과 처방을 추적해 보았다. 이들에게 정치는 대체로 민주주의와 같은 것으로 파악되고 있으며, 따라서

정치의 위기는 민주주의의 위기를 뜻한다. 최장집과 칼 보그스의 입장에서 민주주의의 위기는 절차적 민주주의의 위기와 실질적 민주주의의 위기로 나뉜다. 절차적 민주주의 위기의 핵심 내용은 정당 대표의 위기와 시민 참여의 위기이며, 실질적 민주주의의 경우 계급 불평등의 심화이다. 이들은 두 위기가 상호 순환적 인과관계 속에 있는 것으로 파악하는데, 순환적 인과의 고리를 끊는 전략적 지점을 정당 대표의 문제로 설정한다. 정당체계가 사회적 균열을 적절히 대표하게 되면 참여의 위기와 더불어 실질적 민주주의의 위기도 해결 가능하다고 보는 것이다.

　랑시에르와 지젝은 계급 불평등의 문제에 대해 보다 직접적으로 대처하고자 하는 입장을 취한다. 그것이 랑시에르에게는 '해방의 과정'이며, 지젝에게는 '계급투쟁'이다. 이들은 절차적 민주주의란 '유사-정치'(para-politics)에 불과한 것으로서 그 자체가 정치 종언의 한 형태일 뿐이라는 급진적 입장을 갖는다. 랑시에르의 경우 일상적으로 이루어지는 제도화된 정치를 정치가 아닌 '치안'으로 개념화한다. 정치의 종언은 해방 과정 즉 평등 실천 과정으로서의 민주주의가 종언을 고하는 것, 사적 공간을 공적 공간으로 전환하는 새로운 감성 분할의 종언을 의미한다. 랑시에르는 정치와 민주주의가 평등 실천 과정의 시기에 일시적으로 이루어질 수 있을 뿐, 각자가 자신의 자리와 일, 즉 자기 몫을 분배받고 그것이 제도화하게 되면 정치는 다시 치안의 질서로 전락하게 된다고 본다.

　지젝은 정치를 계급투쟁으로 파악한다. 지젝은 오늘날 전문지식을 앞세워 민주적 절차를 무시하는 탈정치화된 테크노크라시 모델이 정치의 종언을 초래하고 있다고 본다. 억압된 정치는 문화의 영역에서 전치된 양식으로 등장하거나, 극우 포퓰리즘 등 실재의 형태로 회귀한다. 랑시에르가 진정한 민주주의를 '몫 없는 자들의 몫'이 공동체 전체와 동일시되는 과정으로 규정하고, 그것을 정치로 파악한다면, 지젝은 정치와 민주주의를 동일시하는 데에는 일단 부정적 입장을 취하면서도 '재창안'된 민주주의로서 프롤레타리아 독재를 제시한다는 점에서 유보적이다. 지젝에게 정치 즉 계급투쟁은 혁명 과정과 혁명의 공고화 과정 모두를 포함한다. 혁명의 공고화 과정에서 계급투쟁은 초자아의 과잉, 초자아의 폭력을 겨냥하고 또 그것을 이용해야 한다고 그는 주장한다. 지젝은 이 지점에서 랑시에르나 에티엔 발리바르, 알랭 바디우 등과 분명한 입장 차이를 보인다. 랑시에르 등은 지젝과 달리 초자아적 폭력의 이용을 혁명 과정에서 배제하고자 하기 때문이다. 지젝은 이러한 그들의 입장이 이를테면 손을 더럽히지 않고 코를 풀려는 격이라고 비판한다.

제1부 **국가와 주체**

제1장
박정희 시대 국방의 의무 담론과 군사적 주체화

1. 주체를 지배하는 기표와 담론

　박정희 시대에는 국가 차원에서 징병제와 국방의 의무라는 담론을
확립하기 위해 많은 노력을 기울였고 또 그 결과에 있어서 상당한 성공을
거두었다. 당시 남성 개개인들은 군대에서 국방의 의무를 수행하는 과정
을 통해 군사적으로 규율화되었고, 또 사회 속에서는 남성이든 여성이든
그러한 주체로 거듭나야 비로소 국민으로서의 자격 내지 정체성을 가질
수 있었다. 이 글은 당시 군사적 주체화의 핵심 내용을 개발독재 시대에
사회적 불문율처럼 통용되었던 '무조건 명령과 무조건 복종'으로 보고자
한다. 그렇다면 그러한 군사적 주체화의 과정은 어떻게 진행되었으며,
개별 주체의 차원에서는 어떻게 수용될 수 있었는가? 다시 말해 '무조건
명령과 무조건 복종'이라는 군대식 행위 규범은 주체 차원의 군대생활
경험 속에서 어떻게 형성되었으며, 일상적 사회생활 속에서는 어떻게

확대 재생산될 수 있었는가?

미셸 푸코의 논의를 빌려 근대를 특징짓는 것 중의 하나가 근대적 규율화, 다시 말해 '순종적이고 효율적인' 근대 주체를 생산해내는 규율화라고 본다면, '보다 덜 효율적이더라도 보다 더 순종적인' 군사적 규율화야말로 당시 한국 근대화의 중요한 특징들 가운데 하나였다. 박정희 시대는 '보다 덜 효율적이더라도 보다 더 순종적인' 노동자라는 정체성을 갖는 당대 주체들을 만들어내었고, 그들을 토대로 삼는다는 전제 위에서 경제발전과 독재권력, 다시 말해 개발독재가 성립되고 유지될 수 있었다.

군사적 주체화의 과정은 권력론의 관점에서 조명될 수 있다. 다시 말해 이 문제는 주체에게 특정한 권력이 원인으로 작용하여 그 결과로 근대 주체가 생성되었다는 권력 작용의 인과관계라는 시각에서 접근될 수 있다. 또 주체 차원에 초점을 맞추어 이 문제를 해명하고자 할 때 라캉주의 정신분석은 유용한 분석 수단이 될 수 있다.[1]

그러나 라캉 정신분석에서는 권력이라는 단어가 거의 사용되지 않는

1_ 라캉주의 정신분석과 권력 개념의 관계에 대해서는 이 책의 제3부 제1장에서 살펴볼 수 있다. 제3부 제1장은 권력, 영향력, 권위라는 정치학의 권력 개념들이 정신분석의 개념들과 어떻게 연결되는지를 탐색하고자 하였다. 특히 지젝을 중심으로 하는 라캉주의 정신분석은 주체를 지배하는 작인으로서 자아 이상과 초자아를 제시한다. 자아 이상이 현실 세계의 상징적 질서, 법 내지 언어적 질서를 대표한다면, 초자아는 그 상징적 법의 모순, 간극을 메우기 위해 법을 위반하면서까지 법을 보완하는 '외설적' 기제를 대표한다. 지젝은 국가권력이 공식적 명문법 즉 상징계의 규칙과, 외설적 초자아의 불문율로 분열되어 있다고 보며, 푸코가 이러한 분열을 파악하지 못하고 있음을 비판한다. 제3부 제1장이 주체를 지배하는 권력의 시각에 중점을 두어 권력 개념을 살펴보고 있다면, 이 장은 주체에게 그 권력이 과연 어떻게 수용되는지의 시각에 강조점을 두고 있다.

다. 그렇지만 라캉 이론에서 권력 개념 그 자체가 공백으로 남아 있는 것은 아니다. 가령 프랑스 68혁명에 대해 라캉은 "새로운 주인을 요구하는 것에 불과하다"고 말한다.[2] 혁명을 통해 새로운 주인 기표, 새로운 권력이 등장할 뿐이라는 뜻이다.

   라캉 정신분석을 권력론의 시각에서 바라본다면 기표 자체가 권력의 소재지에 해당된다. 라캉에 의하면 "기표는 주체를 대표한다."[3] 기표가 주체를 대표한다는 것은 기표가 주체를 대리하며 지배한다는 뜻이다. 우리는 그 의미도 모르면서 자신에게 붙여진(붙여졌다고 생각하는) 기표, 예를 들어 '중학생'이나 '장손', 혹은 '간첩'이나 'V' 등의 지배를 받을 수 있다.[4] 숀 호머는 이를 '기표에 의한 주체의 결정'이라고 정식화한 바 있다. 그리고 주체에 대한 기표의 지배는 상당한 정도 무의식의 수준에서 발생한다. 즉 무의식은 주체에 대한 기표의 효과이다. 라캉

2_ 엘리자베드 루디네스코, 양녕자 옮김, 『자크 라캉 2』, 새물결, 2000, 166-167, 173쪽; 슬라보예 지젝, 이수련 옮김, 『이데올로기의 숭고한 대상』, 인간사랑, 2002, 196쪽 참조.

3_ 기표는 다른 기표에 대하여 주체를 대표한다(a signifier represents a subject for another signifier). 보다 정확히 말하자면 (주인 기표라 불리며 S_1이라 써지는) 하나의 기표는 (S_2라 써지는) 다른 모든 기표들에 대하여 주체를 대표한다. 에반스, 『라깡 정신분석 사전』, 187쪽.

4_ 우리가 "너는 오늘부터 중학생이야", "넌 우리 집 장손이야" 등의 말을 처음 들을 때 중학생이나 장손이라는 말이 무엇을 뜻하는지도 모르는 채 그것에 사로잡혀 그것과 자신을 일치시키기 위해 부단히 노력한다. 제2장에서 볼 수 있듯이 평범한 시민이 어느 날 아무런 이유도 없이 간첩으로 몰리게 되면서, 간첩이라는 기표의 지배를 받게 된다. 그렇게 기표의 지배를 받게 되는 것은 상징적 현실의 권력을 담지하고 있다고 생각되는 주체, 대타자(Other)에 의해서이다. 이것이 바로 주인 담론이다. 프로이트가 분석한 사례 중 하나인 '늑대인간'의 경우, 그는 라틴어 V자에 사로잡혀 다섯 마리의 늑대가 나타나는 꿈을 꾸거나 호랑나비 공포증 등 다양한 증상들을 갖게 된다.

정신분석에서 무의식이 내면적인 것이 아니라 외면적인 것, 초개인적인 것이라는 점을 이해하는 것은 대단히 중요하다. 무의식은 말과 언어라는 상징적 질서에 의해 자신이 규정되고 또 그 질서에 편입되면서 형성되는 것이기 때문이다.[5]

기표와 주체의 관계에 대한 라캉 정신분석의 입장을 권력론의 시각에서 다음과 같이 설명할 수 있다. 먼저 주체는 언어적 질서라는 타자에 의해 특정 기표로 규정됨으로써 타자에 대한 완전한 복종을 강요받는다. 우리는 상징적 현실 속에서 살아가기 위해서 기표를 통해 주체를 대표하는 그러한 방식으로 기표의 지배를 받아들이는 수밖에 없다. 이러한 '강제된 선택'의 상황을 라캉은 소외의 vel[라틴어로 영어의 or에 해당]이라 이름 붙인다. 강도로부터 "돈을 내놓을래, 목숨을 내놓을래"라는 양자택일을 강요당하는 상황에서, '주체'는 돈을 내놓는 걸 선택할 수밖에 없는 강제적 선택의 상황에 놓이게 된다. 이는 주체가 언어적 질서를 대표하는 (대)타자에 대해 복종하는 것, 기표체계 안으로 들어가는 것, 기표에 의해 자신이 대표되는 것 외에는 다른 선택이 없음을 보여준다.[6]

5_ 만약 무의식을 내면적인 것이라고 말한다면, 그것은 우리가 상징 질서에 편입된 이후 그 상징 질서라는 타자가 우리의 내면으로 들어와 우리도 모르는 새에 우리 자신을 지배하고 있다는 뜻으로 새길 수 있다. 맹정현은 이에 대해 다음과 같이 말한다. "자신 안에 있는 낯선 타자, 무의식이란 존재는 어떤 신비로운 초자연적인 힘이나 야만적인 힘이 아니다……. 우리 안의 타자, 무의식이란 개념은 우리가 우리를 둘러싼 타자 안에 있는 것이 아니라 타자가 곧 우리의 내부를 구성한다는 것을 함축한다. 우리는 우리 자신도 모르는 사이에 타자의 욕망을 자신의 욕망이라고 착각하면서 살아왔고, 타자의 언어를 자신의 언어라고 오해하면서 살고 있다." 에반스, 『라캉 정신분석 사전』, 128쪽; 맹정현, 『멜랑꼴리의 검은 마술——애도와 멜랑꼴리의 정신분석』, 책담, 2015, 8쪽.

6_ 이렇게 대타자에 복종하여 언어의 세계로 들어가는 것을 라캉 정신분석에서

그것을 거부할 때, 주체는 상징적 세계의 주체성('목숨')을 부여받지
못하고 정신병의 세계로 들어가게 된다.[7]

———

는 '거세'라고 본다. 라캉에게 거세는 생물학적 의미를 갖지 않으며, 어머니와
아이의 폐쇄적이고 상상적인 이자관계의 세계에서 벗어나 아버지-대타자의
세계인 상징적 언어의 세계로 진입하는 것을 가리킨다. 거세는 '대상 결여'의
세 가지 형태(좌절, 박탈, 거세) 가운데 하나로서, 거세 콤플렉스는 오이디푸스
콤플렉스의 세 시기 가운데 마지막 단계에 해당한다. 제일 먼저 아이는 어머니
가 자신을 넘어서는 무언가—상상적 팔루스—를 욕망한다는 것을 알아차
리고(좌절), 어머니를 위한 팔루스가 되려고 노력한다. 두 번째 시기에 상상적
아버지가 개입하여 근친상간 금지의 터부를 선포하며 어머니로부터 그녀의
대상을 박탈한다(박탈). 거세는 오직 세 번째, 마지막 시기에 실현되며 그로써
오이디푸스 콤플렉스가 해소된다. 실재적 아버지가 자신이 실제로 팔루스를
갖고 있다는 것을 보여주면서 개입하게 되고, 그에 따라 아이는 스스로 팔루스
가 되려는 시도를 포기하도록 강요받고 아버지의 세계로 들어간다(거세).
라캉에게 팔루스 역시 생물학적 기관이 아니다. 아이에게 상상적 팔루스는
아이 너머에 있는 어머니의 욕망 대상으로 인지되며, 거세란 상상적 팔루스이
고자 하는 이러한 시도에 대한 포기를 말한다. 프로이트는 거세 콤플렉스가
남녀에게 다르게 작용한다고 보는 데 비해, 라캉은 거세 콤플렉스가 양성
모두에게 동일하게 작용한다고 본다. 모든 정신병리적 구조의 뿌리에는 거세
의 거부가 자리 잡고 있다. 그러나 거세를 완전하게 받아들이는 것 자체는
불가능하므로 완전한 '정상' 지위는 획득될 수 없다. 그러한 지위에 가장
가까운 것이 신경증적 구조이다. 정신병, 도착증, 신경증은 거세를 부정하는
세 가지 형태이다. 신경증자가 거세를 억압한다면, 도착증자는 거세를 부인하
고 정신병자는 거세를 폐제(배제)한다. 에반스, 『라캉 정신분석 사전』, 39-45,
87-93쪽; 브루스 핑크, 이성민 옮김, 『라캉의 주체: 언어와 향유 사이에서』,
도서출판 b, 2010, 107쪽.

7_ 라캉에 의하면 인간의 정신구조는 정신병, 도착증, 신경증의 셋으로 나누어진
다. 정신분석은 증상보다는 증상을 발생시키는 정신 구조를 규명하는 것을
진단의 목표로 삼는다는 점에서 정신의학과 다르다. 정신병, 신경증, 도착증
은 거세를 부정하는 세 가지 형태이다. 그 세 형태는 각각 폐제(배제), 억압,
부인이다. 정신병은 거세의 수행자로 등장하는 아버지가 제 기능을 못할
때, 즉 폐제될 때 발생한다. 신경증은 아버지 기능을 받아들여 상징계로 들어
가는 과정, 주체 형성 과정에서 발생하는데, 그 과정에서 일어나는 억압 때문

다른 한편 기표의 지배, 즉 주체에 대한 특정 기표의 지배는 우리가 미처 알지 못하는 기표 구조 다시 말해 기표들의 차이의 체계, 상징적 질서의 네트워크 속에서 작동된다. 앞서 말했듯이 기표 내지 기표체계의 지배는 무의식의 수준에서 이루어진다. 기표 네트워크 내지 상징적 질서의 그러한 지배는 실제 행위자를 통해 행사되는 권력의 모습이라기보다는, 눈에 보이지 않는 사회구조에 의해 행사되는 권력, 구조적 권력의 모습에 가깝다. 구조적 권력이란 자신이 선택하지 않은, 자신의 의지와 무관하게 이미 틀 지어져 있는 사회적 구조에 의해 행사되는 권력이다. 우리는 우리 스스로 의식하지 못하는 사이에 사회구조가 틀 지어놓은

에 형성된다. 도착증은 타자의 결여(거세)를 대상을 통해 메움으로써 거세의 현실을 부인하려 할 때 형성된다. 라캉은 정신구조의 정상, 비정상의 구분을 거부하지만, 정상인들은 대개 신경증의 정신구조를 갖는다.

신경증은 아이가 언어의 세계에 들어와 주체로 형성되는 것에 의해, 즉 기표의 효과로 발생한다. 최초에 어머니와 아이 사이에 형성된 상상적 이자관계에 아버지 기표가 개입되어 어머니 기표(어머니의 혹은 어머니에 대한 욕망)를 억압하고 대체하면서 신경증이 형성된다. 이것은 상징계로의 진입 과정, 주체 형성의 과정이며, 어머니와 아이 사이에 아버지가 금지의 법을 도입하는 과정이다. 이 최초의 아버지 기표가 정착되지 못하면(폐제되면), 상징계로 들어가지 못하고 정신병의 정신구조를 갖게 된다. 상징계로 들어가지 못하면, 다시 말해 실재가 언어를 통해 상징화되지 못하면, 실재가 직접 주체에게 돌아온다. 그것이 정신병에서 나타나는 망상이나 환각 현상이다. 망상에는 아버지나 세상이 자신을 박해한다는 박해 망상, 그와는 정반대로 자신이 세상을 구원한다는 과대망상 내지 구원자 망상, 질투 망상 등이 있으며, 환각에는 자신을 부르거나 박해하는 소리를 듣는 환청이나, 헛것이 보이는 환시 등이 있다. 도착증은 어머니의 거세 현실을 부인하면서 거세를 보충하고 감춰줄 대상들에 자신을 동일시하는 것을 말한다. 도착증은 페티시즘, 사도마조히즘, 노출증, 관음증 다양한 양태를 보이는데, 그 본질은 거세를 부인하는 것이다. 도착증자는 타자의 욕망을 충족시켜 주는 대상에 스스로를 환상적으로 동일시한다. 김석, 『에크리─라캉으로 이끄는 마법의 문자들』, 살림, 2007, 222-235쪽; 에반스, 『라깡 정신분석 사전』, 73-74쪽.

행로 속을 걸어가게 된다.

박정희 시대에 '국방의 의무'라는 기표는 주체를 무의식의 차원에서 강력하게 지배했던 기표라고 할 수 있다. 당시에 통용되었던 '국방의 의무'라는 기표를 보다 정확하게 말한다면 '남성 개개인이 국방의 의무를 이행하여 군사적으로 규율화된 주체로 인간개조되는 것'이라고 할 수 있다. 이 기표는 의식 속에서도 작동하고 있었지만, 개별 주체들의 무의식 속에서, 그들이 잘 알지 못하는 기표들의 네트워크 속에서 보다 강하게 작동하였다.[8]

만약 박정희 체제라는 상징적 질서가 개별 주체에게 부여하는 이 기표를 거부하게 되면, 그는 그 상징적 세계에서 추방되어 자신의 정체성, 즉 대한민국 국민이라는 정체성을 박탈당하고 '비국민'의 지위로 떨어진다. 또 그 기표를 받아들이게 되면 그는 지독한 소외 상태 속에서 박정희 군사독재체제라는 상징적 세계가 가하는 의식적·무의식적 지배를 수용하지 않을 수 없게 된다.[9]

그런데 기표가 무의식 속에 억압되어 있다는 것은 그 기표가 기표들 간의 '의미화 사슬(연쇄)'(signifying chain)에서 탈락되어 있다는 것을

8_ 가령 군대를 가야 하는 젊은 사람들은 국방의 의무에 대해 물론 잘 알고 있지만, 그걸 끄집어내 말하는 것을 극도로 꺼린다. 또한 뒤에서 이야기 하겠지만 이 기표에 대해 공개적으로 논의하는 것 자체도 당시로서는 상당한 정도로 금기시되었다. 또 군대를 갔다 온 일반 사회인들이 국방의 의무를 수행함으로써 획일화되고 서열화된 군대식 사고와 행동 방식을 습득했다 하더라도, 그들은 이것을 국방의 의무와 연결시켜 생각하기보다는 그것을 마치 일반적인 사회 원리 내지 처세 원리로 받아들이려는 경향이 강했다.

9_ 타자에 대한 주체의 완전한 종속 상태는 이후 타자 역시 완전하지 못하다는 것을 주체가 깨닫게 될 때, 타자와 일정한 거리를 둘 수 있게 되는 '분리'의 단계로 나아간다. 이에 대해서는 이 장의 4절에서 다시 다루게 된다.

말한다. 의미화 사슬로부터 탈락한 기표, 그로부터 고립된 기표란, 다른 기표들과 연쇄될 수 없기에 기의를 갖지 못하는 기표, 기의 없는 기표가 된다는 것을 뜻한다. 그러나 "기의가 없으면 없을수록 그 기표는 더욱더 파괴 불가능해진다." 즉 기표는 억압되면 될수록, 고립되면 될수록 주체에 대해 갖는 지배력, 권력은 더욱 강해진다. 주체는 의미화 사슬로부터 탈락된 고립된 기표에 무의식적으로 고착되는데, 그러한 고착은 증상 등의 형태로 표출된다.[10]

이렇게 고립된 기표, 기의 없는 기표가 다른 모든 기표들에 대하여 주체를 대표하게 되는데 그것이 바로 주인 기표이다. 라캉은 이후 그 어떤 단일한 유일무이한 주인 기표도 없다고 말하며, 주인 기표를 '담화의 나머지로부터 고립된 어떤 기표'로 정식화한다. 기의 없는 주인 기표의 파괴 불가능성이란 일종의 '신성성', '숭고성'에 해당된다고 할 수 있다.

박정희 시대에 국방의 의무 앞에는 늘 '신성한'이라는 접두어가 붙었는데, 이는 국방의 의무가 주인 기표로서 다른 기표들과 자유로운 연쇄가 허용되지 않는, 권력에 의해 규정된 연쇄만이 허용되는 범접할 수 없는 지위와 그에 따른 지배력을 갖고 있었음을 의미한다. 당시 국방의 의무가 유일한 주인 기표였던 것은 아니라 하더라도, '신성한'이라는 접두어를 통해 표현된 것처럼 상대적으로 강력한 힘을 행사했던 주인 기표였다는 점은 분명하다. 여기서 국방 의무의 '신성성'은 국방 의무의 수행이 피할 수 없는 어떤 것, '다른 것으로 대체될 수 없는 것'으로 받아들여졌다는 것을 말한다. 3절에서 자세히 살펴보겠지만 국방의 의무를 신성화의 단계까지 끌어올린 것은 박정희 시대 내내 강력한 정책적 의지를 가지고

10_ 에반스, 『라깡 정신분석 사전』, 95-96, 240쪽 참조

추진했던 제도화의 효과였다.[11]

그러나 변증화를 통해 주체에 대해 행사되는 주인 기표의 권력은 약화될 수 있다. 변증화는 하나의 기표와 다른 기표들이 새로운 연쇄관계를 형성하는 과정, 기표들이 등가화되고 그에 따라 서로 대체 관계를 갖게 되는 과정, 그리고 그를 통해 새로운 의미가 발생하는 의미작용의

11_ 징병제(conscription)는 미국의 독립전쟁과 프랑스 혁명에서 시작되었다. 그러나 일반 징집제는 구미의 경우 직접적 전쟁 상황 이외에는 시행되기 어려웠고, 평시에는 징병을 대체하는 다양한 관행들이 실시되었다. 예를 들어 돈을 주고 자기 대신 다른 사람이 군복무를 하게 하거나, 세금을 내고 면제받는 병역 매매 제도 등등이 널리 행하여졌다. 프랑스에서는 혁명 이후인 1799년의 병역법에서 추첨에 의해 징병대상자를 결정하였다. 대체로 대리복무제, 징병면제금 제도, 대체복무제 등이 널리 사용되었다. 대리복무(replacement)는 군복무자로 추첨된 자가 돈을 주고 다른 사람이 대신 복무케 하는 것으로 이 비용을 위해 보험 상품까지 등장하였다. 징병면제금 제도(commutation)는 크림전쟁이 발발하면서 국가가 면제금을 받고 군복무를 면해주는 제도로 등장하였다. 이 돈은 군인들의 연금으로 사용되었는데 이 경우도 역시 이 업무를 위한 보험회사가 등장하였다. 징병면제금 제도는 남북전쟁 당시 미국에도 채택되었다. 교체복무(substitution) 역시 합법적인 방법으로서, 두 사람 간에, 혹은 지방 공동체 내부의 결정으로 대신 복무할 사람을 만들어내는 방법이다. 이는 미국의 경우 지방 공동체가 연방정부의 군복무 요청에 대해 자기 마을의 남성과 경제를 보호하기 위한 방편이 되었다. 이처럼 징병에 대한 회피가 사회적으로 관행화되었다는 사실은 강제적 징병제에 대한 저항이 그만큼 컸다는 점, 그 저항이 사회 상층부에 의해 주도되었다는 점, 그에 따라 국가도 이를 묵인할 수밖에 없었다는 점, 결국 징병제가 항상적으로 도덕적 지배력을 갖기는 어려웠다는 점 등을 보여준다. Meyer Kestnbaum, 「Citizen-Soilders, National Service and the Mass Army: The Birth of Conscription in Revolutionary Europe and North America」, *Comparative Social Research*, Vol. 20, 2002; Las Mjoset and Stephen Van Holde, 「Killing for the State, Dying for the Nation: An Introductory Essay on the Life Cycle of Conscription into Europe's Armed Force」, *Comparative Social Research*, Vol. 20, 2002 참조.

과정을 말한다. 변증화를 통해 주인 기표는 숭고함, 신성함, 신비함을 잃고 세속화된다. 따라서 주인 기표의 지위, 주인 기표로서의 권력이 유지되려면, 그 기표가 다른 기표들과 자유롭게 연결되고 교환되는 등가화 내지 변증화의 과정이 억압되어야 한다.[12] 국방의 의무가 신성함과 주인 기표의 지위를 유지했던 것은 바로 박정희 체제의 국가장치들이 권력이 규정한 특정한 기표 연쇄 이외에 자유로운 변증화를 철저히 억압하였기 때문이다.[13]

---

[12]_ 핑크, 『라캉의 주체』, 151-154쪽. "이 S₁[주인 기표]이 또 다른 기표와 모종의 관계를 맺도록 할 수 있다면, 주체를 예속시키는 주인 기표로서의 그것의 지위는 변한다"(151쪽). 가령 처음 들었을 때 낯선 말이자 뜻도 없는 단어였던 '장손'이라는 기표는, 다른 기표들과의 연쇄를 통해 변증화의 과정을 밟으면서 여러 의미들이 생성된다. 예를 들어 다른 형제들과 장손은 어떻게 다른지, 그래서 제사를 모시고 가족을 책임지고 문중 재산을 관리하고 등등, 그러나 오늘날 그런 책임들이 거의 사라졌다는 등 다른 기표들과 자유롭게 연쇄되는 변증화의 과정을 밟는다. 그러한 변증화, 세속화를 통해 그는 더 이상 장손이라는 기표에 일방적으로 고착되지 않게 된다. 그렇게 될 때 그에게 들러붙어 그의 사고와 행동을 지배했던 '장손'이라는 기표는 가령 중학생이라든지 어느 초등학교 졸업생, 대한민국 국민, 어느 지역 주민 등등 과 같이 자신의 정체성을 규정하는 다양한 주인 기표들 가운데 하나에 불과 하게 된다. 다시 말해 그는 그 기표의 일방적 지배에서 벗어날 수 있게 된다. 그렇게 볼 때 자신의 정체성을 규정하는 다양한 기표들은 처음에 고립된 무의미한 기표로서 주체를 예속시키지만, 변증화의 길을 밟으면서 일방적 지배력을 갖는 기표로서의 지위를 상실하게 된 것이라 할 수 있다. 그러나 '국방의 의무'라는 기표, 그리고 제2장에서 살펴볼 것이지만, 고문과 조작에 의하여 강요되는 '간첩'이라는 기표는 자유로운 변증화의 과정이 억압되어 특정한 방식으로 제한된 연쇄만이 허용된 결과, 지속적으로 주체 를 지배하는 주인 기표로 작동한다.

[13]_ 주체가 무의식적으로 고착되어 있는 주인 기표는 분석을 통해 찾아내야 하는 대상이지만, '국방의 의무'라는 기표가 그러하듯이 그것이 주체의 일상 생활 속에서 낯선 기표인 것은 결코 아니다. 오히려 일상적으로 사용되는

이러한 변증화의 억압은 당시 박정희를 코미디나 풍자의 대상으로 삼는 것이 엄격히 금지되었던 것과 같은 맥락에 서 있다. 권력이 자의적으로 갖다 붙인 엄격히 제한된 기표 연쇄와 그로부터 발생하는 제한된 기의, 그것만을 고집하고 강요하는 것이야말로 독재권력의 특징이다.[14] 우리나라에서 모든 남성들에 대해 국방의 의무를 수행하도록 강제 징집한다는 의미를 갖는 용어, conscription은 원래 "운 나쁘게 군복무를 해야 할 사람을 가리기 위한 투표를 준비하는 대상자 명부 작성"이었다.[15] 언어적 질서, 상징적 질서를 지배함으로써 개개인의 사고와 행동을 통제하고자 하는 것은 전체주의 체제의 기본 속성이기도 하다. 박정희 체제는

단어이고 무얼 의미하는지 잘 알고 있을 테지만, '그것이 자신에게 무엇을 의미하는지'는 여전히 알지 못한다. 그런 의미에서 주인 기표는 무의미한 것이다. 주인 기표의 무의미성은 주인 기표가 다른 기표들과 연쇄되는 방식이 극히 제한되어 있다는 것, 변증화가 힘든 기표의 지위에 있다는 것을 말한다. 핑크, 『라캉의 주체』, 152쪽 참조.

14_ 박정희를 풍자하는 것은 엄격히 금지되었을 뿐 아니라 가혹한 처벌의 대상이 되었다. 그러나 공식적 법 속에서는 그것을 처벌할 죄목이 없었다. 법전에는 없는 죄, 불문율에 해당하는 이른바 '불경죄'에 해당되었다. 불경죄의 사전적 정의는 "마땅히 높여야 할 사람이나 사물에 대하여 예를 갖추지 아니함으로써 짓는 죄"이다. 불경죄에 대한 처벌은 법을 지키기 위해 법을 위반하면서까지 법을 보완하는 '외설적인' 조치에 해당된다. 이것은 공식적 법이나 정책에 대비되는 공식적 법의 '이면'에 해당하는 것으로서 공식적 법과 더불어 권력의 두 측면을 이룬다(이에 대해서는 제3부 제1장에서 자세히 설명될 것이다). 지젝은 이 지점, 즉 법을 지키기 위한 법 위반의 지점에 대한 공격을 지배 권력을 교란시키는 저항의 주요 전략으로 본다. (일정 기간 라캉의 제자였던) 세르토 역시 일상생활 속에서 권력에 저항하는 일상적 실천의 지점에 주목한다. 슬라보예 지젝, 이성민 옮김, 『까다로운 주체』, 도서출판 b, 2005, 386-387쪽; Michel de Certeau, *The Practice of Everyday Life*, University of California Press, 1984.

15_ 신병식, 「박정희시대의 일상생활과 군사주의—징병제와 '신성한 국방의 의무' 담론을 중심으로」, 『경제와 사회』, 겨울, 2006, 152쪽.

특정 기표들에 대해 엄격히 제한된 기표 연쇄와 기의를 고집하였고, 그것을 벗어나 다른 기표들과 연결되어 다양한 의미를 발생시키는 것, 그 기표의 신성함이 탈색되고 세속화되는 것을 저지하고자 하였다.

1987년 민주화 이후 군대 내무반 생활을 코미디물로 만든 「동작 그만」 (1988년, KBS2 TV 방영)이라는 프로그램은 폐쇄된 기표 연쇄와 기의만을 고집하던 금지된 '성역'을 개방하여 국민들에게 커다란 인기를 얻었다.[16] 그 프로그램은 고립된 기표, 의미작용이 금지된 기표를 변증화하여 막혔던 기표 연쇄의 통로를 뚫어주는 역할을 했다. 라캉은 두 기표들이 새롭게 연결되는 것을 설명하기 위해 두 기표 사이에서 "은유의 창조적 불꽃이 번쩍인다"는 문학적 표현을 사용한다. 「동작 그만」은 폐쇄된 병영생활을 일상생활의 여러 측면들과 연결시켜 병영생활의 어두운 곳 곳에 은유의 불꽃을 들이댐으로써 그 의미들을 다양하게 풀어내는 '기표 연쇄의 해방,' '의미 해방'의 역할을 했다. 그리고 그것은 그 자체로 민주화의 한 과정이기도 했으며, 또 독재체제 아래에서는 건드릴 수 없었던 곳을 속 시원히 긁어주는 치유의 과정이기도 했다.[17]

16_ 당시 신문보도에 따르면 「동작 그만」은 올해의 TV 프로그램 쇼 코미디부문에 선정되었는데, "그동안 금기시되어온 군 소재를 과감하게 다뤘을 뿐 아니라 다양한 시청자 층의 호응을 얻은 점이 평가되었다." 『경향신문』, 1988년 12월 5일.

17_ 그러나 2015년 현재 우리나라 방송에서 군대생활을 다루는 프로그램들은 다양한 기표 연쇄를 모색하기보다는 권력이 지정하고 기획하는 의미를 그대로 반영하고 있는 모습들을 보여주고 있다. 언어적 질서, 상징 질서가 민주주의의 주요 요소를 이룬다고 보면, 이는 민주주의 후퇴의 한 양상이다. 그러한 배경에서 볼 때 『한겨레신문』에 연재되었던 만화 『DP』(김보통, 시네21북스 2015)는 주목할 만하다. DP는 탈영병 헌병체포조를 의미하는데, 이 책은 군대생활 속에서 이루어지는 가혹한 인간개조 과정에서 발생하는 무수한 탈영과 자살 등의 모습들을 잘 그려내고 있다.

　‘은유의 불꽃’이 번쩍이는 순간은 바로 주체가 자신의 모습을 드러내
는 순간이기도 하다. 그때 나타나는 주체는 종속되고 소외된 주체가
아니라 저항과 해방으로서의 주체, 무의식의 주체이다. 그 은유의 불꽃이
란, 상징적 현실의 권력을 대행하는 대타자가 특정 기표를 부과하여
그에 의해 지배되고 종속당하는 그런 소외된 주체가 아니라, 그 대타자의
권력에 저항하는 무의식의 주체이다.[18] 달리 표현하면 은유의 불꽃으로

─────
18_ 브루스 핑크에 따르면 두 기표를 연결시키는 은유의 창조적 불꽃이 바로
　　무의식의 주체이다. 그것은 그 연결의 순간에 번쩍하며 나타났다 사라지는
　　주체이다. 핑크는 이 주체에 ‘틈으로서의 주체’라는 이름을 붙인다. 핑크는
　　주체가 본질적으로 두 얼굴을 갖는다고 본다. 그것은 ‘의미의 응결물로서의
　　주체’와, 두 기표들 사이에 연계를 확립하며 실재 안에 틈을 낳는 주체,
　　‘틈으로서의 주체’이다(여기서 ‘틈’은 ‘길트기’와 동의어이다). “응결물로서
　　의 주체는 한 기표를 다른 기표로 대체하는 것에 의해 혹은 한 기표가 다른
　　기표에 미치는 사후적 효과에 의해 결정되는 의미의 침전물에 불과하다.
　　이는 ‘하나의 기표가 다른 기표에게 대표하는 어떤 것’으로서의 주체라는
　　라캉의 ‘정의’에 조응한다. 틈으로서의 주체는 두 기표들 사이의 연계를
　　확립하면서 실재 안에 틈을 낳는 어떤 것인데, 이때 주체는 바로 이 틈에
　　다름 아닌 것이다.” 틈으로서의 주체, 무의식의 주체는 두 기표를 연결하는
　　순간, 변증화의 순간에 불꽃처럼 ‘존재’했다가 사라진다. ‘은유의 창조적
　　불꽃’이라는 주체가 새로운 의미를 발생시킨다면, ‘의미의 응결물로서의
　　주체’는 그 새로운 의미가 응결된 것으로서의 주체이다. 다시 말해 ‘존재’로
　　서의 주체가 사라지고 남겨지는 것은 ‘의미’의 주체이다. 이 의미로서의
　　주체는 바로 타자에 종속되어 소외된 주체이다. 지젝은 타자에 종속되고
　　소외된 주체를 “외부의 몰상식한 ‘기계’, 상징적 네트워크의 자동운동과
　　기표의 자동운동에 사로잡힌 주체”라고 표현한다. 다시 말해 타자에 종속된
　　주체는 ‘무의식의 주체’가 아니라, ‘무의식의 지배를 받는 (의식의) 주체’이
　　다. ‘무의식의 지배를 받는 주체’는 상징적 네트워크와 기표의 자동운동에
　　사로잡혀 자기도 모르는 새에 무의식적으로, 기계적으로 타자의 지배를
　　받아들이는 주체이다. 그는 상징적 질서와 그것이 행사하는 구조적 권력이
　　자신도 모르는 새에 자신의 몸과 행위에 새겨진 주체이다. 핑크, 『라캉의
　　주체』, 138-139, 150-152쪽; 지젝, 『이데올로기의 숭고한 대상』, 74쪽.

나타나는 무의식의 주체는, 이미 응결되어 대타자의 몫으로 돌아간 고정
된 의미가 아니라 새로운 기표 연쇄를 통해 새로운 의미를 창출함으로써
타자로부터 해방을 꿈꾸는 저항의 주체이다. 그 무의식의 주체는 상징
질서가 가하는 지배를 무의식적으로 받아들이는 주체 즉 상징계의 자동
인형이나 꼭두각시가 아니라, 그 질서에 구멍을 내고자 하는 주체이다.[19]

기표 특히 주인 기표가 갖는 권력의 모습, 그리고 그것에 의해 지배받
는 주체의 모습은 박정희 시대 '국방의 의무'가 가졌던 지위를 통해 잘
잘 살펴볼 수 있다. 물론 그럼으로써 기표의 권력 개념을 통해 국방의
의무가 갖는 성격, 박정희 시대의 성격 역시 더욱 뚜렷하게 부각될 수
있다.

2. 상징계의 진입 관문으로서 국방의 의무

국방 의무의 수행은 일종의 거세 개념으로 파악될 수 있다. 국방

19_ 라캉은 주체의 분열을 언표(statement)의 주체와 언표 행위(enunciation)의
주체 간의 분열로 보기도 한다. 언표 행위의 주체가 말하고 있는 '나'를
가리킨다면, 언표의 주체는 말해진 내용 속의 '나', 진술 속의 나를 가리킨다.
가령 "나는 거짓말을 하고 있다"의 경우, 그 문장 속의 주어(subject, 주체)는
거짓말을 하고 있지만, 그 말을 하는 나는 거짓말을 하고 있지 않다. 언표의
주체(언표된 주체)는 그 문장 속에 의미로 고정된 나이지만, 언표 행위의
주체는 그 말을 하는 시점, 그 장소에서만 존재하는 나이다. 지젝은 스탈린
재판에 회부된 니콜라이 부하린의 입장을 주체 분열의 전형적인 예로 제시
한다(제2부 제1장 6절 참조). 부하린이 언표 행위 주체의 수준에서 훌륭한
공산주의자라는 것을 증명할 유일한 길은 죄를 고백하는 것, 즉 언표 주체의
수준에서 자신을 당의 반역자로 규정하는 것이기 때문이다. 이 문제는 뒤에
서 다시 다루어질 것이다. 에반스, 『라캉 정신분석 사전』, 240-241쪽 참조

의무의 수행은 박정희 시대라는 상징계로 들어가는 통과의례, 2차적 거세에 해당된다. 그것을 수행하지 않는다면 즉 거세되지 않는다면 당시의 표현 그대로 '비국민'이 될 수밖에 없다. 정희진은 여성주의 입장에서 이를 다음과 같이 말한다.

> 한국 남성들의 군 입대는 일종의 '2차적 오이디푸스 단계'로의 진입을 의미한다. 군대는 어머니나 애인의 보살핌을 받던 '여성적인 일상세계'와 이별하고, 남성 연대를 위해 본격적으로 아버지의 세계로 진입하는 미지로의 여행이다……. 군대는 남성성을 훈련하는 곳이기 때문에, 군대가 요구하는 이상적인 남성에 도달하지 못한 남성은, 여성화 혹은 비(非)남성화된다.[20]

라캉은 거세가 아이가 상징적 세계 속으로 들어가는 시점에 어떤 향유(주이상스)를 포기하도록 요구받는다는 것을 의미한다고 말한다. 라캉은 "거세란 무엇인가? 꼬마 한스가 내놓은 정식화, 즉 누군가가 고추를 잘랐다 같은 것이 아니다……. 그가 그의 향유를 자기 내부에서 취할 수 없다는 것이다"라고 말한다. 따라서 이것은 남자, 여자 모두에게 적용된다. 거세는 우리가 언어의 세계, 상징적 질서라는 타자의 세계 속으로 들어갈 때, 무언가를 포기하도록 강요됨을 말한다. 이때 포기된, 희생된 향유는 타자 쪽으로 이동되어, 타자가 우리 대신 '즐기게' 된다.

20_ 정희진, 『페미니즘의 도전: 한국 사회 일상의 성 정치학』, 교양인, 2005, 262-265쪽. 군대 이전의 세계를 이처럼 '여성적인 일상세계'로 보는 것은 과잉 단순화의 위험을 안고 있다. 군사화 내지 군사주의에 대한 여성주의자들의 비판적 연구는 '군대 자체가 남성성 숭배와 남성 연대를 위한 조직'이라는 정희진의 주장으로 요약될 수 있다.

주체는 타자의 세계 안에서 자신의 향유를 희생하고 그럼으로써 자신의 소외를 받아들이는 선택을 하지 않을 수 없게 된다. 그 결과 우리는 타자의 언어를 사용하고 타자의 세계에서 살아가며 그 명부에 우리의 이름을 올리는 한에서만, 타자 안에서 순환하는 향유의 극히 작은 일부를 나누어 가질 수 있게 된다.[21]

브루스 핑크는 라캉의 거세·남근 개념에 의거하여 언어, 경제, 친족 '체계'에서 동일한 구조가 발견된다고 주장한다. 먼저 어떤 결여 내지 상실이 발생해야 하고, 그것이 타자 내부에서 순환하게 된다. 핑크에 의하면 그 순환이 사회적 결속을 이루어내면서 우리가 사는 상징적 현실, 상징계를 형성한다는 것이다. 언어 체계의 경우에는 메시지의 순환이, 경제 체계에서는 상품의 순환이, 친족 체계에서는 여자의 순환이 그 역할을 한다는 것이다. 자본주의 체계의 예를 살펴보자. 노동자는 자본주의적 상징 질서 속에서 살아가지 않을 수 없는 강제적 선택에 직면한다. 이때 자본주의는 노동자로부터 일정량의 가치, [향유에 해당하는] '잉여 가치'를 뽑아내 제할 것을 요구한다. 노동자에게서 빼앗은 잉여 가치는 '자유' 시장으로서의 타자에게 이전되고 노동자는 상실과 소외의 경험을 하게 된다. (잉여)향유에 해당하는 잉여 가치는 자본주의라는 상징적 세계 속에서 순환하며 사회적 결속을 만들어낸다. 자본주의는 자신의 장 안에 상실과 결여를 만들어내며, 이는 거대한 시장 메커니즘이 작동할 수 있게 만든다.

이와 마찬가지로 국방 의무의 수행으로 우리는 향유의 상실을 경험하며 그 상실된 향유는 박정희 시대 개발독재체제로 이동하여 그 안에서 순환한다. 박정희 체제라는 타자가 우리 대신 즐긴다. 그 포기된 향유는

21_ 핑크, 『라캉의 주체』, 185-188쪽.

타자의 장을 순환하면서, 사회적 결속을 만들어내고 박정희 체제라는 상징계, 상징적 현실을 형성한다. 우리는 국방 의무의 수행을 통해 자신을 소외시키고 자신을 박정희 체제의 '국민'으로서 명부에 올리는 한에서만 타자 안에서 순환하는 향유의 극히 작은 일부를 나누어 가질 수 있다.

다시 말해 국방 의무의 수행은 박정희 체제라는 구조를 작동시키는 원초적 상실, 거세에 해당한다. 그 상실·결여를 경험하지 않고는 주체, 즉 '국민'이 될 수 없으며 그 체제 내에서 욕망이 작동될 수 없다. 백종천은 군대를 '국가 학교'라고 표현하면서, 군대라는 국가 학교에 갔다 와야 비로소 사람 즉 발전국가의 국민이 된다고 본다.[22] 상실되고 결여된 향유를 '눈곱만큼'이라도 되찾기 위한 욕망이 작동되기 위해서는, 박정희 시대의 국민이라는 주체로 인간개조 즉 거세되어 상징적 현실로서의 박정희 체제에 기입되고 등록되지 않으면 안 된다.

거세를 통해 주체 즉 국민으로 '인간개조'될 때 희생된 향유는 어떻게 되찾을 수 있는가? 그것은 국방 의무의 수행을 통해 무의식적으로 체득된 서열화, 계급화를 통해서이다. 국민 내부에 부여된 계급, 서열의 사다리를 올라가는 그만큼 상실된 향유를 더 많이 되찾을 수 있다고 여겨지는 것이다. 박정희 시대는 모든 것을 '계급적' '차이의 체계'로 바꾸어 놓았던 시대이다. 그 욕망의 사다리를 아무리 기어올라도 우리는 우리가 상실한 그 향유를 완전히 되찾는 것이 불가능함에도 불구하고, 우리는 그것이 가능할 것이라는 환상을 품고 욕망의 끝없는 환유 연쇄에 사로잡혀 살아간다.

22_ 백종천, 「군대교육과 국가발전: 한국의 경우」, 『한국정치학회보』, 제15집, 1981.

그렇다면 그 향유란 구체적으로 무엇을 가리키는가? 뒤에서 자세히 설명하겠지만 나는 이 (잉여)향유가 '무조건 명령과 무조건 복종'에 해당된다고 본다. 개개인은 국방 의무의 수행을 통해 거세되어 원초적 상실을 경험하고, 상실된 향유는 박정희 체제라는 타자의 세계로 이전되어 그 내부를 순환하며 사회적 결속을 만들어낸다. 우리는 그 내부에서 계급적 서열의 사다리를 하나하나 타고 올라간다면 '무조건 명령과 무조건 복종'이라는 향유를 마음껏 즐길 수 있게 되리라는 환상을 갖고 살아간다.

3. 국방 의무의 '신성화': 주인 기표의 확립

1) 박정희 시대와 군사적 규율화

5·16 군사쿠데타로 집권한 박정희 정권은 군사 정권답게 군대의 운용을 체계적으로 정비하고 사회 전체를 병영화하고자 하였다. 특히 1968년의 1·21사태, 푸에블로호 납치사건 그리고 그해 말의 울진·삼척 게릴라사건 이후 군사화 노력은 본격화되었다. 향토예비군제, 교련교육제, 주민등록증제의 도입과 더불어 국민교육헌장 선언과 혼분식장려운동, 제2경제운동, 새마을운동 등 군사제도의 도입과 사회 전체의 총체적 동원화 노력이 주요 내용을 이룬다. 그러한 점에서 박정희 정권에 있어서 1968년은 중요한 시점이 된다. 3선 개헌, 사채동결과 비상사태 선언, 유신 선포로 이어지는 독재화의 길은 1968년 이후 사회의 군사적 규율화가 동시에 이루어지지 않았다면 가능하지 않았을 것이다.[23]

23_ 박정희 정권의 시기 구분에 관해 임현진·송호근과 전재호는 1968-1971년

▲사진 1 5·16 군사쿠데타로 국가 권력을 장악한 집권군인들은 사회 전체를 군사적으로
규율화 하겠다는 꿈에 한껏 부풀어 있었다. 박정희 등 쿠데타 주역들이 경제기획원에서
업무 보고를 받고 있다. 1962년 1월 5일.

1968년 이후의 시점에 이러한 제도들이 도입되었다는 사실이 표면상
으로는 북한의 도발 공격에 대한 방어적 성격을 갖는 것으로 보일 수
있다. 그러나 군사정권은 그 이전부터 사회 전체를 동원하고자 하는

의 시기를 유신체제로 넘어가는 과도기로 파악하고 있다. 전재호는 이 시기
에 민주주의 대신 군사주의와 국가주의가 경제발전과 더불어 민족주의 담론
으로 제시되었다고 본다. 김석수 역시 국민교육헌장이 선포된 1968년을
군사주의와 국가주의 논리가 강화된 기점으로 보고 있다. 임현진·송호근,
「박정희 체제의 지배이데올로기」, 역사문제연구소, 『한국정치의 지배이데
올로기와 대항이데올로기』, 1994; 전재호, 「박정희 체제의 민족주의 연구」,
서강대학교 대학원 정치학박사학위논문, 1997, 51쪽; 김석수, 『현실 속의
철학, 철학 속의 현실: 박종홍 철학에 대한 또 하나의 해석』, 책세상, 2001,
162쪽 참조

시도를 하여 왔다. 5·16 쿠데타 직후의 재건국민운동이나 사무국 중심의 대중정당을 조직하고자 한 시도 등이 이에 해당된다. 실제로 시행되지는 않았지만 향토예비군설치법이 최초로 제정된 것도 1961년 12월이었고, 주민등록제도가 최초로 도입된 것도 1962년 1월이었다.

군대조직과 동원조직은 뗄 수 없는 관계에 있다. 징병제는 개인의 신체와 생명을 징발하는 가장 극단적인 대중동원 제도이다. 국가가 개인을 동원하는 대표적 수단인 관변 대중조직(AMO: Administered Mass Organization)이 역사상 최초의 총력전인 1차대전이라는 전쟁 경험을 바탕으로 등장하였다는 연구가 있다. 카스자는 관변조직에 의해 동원되는 사회를, 관변조직들이 사회 내 다양한 영역들을 강제 징집된 군대의 모습으로 조직한다는 의미에서 '징집사회'(the conscription society)라고까지 표현한다.[24]

5·16 직후 국민동원과 조직화의 시도들은 결국 실패로 돌아갔다. 1968년 이후의 군사적 동원 시도들은 북한의 재침략 의도가 1968년의 일련의 사건들을 통해 '증명'되었다는 것을 전제로 하고 있다. 그를 계기로 대중동원을 전면적으로 재시도하였는데, 북한의 군사도발에 대한 대응 형태였다는 점에서 노골적 군사화의 성격을 뚜렷이 갖고 있었다. 마치 한국전쟁을 사회주의권 팽창의 '노골적 야욕'에 대한 증명으로 삼아 미국이 군비 강화, 냉전의 본격화를 시도하였던 것과 유사한 맥락이다.

징집사회를 지향하는 2차적 국민동원의 시도들은 1차 시도 실패의 경험과 그에 따른 학습 효과를 통해 이루어졌다. 그러나 2차 시도와

24_ Gregory J. Kaszar, *The Conscription Society, Administered Mass Organizations*, Yale University Press, 1995.

1차 시도 사이에 공백이 있었던 것은 아니다. 그 사이에는 양자를 매개하는 중간 단계가 내재해 있었다. 사회를 군사적으로 규율화하기 이전에 군 자체의 내부 정비가 실시되었고, 동원하고 규율화하고자 하는 대상을 성년에 달하는 청년들인 징집자로 축소하였다. 이때 이루어진 베트남 파병은 미국의 지원에 의존한 군의 현대화·합리화, 실전을 병행한 군사화와 규율화에 좋은 계기가 되었다. 한홍구는 베트남 파병의 가장 중요한 영향은 박정희 정권이 미국과 군부의 확고한 지지를 바탕으로 독재권력을 행사하면서 한국사회 전체를 병영국가를 만들어갔다는 점이라고 본다.[25]

군대 복무기간 중 시행되는 군사적 규율화는 연차적으로 사회구성원 전체를 군사화하고자 하였다는 의미를 갖는다. 강제 징집에 의한 의무복무제가 군사정권에 의해 처음 도입된 것은 물론 아니다. 그러나 이 시기에 이르게 되면 병영생활을 통한 군사적 규율화의 모습은 보다 명료한 형태를 갖게 된다. 군사정권은 5·16 직후부터 병역법을 전면 개정하여 성인 남자의 병역 이탈을 최대한 방지하고자 하였고, 다른 한편 성인 남자 개개인을 군인으로 철저히 규율화하고자 하는 본격적인 노력을 기울였다. 병영 내에서 군사적 규율화의 본격적 노력을 명확히 보여주는 것이 바로 1966년에 제정된 방대한 규모의 군인복무규율이다.

사회 전체를 병영화하고자 한 1968년 이후의 2차적 시도들은 군 내부 정비와 징병제·군 규율 확립의 경험 위에 재조직된 것이다. 징집제 강화와 군대규율화의 경험을 바탕으로 예비군·민방위·교련이라는 군사조직을 통해 군사적 규율화를 전체 사회에 확장·투사하였다. 전국

25_ 한홍구, 「베트남 파병과 병영국가의 길」, 이병천 엮음, 『개발독재와 박정희 시대: 우리 시대의 정치경제적 기원』, 창비, 2003.

적 조직망을 갖는 예비군 조직, 민방위 조직, 학교 내의 군사조직, 징집·
징발 조직 그리고 군대를 통해 내면화된 군사적 규율화가 바로 유신체제
의 사회 병영화를 가능하게 했던 주요 도구였다.[26]

그러나 이러한 규율화의 과정이 쿠데타를 일으킨 군인들의 전적인
창작품이었던 것은 결코 아니다. 한국의 정치, 경제, 문화 전 과정에
걸쳐 미국이 지속적으로 관여하여 온 것은 잘 알려진 사실이다. 미국은
쿠데타 이전부터 사실상 쿠데타를 '교사'하였고, 직접 쿠데타를 만들어
내고자 하는 공작을 꾸미기도 했다.[27] 5. 16 쿠데타 이후에는 집권군인들
에게 다양한 수단과 통로로 압력을 가하여 군사정권의 성격과 방향을
조정하였다. 사회를 규율화하고자 했던 군사정권을 규율화한 것이 미국
이었다. 말하자면 '규율화의 규율'이었고, 이중적인 중첩적 규율화의
과정이었다고 할 수 있다. 네그리와 하트 역시 1960년대를 전후하여
전 세계를 가로질러 훈육적인 생산 및 지배 형태의 확산이 일어났으며,
그 과정은 정치적 해방의 욕망을 산업화를 통한 풍요로운 사회로의 욕망
으로 변형하는 과정이었다고 보고 있다.[28]

26_ 전시하 인적·물적 자원의 동원·징발을 위해 조직된 것이 국가안전보장위
   원회 내에 설치된 비상기획위원회이다. 이는 1966년에 설립된 국가동원연구
   위원회가 1969년에 폐지되면서 신설되었다. 이후 각 기업 내부에도 정부의
   압력 속에서 군 출신의 비상계획관들이 임명되었다. 「주요기업체 비상계획
   관 배치현황(국가안보사무국보고)」(1970. 6. 12).

27_ 강준만, 『한국현대사 산책, 1960년대편 1권』, 인물과사상사, 2004; 박태균,
   「1960년대 초 미국의 후진국 정책변화: 후진국 사회변화의 필요성」, 공제
   욱·조석곤 공편, 『1950-60년대 한국형 발전모델의 원형과 그 변용과정:
   내부동원형 성장모델의 후퇴와 외부의존형 성장모델의 형성』, 한울아카데
   미, 2005; 김형아, 『박정희의 양날의 선택, 유신과 중화학공업』, 일조각,
   2005.

28_ 네그리와 하트는 유럽과 유럽 밖의 본원적 축적과정을 부와 명령, 내부와

2) 국방 의무의 '신성화'[29]

박정희 시대를 특징짓는 가장 중요한 요소의 하나는 병역의무의 철저한 이행, 그리고 국방 의무의 '신성화'라고 할 수 있다. 넓게 보자면 "싸우며 일하고, 일하며 싸우자"라는 구호에서 드러나듯이 군사주의적 근대화, 군대식 명령체계와 그에 의거한 개발지상주의, 요약하여 개발독재 시기라고 말할 수 있는데, 그것의 근간을 이룬 것이 국방 의무의 신성화라고 할 수 있다.[30] 국방 의무의 수행을 통해 개개인은 군인으로서의 국민으로 '인간개조'된다.

'인간개조'는 군대 훈련소에서 그러하듯이 군사정권의 좌우명이었다.[31] 김형아는 5·16 이전 『사상계』의 필자들이 새로운 국가 건설을 위해 '국민성정의 혁명', '민족정신의 혁명' 등을 주장하였으며, 박정희

___

외부 두 기준으로 구분한다. 유럽의 경우 부는 외부(식민지)로부터 와서 [자본가들을 만들어내고] 내부의 낡은 생산관계를 대체하는 새로운 명령체계[프롤레타리아트의 창출]가 이루어졌다면, 유럽 밖의 경우 새로운 부가 내부에서 발생하고, 명령은 외부(대개 유럽자본)에서 온다는 방식[외부 자본에 의한 착취와 훈육된 노동자들의 창출]으로 역전된다는 것이다. 네그리와 하트의 주장에 의하면 훈육체제, 즉 규율화가 급속하게 확산되면서, 대중들은 '[정치적] 해방을 위한 동원'에서 '생산을 위한 동원'의 대상으로 변형되었다. 그 과정은 대중들의 해방의 욕망을 새로운 욕망, 즉 산업화를 통한 '풍요로운 사회'에 대한 욕망으로 바꾸는 과정이었지만, 욕망의 충족은 제한된 주민들(체제에 협력하는 엘리트들)에게만 실현될 수 있을 뿐, 대다수 대중들에게는 복지 국가에 대한 약속이란 미끼로 그들의 욕망을 불타오르게 하는 것이었다. 안토니오 네그리·마이클 하트, 윤수종 옮김, 『제국』, 이학사, 2002, 332-344쪽.

29_ 이 부분은 신병식, 「박정희시대의 일상생활과 군사주의」를 기초로 하였다.

30_ 권인숙 역시 한국의 근대화 과정을 이해하는 데 군사화가 핵심개념이라고 본다. 권인숙, 『대한민국은 군대다』, 청년사, 2005, 45쪽.

31_ 강준만, 『한국현대사 산책, 1960년대편 1권』, 인물과사상사, 2004, 20쪽.

의 경제발전, 인간개조론이 "'아래로부터의' 대중의 지지와 더불어 자신
의 혁명 지도력과 이후 개발전략에 대한 신뢰를 끌어내기 위해 함석헌의
언어를 이용했던 것이다"라고 주장한다.[32] 그는 함석헌이 '민족정신의
혁명', "하면 반드시 된다"는 등의 언설을 통해 "국민성과 민족정신을
재확립하는 민중 혁명을 촉구한 것이 박정희가 혁명 이후 자신의 개혁을
정당화하는 바탕이 되었다는 점이다"라고 쓰고 있다. 인간개조는 군사정
권 문교정책의 실천요강이었고, 이후 문교부의 교육방침 역시 "인간개조
와 자주·자립정신의 확립, 민족 주체성 확립을 중심과제"로 삼았다.[33]
1970년에 대통령에게 보고된「육군사관학교 교육제도 개선(국방장관)」
(1970. 3. 25)의 내용 중에는 전 학년 획일적 집단지도 제도를 지양하고자
학년별 목표를 설정하였는데, 그중 1학년의 목표 가치를 '군인으로서의
인간개조'에 두었다. 새마을운동 또한 '의식혁명과 새 인간상 창출'을
통한 인간개조를 핵심 목표로 삼았음은 잘 알려진 사실이다.[34]

군사정권 초기부터 인간개조와 더불어 국방의 의무, 병역의무는 철저
히 강조되었다. 군사정권 이전에도 '신성한 병역의 의무', '신성한 국방의
의무'라는 용어가 일상적으로 사용되었지만, 명실상부한 '신성성'을 가
진 것은 박정희 시대에 이르러서이다. 이전 시기에는 만연한 병역회피
풍조를 비판하고 징집을 장려하고자 하는 근거로서 '신성한 의무'라는
논리가 활용되었다.[35] 당시 '신성한 의무'론은 국방의 의무에만 국한된

32_ 김형아,『박정희의 양날의 선택, 유신과 중화학공업』, 일조각, 2005, 95-98쪽.

33_ 김석수,『현실 속의 철학, 철학 속의 현실: 박종홍 철학에 대한 또 하나의
해석』, 책세상, 2001, 164쪽.

34_ 내무부,『새마을운동 10년사』, 내무부, 1980.

35_ 예를 들어 한국전쟁 당시 징병제 실시와 관련하여 "국민 각의는 징병제
실시의 건의를 납득하고 군제의 확립과 병역의 신성한 의무를 널리 선전하

것이 아니라, 다양한 영역에서 활용된 것으로 판단된다.[36] 그러나 1961년 쿠데타로 군인들이 집권한 이후 병역의무는 최고의 신성성이 부여된다. 가령 "건설사업 자체도 병역과 마찬가지로 신성한 의무라는 것을 철저히 주입해야 할 것이요"에서 드러나듯 병역의무의 신성성을 다른 영역으로까지 확장하고자 하고 있다.[37]

박정희 시대 내내 모든 남성이 국방의 의무를 준수하도록 병역회피를 근절하고자 하는 노력이 지속되었고, 그 결과 병역회피자의 수는 급격히 감소한다. 전체적으로 보면 5·16 직후, 1968년 이후, 1972년 이후 그 수가 급감하고 있다. 1950년대에 20% 전후이던 병역회피자의 수가 1968년 주민등록증 제도의 도입 이후 10% 전후로 급감하다가 유신 이후인 1972년 이후 1% 아래로 더욱 감소한다.[38] 이러한 수치들은 개인에게

여 국가보호의 근본을 건립함에 물심양면으로 적극 협력을 바라며"(『동아일보』, 1952. 8. 27)라는 언급이나, 징병제 실시에 대해 소극적인 문교부에 대해 국방부가 비판하면서 "현행 '절름발이' 병사행정을 시정하는 길은 모든 [학생] 보류조치를 철폐하여 국민개병제도를 확립하고 국민으로 하여금 병역의무의 신성성을 주입시켜야 한다고 주장"한다(『동아일보』, 1955. 2. 23). "아국헌법상에 엄연히 규정되어 있는 신성한 국토방위의 의무 즉 병역의무를 기피하고 토굴신세가 되어 은거생활을 하는 자, 그리고 여하한 수단과 방법으로서라도 입영을 모면할 목적으로 소위 '사바사바구찌'만 뚫고 다니는 자들은 유구한 조국의 청사에 일대 오점일 뿐 아니라"(『동아일보』, 1955. 5. 27)라는 언급을 볼 수 있으며, 심지어 1956년의 대통령 선거 공약으로 "모든 국민이 신성한 병역의무를 공평하게 기꺼이 수행할 수 있도록 하겠다"라고 제시한 후보도 있었다(『동아일보』, 1956. 4. 17).

36_ 예를 들어 1949년의 경우 "남북통일은 이 민족에게 부여된 엄숙한 과제이다……. 이 민족의 신성한 의무가 아닐 수 없다"는 언급이 보인다. 『동아일보』, 1949. 11. 29.

37_ 『동아일보』, 1962. 2. 11.

38_ 보다 자세한 내용은 신병식, 「박정희시대의 일상생활과 군사주의」 참조

커다란 희생을 요구하는 국방의 의무가 누구도 거부하거나 피해갈 수
없는 제도로서 굳건히 자리 잡았음을 보여준다. 전 세계적으로 그리고
징병제의 역사 전체를 통틀어 보아도 병역의 의무가 이렇게 강력히 제도
적으로 확립된 예는 특정 시기의 독일, 일본 등 몇몇 예외를 제외하고
찾아보기 힘들다.

그뿐 아니라 의식적 담론의 차원에서 국방의 의무와 그것이 갖는
가치는 어떠한 의문도 제기하지 못하게 하는 '금기'의 영역으로 자리
잡았다. 여성학자 권인숙은 박정희 정권뿐 아니라 전두환 정권에 이르기
까지 징병제 자체가 학생운동권 내에서도 도전받지 않아온 제도였음을
지적한다. 한홍구 역시 1980년대까지 학생운동 내에서 어떻게 양심적
병역거부자가 한 사람도 나오지 않았는지 반문한다.[39] 권인숙은 "한 사회
의 중추기관으로서 존재할 뿐만 아니라 모든 이들의 삶과 구체적 관련성
을 갖는 제도임에도 불구하고 의미화, 언술화가 거의 되어오지 않은
한국사회의 징병제의 모습"이라고 적절히 표현하고 있다.[40]

이는 징병제 즉 국방 의무라는 기표가 오랜 기간 동안 기표체계 속에
서 고립되어 상징화에 저항하는 '기의 없는 기표'로 존재했음을 보여준
다. 그 기표가 당대인들의 삶에 지대한 영향을 미치고 있었음에도 불구하
고 상징화되지 않고 억압된 상태로 있었다는 것은 커다란 미스터리가
아닐 수 없다. 그것은 어떻게 가능하였는가?

그것은 박정희 시대 내내 '국방의 의무'에 대한 정책적 노력이 일관되
게 지속되었기 때문이다. 그것은 먼저 담론 영역에서 관찰될 수 있다.
국방의 의무에서 빠져나가고자 하는 병역회피자에게 붙여지는 명칭,

39_ 한홍구, 『대한민국사 02』, 한겨레신문사, 2003, 217쪽.
40_ 권인숙, 『대한민국은 군대다』, 211-217쪽.

즉 국가에 의해 호명되는 이름의 변화를 살펴보면 다음과 같다. 5·16 직후 이들은 단순히 '병역미필자'라는 가치중립적 이름으로 불렸다면, 이후에 점차 '병역기피자'라는 일탈·비행의 의미가 함축된 호칭이 사용된다. 그리고 1968년을 계기로 대대적 단속이 강화되면서 이들에게는 '병무사범'이라는 이름이 주어지며 범죄자라는 낙인이 찍히기에 이른다. 유신체제 수립 이후에는 '국민총화'라는 유신담론 속에서 '국민총화 저해사범', '비국민'이라는 이름이 덧붙여진다.

다시 말해 국방 의무의 미이행은 다른 어느 범죄와도 등가화되고 변증화될 수 없는 예외적 범죄 형태로 규정되고 있다. 공동체에 대한 일종의 배신행위로서 '비국민'이라는 이름으로 공동체로부터 추방되는 최고의 범죄에 해당된다. 그러한 점에서 국방 의무는 다른 기표들과 연쇄되지 못하는 고립된 기표의 지위, 다른 모든 기표들을 압도하는 '신성성'의 지위를 얻게 된다. 그 미이행이 공동체에 대한 배신행위로 간주됨에 따라, 국방 의무는 도덕성의 형태를 동시에 갖게 된다. 국방 의무는 최고의 생활도덕, 칸트의 무조건적인 정언명령에 해당하는 최고의 도덕률에 비견된다고 할 수 있다.[41]

그러나 국방 의무의 신성성은 단지 담론 영역에서만 이루어진 것은 아니었다. 쿠데타로 집권한 군인들은 쿠데타 직후부터 법적, 제도적 조치를 취해나갔고 이는 박정희 정권 내내 이어졌다. 5·16 쿠데타, 1968년 일련의 북한 무장게릴라 사건, 유신체제의 수립 등 주요 정치변동이 법적, 제도적 강화의 직접적 계기가 되었다. 먼저 쿠데타 직후 병역법의

41_ 2차대전 당시 일본의 총동원체제 아래 오키나와의 생활개선운동 역시 생활개선의 생활도덕화·생활상식화와 그 위반의 비도덕화라고 설정되었다(도미야마 이치로, 임성모 옮김, 『전장의 기억』, 이산, 2002, 47-49쪽).

전면 개정 및 병무청의 신설, 그를 통한 문민우위 병역정책의 폐기에
주목할 필요가 있다. 새 병역법은 '징집과 소집 기타 병무행정은 국방부
장관이 관장'하면서 국방부장관 소속하에 서울특별시와 각 도에 병무청
을 두도록 규정하고 있다(80조). 병무행정의 양대 업무는 징집과 소집이
다. 징병검사 후 현역에 복무케 하는 것이 '징집'이고, 현역 제대 후
전시·사변·국가비상시 불러들여 다시 복무케 하는 것이 '소집'이다.
군사정권 이전에는 국방·내무장관이 최고징병관이었는데, 당시에는
"현역을 미필한 병역의무자는 일반국민이며, 군에서 관리할 성질이 아니
라는 의견"이 유력하였기 때문이다. 민간인으로 구성된 병무대책위원회
의 토의 결과, "현역병 입영을 위한 인솔까지의 업무는 내무부에서 담당
하되 국방부와 협조하며, 제2국민병 소집은 특별시장, 도지사가 주관하
였다."[42] 그러나 쿠데타 이후 제정된 새 병역법은 병무와 관련하여 이러
한 문민우위의 원칙을 폐기하고 국방부장관에게 전체 국민을 통어할
권한을 부여하고 있다.

1968년 북한의 일련의 남침 사건들을 계기로 병무청의 확대·개편,
병역수첩과 더불어 병역사항을 기재한 주민등록증 제도의 도입과 소지
의무화 등 국민 전체를 국가 감시의 시선 아래 두고자 하는 중요한 제도
적 개편들이 이어졌다. 그리고 1972년 유신체제가 수립되면서 「병역법
위반등의 범죄처벌에 관한 특별조치법」(1973. 1. 30), 대통령 훈령 34호
「병무행정 쇄신에 관한 지침」(1973. 2. 26) 등 병역의무를 명분으로 국민
통제를 가속화하고자 하는 제도화 작업이 이어졌다.[43] 특히 대통령 훈령

42_ 병무청, 『병무행정백서』, 병무청, 1971, 36, 44-45쪽.
43_ 여기서 인용하는 이 문서들은 과거 청와대에서 관리하다가 현재 '국가기록
    원'에 소장된 대통령 결재 문서이다. 아래에서 제목과 날짜만 명시하여 인용
    한 문서들은 모두 동일하다.

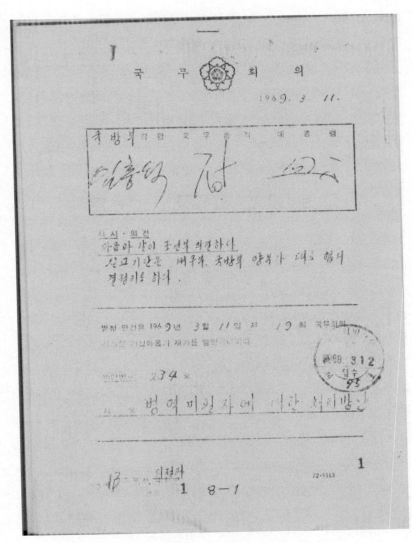

▲사진 2-1 국방의 의무를 신성화하고 징병제를 확립하기 위해 박정희 군사정권은 집중적인 노력을 기울였다. 병역미필자에 대한 처리방안을 의결한 대통령 결재 문서. 국가기록원 소장.

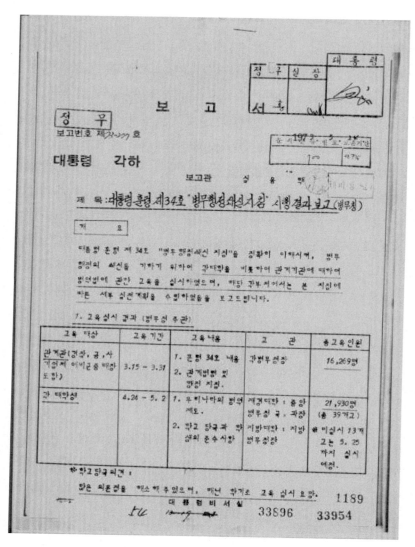

▲사진 2-2 유신 쿠데타 이후 박정희 정권은 국민 전체의 감시·통제 제제의 전면화
즉 '국민총화' 체제를 확립하고자 했으며, 정부 부처들을 총동원하여 '병무사범'을 근절하고
자 한 대통령 훈령 제34호는 그 중요한 수단이 되었다.

34호는 "10월 유신의 기본정신을 받들어 병무행정을 쇄신하기 위하여 관계부처 간의 상호 유기적인 협조로서 국민총화를 저해하는 각종 병무사범을 완전 근절하는 데 필요한 지침을 부여한다"고 명기하고 있으며, 그 내용으로 각 부처 공통사항으로 공직 취임 금지, 국공영기업 인허가 금지, 국외여행 금지 등을, 문교부의 경우 병역의무를 교과서에 수록 등 각 부처별 필요한 행정조치를 명령하고 있다.

당시 병역회피자를 근절하고자 하는 노력은 모든 실무적·행정적 영역에 이르기까지 세심하게 이루어졌다. 5·16 직후 병역회피자의 수가 줄었다가 다시 증가한 주요 이유는 행정 현실의 문제, 즉 개인을 감시·통제하고 징집할 일차적 자료로서 병적 문서가 정비되지 않은 데 있었다. 군사정권은 이를 위해 3개년 사업(1963~1965)으로 병적의 본적지 개편사업을 하게 된다. 1968년 이후에는 당시로서 현대적인 '모든 병적의 마이크로필름화' 작업을 시행한다. 이 시기 이후 병역회피자의 급격한 감소는 이와 더불어 앞서 언급한 병역수첩과 주민등록증 발급 및 소지 의무화가 중요한 역할을 한다. 한국의 주민등록증 제도는 지문날인제도, 고유번호제도, 주민등록표제도를 모두 포함하고 있으며 이는 다른 나라에서 유례없는 강력한 주민감시제도이다.[44]

국방 의무의 신성화와 최고의 생활도덕화 그리고 주도면밀한 감시체제와 법·제도의 강압이 국방 의무를 주인 기표로 확립되게 하는 기반이었다. 국방의 의무에 신성성과 도덕성이 부여되면서 그를 위반하는 범법자는 더 이상 영웅시되지 않으며, 주체 개개인 스스로도 비행자·비정상인이 되지 않기 위해 도덕적 감시를 내면화하게 되고, 그럼으로써 국방의

---

44 _ 홍성태, 「주민등록제도와 총체적 감시사회: 박정희 독재의 구조적 유산」, 『민주사회와 정책연구』, 2006년 상반기(통권 9호) 참조.

의무라는 기표는 고립되고 억압되기 시작한다. 박정희 시대에 강조되었던 '공중도덕'은 바로 이러한 일탈 영역의 설정이었다고 할 수 있으며, 국방의 의무는 가장 높은 단계의 공중도덕, 그 일탈이 특별히 감시·관리되어야 할 '신성한' 공중도덕으로 부과되었다고 할 수 있다.

국방의 의무는 다른 기표들과 등가화·변증화되어 교환될 수 있는, 그럼으로써 다양하게 상징적 의미를 갖게 되는 그러한 기표가 아니라, 그러한 등가화가 '안 돼!'라는 무조건적인 명령문으로 금지되고 내면에서 도덕적 금기의 형태로서만 존재할 수 있는 신성성, 숭고성이 부여되었다. 그것이 일상적 반복을 통해 내면화·체화되면서 그 앞에는 묵종, 순응 등의 비자발적 동의로부터 능동적 실천, 주창, 계도 등의 자발적 동의에 이르는 넓은 동의의 공간이 펼쳐지게 된다. 병역의무를 이행하지 않아 그 금지를 넘어설 때 강한 죄의식이 형성되었고, 그러한 점에서 국방 의무의 이행은 원초적 금지와 같은 역할을 하였다. 다시 말해 박정희 체제를 하나의 상징계라고 본다면, 그 상징적 현실이 구성되는 데 있어서 근친상간의 금지, 거세에 비견되는 역할을 한 것이 국방의 의무였다고 말할 수 있다.

4. 국방 의무의 수행: 거세, 향유의 희생으로서 군대생활[45]

군에 입대하는 신병은 일종의 통과의례를 거치게 된다. 군에 입대하기

45_ 이 절에서 그려지고 있는 병영생활의 실상은 별도의 명시가 없는 경우 주 104)에 제시된 군대경험을 회고, 정리한 책들에 의거하고 있는데, 특히 김삼석, 『반갑다, 군대야』(살림터, 2001)에 많이 의존했다.

이전에 가졌던 모든 정체성을 박탈당하고 자신의 주변 인물뿐 아니라 자신조차 보호할 수 없는 철저한 무기력 상태로 환원되는 것이다.[46] 이는 고문과 세뇌를 통한 전향과 대단히 유사한 구조를 갖는다. 강압과 세뇌 속에 자기 부정·자기 배반이라는 일련의 과정을 거쳐 비로소 새로운 긍정, 즉 시키면 시키는 대로 복종하는(거듭 태어나 인간개조 되는) 군인 내지 전향자가 된다. 이를 군대 내의 계급별 역할 구조, 규율화 단계를 통해 살펴보면 다음과 같다.

신병으로 군에 처음 입대하게 되는 상황은 앞에서 말한 소외의 vel과 대단히 유사하다. "돈이냐, 목숨이냐"라는 강제된 선택 상황에서 우리는 목숨을 선택해야 하는 것과 마찬가지로, 남성 개개인들은 불가피하게 대한민국 군대라는 상징계의 일원이 됨을 선택하여, 국방의 의무를 이행

---

46 _ 새로운 주체가 되기 위해서 '개인'은 상징계 이전의 어떤 신화적 실체, 가설적인 X로 환원되어야 한다. 그것은 바로 라캉이 '실재'(the real)라고 부르는 것이다. 실재적인 것은 "상상하기가 불가능하고, 상징적 질서에 통합하기가 불가능하며, 어떤 방식이든 획득하기가 불가능하다. 실재적인 것에 본질적으로 트라우마적인 속성을 부여하는 것은 바로 이런 불가능성이라는 성격, 상징화에 대한 저항이라는 성격이다". 지젝은 이 상황을 헤겔로부터 차용하여 '세계의 밤'이라 이름 붙인다. 새로운 주체로 탄생하기 위해서는, 인간개조 되기 위해서는, 자신이 기거했던 세계 모두를 비워 텅 빈 무(無)로 환원하여야 하는 끔찍하고 고통스러운 과정, '세계의 밤'이라는 과정을 거쳐야 한다. 지젝의 인용에 따르면 헤겔은 세계의 밤을 "여기서는 피투성이 머리가 불쑥 나오고 저기서는 흰 형체가 불쑥 나온다……. 우리가 눈 속에서 인간 존재를 볼 때 이러한 밤을 발견한다."라고 묘사한다. 지젝은 이 과정이 주체 탄생 과정의 반복, 세계로부터 자신을 철회시키는 광기의 행위, 새로운 주체를 탄생시키기 위한 '십자가 고난'에 해당된다고 본다. 지젝,『이데올로기의 숭고한 대상』, 179쪽; 에반스,『라캉 정신분석 사전』, 217-218쪽; 지젝, 김소연·유재희 옮김,『삐딱하게 보기: 대중문화를 통한 라캉의 이해』, 시각과 언어, 1995, 175쪽; 마이어스,『누가 슬라보예 지젝을 미워하는가』, 120쪽.

하는 새로운 주체로 거듭 태어나야 한다. "왜 나는 네가 나라고 하는 존재인가?"와 같은 히스테리적 저항의 몸짓은 고문관으로 낙인찍혀 상징계로부터 배제된다. 이는 '원초적 폭력'에 해당하는 것으로서 지젝이 주목하는 국가기구의 외설적 이면, 즉 '외상적 비합리성, 외상적이고 몰상식한 명령'과 관련이 있다.[47]

박정희 시대를 훨씬 벗어나 21세기에 군대생활을 했던 한 전역자는 신병교육대나 훈련소 교육의 가장 중요한 목적을 조직에서 직접 가르칠 수 없는 조직문화를 '우회적으로' 배우는 데 있다고 말한다. 그를 통해 "우리는 지휘권이 가지는 막강한 권한을 알게 되고, 무조건적인 복종이 어떠한 역할을 하는지 느끼면서, 차츰 조직체계 문화를 터득하게 된다." 이 전역자의 말을 더 들어보기로 한다.[48]

> [신병교육대] 입구에 내리자마자 빨간 모자 쓴 조교들이 호통을 치면서 우리들을 그 굵은 돌들이 깔린 흙바닥에 기어가게 만들었다……. 그 당시에는 이해할 수 없었지만, 그렇게 흙바닥을 기고 나면 조교와 우리의 지위는 분명하게 구분이 되었고, 우리는 조교를 어떻게 대해야 하는지 확실하게 깨닫게 된다. 그 뒤부터는 누가 시키지 않아

47_ 지젝에 따르면 국가장치의 이러한 무분별함과 외상적 비합리성, 외상적이고 몰상식한 명령은 초자아의 근본적 특징으로서 [법을 외설적으로 보완하는] 법의 실정적 조건이다. 그러나 법이 '정상적으로' 기능하기 위해서는 그러한 외상적 사실(법이 자신의 언표 행위 과정에 의존한다는 것, 법이 자신의 근본적 우연성에 기반한다는 것)은 무의식 속으로 억압되어야 한다. 법의 권위엔 진리가 없다는 사실이 억압되고, 법이란 '의미'가 있는 것이며 정의와 진리에 근거한 것이라는 식의 이데올로기적이고 상상적인 경험으로 대체되어야 한다. 지젝, 『이데올로기의 숭고한 대상』, 76-77쪽.

48_ 더파란하늘, 『군대 바로 알기』, 좋은땅, 2014, 56-57쪽.

도 조교를 부를 때 '님'자를 깍듯이 붙였고, 그렇게 빠르게 조직체계 문화를 받아들이게 되었다……. 그 당시 이런 무식한 방법이 신병들에게 필요했던 이유는 세월이 많이 흐른 지금도 여전히 유효하다는 것을 잘 알아야 한다.

훈련병과 이등병은 어린아이에 해당된다. 입대 직후 '아무것도 아닌 존재'로 무장해제당하고, 모든 것을 새로 배워 '인간개조'가 되어야 하는 존재이다. 군대의 규율화 과정 속에서 '시키면 시키는 대로' 묵묵히 따라야 하는 존재이다. 군대에서 '왜?'라는 질문은 철저히 금기시되며, 상급자의 모든 말은 이유 없이 즉각 실천에 옮겨져야 한다. 그 이유나 의미는 중요하지 않으며 오직 조건 없는 명령에 조건 없는 복종만이 있을 뿐이다. 군대에서 흔히 듣는 "고참의 말씀은 하나님의 말씀이다", "고참은 성모 마리아의 기둥서방이다"와 같은 얼토당토않은 외설적 언사들이 겨냥하는 것이 바로 이 지점이다. 소설가 안정효는 자신의 베트남전 참전 전투경험을 바탕으로 쓴 소설 『하얀 전쟁』에서 다음과 같이 말한다.

우리는 상황을 관찰하고 보고할 의무가 있었지만 판단을 실천할 권리가 없었다……. 더 이상 주저할 필요가 없었다. 전장의 병사는 명령만 따르면 된다. 내가 죽거나 살거나 간에 병사는 명령을 따르는 단세포 동물이요, 내가 죽더라도 그것은 내 책임이 아니다.[49]

이러한 언명은 일상 속에서 들을 때 대단히 기괴하다고 느껴지지 않을 수 없다. 자신의 신체와 생명마저도 자신의 것이 아니라 국가에

49_ 안정효, 『하얀 전쟁, 제1부 전쟁과 도시』, 고려원, 1989, 22쪽.

설렘…
진짜 사나이들의 이야기
육군훈련소

▲사진 3   육군훈련소 홈페이지에 실려 있는 신병 훈련의 모습. 2016년 11월.

의해 징발되어 국가에 귀속된 것이기에 그 훼손에 대해 책임을 져야
한다는 전제 위에 이해가 가능한 언술이다. 이것은 전장 속 전투행위와
같은 극히 예외적 상황 속에서 발화될 수 있을 뿐이다. 그것도 프랑스나
미국식의 징병제 전통이 아니라 독일·일본식 전통에 해당된다. 전자의
경우 병역 수행이라는 희생에 대해 시민권 부여라는 대가가 지불된다는
계약론적 사고가 강하다면, 후자의 경우는 일방적 희생의 강요, 중세의
신분적 의무로서의 '역(役)', 권리 없는 의무로서의 성격이 강하다.[50] 적진
에서 임무를 수행하고 살아서 귀환할 것까지 작전에 포함되는 것이 전자
의 경우라면, 후자는 그것이 반드시 포함되지는 않으며 오히려 얼마든지
희생될 수 있다는 사고에 입각해 있다.

　박정희 시대 군인복무규율(1966)은 "군기를 세우는 으뜸은 명령에

50_ 신병식, 「박정희시대의 일상생활과 군사주의」, 『경제와 사회』, 겨울, 2006
　　참조.

대한 자발적인 복종이다. 따라서 군인은 정성을 다하여 상관에게 복종하
고 명령은 절대로 지킴을 습성화하여야 한다.", "죽음을 무릅쓰고 책임을
완수하는 숭고한 애국애족의 정신을 그 바탕으로 삼는다."라고 규정하고
있다.[51] 이때 비국민의 지위와 유사한 소위 '고문관'이 되어 왕따와 비인
간 취급을 당하는 것이 가장 큰 고통이다. 육군사관학교를 졸업하고
오랜 직업군인 생활을 한 한 저자는 다음과 같이 말한다.

> 사관학교에서부터 군인정신을 주입받았고 나 또한 후배들에게 주
> 입시켰다. 상급자가 시키는 일에는 일체 토를 달지 말 것과 절대 복종
> 을 요구받고 요구했다. 아무리 말이 안 되는 지시라도 군대이기에
> 말이 된다고 생각했다. 생도 시절의 말도 안 되는 얼차려와 가혹행위
> 를 견뎌내며 그것을 군인의 미덕이자 소양이라고 생각했다. 어쩌면
> 나도 제정신이 아닌 정신을 가진 사람인지도 모른다는 생각이 들었
> 다.[52]

군인의 병영생활을 최초로 규정한 법령은 군인복무령(1950. 2. 28)이
다. 대통령령으로 제정된 이 복무령은 총 18조에 이르는 간략한 규정이었
다. 그러나 1966년에 이 복무령이 폐지되고 병영생활의 모든 부면을
세밀하게 규정한 군인복무규율(1966. 3. 15)이 새로이 제정된다.[53] 군인

51_ 군대를 국민을 주조하는 '국가 학교'로 보는 백종천 역시 한국군이 국가목표
　　를 달성하기 위해 '자기희생'의 덕목을 주입하는 '국민교육의 장'이 되었다
　　고 평가한다. 백종천, 「군대교육과 국가발전: 한국의 경우」 참조.
52_ 권해영, 『군대생활 사용설명서』, 플래닛미디어, 2014, 21쪽.
53_ 여기서 인용되는 각종 법령은 법제처 홈페이지 http://www.law.go.kr/main.
　　html을 참조하였다.

복무규율은 총 10장 182조에 이르는 방대한 내용을 갖고 있으며, 병영
내의 일상생활까지 엄밀히 규율화하도록 되어 있다. 이 규정이 노태우
정권 말기인 1991년에 전면 개정되어 총 25조로 간략히 바뀐 것을 보면
1966년의 군인복무규율이 얼마나 엄밀하였는지를 짐작할 수 있다. 군인
복무규율은 1964년부터 군 내부에서 '군사제도연구위원회'를 설치하고,
각 군 고급장교들이 오랜 기간 면밀히 연구·검토하여 최종적으로 박정
희의 재가를 얻어 제정되었다.[54]

　1967년의 『국방백서』에 따르면 "정예한 국군을 양성하기 위하여 내
무생활 기타 군인의 복무에 관한 군인복무규율을 새로 제정"하였다.
이와 더불어 육군본부는 '인간관계 개선 연구위원회'를 설치하고 군
지휘통솔 상의 문제점에 대한 원인을 규명, 그 해결책을 강구·제시하고
자 하였다.[55] 이러한 노력들은 베트남 파병과 밀접한 관련을 갖고 있다.
당시 군부는 베트남에서의 전과에 큰 자부심을 가지면서, 그 원인을
병영생활 및 인간관계 개선 노력을 위시하여 독자적인 교리 개발, 신병교
육훈련의 정비 등에서 찾고자 하였다.[56]

　1967년에 『국방백서』를 최초로 간행한 데에서 알 수 있듯이 당시

54_ 이재전, 「온고지신」, 『국방일보』, 2003년 9월 25일.

55_ 그 연구범위로는 "①사기·군기·단결 및 통솔의 향상 방책 강구(육군
　　내의 인간관계 및 외국군 민간인과의 관계 원칙 제시), ②육군의 현실과
　　전통에 맞는 지휘도 확립(교재 준비), ③지휘통솔상 장애요소의 예상자료를
　　제공하여 각급 지휘관의 예방조처를 가능케 한다, ④각종 사고의 근본적
　　예방책 모색(심리검사로서 분류의 과학화, 객관적 인간측정 제도의 모색,
　　입대 전 정신질환자의 구분, 문제 장병의 특별취급 방책[별도 수용 및 관찰
　　치료], 군 조직 전체의 운영 및 관리상의 불합리점 개선[행정진단])" 등이
　　제시되었다. 국방부, 『국방백서』, 1967, 95, 153쪽.

56_ 국방부, 『국방백서』, 144, 152-153쪽.

집권군인들은 5·16 이후의 군 정비와 베트남에서의 전과, 경제성장 등으로 "하면 된다"는 자신감에 한껏 차 있었다.[57] 당시 사회 역시 대중문화가 운위되면서 소비가 미덕인 시대가 곧 다가올 것이라는 꿈과 욕망이 생성·주입되고 있었다.[58] 군사정권은 정치적 해방의 욕망을 대신하여 '잘 살아 보세', '소비사회', '국민소득 1천불시대'라는 소비의 욕망과 함께, '하면 된다'는 생산의 욕망을 주입하고자 했고, 그것은 병영생활 속에서의 그리고 병영화한 사회 속에서의 규율화, 즉 인간개조를 통해 이루어질 수 있다고 생각했다.

그렇다면 군인복무규율은 어떠한 내용을 담고 있었는가? 군인복무규율의 내용을 보면 병영에서 생활하는 군인들의 팍팍한 일상이 눈에 잡힐 정도로 세부적으로 그려진다. 군인이 해야 될 것과 해서는 안 될 것, 그를 통해 만들어내고자 하는 군인의 모습이 일목요연하게 나타난다. 말하는 법으로부터 옷 입는 법, 걷는 법, 먹는 법에 이르기까지 모든 것이 일일이 세부적으로 규정되어 있다. 징집된 모든 개인은 어린아이로

57_ 이러한 모습은 『국방백서』의 서언에서 "박대통령 각하의 영단과 그 영도력을 힘입어 우리 국군은 월남에서 혁혁한 무훈을 세울 수 있었고 북괴가 지난 9월 그들 무장력의 상대적 약화를 통감, 계획경제를 3년이나 연기하는 소동을 벌일 만큼 우리 국방력은 최고로 강화되어가고 있다"고 언급하고 있는 데에서도 잘 나타난다. 이러한 입장은 국방과 안전이 외부위협뿐 아니라, "대내적인 각종 불안·위협으로부터 국민을 보호하고 안녕질서를 확보하는" 것이라는 자신감에 찬 주장으로 연결된다. 국방부, 『국방백서』, 24쪽.

58_ 예를 들어 이어령은 1967년이 되면서 한국의 문화 양상이 대중문화로 변하여 가고 있으며, 1970년대에는 소비문화의 단계로 들어설 것이라고 진단한다. 즉 식민지적 지주문화에서 전쟁문화(6·25 이후 10년 동안)로 그 전쟁문화에서 대중문화로 한국의 문화가 옮겨가고 있으며, 대중문화라는 화약의 전관 역할을 한 것이 상업방송과 텔레비전이라고 지적한다. 이어령, 「대중문화 시대의 개막」, 『신동아』, 1월, 1967년.

다시 돌아가서 모든 것을 군대에서 군대식으로 새로이 배워 군인의 신체
로 거듭나야 했다. 개개인은 군인복무규율로 대표되는 촘촘한 군대 규정
속에서, 군대 막사의 기능적·서열적으로 구획·할당된 공간에 배치되
어, 계획된 일과에 따라 계급적 위계서열을 통해 상호 교육·훈련하고
상호 감시하며, 일상적인 점검·시험을 치르면서 그 평가에 의해 개인의
몸과 의식이 세밀히 기록되고 기호화·표준화되어 가게 되는 것이다.
푸코는 이러한 과정을 거쳐 규율화된 신체, 즉 '순종적이고 유용한' 신체
가 만들어진다고 보았는데, 한국군대의 경우도 상당한 정도 잘 들어맞는
다.[59]

군대에 입대하면 상급자의 지도 없이는 먹지도 입지도 말하지도 자지
도 못했다. 언어는 표준말과 경어로, 걸을 때는 씩씩하고 힘차게, 2인
이상이면 발을 맞추어 걸어야 했다. "상급자를 앞질러야 할 경우에는
상급자의 좌측에 나가 경례하고 '실례합니다'라고 경의를 표한 후 앞으
로 나간다"(28조 5항). 군인복무규율 중 가장 중요한 내용은 내무생활로
서 가장 많은 분량을 차지한다. 이는 제1조의 목적에 정예한 국군 양성을
위해 '내무생활 기타 군인의 복무규율'에 관한 사항을 규정하기 위한
것이라고 밝히고 있음에서 잘 나타난다. 내무생활은 '군인정신 함양,
군대규율 익숙, 전우애를 통한 단결'을 목표로 한다(40조). 내무반장과
부반장의 지도 아래 나팔·호각 소리를 신호로 기상하고, 국기 게양식
(국기에 대한 충성심과 임무수행 결의를 공고히 하기 위해)과 일조점호
를 취하고, 제반 식사예절을 준수하여 밥을 먹고, 교육·훈련·근무를
한 후, 저녁식사 후 내무반에서 '자유 시간'을 갖다가 점호 후 취침신호에

___

59_ 미셸 푸코, 오생근 옮김, 『감시와 처벌: 감옥의 탄생』, 나남출판, 1994,
      203-288쪽.

의해 일제히 불을 끄고 잠을 자야 했다.

　군인복무규율에 일일이 열거된 영내 시설과 장치를 일상적으로 점검·유지보수·정리정돈하고 자신에게 지급된 관물·개인화기·내무반의 비품 역시 깨끗이 정리·정돈해야 한다. 그러나 실제 군대생활에서는 시설이나 물품이 없을 경우 대개 중대 단위로 자체적으로 조달해야 하는 경우가 많았다. 7, 80만에 이르는 거대한 군을 예산부족 속에서 운용해야 했기 때문에 기초적 음식물조차 부족하여 각 단위 부대별로 자급자족하면서 생활하지 않을 수 없었다.[60] 자신의 신체 또한 정리·정돈의 대상이 된다. 손톱검사 심지어 페니스검사까지 실시되면서 자신의 신체 관리 즉 건강관리는 군인의 의무로서 '군인은 항상 위생에 유의, 건강 유지, 체력 증진을 위해 노력'해야 했다(140조). 군인의 신체는 군내의 시설·장치·물품처럼 자신의 것이 아니라 국가에 의해 소유·관리되는 대상으로 존재하기 때문이다. 이를 통해 군인은 국가권력이 자신의 몸을 타고 흐르는 것을 일상적으로 실감하게 된다.

　병영생활을 통해 개인의 신체를 군인의 신체로 만드는 수단은 무엇인가? 그것은 엄정한 군기를 통해 이루어진다(4조 4호). "군기는 군대의 규율과 질서이며 생명과 같다." 지휘계통 확립, 합심동체가 되어 일률적

60_ 1967년의 『국방백서』 스스로 '장정 1인당 1일 부식비가 27원 60전이라는 세계최저의 가격'이라고 인정하고 있는데, 그의 보완을 위해 '자활 영농'이라는 이름 아래 자급자족하는 경지가 1965년의 경우 110만 평, 생산 수확량이 2만 7천 톤이었음을 밝히고 있다(국방부, 『국방백서』, 85-86쪽). 1950년대 말 군내의 구타와 장교 개인 생계를 위한 사역과 굶주림 등으로 인해 탈영자가 속출하여 1960년 12월 말 정부 추산에 의하면 12만 명에 이르렀고, 중대원 100명 중 부대에 남은 인원은 10명 남짓 되어 검열이 나오면 이웃 부대에서 꾸어와 인원을 속여 넘기곤 했다고 한다(강준만, 『한국현대사 산책, 1960년대편 1권』, 인물과사상사, 2004, 113쪽).

활동을 위해 군기를 세워야 하고, "군기를 세우는 으뜸은 명령에 대한 자발적 복종이다. 따라서 군인은 정성을 다하여 상관에게 복종하고 명령은 절대로 지킴을 습성화하여야 한다." 의사소통 수단으로서 언어는 군대에서 명령·보고·신고라는 형태로 존재한다. '명령이라 함은 상관이 부하에게 지시하는 의사표시'를 말한다(5조).[61]

엄정한 군기를 세우기 위해 동원되는 수단이 내무검사와 '사적 제재' 등의 폭력·얼차려이다. 내무검사는 규정의 이행여부·교육정도·병기 및 관물의 보존상태·명령지시의 숙지 및 실행상태 파악을 위해 실시된다(102조). 물품의 손실에 대해서는 배상책임이, 해이된 군기 즉 규율화된 군인의 신체가 손상된 데에 대해서는 신체적인 고통이 가해졌다. 군내에서 '사적 제재'는 금지되어 있다(35조). 그러나 잘 알려져 있듯이 이 규정은 실제로 지켜지지 않았다.[62]

군인의 몸을 만드는 군기(discipline)의 핵심은 수동적 복종을 넘어서 도달하게 되는 '자발적 복종'이다. 자발적 복종은 '욕망의 생산과 규율의 능동적 실천'을 통해 이루어진다. 군인은 명령에 대한 절대 복종을 자신의 욕망으로 삼아야 한다. 제10조(복종 및 실행)의 ①항은 "부하는 상관

61_ 1991년의 개정규율에서는 '명령은 절대로 지킴'에서 '절대로'가 빠졌고, 명령 역시 '의사표시'가 아니라 '직무상의 지시'로 바뀌었다. 그러나 한국군대의 본질은 1966년의 규율이 더 잘 재현해내고 있다.

62_ 11조 '의견의 상신' 조문을 보면 부하는 '정당한 의견이 있을 경우 상관에게 건의'하지만 '상관이 자기와 의견을 달리하는 결정을 내렸다 하더라도 항상 상관의 의도를 존중하고 기꺼이 이에 복종하여야'(11조) 하고, 명령에 절대로 복종하여야 하기 때문에 이의 신청이 어렵게 되어 있다. 설사 부당한 사적 제재에 대해 이의 신청을 하였다 하여도 가해자·피해자가 동시에 처벌받았다. 1991년의 개정규율에는 '의견의 건의' 조문에 덧붙여 고충처리라는 조문을 신설하였다.

의 명령에 절대로 복종하여야 하며 그 원인이나 이유를 물을 수 없다. 그러나 명령의 내용에 분명치 않은 점이 있을 경우에는 다시 물어 이를 밝힘으로써 실행에 틀림이 없도록 하여야 한다"고 규정하고 있다. 이를 일상의 반복된 실천을 통해 몸에 새김으로써, 개인은 '순종적이고 유용한' 군인이 된다. 군 입대 후의 신병은 수동적 복종자로서 존재하는데, 이때 자신에게 부과된 일을 잘하는 복종기계가 되는 것과 명령을 부과하는 고참이 되는 것이 신병의 꿈이자 '욕망'이라 할 수 있다.[63]

다시 계급별로 부여되는 기능과 역할을 살펴보기로 한다. 시키면 시키는 대로 무조건 따라만 해야 했던 이병의 단계에서 일병으로 진급하게 되면 '신병 딱지를 떼고', 상급자의 도움 없이 조금씩 자신의 업무를 볼 수 있게 된다. 이때부터 마음의 여유가 조금씩 생기면서 군대의 실체가 서서히 눈에 들어오게 된다. 특히 두렵기만 했던 선임병들을 이제 그는 객관적으로 평가할 수 있게 된다.[64] 일병은 신병을 교육하면서 복종기계의 단계를 넘어 명령자의 위치, 교육자·주조자의 입장이 되어 복종기계를 만드는 일을 수행한다. 군인들은 자신이 직접 신병교육을

63_ 이 군인복무규율은 1972년 '10월 유신' 이후 유신헌법에 맞추어 더욱더 충성과 복종만을 강요하는 억압적인 방식으로 개정된다. 가령 제4조 강령 중 "대한민국 국군은 민주주의를 수호하며 평화를 유지하고 국가를 방위하기 위하여 국민의 자제로써 이루어진 국민의 군대이다"라는 국군이념에서 '민주주의 수호', '평화유지'가 빠지고, "대한민국 국군은 국가와 민족사의 정통성을 수호하기 위한 국민의 군대이다"로 바뀐다. 또 "국군은 대한민국의 헌법을 수호하고 자유와 독립을 보전하며 국가를 방위하고 국민의 생명과 재산을 보호하며 나아가 국제평화유지에 공헌함을 사명으로 한다"는 국군사명 역시 '헌법수호', '자유 독립 보전', '국제평화유지'가 빠지고 "대한민국 국군은 국가와 민족을 위하여 충성을 다하며, 국토를 방위하고 국민의 생명과 재산을 보호함을 그 사명으로 한다"로 바뀐다.

64_ 더파란하늘, 『군대 바로 알기』, 86쪽.

하면서, 비로소 수동적 실천의 단계를 넘어서 능동적 실천의 단계에 이르게 되고, 이 능동적 실천을 통해 군대규율과 군인으로서의 정체성이 실질적으로 내면화된다. 가르침을 통해 배우는 학습이다. 이 능동적 실천을 통해 그는 비로소 '진정한 군인', 군대규율에 자발적으로 복종하고 실천하는 과정의 초기 단계에 들어서기 시작한다.

　그 과정은 어린아이의 정체성을 갖는 졸병에서 점차 자기 통제의 영역을 넓혀가면서 상실된 남성성을 조금씩 회복해가는 과정이기도 하다. 다만 이때 회복되는 남성성은 군대식으로 틀 지어지는 군인으로서의 남성성이다. 남자다운, 여성적이 아닌 남성성이며, 그것은 어떠한 고통도—그것이 훈련 상황이든 내무반 생활이든—의지와 인내로써 극복할 수 있는 강인한 남성성을 의미한다.[65] 군대생활에 적응하지 못할 때, 그는 여성으로 취급되며 '~년'과 같은 욕을 듣는다. 그리고 졸병시절에 담당하는 대부분의 업무 또한 여성들이 주로 담당하는 설거지, 변기 청소, 심부름 등의 가사노동 내지 '배려노동', '감정노동', '돌봄노동' 등에 해당된다. 남성적 강인함이나 계급적 권력이 없을 경우 이처럼 여성이나 어린애 취급을 받게 된다.[66]

　일병 때쯤부터 사병들은 정기적으로 유격훈련을 받게 된다. 유격훈련

65_ 김현영, 「병역의무와 근대적 국민정체성의 성별정치학」, 이화여대 여성학과 석사학위논문, 2002, 67-69쪽.

66_ 권인숙, 『대한민국은 군대다』, 255-256; 정희진, 『페미니즘의 도전』, 265쪽 참조. 군대 훈련소의 경우 대개 발기가 되지 않는 일종의 실제 '거세'를 경험하기도 한다. 군 경험 사례를 인용해보면, 자신의 상실된 남성성을 회복하기 위해 훈련소 화장실에서 성사되지 않는 자위행위를 시도한 결과 마침내 4일 만에 성공할 수 있었는데, 그것은 자신의 남성성을 박탈한 권력의 집행자로서 훈련소 내무반장의 "한 번도 본 적이 없는 애인을 불러와 강제로 옷을 벗긴 것이다." 김호운 외, 『졸병수칙 3』, 글사랑, 1990, 27쪽.

의 목적은 전투력 강화에 있지만, 훈련이 끝난 부대원의 모습은 마치 '잘 연마된 칼' 같아서, 건들거리며 축 처진 모습은 사라지고, 눈에서 빛이 나고 어깨가 쭉 펴지고, 자세가 반듯해진다. 유격훈련은 "엄중한 명령에 복종하면서 느끼게 되는 고통과 그 고통이 체력의 한계까지 다가가서 맛보게 되는 극한 상황을 경험하는 훈련"이다. 이런 긴장감과 비장함은 훈련 이후 1주일 정도 지나면 사라지지만, 그러나 비상이 발령되거나 신속히 대처할 일이 생기면 다시 비장하게 바뀌어 일사불란하게 대처하게 된다. 전역하고 사회로 돌아온 사람들의 경우도 역시 그 비장함을 기억하고 있어서, "중대한 상황을 맞게 되면, 그 비장한 모습이 반사적으로 튀어나오게 된다."[67] 따라서 유격훈련은 훈련소에서 겪는 신병훈련의 경우처럼, 무조건 명령에 대한 무조건 복종이 병영 내 군인, 그리고 사회로 복귀한 전역자들의 몸과 마음속에 새겨지도록 하는 역할을 한다. 앞서 인용한 바 있듯이 '무조건 명령과 무조건 복종'은 '우회적으로'만 가르치고 배울 수 있는 것이지, 그것을 직접적인 목표로 삼을 수는 없는 것이다. 유격훈련은 전투력 향상을 공식적인 목표로 삼을 수 있을 뿐, 극한적 훈련 상황 속에서 몸과 마음에 새겨지는 '무조건 명령과 무조건 복종'을 목표로 삼을 수는 없다. 그러나 그것이 공식적으로는 인정될 수 없는 것이지만 극한 상황 속에서 전투력 향상이라는 목적을 위해 의문의 여지 없이 지켜져야 하는 '불문율'의 형태로 존재하고 있는 것 또한 분명하다.

상병·병장이 되면 일종의 사적 영역과 공적 영역으로 담당 영역이 구분되기는 하지만 내무반 전체를 책임지는 역할을 맡게 된다. 상병이 내무반이라는 생활공간 내부를 책임진다면, 병장은 내무반 외부와의

67_ 더파란하늘, 『군대 바로 알기』, 92-94쪽.

대외적 관계, 일종의 공적 관계라 할 수 있는 하사관·장교들과의 관계를
책임진다.

상병이 되면 일병 시절에 비하여 좀 더 책임감 있는 행동이 요구된다.
[내무반이나] 소대의 실질적 운영을 맡는 것은 상병이다. 그래서 신병의
전입, 전우의 전출, 고참 전역자 환송, 휴가자 준비, 훈련 준비 그리고
소대장의 전입과 전출 등을 잘 챙겨야 한다. 또 상병은 상급자들의 지시
나 명령을 전달하는 위치에 놓이게 되면서 자신만의 권한을 갖게 된다.
이때 그 지시와 명령을 그때그때 상황에 맞게 전달하기 위해서는, '자신
만의 색깔, 자신만의 뚜렷한 가치관'을 가져야 한다. "이등병, 일등병
때부터 군대에 대해서 끈질기게 의문을 품고서, 잘 관찰하면서, 끊임없이
의문을 던지면서 따져야 자신의 색깔이 나온다." 자신만의 색깔, 가치관
을 갖는다는 것은 군대라는 타자가 자신에게 기대하고 바라보는 그 응시
의 지점이 내면화되어, 그 응시의 시각에서 자신이 어떠한 역할과 기능을
해야 하는지를 스스로 명확히 깨닫는 것을 의미한다. 그것은 내무반이나
소대 내부에서 구성원 간의 역할·기능들이 어떻게 배분되어 있는지,
또 그것이 계급과 서열에 따라 어떻게 단계적으로 배분되어 있는지 등
자신이 속한 집단의 조직 구조 전체가 시야에 들어와 그것을 자기 나름대
로의 시각으로 파악하게 되는 것을 의미한다. 그래서 상병 때는 군대생활
에 푹 빠져들게 되고, "군대생활에 대해 나름대로 성취감을 느낄 수
있고 괜찮다."[68]

상병·병장 시기에 병영생활에 대해 능동적 실천을 하게 되고 책임
영역이 넓어지면서 졸병 시절 당했던 무조건 복종, 불합리한 업무분담,
구타·얼차려가 왜 필요했는지를 이 과정에서 점차 깨닫게 된다. 상병·

68_ 더파란하늘, 『군대 바로 알기』, 103-105쪽.

병장들은 하급자에 대해 권력을 행사하면서 졸병 시절 자신의 모습을
반추하고, 자신이 증오했던 상급자의 모습으로 점차 변모한다. 상병·병
장들은 하급자들의 저항이나 반란을 공동으로 대처하기 위해 일종의
묵시적 동맹을 맺는다.[69] 때로는 하급자들을 다독거리는 설득 내지 회유
의 수단이 동원되기도 하고, 단체 기합·구타, 고문관 만들기 등의 억압
적·폭력적 수단이 동원되기도 한다.

병장이 되면 분대장 등의 직책을 맡게 되면서 집단 전체를 외부에
대해 대표하는 역할을 하게 된다. 그러면서 내무반이나 분대 등 집단
내에서 단계적으로 구분된 구성원 간의 역할과 기능을 통합하여, 대외적
으로 하나의 역량으로 결집해내는 역할을 또한 맡게 된다. 그러는 한편
상병들에 의해 수행되는 집단 내부의 관리가 불가피하게 갖게 되는 공백
을 보완하는 역할 또한 맡게 되는데, 이는 특히 전역의 시기가 가까운
고참들의 몫이 된다.

다음은 인터넷에서 자신의 2000년대 군대생활 경험을 회고하며 정리
한 내용을 실은 글 가운데 일부로서, 고참이 신병을 다독이는 전형적
논리를 보여준다.[70] 여기 하루 종일 억울하게 상급자들에게 기합을 받은

69_ 여성학 연구자들은 가부장적 남성지배사회에는 이와 유사한 남성들의 동맹
인 '남성 연대'가 존재한다고 말한다. 권인숙은 '남성성이 강화된 전우 의식',
'군사화된 남성적 연대감'이 남성 연대의 기반을 이루고, 이것을 통해 "상상
의 공동체로서의 국가의 실체와 실재를 확인하게 된다…… 집단적 남성성
을 부양하는 군대에서 이 남성성을 키워 나가는 두 가지 조직 원리는 계급적
위계질서의 순응과 남성 연대(male bonding)이다"라고 말한다. 여성학 연구
자들의 입장에서 보면 희생된 잉여가 순환하면서 만들어내는 상징적 현실의
'사회적 연대(social bond)'는 단지 남성들의 연대일 뿐이다. 권인숙, 『대한민
국은 군대다』, 238-244쪽; 정희진, 『페미니즘의 도전』, 271-273쪽 참조.
70_ http://jw.ccmz.net/tt/index.php?ct1=4(2005. 7. 31). 이 사이트는 『한국경제신
문』에 기사화(2006년 3월 28일)될 정도로 큰 인기를 끌었던 바 있다:

신병이 있다. 밤에 배가 고파 침상에 누워 좌우를 살피며 침낭을 뒤집어 쓰고 빵을 조심스럽게 먹다가, 고참 병장에게 들킨다. 병장은 아무도 없는 곳으로 신병을 불러내 혼낸다. 그러다가 병장이 빵과 음료수 등의 음식물을 주며 따뜻한 말을 하자 어리둥절하며 감격한다.

　　아침에 갈군 거 다 임마~ 다 어쩔 수 없는 나름대로의 부대 규율 때문에 그러는 거야 응? (네, 알겠습니다.) 훈련도 많이 없는 포병부대에서 그런 걸로 군기 안 잡아 놓으면 나중에 애들 다 빠져가지고 훈련 나가서 포탄 사격할 때 오발 터지고 누구 다치고 응? (네, 알겠습니다.) 내무생활 힘들고 빡쎄고 X같아도 어영부영 1년이고, 너도 상병 먹고 병장 먹고 그러는 거야 다 사람 사는 곳이고 다 정 많은 사람이야~ 너만 갈군다고 생각하지 말고. (네, 알겠습니다.) 나중에 니들 고참 전역해봐, 얼마나 생각나는지, 그런 거 모르지? ……. 답답하고 탈영하고 싶고 집 생각나고 그러면 나한테 얘기해~ 색갸~ 혼자 꿍하게 있지 말고. (네, 알겠습니다.) 고참이 이렇게 좋게 얘기했다고 해서 앞으로 존내 빠지면 안 되는 거~ 알간? (네, 알겠습니다.) 군대는 단체 생활이야 너랑 나랑 일대일로는 상관없지만 특수한 집단 아니냐~ 부당하다고 생각하다보면 한도 끝도 없는 거야. 힘들어도 좀 참고, 그래도 너무 힘들면 편하게 생각되는 병장들한테 얘기하고, 오케? (네, 알겠습니다.) 남은 거 먹어~ 더 줄까? (아…… 아닙니다.)……. 그날 난 생전 처음으로 뽀글이란 걸 먹어봤다. 그때 먹은 뽀글이는 여태까지의 그 어떤 음식보다도 이 세상의 그 어떤 진수성찬보다도 더 맛있었다. 그때 그 병장님은 어디서 무엇을 하고 계신지…… 보고 싶습니다!

　졸병에 대한 고참의 이 언술은 억압과 회유가 어떻게 엉겨 있는지, 규율의 유지를 위해 규율의 위반이 어떻게 이루어지는지, 감옥 같은 병영 내에서 꿈과 욕망이 어떻게 생성되는지, 그리하여 오직 복종만이 존재하는 병영의 일상이 어떻게 재생산되는지를 잘 보여준다. 우리는 이 고참 병장의 말 속에서 상상계적인 이상화된 이미지로서의 '이상적 자아', 그 이상적 이미지에 새겨 넣고자 하는 상징계적인 응시 지점으로서 '자아 이상', 그리고 그것의 이면으로서 가혹하고 잔인하며 징벌적인 실재계의 '초자아'[71]의 세 가지 모습이 놀랍도록 절묘하게 배합되어 있음

<hr/>

71_ 프로이트는 2차 정신 모델에서 정신을 세 개의 기관, 즉 이드, 자아 그리고 초자아로 분리하여 제시한다. 이드는 본능을 대표하고, 초자아는 도덕을 대표하며, 자아는 둘 간의 갈등을 중재한다. 라캉에 따르면 초자아는 자아 이상과 더불어, 모두 사회적·상징적 법을 구현하는 아버지[대타자]와 동일시한 결과로 나타난다. 법은 무언가를 금지하는 것을 내용으로 하는데, 그 최초의 것이 근친상간 금지이다. 법이 금지를 내용으로 한다는 것은 법을 위반하려는 욕망이 있음을 말하는 것이기도 하다. 그래서 초자아는 주체의 욕망을 규제하기도 하지만, 역설적으로 욕망에 대한 몰상식하고 맹목적인 명령이기도 하다. 자아 이상이 공식적 법을 대표한다면, 초자아는 법이 실패하는 곳에서 나타나 우리에게 즐길 것을 명령한다. 초자아는 즐길 것을 명령하는 의지의 표현이지만, 이는 주체 자신의 의지가 아니라 대타자의 의지이다. 지젝에 따르면 주체의 입장에서 즐기라는 명령은 즐기는 것이 자유가 아니라 '의무'의 형태로 전도되며 더 이상 즐길 수 없게 된다. 따라서 초자아는 대타자의 법을 보완하는 역할을 할 뿐이다. 그것은 공식적 법이 필연적으로 동반하는 '법의 이면'이며, 공식적 법을 위반하면서 그 법을 보완하는 '법의 이면', 써질 수는 없고 오직 말해질 수만 있는 규약, 공식적으로는 부인되는 비공식적 불문율을 대표하는 역설적 요소이다. 그래서 지젝은 권력에 대한 저항의 한 지점으로서 초자아의 불법행위, 즉 법을 지키기 위해 법을 위반하는 행위를 공격하고, 공식적 법만을 지킬 것을 요구하는 것으로 제시한다. 에반스, 『라캉 정신분석 사전』, 234-327, 390-391쪽; 호머, 『라캉 읽기』, 108-111쪽; 마이어스, 『누가 슬라보예 지젝을 미워하는가』, 107-112, 220-221, 245쪽.

을 잘 볼 수 있다.

　고찰이 되어가는 과정은 '상상적 동일시'로부터 '상징적 동일시'로의 이행이라는 시각에서 파악될 수 있다. 처음에는 단지 상상적 이미지와의 동일시로부터 시작된다. 단순한 모방, 가장으로부터 시작된다. 그러나 그것이 반복되면서 점차 자신이 상상적으로 동일시하는 그럴듯한 이미지가 누구의 시선에서 그럴듯해 보이는가, 라는 관점에서 사태를 보게 된다. 이때 그는 자신도 모르는 사이에 상징적 동일시, 즉 대타자의 시선으로 자신을 바라보는 상황에 처하게 된다.[72] 바로 그 대타자의 시선은 군 입대 초기에 그렇게도 낯설고 가증스러웠던 고참의 시선이다. 그것은 신병 시절 나를 몸 둘 바를 모르고 어리바리하게 만들던 시선, 나를 찌질한 존재로 바라보던 그 시선, 한 번도 경험해보지 못한 결코 이해할 수 없을 것 같은 그런 낯선 시선이다. 고참이 되면서 이제 그것은 바로 내가 타인들과 세계를 파악하는 시선이 된다. 그렇게 될 때 그는 이제 일일이 시키는 대로만 하는 졸병이 아니라, 스스로 '알아서 하는'('알아

72_ 브루스 핑크, 김서영 옮김, 『에크리 읽기: 문자 그대로의 라캉』, 도서출판 b, 2007, 200-201쪽; 지젝, 『이데올로기의 숭고한 대상』, 184-193쪽 참조. 지젝은 "상상적 동일시는 그렇게 되면 우리가 우리 자신에게 좋아할 만하게 보이거나 '우리가 그렇게 되고 싶은' 이미지와 동일시하는 것이고, 상징적 동일시는 우리가 관찰되는 위치, 우리가 우리 자신을 바라보게 되는 위치와 동일시하는 것이다", "상상적 동일시 속에서 우리는 유사성의 수준에서 타인을 모방한다(우리는 우리가 타인과 '비슷한' 한에서 우리 자신을 타인의 이미지와 동일시한다). 반면 상징적 동일시에서 우리는 정확히 우리가 타인을 모방할 수 없는 지점에서, 유사성을 벗어나는 지점에서 그와 우리 자신을 동일시한다"라고 말한다. 핑크는 상징적 동일시에 대해 "타자가 우리를 바라보는 방식을 내재화하고 타자의 찬성 혹은 반대하는 듯한 시선과 의견들을 동화함으로써 우리는 타자가 우리를 보는 방식으로 자신을 이해하게 되고 타자가 우리를 아는 대로 우리 자신을 알게 된다"고 말한다. 이에 대한 보다 자세한 설명은 이 책의 제2부 제1장 3절에서 볼 수 있다.

서 기는' 즉 '알아서 복종하는') 고참이 된다. 이때 바뀐 것은 자신을 바라보는 응시의 지점, 즉 자아 이상이다.

상징적 동일시는 앞에서 말한 바와 같이 '기표에 의한 주체의 결정'을 주체의 시각에서 바라보는 지점이라 할 수 있다. "상징적 동일시는 주체가 상징적 질서인 대타자 속의 어떤 기표적인 특질과 동일시함을 나타낸다. 이 특질은 기표에 대한 라캉의 정의를 따른다면 '다른 기표에 대해 주체를 대표하는' 기표이다. 그것은 주체가 스스로 떠맡았거나, 스스로에게 부과된 이름이나 위임 속에서 구체적이고 식별 가능한 형태를 띤다." 기표에 의한 주체의 결정, 상징적 동일시는 자신에게 부과된 것을 '스스로' 떠맡는 '강제된 선택'의 상황에 해당된다. 지젝에 의하면 이때의 선택이란 "그/녀가 올바른 선택을 한다는 조건에서 그/녀에게 선택의 자유가 주어지는 '강제된 선택'"이며, 이렇게 "불가피한 것을 자유롭게 선택하는 행위로부터 주체가 출현"하며 그것이 '이데올로기적 호명이라는 알튀세르적 개념'이라고 말한다.[73] 상상적 동일시로부터 상징적 동일시로의 이행은 제3부 제1장에서 말하게 될 전형적인 권력 관계의 모습, 그 모습의 변화과정이기도 하다. 처벌수단의 위협 아래 일일이 지시받은 바를 행하는 권력의 모습에서, 스스로 '알아서 하는' 혹은 '알아서 기는' 권위의 모습으로의 변화과정과 동일하다고 할 수 있다.

상상적 동일시와 상징적 동일시는 늘 중첩되어 있다. 주체를 형성하며 내면에 각인된 타자의 응시 지점, 즉 자아 이상은 항상 주체 나름대로 상상적으로 해석하여 만들어낸 이상적 자아를 통해 실현될 수 있을 뿐이다. 상상적 동일시가 종결되고 상징적 동일시가 시작된다고 말한다면, 그것은 단지 어느 측면이 보다 지배적이냐 라는 차원의 의미로 해석되어

73_ 지젝, 『이데올로기의 숭고한 대상』, 183; 지젝, 『까다로운 주체』, 36쪽.

야 한다.

군 입대 초기에 스스로 소외되고 결여된 존재로 자신을 느꼈다면, 상병·병장의 시기에 이르러서는 대타자로서의 국가 역시 무언가 결여되어 있으며 스스로가 그러한 결여를 조금이나마 채울 수 있으리라는 '뿌듯함' 내지 존재감의 회복을 느낄 수 있게 된다.[74] 다시 말해 졸병 시절이 '소외'에 해당된다면, 고참 시절은 '분리'를 통해 도달하는 환상과 욕망의 시기라고 할 수 있다.[75] 고참은 국가라는 대타자의 결여를 자신이 메워줄 수 있으리라는 환상, 그와 동시에 자신의 존재 결여도 메울 수 있으리라는 환상과 욕망에 사로잡힌다. 그럼으로써 그는 스스로를 국가에 충성하는 애국적 국민이라는 이상적 자아와 동일시한다.

군 입대를 앞둔 남성들이 대개 어떻게 하면 군대를 가지 않을 수 있을까, 라는 생각에 모든 수단을 동원하여 병역을 회피하려 하지만, 군대를 나올 무렵이면 국방 의무를 충실히 수행한 애국시민으로 스스로를 동일시하게 된다. 그리하여 과거의 자신의 모습은 까맣게 잊어버리고

74_ 여기서 소외란 군 입대 이전의 현실과 관련하여 느끼는 '소외감'을 말하는 것일 뿐 아니라, 군대라는 새로운 현실, 국가에 의해 국방 의무를 수행할 국민으로 호명되어 새로운 상징 질서 속에 편입됨으로써 새로운 정체성을 획득한다는 의미에서의 '소외'까지를 포함한다.

75_ "라캉에 따르면 주체는 필연적으로 상징계에 의한 소외를 겪는다……. 그리하여 주체는 대타자의 명령에 종속된 상상적 주체—소외된 주체—로 살아가게 된다. 이러한 상상적 주체가 이제 진정한 주체로 다시 태어나기를 원한다면……. 상징계에 의한 소외를 극복하는 과정, 분리를 반드시 거쳐야 한다……. 나를 어떤 특정한 기표에 종속하게 만든 대타자도 나만큼이나 결핍된 존재임을 깨닫는 순간 분리가 일어난다는 것이다"(홍준기, 「지젝크의 라캉 읽기:『이데올로기의 숭고한 대상』을 중심으로」,『문학과 사회』, 13권 4호, 2000, 1886쪽). 소외와 분리에 대해서는 제2부 제1장 3절에서 보다 자세한 설명을 볼 수 있다.

애초부터 자신이 그러한 애국시민이었던 것으로 사후적으로 정당화하게 된다.[76] 군대에 갔다 온 사람들에게 그걸 표현하는 대표적인 언표가 "남자는 군대 갔다 와야 사람 된다"이다. 이러한 상황을 공시적인 차원에서 유머로 재구성해 보면 다음과 같다. "어떻게 군대 오게 됐나?", "예, 국방의 의무를 다하기 위해 왔습니다!", "요리조리 피하다 끌려온 거잖아~", "예, 맞습니다. 제 말이 그 말입니다."[77]

앞에서 말한 바 있는 「육군사관학교 교육제도 개선(국방장관)」의 내용 중에는 전 학년 획일적 집단지도 제도를 지양하고자 학년별 목표가 설정되었는데, 그중 1학년의 목표 가치를 군인으로서의 인간개조, 2학년은 자율과 모범, 3학년은 지도와 책임, 4학년은 현실이해와 인격도야로 설정되었다. 이는 병사의 계급(훈련병·이병, 일병, 상병, 병장)과 계급에 따르는 역할과 흡사하다. 수동적 실천, 시키면 시키는 대로 하는 복종 기계로서는 규율이 내면화되지 않는다. 새로운 상황으로 변화되었을 때 스스로 무엇을 할지 알지 못하기 때문이다. 일병 시절 신병을 가르치며 능동적 입장에 서서 업무를 바라볼 수 있게 되고, 상병·병장이 되어

76_ 반복에 의한 내면화가 국가장치에 의한 몰상식한 명령에 대한 복종 즉 묵종·순응에 해당한다면, 동의 특히 자발적 동의는 그 몰상식한 외상적 명령들을 사후적으로 정당화하는 것이라 할 수 있다. 그것은 또한 자신의 묵종·순응을 사후적으로 정당화하는 것이기도 하다. 법·명령의 기원적 몰상식성 다시 말해 그 외상성을 부인하고 거기에 정당성의 외피를 사후적으로 소급하여 제공하는 것, 그리고 그럼으로써 그와 동시에 그러한 몰상식한 명령에 묵종했던 자신의 외상적 행위를 정당화하여 구해내고자 하는 것도 모두 바로 이 자발적 복종이(그리고 상징적 동일시가) 필연적으로 경과하게 되는 단계들이다.

77_ 지젝은 이를 '명명행위의 근본적 우연성'과 '명명행위 자체의 소급적 효과'라는 개념으로 설명하기도 한다. 이에 대해서는 제2부 제1장 3절의 '3) 정체성의 결정 요인: 속성, 명명, 우연성'에서 자세히 볼 수 있다.

집단 전체를 책임지고 관리하며 비로소 업무 분담의 원리, 계급별·개인별 기능 배치 등 전체의 모습이 머리에 그려지게 된다. 그것은 동시에 권력과 규율화의 배치에 대한 파악이며, 그 안에 자신의 위치, '맡은 바 본분'을 깨닫는 '개안의 과정'이다. 그를 통해 그는 군인복무규율이 목표로 하는 '자발적 복종'이 완성되는 단계에 들어선다.

계급별 역할 구조 속에서 핵심적인 것은 상급자와 규칙에 대한 무조건 복종의 자세이다.[78] 역할 구조 속의 그 내용이 부대와 주특기별로 다르다 할지라도 그것이 갖는 형식, '시키면 시키는 대로'라는 명령과 복종의 형식만은 변함이 없다. 보다 정확하게 말한다면 '시키면 시키는 대로 무조건 복종을 자발적으로 하기'를 계급에 따라 단계적으로 완성하는 것이다. "피할 수 없으면 즐겨라!"라는 군대식 처세술은 이를 잘 말해준다. 지젝은 강제된 선택, 강제된 것을 자유롭게 선택하는 것, 무조건 해야 하는 것을 자진해서 하는 역설, 이러한 '텅 빈 제스처'가 상징적 교환의 가장 원초적 차원이라고 말한다.[79]

'피할 수 없으면 즐겨라'라는 군대식 지혜는 주인 기표가 갖는 소급적 효과와 관련된다. 피할 수 없다는 것은 피하려고 하다하다 안 됐을 때 깨닫는 것이지, 처음부터 알 수 있는 것이 아니다. 그 깨달음 이후 '처음부터 알았으면 즐겼을 것을'이라는 '뒤늦은 깨달음'이 이어지는 것이다. 그래서 라캉 정신분석에서 진실은 늘 오류를 통해 도달할 수 있는 것일 뿐이다. 그러나 주체는 늘 오류 없이 진실에 도달했다는 상상적 환영(imaginary illusion)에 굴복한다.[80] 그래서 고참이 되면 자신의 '찌질한'

78_ 계급을 통한 분류와 서열화는 근대적 규율화를 효율적으로 수행하기 위한 중요한 도구이다. 미셸 푸코, 『감시와 처벌』 참조.

79_ 지젝, 『이데올로기의 숭고한 대상』, 24-25쪽.

80_ 보다 정확히 말하자면 상상적 환영에 굴복하는 것은 주체가 아니라 주체와

시절을 부정하고 늘 규율화에 적응하며 군대식 규율을 처음부터 '즐겼
다'는 식으로 소급적으로 덧칠을 하며 자기 역사를 일관성 있게 재구성하
고자 한다.[81]

　국방의 의무를 이행하고 군사적으로 주체화되어 대한민국 군인이라
는 정체성을 갖게 될 때, 즉 거세될 때 그때 희생되는 향유는 일종의
전(前) 상징적 실재, 상징적 질서에 진입하기 이전의 알 수 없는 어떤
X라 할 수 있다. 군대라는 상징적 질서에 진입하여 군사화된 주체로
상징화된 이후 그 상징화에 저항하며 남게 되는 상징화의 잔여, 잉여가
새롭게 구성된다. 그것이 이 새로운 상징적 질서, 타자의 장을 순환하게

대립되는 '자아'(ego)이다. 앞에서 말했듯이 라캉에게 자아는 상상적 형성물
로서, 상징계의 산물인 주체와 대립된다. 그것은 상징적 질서에 대한 오인으
로부터 탄생한다. 자아는 거울 이미지와의 동일시를 통해 형성되는 구축물
로서, 착각과 환영의 자리이다. 그러나 자아는 유아 시절 자기 신체에 대한
조절능력 부족, 무기력성을 극복하는 데 일정한 역할을 한다. 무기력한 자신
과 대조되어 완전해 보이는 거울 이미지(동년배의 모습, 혹은 어머니의 말
속에 투영된 자기 이미지)는 미래에 자신이 도달할 수 있는 이상적인 모습으
로 비쳐진다. 그는 그 이미지를 자신이라 생각하고 완전하고 통일되고 일관
성 있는 모습으로 자신을 그려내며 그것과 자신을 동일시하지만, 늘 그것에
미치지 못한다. 그러나 자아는 상상적인 오인과 착각 속에서 자신이 그
거울 이미지와 동일하다는 나르시시즘에 빠져 있다. 우리는 상징적 질서에
의해 규정되는 주체의 삶을 상상적인 것의 지배를 받는 자아의 수준에서
살아간다. 그래서 앞서 말했듯이 상징적 동일시와 상상적 동일시는 서로
중첩되어 있으면서, 서로 갈등하는 관계에 있다. 에반스, 『라캉 정신분석
사전』, 47, 323쪽.

81_ 국가 역시 이와 다르지 않다. 에릭 홉스봄은 국가의 오래된 전통이라 하는
　　것들이 사실상 19세기나 20세기에 발명 내지 날조(invention)된 것들로서
　　사회통합이나 소속감을 구축하거나 상징화하기 위해 그렇게 해온 것이라고
　　주장한다. 에릭 홉스봄, 박지향 · 장문석 옮김, 『만들어진 전통』, 휴머니스
　　트, 2004, 33쪽.

된다.[82]

앞에서 말했듯이 나는 이 잉여 향유를 '무조건 명령과 무조건 복종'으로 보고자 한다.[83] 이를 잉여 향유, 잉여 가치라는 어법에 따라 표현한다면 '잉여 권력'이라고 말할 수 있다. 국방이라는 본연의 임무를 수행하는 데 필요한 권력의 형태를 훨씬 벗어난 잉여, 외설성과 과잉 폭력으로 점철된 잉여라는 의미에서이다. 박정희 체제라는 상징적 세계가 새롭게 구성된 이후 그 세계 내부에서 상징화될 수 없는 구조적 잉여, 반드시 필요하지만 공식적으로는 인정될 수 없는 잉여에 해당된다. 이 잉여가 타자의 장을 순환하면서 사회적 결속을 만들어내고 박정희 체제라는 상징적 질서를 형성하며 유지한다. 앞서 말했듯이 잉여 가치의 순환이 자본주의 체제의 사회적 결속, 그리고 상징적 질서를 만들어내는 것과 마찬가지이다. 당시의 개별 주체들은 사회 내부에 계급적으로 형성된 서열의 사다리를 차례로 올라간다면 자신이 상실했다고 무의식적으로 생각하는 향유를, '무조건 명령과 무조건 복종'이라는 향유의 형태로 최소한이나마 되찾아 누릴 수 있으리라는 환상과 욕망을 갖고 살아간다.

---

82 _ 핑크, 『라캉의 주체』, 66-67, 187-188쪽 참조.

83 _ 지젝은 이 잉여 향유가 무분별함, 외상적 비합리성이라는 특징을 갖는다고 본다. 지젝은 "이데올로기적 국가장치들(파스칼적인 '기계', 기표의 자동성)은 어떻게 자신을 '내면화할' 수 있는가? 그것은 어떻게 특정 대의에 대한 이데올로기적인 믿음의 효과를 창출할 수 있는가?"라고 질문하고, "국가장치들의 이 외부적인 '기계'는 오직 주체의 무의식적 경제 속에서 외상적이고 몰상식한 명령으로서 체험되는 한에서만 힘을 발휘한다……. 거기엔 항상 무분별함과 외상적인 비합리성의 오점과 잔여물이 달라붙어 있는 것이다. 그리고 이러한 잔여물은 이데올로기적인 명령에 대한 주체의 완전한 복종을 방해하기는커녕 오히려 그것을 가능케 하는 조건이다'라고 답하며, 그 잉여, 잔여물이 바로 '이데올로기적 향유'라고 말한다. 지젝, 『이데올로기의 숭고한 대상』, 85-86쪽.

5. '무조건 명령과 무조건 복종', 잉여 향유의 순환

국방의 의무를 수행하고 병영생활에 적응하면서 고통스러운 시간의
터널을 견디고 전역하여 사회로 '복귀'했을 때, 그는 원래의 자신의 모습
으로 돌아오는 것이 아니다.[84] 2~3년의 시간 동안 군대식 행동과 사고가
몸에 밴 새로운 인간이 되어 돌아온다.[85] 계급별 서열구조의 쓴맛·단맛
을 다 보고, 상급자의 어떠한 명령이든 절대 복종하는 것이 편하다는
것, 하급자에게는 어떤 명령이라도 가능하다는 것이 몸에 밴 상태로
돌아오는 것이다. 누군가 군대경험을 표현한 대로 "실컷 맞다가 나중에
속 시원하게 실컷 때리고, 조직사회의 원리를 제대로 터득했다. 이제
시키는 대로 할 줄도, 시킬 줄도 안다."[86]

당시 집권군인들의 꿈은 병영 내의 군인으로서만 만족했던 것은 아니
다. 군인복무규율 가운데 내무생활의 목적을 규정한 부분에서 "내무생활
에 있어서 수련은 군인의 본분을 완수하는 데 긴요한 기초가 될 뿐만
아니라 귀향 후에 있어서도 선량한 국민의 한사람으로서 국가에 이바지
할 수 있는 토대가 되어야 한다"고 분명히 밝히고 있는 바와 같이 사회에
까지 군인으로서의 인간개조를 연장하려고 했다. '병영생활을 통한 인간
개조' 모델은 향토예비군의 동원훈련으로 연장되고, 그를 원판으로 하여

84_ 정희진은 '사회로 복귀한'이라는 말속에는 사회와 군대를 분리하여 군대를
특별한 공간으로 규정하고, 군대 내에서는 사회 내의 인권 등이 보장되지
않아도 된다는 함의를 갖는다고 지적한다. 정희진, 『페미니즘의 도전』, 160쪽.
85_ 권해영은 이를 "대한민국의 모든 남자들이 인생의 긴 세월을 군대라는 필터
를 통해해 사회의 품으로 돌아가는데 어찌 때 묻지 않은 맑고 순수한 영혼으
로 남을 수 있겠는가?"라는 질문으로 대신한다. 권해영, 『군대생활 사용설명
서』, 22쪽.
86_ 박노자, 『당신들의 대한민국』, 한겨레신문사, 2001, 107쪽.

그 외의 대중동원 운동, 가령 새마을운동의 다양한 합숙교육과정의 복사
판들을 만들어내었다.[87] 이 인간개조 모델은 박정희 정권 내내 정부기
구·관변조직을 필두로 학교·기업에 이르기까지 모든 분야에서 무수
한 병영적 연수원의 교육훈련과정을 통해 재현되었다. 군사정권은 이를
발판으로 삼아 사회 전체를 거대한 병영으로 만들고자 하는 사회의 군사
화에 대한 꿈과 욕망을 갖고 있었다.

　군 전역 후 복학한 한 학생은 군 경험에 대해 다음과 같이 말한다.
"복학했을 때 일인데…… 학교 일을 하든 리포트 과제를 하든…… 방법
이 보이는 거야……. 군대 갔다 와서 느꼈던 게 뭐냐면 그전에 못 보던
체계 같은 게 보이더라는 거야……. 그전에는 그런 개념이 없었거
든……. 분업개념은 있[었]는데 위계질서에 대한 개념은 없었던 거지(사
례 9)." 다른 증언은 이런 측면을 더욱 명확히 지적한다. "사회도 일종의
그 사회 안에 계급이 있잖아. 병장까지 주욱 있다 보면 이 단계에서
내가 이렇게 하면 되고, 이런 계급일 때는 사람들은 어떻게 다스리면
되고…… 제일 위에 있을 때는 이런 식으로 다스리면 된다. 그 안에서도
일종의 정치거든(사례 6)."[88]

　그러나 군대에 가기 전이나 군대를 나온 후에도 교련 교육, 예비군
제도, 민방위 제도 등에 의해 군대생활의 경험이 예습·복습되고 재반복
된다. 군대에 가기 이전에는 초중등학교의 제식훈련, 교련 교육 그리고
대학생의 교련 교육제도를 시행하여 군 입대 이전에 군대경험을 습득하
고 그것을 일종의 거울 이미지로서 '예기'하도록 한다. "너 같은 놈은

87_ 새마을운동중앙회, 『새마을운동30년자료집』, 새마을운동중앙회, 2000, 93-
　　134쪽.
88_ 김현영, 「병역의무와 근대적 국민정체성의 성별정치학」, 112쪽.

군대 가서 좀 고생해봐야 정신 차리지!", "너 같은 놈은 군대에서 정신 들 때까지 좀 맞아 봐야 해!", "너 그래 가지고 군대생활 배겨내겠냐?" 등등의 말들은 군대 가기 전에 흔히 듣는 말로서, 입대 전에도 알 수 없는 미래에 대한 불안과 두려움 속에서 군대생활을 예기하고 준비하도록 만든다. 다시 말해 개인의 전체 생애 가운데 군대생활이 중심 시점이 되어 과거와 미래를 모두 지배했던 것이 박정희 시대였다.

현역병으로서의 군대생활을 제외할 때 예비군 제도는 특별한 중요성을 갖기에 좀 더 주목할 필요가 있다. 예비군 제도는 1968년을 계기로 전면 강화되었는데, 박정희 체제가 현역병 징집만큼이나 정부의 모든 부서의 전력을 기울여 추진했던 제도이다. 박정희는 청와대 비서실에 안보담당특별보좌관(안보특보)을 두고 군 출신을 임명하여 예비군 업무를 전담시켰다. 박정희는 안보특보로부터 예비군 제도의 실시 상황을 직접 보고 받고 진행과정에 깊이 개입했다. 안보특보의 지휘 아래 국방부와 내무부가 주로 이 업무를 담당하였는데, 1970년부터 중앙정보부도 일정 기간 관여했다. 예를 들어 1969년 「내무, 국방 예비군 관계관 회의 결과 보고」(1969. 6. 10)에 나타나는 참석자들은 안보특보, 내무부 차관, 국방부 인력차관보·예비군국장, 육본 예비군부장(모두 현역 소장), 치안국 방위과장 등이었다. 1970년 3월 예비군 비리문제가 청와대, 내무, 국방, 중정 연석회의에서 논의되는데 이 무렵부터 중앙정보부가 관여했던 것으로 추정된다.[89]

예비군 제도 도입 1주년에 가까운 시점에서 박정희는 전국 예비군 관계관 회의를 개최(1969. 2. 13)하는 한편, 1969년을 '예비군 완성의 해'로 정하고 예비군 제도의 조속한 정착에 강력한 의지를 표명한다.[90]

89_ 「예비군 운영에 따르는 문제점과 대책」(1970. 3. 17).

박정희는 이 회의에서 직장예비군 감사결과 불합격 판정을 받은 5개
부처 장관을 수많은 사람들이 지켜보는 가운데 자리에서 일으켜 세우고,
엄격히 문책하였다. 당시 국방부 동원과장의 회고를 들어보기로 한다.

> 예비군 감사결과 보고에서 총무처·농림부 등 5개 부처가 불합격
> 했다는 지적이 나오자 박정희는 크게 노기 띤 얼굴로 "불합격 장관들
> 일어나시오!" 하고 소리쳤다. 각 부처 장관들이 얼굴이 납빛이 돼
> 자리에서 일어나자 박대통령이 일장 훈시를 하기 시작했다. "1·21
> 사태가 거저 일어난 것이 아니오, 이런 안이한 자세 때문에 북괴 도당
> 의 침투를 받게 된 거요, 3개월 안에 재검열해 만일 그때도 불합격하면
> 문책하겠소!" 장내는 물을 끼얹은 듯 긴장된 모습이었다. 나는 이
> 광경을 평생 잊지 못한다. 박대통령이 화난 모습으로 청와대로 돌아가
> 고 뒤이어 재검열단이 편성됐다.[91]

군대에서 군기를 잡기 위해 자주 사용되는 일종의 '시범케이스'에
해당된다고 할 수 있는데, 이렇게 되면 일순간 그 공간은 박정희가 지휘
관이 되고 참석자들은 병사와 같이 되는 전혀 다른 성격으로 바뀌게
된다. 말하자면 박정희는 적어도 예비군 제도에 관한 한 행정부가 언제라
도 군대와 같이 일사불란한 명령체계의 공간, '명령에 죽고 명령에 사는'
병영이 될 수 있음을 보여주고자 했다. 이러한 박정희의 '군기 잡기'는

90_ 이현희, 『한국경찰사』, 한국학술정보, 2004, 292쪽. 이 회의의 결과보고서에
의하면 이 회의에는 청와대, 국방부, 합참·육본·각군, 중앙정보부, 내무부
등에서 대거 참석하였고 각 부처 장관, 향군 등 총 556명이 참석하여 오전부
터 오후까지 장시간에 걸쳐 진행되었다.
91_ 최갑석, 「장군이 된 이등병」, 『국방일보』(2004년 11월 4일).

앞서 살펴본 군 복무시의 유격훈련과 동일한 역할을 한다. 정기적 유격훈 련이 '무조건 명령에 대한 무조건 복종'을 해이해진 병영생활에 다시 새겨 넣는 효과, 군기 잡기의 효과를 갖는다면, 예비군 제도 역시 전역 남성들 모두에게 정기적 군기 잡기의 효과를 갖는다고 할 수 있다. 예비 군 제도가 제대로 시행되기 위해서는 그를 관리하는 정부부처 역시 엄격 한 군기가 필수적으로 요청되었으며, 박정희 자신이 직접 실천에 옮긴 위의 군기 잡기는 그 일환이었다고 할 수 있다. 당시 총무처에서 재검열 이 실시되었을 때의 모습을 위의 회고를 통해 다시 살펴본다.

> 검열단이 총무처에 도착하자 우리는 깜짝 놀랐다. 이석제(육사8기) 장관이 직접 예비군복 차림으로 과장급 이상과 산하 기관장 50여 명을 도열시켜 중앙청 청사 앞에서 검열반을 맞이한 것이다. 이 장관 바로 옆에는 군 원로인 이형근 예비역 대장(육참총장·합참의장 역 임)이 역시 예비군복을 착용하고 부동자세로 서 있었다. 군번 1호로서 우리 군의 상징이 직접 "차렷! 검열단장님께 경례!" 하고 구령을 붙이 며 간부들을 지휘하고 있는 것이었다.

병역의 의무를 다하고 '사회로 복귀한' 개개인이 예비군 동원·훈련 을 통해 다시 병영으로, 군인의 신분으로 돌아가 정기적으로 '군기가 잡혀' '무조건 명령과 무조건 복종'의 학습을 반복하는 것이 예비군 제도 가 갖는 효과, 공식적으로는 결코 인정될 수 없는 중요한 효과였다. 당시 사회의 공적, 사적 조직 모두는 예비군 편성을 통해 군사적으로 재조직되 고 그것은 다시 군대의 명령계통에 따라 일사불란하게 지휘되도록 되어 있었다. 그 결과 1970년대 중반이 되면 정부·공기업은 물론 사기업체의 고용주도 예비군 중대장(대대장·연대장)과 비상계획관의 보좌를 받으

면서 직장예비군 조직과 직장민방위조직의 일선 지휘관이 되어, 예비
군·민방위 훈련, 각종 행사 그리고 국기에 대한 맹세와 국민교육헌장의
암송을 통해 계급적 서열과 계급에 따른 명령·복종체계를 일상화시키
기에 이른다. 따라서 '싸우며 일하자'는 '산업전사', '수출역군'은 단순히
구호나 비유로 그쳤던 것이 아니었다.

　박정희 시대의 군사적 규율화는 20세기 초 일본군대와 사회의 관계에
있어서 당시 일본군국주의자들이 시도한 규율화 노력과 닮아 있다. 1931
년에 조선총독이 된 우가키 가즈시게는 1903년 독일 체류 당시 독일의
사회제도와 군대제도가 서로 비슷한 반면 일본은 아직 멀었다고 쓰고
있다. 그는 "독일은 인생의 3대 요소인 의식주가 군대와 큰 차이가 없고,
국민교육도 진보해서 장정이 이미 입영 전에 학교의 교육에서 군인이
될 소양을 완수했다. 일본은 아직 멀었다"라고 말하고 있다. 우가키는
일본에서 학교 교련제도와 청년훈련소 제도를 실시하여 군부에 의한
국민통합의 길을 추진한 바 있다. 요시다는 "군대 자체가 새로운 사회질
서의 창출을 위한 추진력이 되거나 군대의 형태가 거꾸로 사회의 형태를
규정해간다고 하는 시점도 나타남을 알 수 있다"고 말하며 유럽과 달리
일본의 경우 '사회에 대한 군대의 역규정성'을 지적하고 있다. 유럽의
경우 사회화과정을 통해 규율이 개개인의 몸에 배어 있었다면, 일본의
경우 그렇지 못해 군대에서 고강도의 정신무장, 군기확립이 필요했다는
것이다. 그 차이점으로 인해 군 내에서 군기, 정신무장이 특히 강조되었
고, 단기간에 농민을 군인의 규율화된 몸으로 만들기 위해 구타·암기
즉 육체적·정신적 폭력이 난무했다.[92] '사회에 대한 군대의 역규정성'

92_ 요시다 유카타, 최혜주 옮김, 『일본의 군대: 병사의 눈으로 본 근대일본』,
　　논형, 2005, 28-29쪽.

▲사진 4 사회를 군사적으로 규율화 하고자 했던 노력의 결과는 시민 대상의 새마을운동 행사 장면에서도 잘 나타나고 있다. 1975년 12월의 전국새마을지도자 대회.

현상은 한국의 경우에도 그대로 반복되고 있다.

그렇다면 이러한 군사적 규율화는 실제로 당시 산업체와 작업장의 노동규율과 어떠한 연관성을 갖고 있었는가? 당시의 대기업 남성근로자들의 노동규율을 연구한 결과들을 보면, 대부분 군대조직과 군대문화에 의거하지 않고는 설명될 수 없다는 결론에 이르고 있다. 구해근은 『한국 노동계급의 형성』에서 다음과 같이 말한다.

3년의 군대경험은 한국의 남성들이 엄격히 통제된 조직생활에 익숙 해지도록 효과적인 사회화교육을 시켰다. 시간에 맞추어 하는 작업, 공식적인 권위에 대한 복종, 상사의 명령에 따르지 않았을 때에 뒤따르는 처벌과 심각하게 제한된 개인적 자유가 군대생활의 공통적인

요소들이다. 더욱이 엄격한 통제, 권위주의, 폭력 등의 요소가 1980년
대 이전의 한국군대를 특히 강하게 지배했다. 그리하여 청년기의 오랜
군대생활은 한국 남성들이 그와 비슷한 형태로 통제되고 위계적인
산업조직에 익숙해지게 만드는 역할을 하였다.[93]

구해근은 더 나아가 "한국 산업체들이 군대조직을 본떠 만들어졌다는
점을 지적하는 것이 중요하다. 이러한 군대조직과 군대문화의 광범위한
영향력은 실로 지대한 것이었다. 물론 30여 년 동안 국가 지배자가 군인
출신이었고, 많은 기업체의 최고경영자들이 군대에서 충원된 한국사회
에서 이것은 이해할 만한 현상이다"라고 말한다. 그는 1983년 울산 현대
공장을 현지 조사했을 때 그와 함께 참여한 한 사회학자로부터 "많은
것이 군대 복무기간의 내 경험을 연상시켰다"라는 말을 들었으며, 실제
로 울산공장에서 노동자들은 머리를 짧게 잘라야 했으며, 자신의 지위를
나타내는 명찰을 달았고, 아침 일찍 행진곡을 들으며 공장에 출근했으며,
공장 정문에서 경비의 통제를 받아야 했고, 2시간 노동 후 10분간 휴식을
취했으며, 12시가 되면 직책에 따라 분리된 회사 식당에서 점심을 먹었
다. 강준만은 재벌체제와 군사조직의 유사성에 주목한다. 재벌체제는
총동원체제였으며 그건 군대식과 잘 맞아 떨어졌으며, 재벌체제가 총수
의 명령에 절대 복종하는 조직이었던 바, 그건 군사조직의 속성과 같은
것이었다고 보는 것이다.[94]

또 1970년대 한국의 자동차산업에 대한 실증적 연구에서 정승국은

93_ 구해근 지음, 신광영 옮김, 『한국 노동계급의 형성』, 창작과비평사, 2002,
    80-81, 104-105쪽.

94_ 강준만, 『한국현대사 산책, 1960년대편 2권』, 인물과사상사, 2004, 84쪽.

당시 노동자들이 작업장 내에서 "상사의 명령이나 질문에 변명을 하지 말고 '시키면 시키는 대로' 하여야 했다"고 말하며, "군대의 군번과 같은 직번이 있었으며…… 직번에 따라 군대의 고참·신참과 같은 서열이 매겨져 있었다"고 말한다. 더 나아가 회사의 경영자를 군 장교 출신으로 충원하는 '관행'이 있었고, 이들 장교 출신 경영자들의 '관리는 군대식인 것으로 소문나 있었'다.[95] 또 1970년대 울산 현대조선의 노동규율에 대한 연구에서 김준은 1970년대 말 노동통제의 성격이 그 이전에 비해 '훨씬 더 병영화된 관리통제의 단계'로 넘어갔다고 말한다.[96]

이러한 상황은 여성노동자들의 경우도 크게 다르지 않았다. 당시 직업 훈련소와 작업장 또한 병영화되어 군사적 규율이 그대로 작동하고 있었기 때문이다. 권인숙은 "1970년대 초 공원모집 포스터에 여공의 철모를 쓰고 있는 이미지가 말해주듯이 산업전선에서 싸우는 군인의 이미지는 남녀 노동자 모두에게 활용되었던 이미지였고 수사였다"고 말한다.[97] 신경숙은 자신의 자전적 소설 『외딴방』에서 1978년 구로공단 직업훈련 학교의 경험을 다음과 같이 말한다.

> 몇 년 후, 텔레비전에서 「동작 그만」을 방영했을 때, 열여섯의 내가 묵던 기숙사와 「동작 그만」 속의 군대 내무반이 닮아 있어 나는 그 프로그램을 열심히 시청했다…… 오전 여섯시 기숙사에서 기상한다.

95_ 정승국, 「1970년대 자동차산업의 노동 형성: A자동차를 중심으로」, 『1960-1970년대 한국의 산업화와 노동자 정체성』, 한울아카데미, 2005, 113쪽.

96_ 김준, 「1970년대 조선산업의 노동자 형성: 울산 현대조선을 중심으로」, 『1960-1970년대 한국의 산업화와 노동자 정체성』, 한울아카데미, 2005, 47쪽.

97_ 권인숙, 『대한민국은 군대다』, 47쪽.

운동장으로 모이라는 종소리를 듣는다. 명랑한 음악에 맞춰 보건체조를 한다. 맡은 구역 청소를 하고 차례를 기다려 세면을 한 뒤 아침을 먹는다. 국과 반찬 밥을 한곳에 담게 되어 있는 식기를 열여섯의 나는 처음 본다. 식기는 낯설고 김치 맛도 야릇하다⋯⋯. 강사들은 한결같이 우리에게 산업역군이라는 말을 쓴다. 납땜질을 실습시키면서도 산업역군으로서, 라고 말한다.[98]

작가 공지영은 자신이 초등학교를 다니던 1970년대부터 고등학교 시절인 1980년대까지의 학창시절을 「광기의 시대」라는 제목의 소설 속에서 그리고 있는데, 이 소설 속에서 초등학교 여학생에 대한 엎드려뻗쳐와 교사들의 발길질, 여고생에 대한 원산폭격, 토끼뜀 등 남학교와 유사한 가혹한 군대식 단체기합이 여학교에서도 횡행했음을 그려내고 있다.[99]

여성학 연구자들은 이를 '명예남성'으로 개념화한다. 김영선은 명예남성을 '여성의 탈을 쓴 남성으로서의 여성노동자'로 정의한다.[100] 이에 대응하여 '명예여성'이라는 개념을 말할 수 있다면, 그 개념은 앞에서 언급했듯이 군 복무시 훈련병·이병 시절에 겪는 경험에 적용될 수 있다고 본다.[101]

경제성장이 지상목표가 되어 모든 것이 그 기준에 의해 수량화되고

98_ 신경숙, 『외딴방』, 문학동네, 1999, 37-38쪽.

99_ 공지영, 「광기의 시대」, 『존재는 눈물을 흘린다』, 창작과비평사, 1999.

100_ 김영선, 「성 노동 논쟁」, 『현장에서 미래를』(2005년 12월), 114호와 정희진, 『페미니즘의 도전』 참조.

101_ 또 이 명예남성, 명예여성 개념은 라캉이 성차공식에서 제시하는 남성적 구조, 여성적 구조와 비교될 수 있다.

계급화된 사회가 박정희 시대였음은 잘 알려진 사실이다. 수출 100억불 달성, 국민소득 천 달러 달성 등의 구호 아래 모든 국민은 이 목표에 얼마나 기여하는가에 의해 기업 내부에서, 그리고 국민 내부에서의 자신의 지위, 계급이 결정되었다고 해도 무리가 아니다.

그러나 이렇게 군사주의적 문화가 지배하고 있었음에도 공적으로 이를 언급하는 것은 철저히 금기시되었다. 당시 병영생활의 실상을 소개하는 글들 역시 철저히 금기시되었다.[102] 그 언표의 내용이 무엇인지와는 관계없이 언표 행위 자체가 금기시되고 억압되었던 것이다. 다시 말해 그것은 무의식 속에서만 작동되어야 하는 것이었다. 서두에서 살펴보았듯이 무의식이 주체에 대한 기표의 효과라고 할 때, 그 기표는 억압된다는 점에서 그러하다. 무조건 복종을 자발적으로 하는 것은 무의식, 행위 무의식의 형태로 이루어져야 할 뿐, 의식적 담론 차원에서 발화되거나 공인되어서는 안 된다.

군대를 갔다 온 남성들이 군대이야기를 하는 자리는 공적인 자리가 아니라 대개 사적인 술자리이다. 이 경우 이야기는 소통을 위한 대화라기보다는 돌아가면서 자신의 군대경험을 이야기하는 독백 형태, 스스로 소화하기 힘든 극단적 경험을 어떻게든 정리해보려는 듯 독백의 형태를 띠고 나타난다. 부끄럽고 고통스러운 기억과 감정은 억압되어 드러내지

102_ 윤흥길의 소설 「제식훈련변천약사」를 보면 현직 교사들에 대한 승진 교육 과정에 군대식 제식훈련이 포함되는데, 이때 훈련 교수와 교사는 지휘관과 병사와 같은 무조건 명령, 무조건 복종의 관계로 들어간다. 일제식, 미국식, 한국식으로 제식훈련이 변화해온 역사를 술집에서 이야기하던 '강교수'가 옆에서 듣던 정보기관원인 듯한 인물로부터 곤욕을 치르는 장면이 나온다 (윤흥길, 「제식훈련변천약사」, 『장마』, 민음사, 2005). 이것은 소설 속에서 이기는 하지만 당시 금기시되던 국방, 병역의 영역에 대한 체제의 극단적인 (무의식적) 민감성을 보여준다.

않고 자신이 얼마나 남성적이었는지를 과장된 형태로 그려내기 일쑤이다. 소위 '군대스리가', 군대에서 축구한 이야기는 군대생활의 극히 예외적인 한 장면을 과장하는 전형적 예이다.

군대에서 축구한 이야기는 여성들이 가장 듣기 싫어하는 이야기로 꼽히지만, 여성들이 그 화제를 거부하기는 현실적으로 어렵다. 남성들의 군대이야기를 들어주는 것은 가부장적 남성지배사회의 일원으로서 '명예남성'의 지위를 얻기 위해 치러야 하는 어쩔 수 없는 희생이다. 군대 갔다 온 남성들의 희생에 대응해 여성들이 감내해야 했던 그러한 희생들을 통틀어 정희진은 '간접적 국방 의무'라고 이름 붙인다.[103] 즉 여성주의자들은 국방 의무가 일차적으로 남성들의 희생에 의해 수행되지만, 최종적으로 그 부담이 귀착되는 지점은 바로 여성이라는 사실을 강조한다.

1987년 민주화가 되면서야 비로소 병영생활에 관한 글들이 공개적이고도 공식적 차원에서 쏟아져 나오기 시작했다.[104] 다시 말해 국방의 의무라는 기표는 다른 기표들과의 연쇄가 차단되고 성역화됨으로써 그 신성성이 유지되었다. 그것이 다른 기표들과 연쇄관계가 다면화되면서 변증화의 과정을 겪게 되는 것은 '민주화'라는 새로운 혁명적 상황, 새로운 주인 기표의 등장을 계기로 해서였다.

103_ 정희진, 『페미니즘의 도전』, 249쪽.

104_ 『쫄병수칙 1, 2, 3』, 『반갑다, 군대야!』, 『몰래보는 장교수첩』, 『지휘관 일기』, 『소설 장교수첩』 등을 들 수 있으며, 일제하 군대의 실상은 『일본군 국주의를 벗긴다』, 『상이군인 김성수의 전쟁』 등을, 해방 직후 군대의 모습은 『국군의 뿌리』, 최갑석·이재전의 『국방일보』 회고, *Military Advisors in Korea* 등을 참고할 수 있다. 최근 여성학 분야에서 심층면접을 바탕으로 우리 사회의 성적 차별의 뿌리로서 병영생활을 제시하는 연구들이 나타나고 있다. 예를 들어 김현영, 「병역의무와 근대적 국민정체성의 성별정치학」은 병영생활을 잘 복원해내고 있다.

6. 박정희 시대 주인 기표의 작동 방식

박정희 시대에 국방의 의무라는 주인 기표는 체제에 의해 '억압됨으로써' 만들어졌다. 다른 기표들과 등가적으로 연쇄되는 것 즉 변증화되는 것이 철저히 억압되고, 고립된 기표 상태를 유지함으로써 신성성, 숭고성이 유지되었다. 주인 기표의 지위를 유지하게 하는 그 억압의 수행자는 누구인가? 언어와 같이 구조화된 권력인가, 아니면 구체적 수행자, 쿠데타의 주역들 소위 '혁명 주체'라는 분명한 행위자가 있는 것인가?

이 문제는 프로이트가 만들어낸 일종의 신화, 원초적 아버지 신화에 의존하여 말할 수 있을 것 같다.[105] 먼저 모든 여재[향유]를 독점한 원초적 아버지, 폭력적 아버지가 존재한다. 불만에 찬 아들들은 그 아버지를 죽이고 여자를 나누어 갖지만, 아버지에 대한 죄책감으로 아버지가 금지했던 아버지의 법, 죽은 아버지의 법을 엄격히 지킨다. 박정희 시대에 국방의 의무를 신성한 주인 기표로 만든 것은 분명 쿠데타 주역들의 원초적 폭력이었다. 그러나 일단 주인 기표가 형성된 이후 혁명 주체들의 자의성과 폭력성은 뒷전으로 밀려나고, 그들이 만들어낸 상징 질서가 죽은 아버지의 법으로서 구조적 권력을 행사한다고 말할 수 있지 않을까? 말하자면 '박정희 없는 박정희 체제'가 가능하다는 것이다.[106]

105_ 김석, 『프로이트&라캉: 무의식에로의 초대』, 김영사, 2010, 104-106쪽; 핑크, 『라캉의 주체』, 205-209쪽 참조.

106_ 근대국가의 형성 과정 역시 이와 크게 다르지 않다. 앤서니 기든스나 찰스 틸리, 박상섭 등을 비롯해 많은 학자들은 근대국가의 성립을 중세 말기 끊임없이 벌어졌던 전쟁을 통해 보고자 한다. 그렇게 볼 때 근대국가는 전쟁과 폭력을 기반으로 등장한 이후, 법과 제도를 통해 스스로를 정당화하며 오늘날까지 이어져온 것으로 파악된다. 앤서니 기든스, 진덕규 옮김,

이를 라캉이 말하는 네 개의 담론 가운데 주인 담론과 대학 담론을 통해 살펴볼 수 있다.[107] 먼저 주인 담론을 통해 살펴보기로 한다. 권력을

『민족국가와 폭력』, 삼지원, 1991; 찰스 틸리, 이향순 옮김,『국민국가의 형성과 계보』, 학문과 사상사, 1994; 박상섭,『근대국가와 전쟁: 근대국가의 군사적 기초, 1500-1900』, 나남출판, 1996 참조.

107_ 라캉은 담론을 '언어 속에 구축된 사회적 연대'로 정의하며, 네 가지 유형의 사회적 연대를 제시하는데, 그것이 주인 담론, 대학 담론, 히스테리자 담론, 분석가 담론이다. 이 중 주인 담론과 대학 담론은 다음과 같이 도표로 제시될 수 있다.

<그림> 주인 담론과 대학 담론

주인 담론

$$\frac{S_1}{\$} \rightarrow \frac{S_2}{a}$$

대학 담론

$$\frac{S_2}{S_1} \rightarrow \frac{a}{\$}$$

그림에서 S_1은 주인 기표, S_2는 지식, a는 잉여 향유, $\$$는 주체를 가리킨다. 담론 도식 안에는 네 개의 위치가 있는데, 각각의 위치는 행위자(agent), 타자(the other), 진리, 진실(truth), 생산, 산물(production)의 이름을 갖는다.

$$\frac{행위자}{진리} \qquad \frac{타자}{산물}$$

주인 담론은 다른 세 담론이 도출되는 기본 담론이다. 지배적 위치는 주인 기표(S_1)에 의해 점유되며, 그것은 다른 기표, 보다 정확히는 다른 모든 기표들(S_2)에 대하여 주체를 대표한다. 그러나 이 의미화 작업에는 늘 잉여(surplus), 즉 대상 a라는 잉여가 따른다. 이는 전체화를 위한 어떠한 시도도 실패로 끝나고 말 것임을 보여준다. 주인 담론은 "주체의 분열을 감춘다." 이 담론은 또한 주인과 노예의 변증법 구조를 잘 보여준다. 주인(S_1)은 노예(S_2)를 일하도록 시키는 행위자이다. 이 일의 결과가 잉여(a), 주인이 전유하고자 하는 잉여이다. 대학 담론은 주인 담론을 (시계 반대방향으로) 사분의 일 회전함으로써 만들어진다. 지배적 위치는 지식(savoir)이 점유한다. 이는 외관상 '중립적인' 지식을 타자에게 전달하려는 모든 시도 뒤에는 지배에의 시도가 자리 잡고 있음을 보여준다. 대학 담론은

독점한 주인, 그 주인의 '눈먼 권력의지'에 의해 발화되는 자의적이고 폭력적인 담론은 주체가 다른 모든 기표들 S_2에 대하여 주인 기표 S_1으로 대표된다고 명한다.[108] 박정희 시대 쿠데타 주역들에 의해 발화되는 담론에 의해 당시의 모든 개개인들은 '신성한 국방의 의무'를 수행해야 할 주체로 규정된다. 박정희 체제를 개발독재체제라고 할 때, 주인 기표 S_1이 '신성한 국방의 의무'라는 군사주의(독재)에 해당된다면, S_2는 성장 지상주의(개발)에 해당된다고 할 수 있다. 박정희 시대에 모든 지식은 경제성장에 집중되었다고 할 수 있기 때문이다. 주인 기표 S_1이 성장지상주의의 지식 체계 S_2를 통해 경제성장을 이루어낸다 하더라도, S_1의 관심은 그 산물, 잉여(a)인 '무조건 명령과 무조건 복종', 즉 '잉여 권력'에 있을 뿐이다. 그러나 S_1은 자신의 진실, 자신 역시 거세되고 분열된 욕망하는 주체($)임을 숨기고자 한다.

주인 기표(S_1)는 원초적 아버지와 같은 무지한 대타자에 의해 발화되는 법, 질서로 제시되지만, 그것을 보완하는 것은 지식의 체계(S_2)이다. 주인과 노예의 관계처럼 노예를 부리는 주인은 일방적으로 법을 발화하고 특정 주인 기표로 주체를 규정하지만, 그것을 실행에 옮기는 것은 노예 즉 지식 체계가 할 일이다. 지식(S_2)은 주인 기표(S_1)가 갖는 자의성을 합리화·정당화하고, 또 공식적 법의 이면과 일상생활의 미세한 영역까지 세세하게 포괄하며 주인 기표를 보완한다. 푸코식으로 말할 때, 근대사회라는 상징 질서 속에서 근대 주체는 '규율화된 주체'라는 주인 기표로 규정되지만, 실제 실천 행위를 통해 그렇게 만드는 것은 근대적

지식의 우위[헤게모니]를 대표하며, 특히 현대에는 과학의 우위라는 형식으로 나타난다. 에반스, 『라깡 정신분석 사전』, 97-101쪽.

108_ 나는 브루스 핑크가 S_1을 '눈먼 의지'라고 개념화한 것에 의지하여, '눈먼 권력의지'로 개념화하고자 한다. 핑크, 『라캉의 주체』, 241-242쪽.

규율화의 기제 즉 규율화의 지식 체계로서 학교, 군대, 감옥, 작업장,
병원 등이 될 것이다. 박정희 시대로 말하자면, 박정희 체제에 의해 당대
의 주체들은 '국방의 의무'를 수행할 주체로 규정되지만, 그들을 실제로
그렇게 만드는 것은 군사적 규율화의 기제, 군사적 규율화의 지식을
담지한 한국군대, 그리고 그러한 군사적 규율화를 재생산하는 산업체,
학교 등이 될 것이다.

　　주인 담론의 시각에서 볼 때, 군사적 주체화를 통해 생산되는 잉여인
'무조건 명령과 무조건 복종'은 공식적 법과는 달리 결코 써질 수 없는
사회적 불문율의 형태로 존재하였고, 그것은 박정희 체제를 순환하며
사회적 결속을 강화시킨다. 성장지상주의를 통해 사회의 모든 힘과 지식
을 경제성장을 위해 쏟아붓던 당시에 산업체와 작업장은 군사적으로
규율화된 문화를 필요로 했으며, 그렇기 때문에 그것의 순환은 박정희
체제의 사회적 결속을 강화시키는 데 기여했다. 그러한 점에서 산업체와
작업장 역시 '무조건 명령과 무조건 복종'이라는 불문율을 재생산하고,
군사적으로 규율화된 근대 주체를 생산해내는 데 중심 역할을 했다.
그것은 한국의 산업체들이 군대조직을 본떠 만들어졌고,[109] 군 전역 남성
들이 '사회의 주류를 형성하고 사회지도층이 되어 알게 모르게 군에서
체득한 유무형의 습관들을 강요'하는 데에서 잘 나타난다.[110] 그러나

109_ 구해근, 『한국 노동계급의 형성』, 104쪽.

110_ 권해영, 『군대생활 사용설명서』, 22쪽. 당시 한국군은 적어도 1970년대
　　　초반까지 민간 기업에 비해 우수한 인적 자원을 보유했고 "최첨단의 통신
　　　과 수송수단 장악했을 뿐 아니라, 방대한 조직을 운영하기 위한 고도의
　　　행정관리 체계와 기술을 보유했다. 한국사회에서 조직 관리와 경영학의
　　　개념을 가장 먼저 도입한 집단도 기업보다 군이었다"(한홍구, 「그들은
　　　왜 말뚝을 안 박았을까」, 『한겨레21』 358호 (2001년 5월 8일). 당시 한국군
　　　의 존재는 민간 사회가 경제성장을 위해 간절히 필요로 하는 규율화된

병영 내에서는 '국방의 의무'를 수행할 뿐이고, 산업체에서는 '증산, 수출, 건설'을 위한 노동이 이루어질 수 있을 뿐, '무조건 명령과 무조건 복종'은 단지 그 잉여로서, '부산물'(by-product)의 형태로서만 생산될 수 있을 뿐이었다. 그것은 박정희 체제에서 공식적으로는 인정될 수 없는, 공식적으로는 상징화될 수 없는 잉여이다.[111] 다시 말해 군대의 병영이나 산업체에서 '무조건 명령과 무조건 복종'은 공식적 목표로는 결코 설정될 수 없었고, 또 공식적으로는 결코 요청될 수 없었다. 그러나 그것은 체제 유지를 위해서 필요불가결한 잉여, 부산물이었고, 박정희 체제를 틀 짓는 구조적 잉여이며 그 체제를 구성하는 구성적인 잉여이다.[112]

───────

노동자 즉 '일 잘하고 말 잘 듣는' 노동자를 제공해주었을 뿐 아니라, 조직과 경영의 기술 역시 제공해주었다.

111_ 라캉에게 상징 a는 처음에 대타자의 대문자 'A'와 대립되어 상상적인 소타자(자아 내지 거울상)를 지칭했다. 1963년 이래, a는 상상적 지위를 결코 상실한 것은 아니지만, 점점 더 실재적인 의미를 갖기 시작한다. 그래서 a는 결코 획득할 수 없는 대상, 욕망이 지향하는 어떤 것이라기보다는 차라리 욕망의 원인이 된다. 라캉이 그것을 욕망의 '대상─원인'이라고 부른 이유가 바로 이것이다. 1962-3년, 1964년의 세미나에서, 대상 소문자 a는 상징적인 것이 실재 속으로 도입되면서 뒤에 남겨지는 잔여, 나머지로 정의된다. 이는 라캉이 네 가지 담론 공식을 정교하게 다듬는 1969-70년의 세미나에서 더욱 발전된다. 주인 담론에서 하나의 기표는 다른 모든 기표에 대하여 주체를 대표하고자 하지만, 불가피하게 항상 어떤 잉여가 만들어진다. 이 잉여가 대상 소문자 a, 잉여 의미, 잉여 향유이다. 이 개념은 마르크스의 잉여 가치 개념에서 영감을 얻은 것으로, a는 그 어떤 '사용 가치'도 갖지 않는 주이상스의 과잉분이지만, 단지 향유를 위해서만 유지된다. 에반스, 『라캉 정신분석 사전』, 400-402쪽.

112_ 지젝은 그러한 잉여가 현실 사회를 틀 짓고 있다는 것을 설명하기 위해 다음 그림을 제시한다.

대상 a가 현실을 틀 짓는 것은, 대상 a가 현실로부터 제거된다는 바로 대학 담론을 통해 이를 살펴보기로 한다. 주인 기표 S_1은 성장지상주의에 해당하는 S_2를 '체계적 지식'으로서 표면에 내세우고 '눈먼 권력의 지'로서 자신은 담론 아래로 숨는다. 즉 S_2의 진실은 S_1이다. 달리 말하면 S_1은 '억압되고 고립된 상태 속에서' S_2에게 무조건적인 명령을 내린다. 그에 따라 지식 체계 S_2는 길들여지지 않은 '아이들'(a)을 훈육하여 주체(S)로 만들어낸다.[113]

다시 말해 지식 체계 S_2는 길들여지지 않은 아이들을 대상으로 푸코가 말하는 규율화의 작업을 수행하며 '일 잘하고 말 잘 듣는' 주체를 생산해 낸다. 이때 주체는 성장지상주의를 통해 '의식화'된 자아와, 군사주의라는 주인 기표에 고착된 무의식적 사고로 분열된다. 근대 주체를 생산하는 규율화 제도로서 그리고 미세한 동작 하나하나까지 지배하고자 하는 지식 내지 과학의 체계로서 병영과 작업장은 대학 담론에서 주인 기표를 대신하여 전면에 나서는 S_2의 역할을 한다.[114] 브루스 핑크는 S_2에 대하여

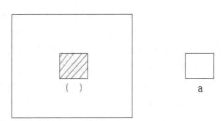

그 점 때문이다. 네모로 빗금 친 부분을 빼내면 프레임 즉 틀이라 부르는 것을 얻게 된다. 구멍을 위한 프레임이자 나머지의 프레임이다. 따라서 타자는 상징화 즉 상징적 통합에 저항하는 어떤 '이해 불가능한' 암초를 중심으로 구조화되어 있다. 지젝, 『삐딱하게 보기』, 191쪽; 지젝, 『이데올로기의 숭고한 대상』, 301쪽.

113_ 지젝, 『삐딱하게 보기』, 262쪽.

114_ 지젝에 의하면 우리가 비합리적 작인으로서 초자아가 주인 기표 S_1의 자리를 차지할 것으로 생각되지만, 자아 이상이 S_1의 자리를 차지하고,

다음과 같이 말한다.

앎[S₂]은 지배적인, 지휘하는 위치에서 무의미한 주인 기표를 대체
한다. 체계적인 앎은 눈먼 의지[S₁]를 대신하여 통치하는 궁극적 권위
이다. 그리고 모든 것은 이유를 갖는다. 라캉은, 거의 주인 담론에서
대학 담론으로 이어지는 일종의 역사적 운동 같은 것을 제안하기까지
하는데, 이때 대학 담론은 주인의 의지에 대한 일종의 적법화나 합리
화를 제공한다……. 이는 대학 담론에 내포된 앎이 가장 경멸적인
프로이트적 의미에서 한낱 합리화에 불과하다는 것을 함축한다.[115]

1980년대에 한국 정치학계에서 유신체제의 성립 배경을 둘러싸고,
관료적 권위주의 대 주의주의(主意主義)의 논쟁, 구조 대 주체의 논쟁이
있었는데, 이는 S₂와 S₁ 가운데 어느 쪽에 무게 중심을 두는가의 차이였다
고 할 수 있다. 산업화의 심화 단계에서 라틴아메리카 여러 나라의 경우
처럼 구조적 이유로 관료적 권위주의가 필요하였기에 유신체제가 등장
했다고 보는 입장이 있었는가 하면, 유신체제는 박정희 집권세력의 장기

초자아는 S₂ 즉 지식의 자리를 차지한다. 공식적 법의 차원에서 국가권력은
국민들에게 봉사하고 그들의 통제에 복종해야 하지만, 초자아적 이면의
차원에서 공식적 법은 권력의 무조건적 실행이라는 외설적인 법의 이면에
의해 보충되어야 한다. 법은 주체들이 법 속에서 외설적이고 무조건적인
명령을 들을 때에만 권위를 유지할 수 있다. 지젝은 카프카의 작품들 속에
서 나타나는 관료주의가 이러한 초자아적 외설성의 전형이라고 말한다.
지젝, 『삐딱하게 보기』, 292-303쪽 참조.
115_ 핑크, 『라캉의 주체』, 242-244쪽. 그래서 핑크는 대학 담론이 주인 기표로부
터 단서를 얻어서, 모종의 날조된 체계를 가지고 주인 기표를 그럴듯하게
치장한다고 말한다.

집권 욕심에서 비롯된 것이라고 보는 입장이 있었다.[116]

주인 기표가 기의 없는 기표라 할 때, 기의가 없다는 것은 무슨 뜻인가? 브루스 핑크에 의거하여 주인 기표를 '눈먼 권력의지'라고 말한다면, 주인 기표가 기의가 없다는 것은 주인 기표가 내용은 없고 형식으로만 존재하는 것으로 해석될 수 있다. 헤겔의 주인과 노예의 대립에서 나타나듯이 주인은 권력을 통해 만들어낼 수 있는 결과물이나 내용보다는 자신이 지배자라는 것, 권력을 갖고 있다는 것 그 자체에만 관심을 갖는다. 그 내용, 기의는 이럴 수도 있고 저럴 수도 있는 것이지만, 주인은 지식에 의해 의미화되는 내용에는 관심이 없다. 오직 그 부산물로서 생산되는 잉여 향유, 잉여 권력에만 관심이 있다. 그리고 그 잉여 향유가 타자의 장을 순환하면서 상징적 현실의 사회적 결속을 일구어낸다.[117]

국방의 의무를 기의 없는 기표, 주인 기표라 할 때 기의가 없다는 것은 그 기표가 이렇게도 해석될 수 있고 저렇게도 해석될 수 있기 때문에 어떤 고정된 기의를 허용하지 않는다는 걸 의미한다. 그 기표가 갖는 기의는 오직 명령권자의 발화행위에 의해, 그의 자의적 해석에 의해 결정되는 것이기 때문에, 그 의미에 대한 논의 자체를 허용하지 않겠다는 것을 뜻한다. 그 경우 오직 '눈먼 권력의지'라는 주인-노예의 형식, 내용 없는 형식만이 존재할 뿐이다. '국방의 의무'는 단순히 북한의 남침을 방어하는 것만을 목표로 하는 것이 아니라, '시키면 시키는 대로' 명령에 대한 무조건적인 복종을 그 과잉으로서, 일종의 '부산물'로서 포함하고 있다. 그리고 이 과잉, 잉여가 주인의 유일한 관심사이다.

116_ 강민, 「관료적 권위주의의 한국적 생성」, 『한국정치학회보』 제17집, 1983; 이정복, 「산업화와 한국정치체제의 변화」, 『한국정치학회보』 제19집, 1985 참조.

117_ 핑크, 『라캉의 주체』, 240-241쪽.

이 잉여가 상징적 현실 속을 순환하기 위한 조건은 그것이 가시화되지 말아야 한다는 것, 의식되지 않아야 한다는 것이다. 그 잉여의 순환이 무의식의 영역에 속해야 한다고 할 때, 그것을 무의식의 영역에 밀어 넣는 억압은 무엇인가? 그것이 죽은 아버지의 법으로서 상징적 질서, 기표들에 의한 것이기는 하지만, 나는 기원적 차원에서 새로운 기표체계가 재구축되어야 하는 전환의 시기에 원초적 아버지와 같은 자의적 권력이 전제되어야 한다고 본다. 그 자의적 권력에 의해 무의식의 영역으로 밀어 넣는 억압이 발생한다. 일단 그렇게 자리 잡게 되면, 그러한 실천 행위가 상징적 의례처럼 반복적으로 수행되어 우리가 더 이상 의식하지 못하는 사이에 일어나는 행위 무의식, 실천 무의식의 형태("저들은 자신이 하는 일을 알지 못하나이다")로, 그렇게 구조화된 형태로 존재하게 된다.

그렇기 때문에 지젝은 '객관적 믿음', '믿음 이전의 믿음'을 강조한다. 내면에서 믿지 않는다고 생각하더라도 기도를 위해 무릎을 꿇는 행위 속에 이미 믿음이 내재하고 있다는 것이다. 그가 스스로를 '군인화된 국민'이라고 자각하고 그렇게 믿는 것이 중요한 것이 아니라, 그 스스로는 그것을 의식적으로는 부인한다 하더라도 그의 행위 속에서 객관적으로 그의 믿음이 표출되는 것('명령에 죽고 명령에 사는 것'), 그것이 더욱 중요한 것이다. 그것은 나의 내면(사유) 바깥에서 일어나는 무의식적 행위, 상징적 질서('파스칼적 기계')가 행사하는 힘 속에서 내 행위가 결정되는 것으로서의 무의식이다. 이에 대해 지젝은 '자신이 모르는 채 자신의 진리가 상연되는 극장', '그 존재론적 형식이 사유에 있지 않은 사유의 형식'이라 말하며, "이데올로기적인 것은 그 본질에 대한 참여자들의 무지를 통해서만 존재할 수 있는 사회적 현실이다", "이데올로기적인 것은 (사회적) 존재의 '허위의식'이 아니라, 존재가 '허위의식'

에 의해 유지되는 한에서의 그 존재 자체이다", "만일 우리가 사회적 현실이 진짜로 어떻게 작동하는지에 대해 '너무 많이 알게 된다면' 그 현실은 와해되어버릴 것이다"라고 말한다.[118]

지젝의 입장에 따를 때, 박정희 시대의 개개인들은 군사적으로 규율화되어 있고 박정희 체제의 힘은 바로 거기서 나오고 있는데, 그러나 당시의 사람들이 그것을 너무 많이 알게 되면 그것은 박정희 체제라는 현실에 대해 치명적인 위험 요인으로 작용하게 된다. 박정희가 5·16쿠데타를 성사시킨 주역들 가운데 자신에게 충성하는 소수만을 남기고 대다수를 반혁명사건으로 몰아낸 것은 '자신의 기원에 관한 진실', 주인 기표의 '누빔'이 갖는 자의성·우연성을 은폐하고자 하는 노력이 하나의 중요한 원인이었다고 해석된다.

우리가 국방의 의무를 수행한 결과 우리의 삶과 행위를 지배하는 기표에 고착된다면 그것은 의식되지 않는 상황 속에서 발생한다. 우리 자신은 특정 기표의 지배를 받아 그렇게 행동했다는 걸 부인할 수 있다. 박정희가 예비군 관계관 회의에서 장관들을 일으켜 세우고 매섭게 문책한 것을 스스로는 군대식의 명령·복종 관계를 복원하기 위한 것이 아니라고 생각하고 또 그렇게 주장할 수 있다. 박정희 체제라는 상징계를

118_ 지젝, 『이데올로기의 숭고한 대상』, 69-73, 40-48쪽 참조 지젝은 오늘날 믿음의 지배적 형태가 의식적으로는 부인하지만 무의식적으로 믿는 것으로 보면서, 이것이 바로 우리 시대에 '문화'가 생활세계의 중심 범주로 출현한 배경이라고 본다. 뭔가를 믿는다는 게 촌스러워 보이는 탈이데올로기 시대에 문화는 바로 '실제로 믿지 않으면서 행하는 모든 것들에 붙인 이름'이다. 그래서 우리는 "나는 실제로 그걸 믿지 않는다. 그것은 단지 내 문화의 일부일 뿐이다"라고 말하면서 이데올로기적 촌스러움과 동일시되는 것을 피해가고자 한다. 슬라보예 지젝, 박정수 옮김, 『How To Read 라캉』, 웅진지식하우스, 2007, 50-51쪽.

형성하고 유지하는 이 잉여야말로, 앞에서 인용한 바와 같이 '오직 주체의 무의식적 경제 속에서 외상적이고 몰상식한 명령으로서 체험되는 한에서만 힘을 발휘하는' 요소이다. 마찬가지로 많은 사람들이 '무조건 복종을 자발적으로 알아서 하는' 그러한 것은 일종의 사회 원리 내지 처세 원리이지 군대경험에 의해 형성된 것이 아니라고 생각할 수 있다. 또 계급적으로 서열화된 사회 현실 속에서 그러한 명령을 내리고 그것을 즐기고 있는 자신의 모습을 의식하지 못하고 오히려 결코 그렇지 않다고 강력히 부인할 수도 있다. 그러나 그것이야말로 바로 욕망과 향유가 갖는 무의식적 속성이다.

맺는말

박정희 시대에 '국방의 의무'라는 기표는 주체를 무의식의 차원에서 독점적으로 지배했던 주인 기표, '신성한' 기표였다. 당시 국방 의무를 주인 기표로 확립되게 했던 기반은 법·제도의 강압과 주도면밀한 감시체제의 수립, 그리고 국방 의무의 최고의 생활도덕화였다. 이른바 '신성한 국방 의무'의 수행은 자본주의의 임금노동이 잉여 가치를 생산하듯 잉여 권력을 생산해낸다. 그 잉여 권력에 해당하는 것이 '무조건 명령과 무조건 복종'이라는 사회적 불문율이다. 이 잉여 권력이 박정희 체제라는 장을 순환하면서 사회의 결속을 만들어낸다. 그러나 잉여 가치나 잉여 향유가 그러하듯 우리는 그 잉여 권력이 상호주체적으로 교환되고 순환하고 있다는 것을 미처 의식하지 못한 채 살아간다. '무조건 명령과 무조건 복종'은 사회적 불문율로서 마치 일반적 사회 원리인 것처럼, 태어날 때부터 그러했던 것처럼 자연스러운 것으로 받아들여진다. 또 그것은 압축적 경제성장을 위해서, 그리고 북한과의 대결에서 승리하기 위해서도 너무나 당연한 것으로 받아들여진다.[119]

당시 모든 개개인은 군 복무과정을 통해 '아무것도 아닌 존재'로 무장해제 당하고, 모든 것을 새로 배워 '인간개조'가 되어야 했다. 이 과정 속에서 그는 '시키면 시키는 대로' '무조건 명령에 무조건 복종'을 묵묵히 실천하는 존재로 된다. 계급이 올라가 신병들을 교육하면서 그는 수동적 실천의 단계를 넘어서 능동적 실천, 자발적 복종의 단계에 이르게 된다. 이러한 과정은 스스로 그럴듯해 보이는 거울상을 단순히 모방, 가장해보는 상상적 동일시로부터 시작하여, 그것의 반복을 통해 자신이 상상적으로 동일시하는 그럴듯한 이미지가 누구의 시선에서 그럴듯해 보이는가, 라는 관점에서 사태를 바라보게 되고, 최종적으로는 그 응시의 지점을 주체 내부로 내면화하게 되는 상징적 동일시로 나아가는 과정이라고 볼 수 있다.

그 결과 사회로 '복귀'했을 때 그는 계급별 서열구조의 쓴맛·단맛을 다 보고, 상급자의 어떠한 명령이든 절대 복종하는 것이 편하다는 것, 하급자에게는 어떤 명령이라도 가능하다는 것이 몸에 밴 상태로 돌아온다. 직업훈련소와 작업장 역시 군사적 규율이 그대로 작동하고 있었기 때문에 남성 노동자뿐만 아니라 여성 노동자의 경우도 이와 크게 다르지 않았다.

119_ 박정희 시대가 만들어낸 상징 질서가 여전히 지속되고 있다면 현재 이 시점에도 그 잉여 권력은 아무런 의심 없이 당연한 것으로 받아들여져 우리의 무의식을 지배하고 있을 것이다. 그것이 오늘날 여성학자들이 한국 사회의 가부장제를 떠받치는 이른바 '남성 연대'를 비판하는 지점이다. 여성학자들은 그 '남성 연대'가 바로 '무조건 명령과 무조건 복종'이라는 잉여 권력이 한국사회를 순환하며 만들어내는 것이라고 보는 것이다.

주인 기표의 '신성성'은 다른 기표들과의 등가적 연쇄 즉 변증화가 억압됨으로써 유지된다. 박정희 개발독재체제에 있어서 주인 기표 S_1이 '신성한 국방의 의무'라는 군사주의(독재)에 해당된다면, S_2는 성장지상주의(개발)에 해당된다. 여기서 S_1이 성장지상주의 S_2를 통해 경제성장을 이루어낸다 하더라도, S_1의 관심은 오직 그 '부산물'로 만들어지는 잉여인 '무조건 명령과 무조건 복종'에 있을 뿐이다. 기의 없는 기표로서 주인 기표는 '눈먼 권력의지'라는, 내용 없는 형식을 갖는다.

'신성한 국방의 의무'가 박정희 시대에 강력한 주인 기표 중 하나였다면, 중세 말, 근대 유럽에서는 사적 소유권의 신성화, 상품과 자본의 신성화가 그에 해당된다고 볼 수 있다. 푸코에 의하면 자본주의 체제의 규율화 기제, 즉 처벌과 처벌을 대체하는 감시의 체제('일망감시체제')는 '일 잘하고 말 잘 듣는' 근대 주체를 생산하기 위한 것이었다. 따라서 박정희 시대에 '무조건 명령과 무조건 복종'을 생산해내는 군사적 주체화 방식은 근대 유럽에서 감옥 · 군대 · 병원 · 작업장 등에서 이루어지는 규율화의 목표, '순종적이고 효율적인' 노동자, 근대 주체를 생산해내는 특정한 방식이다. 근대 유럽과 비교한 박정희 시대의 특징은 극단적인 순종의 강요를 폭력적인 군대체제를 통해 달성하고자 했다는 데 있다고 할 수 있다. 다시 말해 박정희 시대는 군사적 규율화라는 폭력적 수단을 통해 '보다 덜 효율적이더라도 보다 더 순종적인' 근대 주체, 군사화된 주체를 단기간에 이루고자 했다는 특징을 갖는다. 한국의 근대화와 경제발전이 압축적 근대화이자 압축적 경제발전이었다면 그것은 바로 군사적 규율화를 통한 압축적 규율화가 뒷받침되었기에 가능할 수 있었다.

노동자 계급의 창출에 있어서 '압축적 산업화'란 마르크스가 구분한 '자본의 형식적 포섭과 실질적 포섭'이 동시에 이루어져야 한다는 것을 의미한다. 박정희 시대의 군사적 규율화는 이 두 가지 자본 포섭형태의

동시 달성을 강제한 메커니즘이었다고 할 수 있다. 자본의 포섭형태는
복종의 형태와 서로 대응한다고 할 수 있는데, 이는 앞에서 살펴본 병영
생활 속의 복종형태 즉 수동적 복종과 자발적 복종과 서로 대응한다.
양자는 모두 지배자의 입장에서 본 구분이다. 즉 수동적으로, 시켜야만
지배자를 위해 일하느냐(수동적 복종, 형식적 포섭), 시키지 않아도 알아
서, 자율적·능동적으로 지배자를 위해 일하느냐(자발적 복종, 실질적
포섭)의 차이에 따른 구분이다.[120] 알튀세르는 주체화·신민화된 개인은
지배이데올로기에 의해 '완전히 혼자서 잘 [알아서] 활동한다'고 본다.
항상-이미 호명된 주체로서 일일이 시키지 않아도 지배이데올로기 아래
'알아서 잘하는' 존재, 푸코가 말하는 '유용한 순종', 시키지 않아도 기계
와 결합하여 잘 알아서 노동하는 실질적 포섭 등은 군인복무규율이 목표
로 하는 자발적 복종과 일치한다.[121]

　　이러한 검토들을 통해 나는 '기표에 의한 주체의 결정', '강제된 선택',
'상징적 동일시', '자발적 복종' 등의 개념들이 기표가 주체에 행사하는

120_ 현대조선에 대한 사례 연구에 의하면 1970년대 초의 초창기에 '개기기',
　　'농땡이' 등의 태업관행에 대하여 타임체크와 표준공수의 계산 등을 수단
　　으로 일일이 감시하면서 일을 시키는 방법이 동원되었으나, 70년대 중반
　　이후 QC제도와 더불어 연공적 임금체계, 조장-반장-직장의 승진사다리
　　제도가 도입되면서 노동자들이 승진을 통해 회사 정책에 적극 부응하고
　　회사관리자와 자신을 동일시함으로써 능동적으로 회사에 포섭되었다. 김
　　준, 「1970년대 조선산업의 노동자 형성: 울산 현대조선을 중심으로」 참조.
121_ 루이 알튀세르, 「이데올로기와 이데올로기적 국가장치」, 김동수 옮김, 『루
　　이 알뛰세르, 아미엥에서의 주장』, 솔출판사, 1991, 126쪽. 알튀세르의
　　호명이론에 대해서는, 호명과 인지만이 있는 것이 아니고 그 호명된 것을
　　기꺼이 떠맡고자 하는 주체의 상징적 제스처, 수행적 차원이 간과되고
　　있다는 지적의 비판이 있다. 이에 대해서는 제2부 제1장 3절의 "3) 정체성의
　　결정 요인: 속성, 명명, 우연성"에서 볼 수 있다.

권력이라는 동일 현상을 서로 다른 측면에서 조명하고 있다는 점이 분명
해졌다고 생각한다. '기표에 의한 주체의 결정'이 대타자의 입장에서,
'자발적 복종'이 주체의 입장에서 규정된 것이라면, 나머지 둘은 대타자
와 주체의 상호 관계 내지 상호 작용의 차원에서 규정된 것이라 할 수
있다. 그리고 '강제된 선택', '자발적 복종'은 권력현상 속의 행위자(a-
gent)를 강하게 함축함으로써 권력 개념이 뚜렷이 부각된 규정들이라면,
'기표에 의한 주체의 결정', '상징적 동일시'는 그 행위자가 모호한, 그럼
으로써 일견 권력이 내재되지 않은 듯 보이는 규정들, 굳이 밝히자면
눈에 보이지 않는 구조가 권력을 행사한다는 함축을 갖는 규정들이라
할 수 있다.[122]

　　이 장은 라캉 이론의 구조주의적 측면 그리고 그 바탕이 된 소쉬르
언어학이 갖는 공시적 접근에 대해, 구조적 권력의 생성에 대한 역사적,
통시적 연구에 해당된다고 할 수 있다. 이 장은 주체를 대표하는 기표가
주체를 지배하는 권력을 갖는다는 시각에 입각하여, 그러한 구조적 권력
은 어떻게 형성되는가, 라는 문제에 대한 사례 연구에 해당된다. 이러한
역사적 고찰은 라캉 이론이 가르치듯 사후적으로 재구성된 소급적 의미
가 부과될 위험을 안고 있다. 그러나 그러한 위험을 무릅쓰고 말한다면
권력, 그것이 제도화된 형태인 구조적 권력, 그 행사자가 모호하고 따라
서 자연스러운 어떤 것으로 느껴지는 권력 역시 어떤 원초적 폭력에
의존하지 않고는 생성될 수 없다는 것을 살펴보았다.

122_ 이러한 입장은 프랑스 68혁명 당시 "구조는 데모하러 거리로 나가지 않는
　　다"는 학생들의 비판에 대해 "만일 5월 사건이 증명한 한 가지 사실이
　　있다면 그것은 바로 구조가 데모하러 거리로 나갔다는 것"이라는 라캉의
　　응답을 이해하는 한 가지 방법일 수 있다. 엘리자베드 루디네스코, 양녕자
　　옮김, 『자크 라캉 2』, 새물결, 2000, 164쪽.

국방의 의무라는 기표를 신성함의 차원까지 끌어올려 주인 기표화하고 그것이 변증화하는 것을 극력 억압하여 고립된 상태를 유지하는 것, 그것은 박정희 체제가 독재체제라는 것을 여실히 보여주는 한 측면이다. 주인 기표가 권력에 의해 창출되어 다른 기표들과의 연쇄가 강력히 제한되고, 상징적 의례처럼 반복 실천되어 사회구조와 개개인 속에 깊이 각인되는 과정, 그것은 그 자체로 독재체제의 구축 과정이었기 때문이다. 그렇기 때문에 그 주인 기표를 변증화하고 세속화하는 것 자체가 민주화의 한 과정이었다는 함의를 갖는다. 민주화 이후 그 폐쇄적인 '성역'들이 코미디나 풍자의 대상이 되고, 더 나아가 문학 등 예술 작품의 대상, 학문의 대상이 되는 과정을 밟았던 것은 그 자체로 민주화의 본질적인 한 과정이었다.

그렇다면 '무조건 명령과 무조건 복종'이라는 불문율은 오늘날 사라진 것일까? 결코 그렇지 않다. 그것은 주인 담론이 작동하는 상황, 새로운 세계로 진입하여 새로운 기표에 의해 자신이 대표되어야 하는 상황에서 반복되어 나타난다. '무조건 명령과 무조건 복종'은 주인 기표에 의해 부산물의 형태로 생산되는 잉여, 잉여 권력으로서 보편적 성격을 갖는다. 사람을 평가하는 가장 대표적인 방법인 '객관식 시험'의 경우를 보자. 객관식 평가는 타자에 의해 '자신이 누구인지' 평가의 대상이 되고 숫자라는 점수로 환원되는 상황이다.[123] 그런데 이는 우리에게 대단히 익숙한 상황, 상징계로 진입할 때 대타자 앞에 선 무력한 주체의 상황과 같다. 강도 앞에서 돈과 목숨 가운데 하나를 선택해야 하는 소외의 vel에 해당

123_ 그중 가장 많이 쓰이는 방식이 선다형 평가 방식인데, 객관식 평가 방식은 많은 사람을 단시간 내에 객관적으로 평가할 수 있다는 장점을 갖는다(위키피디아의 'multiple choice'(선다형) 항목 참조(https://en.wikipedia.org/wiki/Multiple_choice, 2016/03/20).

한다. 점수라는 기표로 자신이 대표되는 것을 선택할 수밖에 없는 '강제된 선택'의 상황이며, 타자가 자신에게 부과한 주인 기표, 그것으로 자신을 대표할 수밖에 없는 주인 담론의 상황이다. 객관식 문제는 문제와 답이 일대일로 대응되어 있으며, 우리는 그 답을 받아들이는 도리밖에 없다.[124]

124_ 이를테면 "답은 ②번인 것이야'라고 말하면 그런 줄 알아야 한다. "그렇다면 그런 것이야'라는 이 언명은 무지막지한 주인 담론으로서, 동어 반복적이고 자기 참조적이고 수행적인 주인 담론의 외상적 특성이 모두 담겨 있다. 그런데 모든 문제에는 단 하나의 답만이 있는 것이 아니다. 우리는 타자가 완전하다고 믿고 타자가 답이라고 하는 것을 열심히 암기를 하지만, 아무리 답을 찾아도 답을 찾을 수 없는 경우가 발생한다. 그때 우리가 듣는 말은 '출제자의 의도'를 잘 파악하라는 것이다. 답이 분명하지 않을 때, 다시 말해 출제자도 완벽하지 않으며 결여되어 있을 때, 우리는 출제자가 원하는 답, '욕망'하는 답을 추측하여 답해야 한다. 우리는 그 상황에서 타자도 완전하지 않고 결여되어 있다는 것을 깨닫고, 우리의 관심을 그가 원하는 것, 욕망하는 것으로 돌려야 한다. 이것은 타자에 완전히 종속되는 소외의 단계로부터 타자의 결여를 깨닫고, 그 결여를 만족시켜 자신의 존재를 구하고자 하는 분리의 단계로 넘어가는 것과 정확히 일치한다. 오늘날 우리 사회에서 '국정 교과서' 문제에 대한 보수주의자와 진보주의자의 대립 상황이 이와 관련된다. 예를 들어 '미디어펜'이라는 사이트에 실린 「반국가·반민주…… 국사시험에 나타난 역사 왜곡의 실태교육을 정치투쟁 도구로 악용하는 교사들」이라는 글을 보면, "국사교과서 좌편향 실태가 곳곳에서 드러나고 있다……. 편향된 내용을 바탕으로 시험문제를 출제하고 평가하고 있다"는 주장이 나온다. 이 주장에 따르면 국사 시험문제를 풀 때 학생들은 출제자의 편향된 의도, 욕망에 맞추어 답을 선택해야 하는데, 그것이 문제라는 것이다(http://www.mediapen.com/news/view/99255, 2016/03/20). 우리는 객관식 문제를 풀면서 자신도 모르는 사이에 주인 담론에 사로잡힌다. '무조건 명령과 무조건 복종', 시키면 시키는 대로 하는 것이 단지 박정희 시대 주인 담론의 속성만은 아니다. 주인 담론에서 주인은 오직 그 부산물, 주인 기표에 의해 부산물의 형태로 생산되는 잉여, 잉여 권력을 목적으로 주인과 노예 간 목숨을 건 사투를 벌인다.

박정희 시대 주인 기표의 작동 방식은 지젝의 이데올로기론에 의거해
서도 조명될 수 있다. 지젝은 이데올로기를 교리(doctrine), 믿음(belief),
의례(ritual)의 세 가지 양태로 나눈다.[125] 지젝의 이 개념들은 다소 독특한
의미들을 갖는다. 여기서 믿음은 이데올로기적 교리가 물질화된 제도를
가리키며, 일종의 믿음 '기계'('파스칼적 기계')에 해당된다. 제도적으로
확립된 병역회피자의 처벌과 감시체제, 즉 국방 의무가 결코 회피될
수 없는 의무로서 '신성화'되도록 (주인 기표로 확립되도록) 하는 장치들
이 여기에 해당된다. 그에 비해, 박정희 시대 반공·성장 이데올로기는
이데올로기적 '교리'에 해당된다고 할 수 있다. 교리와 믿음의 최종 결과
로서 병역의무가 자연스럽게 느껴져 그에 대해 어떠한 의문도 제기할
수 없는 상태는 '의례'의 단계에 해당한다. 이는 '무조건 명령 무조건

라캉이 분석한 에드거 앨런 포의 『도둑맞은 편지』의 그 편지/문자(letter)에
빗대어 보자. 편지가 누군가에게 도착하면 관련 인물들은 편지의 내용과
무관하게 편지의 위치에 의해 자신의 자리가 결정되며 그 자리에 의거하여
행동하게 된다. '객관식 문제'라는 편지/문자가 우리에게 도달하면(우리를
호명하면), 우리는 그 편지의 '수령'이 우리를 어떤 존재로 만들어내는지도
모르는 채 열심히 그 문제 풀이에 매달린다(호명에 응답한다). 마치 "편지
를 읽은 후 이 자를 죽이시오"라는 문자가 자신의 머리통에 새겨진 것도
모르는 채, 편지를 배달하는 데 온 힘을 바치는 전령 노예와 같다. 편지를
받은 나는 전령 노예처럼 그 편지가 도달하기 이전의 신화적인 어떤 X로서
의 나는 죽고, 새로운 주체로 태어난다. 그렇게 문제풀이에 매달린다면,
그것은 우리가 대타자의 평가 결과에 의해 자신이 대표된다는 걸 받아들이
겠다고 '선택'하는 것을 의미한다. 그리고 그 결과로서 우리는 그에 의해
생산되는 잉여, '무조건 명령과 무조건 복종' 또한 그 부산물로서 우리
몸에 새기게 된다.

125_ Slavoj Žižek, "Introduction: The Spectre of Ideology," in *Mapping Ideology*,
　　　Verso, 1994와 마이어스, 『누가 슬라보예 지젝을 미워하는가』, 139-143쪽
　　　참조.

복종'이 내면화된 상태를 가리킨다. 이 의례의 단계에서 주체는 스스로를 자유로운 개인으로 경험한다. 다시 말해 그는 이데올로기적 교리나 그것을 강요하는 물질화된 제도와는 무관하게 즉 그 이데올로기에 대한 자신의 믿음이나 구속을 전혀 의식하지 않고도 '의례적으로' 실천에 옮기게 된다. 박정희 시대의 군사적 주체화를 설명하는 데 있어서 지젝의 이데올로기론이 갖는 이점이 분명히 있지만, 여기서와 같이 주인 기표와 주인 담론을 통한 고찰이 갖는 이점 역시 분명히 있다. 그 이점은 이데올로기적 고정점으로서 주인 기표 S_1, 이데올로기의 대상으로서 잉여인 대상 a, 이데올로기의 교리로서 담론 S_2가 일목요연하게 그 작동 방식이 드러날 뿐 아니라, 그 과정에서 '권력'의 양상이 보다 명확히 드러난다는 데 있다.

제 2 장
현대 한국의 고문과 폭압적 재주체화:
김근태, 김병진, 서승 등의 사례

1. 고문과 조작의 사례들

칠성대 위에 또다시 꽁꽁 묶여진 다음에 고문자들은 발바닥과 발등에 붕대 같은 것을 여러 겹 감았습니다……. 발에, 사타구니에, 배에, 가슴에, 목에 그리고 머리에 주전자로 물을 들어부었습니다. 그때 물의 선뜩함은 귀기가 살갗에 달라붙는 바로 그것이었지요. 고문기술자는 뭔가 쉴 새 없이 떠들고 겁주고 협박을 했습니다. 이제 전기가 통하면 회음부가 터져 피가 흐를 것이라고 하면서 그 이유 때문에 팬티를 벗겼다고 했습니다. 우선 물고문부터 시작했습니다……. 어느 정도 물고문이 진행되어 몸에 땀이 나게 되면 그때부터 전기고문이 시작되는 것입니다. 처음에는 짧고 약하게, 그러다가 점점 길고 강하게, 강력하게 전류의 세기를 높였습니다. 그리고 중간에 다시 약해지고, 가끔씩은 발등에 전기를 순간적으로 대기도 했습니다……. 전기고문, 그것은 한마디로 불고문이었습니다. 외상을 남기지 않으면서 치명적으로 내상을 입히고 극도의 고통과 공포를 수반하는 고문입니다.[1]

김근태(1947~2011)는 1985년 9월 4일 치안본부 대공과 남영동 분실에 연행되어 9월 26일 검찰에 송치되기까지, 20여 일의 기간 동안 불법 고문을 받는다. 김근태는 고문을 '제도화되고 조직된 인간 파괴행위', '자기기만과 강제된 타인기만의 사회제도화'로 규정한다.[2] 국제사면위원회(Amnesty International)와 유엔은 1985년과 1987년에 "고문이란 개인이나 집단이 상부의 지시나 자의에 의해 당사자나 제3자에게서 강제로 정보나 자백을 얻어내기 위해, 또는 여하한 이유로 인해 의도적으로든 제도적으로든 상대방의 감정이나 인권을 고려하지 않은 상황에서 신체적·정신적 고통을 가하는 것"이라 정의했다.[3] 이 장은 1980년대에 행해진 고문 사례들, 민주화운동가 김근태에 대한 사례, 재일 한국인 유학생을 간첩으로 조작했다가 보안사 수사관으로 역용한 김병진의 사례, 1970년대의 재일 한국인 유학생 간첩 조작 사건의 주역 서승의 사례, 1960년

1_ 김근태, 『남영동』(5판 개정판), 도서출판 중원문화, 2007, 66-67쪽.

2_ 김근태, 『남영동』, 45쪽. 김근태는 자신이 고문당한 내용을 써서 1987년 6월 항쟁 직전 문화공보부 납본절차 없이 책으로 내었다가, 당시 빠진 원고를 보완하여 『남영동』이라는 제목으로 2007년 개정판을 내었다.

3_ 고문 등 정치폭력 피해자를 돕는 모임(KRCT), 『고문, 인권의 무덤』, 한겨레신문사, 2004, 24쪽. 『고문, 인권의 무덤』의 1장과 2장은 '고문 등 정치폭력 피해자를 돕는 모임(KRCT)'에서 발간한 책으로 "덴마크 코펜하겐에 있는 '국제고문피해자재활협의회(IRCT)'와 저자들의 허락을 받고 각 서적의 일부분을 편역"하고 있다(10쪽).

〈표〉 현대 한국의 고문 사례들

		고문 주체	사유 및 시기
김근태 사례		치안본부 대공과 남영동 분실	반정부 민주화운동 1985년 9월
김병진 사례		보안사 대공처 서빙고 분실	재일 한국인 유학생 간첩 조작 1983년 7월
서승 사례		보안사 대공처 옥인동 분실, 서빙고 분실	재일 한국인 유학생 간첩 조작 1971년 3월
조갑제 연구 사례	김근하 군 살해사건	검찰	전경렬, 김기철, 최형욱, 정대범 고문 1968년
	윤노파 살해사건	경찰	고숙종 고문 1981년

대와 1980년대에 살인사건을 수사하는 과정에서 행해진 고문과 조작을 다룬 조갑제의 연구 사례들 등을 중심으로 고문의 실상을 정신분석의 관점에서 이해해보고자 하는 하나의 시도이다.

김병진(1955~)은 재일 한국인 유학생으로 연세대 대학원 국문과에 다니며 삼성종합연수원 일본어 강사로 일하던 중 1983년 7월 9일 집 앞에서 보안사 대공처 대공과에 의해 연행되었다. 연행 후 고문 조사를 받고 임시 석방되었다가 다시 연행되어 11월까지 각종 고문을 받은 후 북한공작원으로 날조되었다. 이후 보안사에 강제로 특별 채용되어 약 2년간 재일 한국인을 간첩으로 조작하는 일에 투입돼 통역과 번역을 맡았다. 퇴직한 다음 날 1986년 2월 1일 일본으로 탈출한 뒤, 자신이 겪은 일을 일본에서 책으로 먼저 내고 1988년 한국어로 번역해 『보안사』라는 제목으로 출간하지만, 전량 압수당했다. 이후 2013년 다시 출간

▲사진 5 UN 고문피해자지원의 날 기념대회에서 재단법인 <진실의힘 인권상> 제1회 수상자로 선정된 서승이 인사말을 하고 있다. 2011년 6월27일.

되었다.[4]

서승(1945~)은 재일 한국인 유학생으로 서울대 대학원 사회학과 석사 과정을 마치고 교토 집에서 마지막 겨울방학을 지내고, 새 학기부터 교양과정부 조교를 하기 위해 돌아오던 중, 1971년 3월 6일 김포공항에서 연행되었다. 보안사 대공처 옥인동 분실, 서빙고 분실에서 2주간 조사와 고문을 받던 중 일단 석방되었다가, 4월 18일 다시 연행되었다. 고문을 견디지 못해 자살을 기도하다 화상을 입고 육군통합병원에 2개월가량 입원하였다. '재일교포 학생 학원침투 간첩단 사건'으로 1심에서 사형, 2심에서 무기징역을 선고받고, 비전향정치범으로서 1990년 2월 28일까지 19년간 감옥생활을 했다.[5]

4_ 김병진, 『보안사, 어느 조작간첩의 보안사 근무기』, 이매진, 2013.

　　김근하의 경우 1967년 10월 17일 밤 과외수업을 마치고 집에 돌아가던 중 괴청년에 의해 살해되었다. 11월 1일 범인으로 전경렬이 지목되어 연행되었고, 고문에 의해 범행을 자백하였으나, 알리바이가 입증되면서 11월 5일 풀려났다. 1968년 5월 29일, 주범 최형욱, 하수인 정대범, 살해 교사범 김기철, 김금식 등이 범인으로 발표되었다. 1968년 11월 22일 1심 재판에서 전원이 유죄로 인정되었으나, 1969년 3월 21일 2심에서 전원에게 무죄가 선고되었고, 7월 25일에는 대법원이 전원의 무죄 확정 판결을 내렸다. 이 사건은 김금식이 공범으로 자처하며 검사와 적극 협력하여 사건을 조작하였고, 이 과정을 통해 김금식이 검찰과 언론을 농락한 것으로 유명하다. 윤노파 살해사건은 1981년 8월 4일 윤경화, 강경연, 윤수경 등 3명이 처참한 피살체로 발견된 사건을 이른다. 8월 17일 윤경화의 조카며느리 고숙종은 이들을 망치로 때려죽인 혐의로 구속되었다가, 고문을 입증함으로써 1982년 2월 무죄를 선고받았다.[6]

　　푸코에 따르면 고문은 중세에 국왕에 대한 반역 행위에 대해 처벌 행위, 일종의 보복이자 경고로서 널리 자행되었지만, 근대에 들어서서 사법적 처벌은 감옥제도로 대체되었다. 근대 자본주의 사회에서 신체는 파괴의 대상이 아니라 훈육의 대상이며, 훈육의 목적은 '유용하고 순종 적 신체'를 생산하는 것이기 때문이다.[7] 현대의 고문은 이 두 가지가 혼용된 것이라 할 수 있다. 고문이라는 중세적 형태에 '유용하고 순종적 신체'를 만들고자 하는 근대적 목표가 시대착오적으로 결합된 것이 현대

5_ 서승, 김경자 옮김, 『옥중 19년──사람의 마음은 쇠사슬로 묶을 수 없으리』, 역사비평사, 1999.

6_ 조갑제, 『고문과 조작의 기술자들──고문에 의한 인간파멸과정의 실증적 연구』, 한길사, 1987.

7_ 푸코, 『감시와 처벌』 참조.

의 고문이다. 상대적으로 장기간의 시간을 필요로 하는 푸코식 훈육과정을 극단적인 단기간의 과정으로 대체하고자 하는 노력의 산물이 고문이다. 고문을 통해 피고문자의 정체성을 파괴하고 그 상황 속에서 다시 고문과 세뇌를 통해 고문자가 원하는 존재로 피고문자를 '인간개조'하는 것, 그를 통해 고문자에 적극적으로 협력하는 존재로 재탄생시키는 것이 고문의 포괄적 목적이라 할 수 있다.[8]

이 과정은 정신분석의 관점에서 조명될 필요가 있다. 김근태는 자신에 대한 고문과정에 대해 일종의 자기분석을 행하면서 "고도의 심리적·정신분석적 접근에 기초한 고문행위였다"고 말한다.[9] 정신분석적 관점에서는 고문을 어떻게 이해할 수 있으며, 어떤 시각에서 보아야 하는가?

8_ 예를 들어 김근태가 구속된 이후 치안본부 대공과장은 김근태의 처 인재근을 만난 자리에서 "이번에 김근태의 사상을 뜯어고쳐 놓겠다"고 호언장담한 바 있다(김근태, 『남영동』, 73쪽). 『고문, 인권의 무덤』은 "20세기 초까지만 해도 고문의 목적은 독재정부가 민주주의를 위해 적극적으로 투쟁하는 정치범들로부터 단순히 정보를 얻는 데 있었다. 그러나 오늘날 고문의 목적은 상당히 다른 양상을 보인다. 오늘날 고문의 일차적 목적은 개개인의 인간성을 파괴하는 데, 최종 목적은 그들이 속한 사회를 파괴하는 데 있다……. 개인에게서 정보를 획득하기 위한 수단을 넘어 사회 내 다양한 계층을 복종시키고 이들을 위협할 목적으로 사용하고 있는 것이다. 고문 가해자들은 피해자들을 권력의 지배 아래 놓인 무력한 도구로 전락시키고, 피해자 개개인의 육체와 영혼을 파괴하여 피해자 자신이 완전히 변해버렸다는 느낌이 들도록 하여 오랫동안 간직해온 그들의 정체성을 변질시킨다"라고 쓰고 있다. 고문 등 정치폭력 피해자를 돕는 모임, 『고문, 인권의 무덤』, 26쪽.

9_ 김근태, 『남영동』, 105쪽. 김근태는 석방된 이후에조차 자신의 책을 쓰면서도 "사실 지금도 고문 당시의 상세한 상황, 김수현이나 백남은의 말과 거동을 거스르는 경우에는 상당한 두려움으로 인하여, 필경 나중에 또 보복을 당하지 않을까 싶은 두려움에 어떤 부분은 그냥 넘어간 부분이 있을 정도입니다"라고 말한다. 고문의 후유증으로 인해 자신도 모르는 사이에 억압이 작동하고 있다는 것이다.

고문과정에서 고문자와 피고문자는 어떠한 구조 속에 있으며, 그들의 심리 상태는 어떻게 변화하는가? 이는 다음과 같은 질문들을 포함한다. 피고문자의 정체성은 고문을 통해 어떻게 파괴되고, 또 어떻게 재정립되는가? 사회로 돌아온 이후 그는 어떤 반응을 보이는가, 그는 일관된 자기 정체성을 유지할 수 있는가? 다른 한편 고문을 자행하는 고문자는 정상인으로서 어떻게 그러한 잔인한 고문을 할 수 있으며, 또 스스로 자신의 고문 행위를 어떻게 정당화하며 일관된 자기 정체성을 유지할 수 있는가?

2. 고문과 조작의 구조

1) 정체성 파괴와 인간개조: 주체의 재정립

고문과 조작의 목적은 피고문자의 주체성을 파괴하고 새로운 주체로 거듭나게 하는 것, 즉 탈주체화시킨 후 다시 재주체화시키는 것, 한마디로 인간개조에 있다. 『고문, 인권의 무덤』은 이를 다음과 같이 말하고 있다.

> 고문자와 피해자 사이의 절대적 불균형 관계이다. 가해자는 절대적 힘을 가지고 있는 반면에 피해자는 어떤 방어수단도 가지고 있지 못한 상황, 도망을 갈 수도, 맞서 싸울 수도 없는 무력한 상황에 빠지게 되는 것이다……. 고문피해자들은 극한적인 고통을 당하든지, 정치적 동지(신념, 대의 등에서)들을 고발하든지 해야 하는 끔찍한 양자택일 상황에 놓이게 된다. 자백하거나 동료를 고발함으로써 자신의 육체를 죽음으로부터 구하지만, 정신적 불일치로 말미암아 심각한 위험에

직면하게 된다. 고문피해자는 동료를 고발함으로써 자신과 자신의 주체성을 배반한 것이 되고, 나아가 자신에게 존재의 의미를 주었던 집단의 결속과 유대를 배신한 것으로 낙인찍힌다. 더 나아가 고발은 간접적으로 고문피해자를 고문자의 동료로 전환시킨다. 고질적인 고문 후유증의 하나인 정체성 상실은 이와 밀접한 관계가 있다.[10]

고문자는 피고문자의 정체성을 완전히 파괴한 후, 그를 고문자의 협조자로, 고문자와의 동일시를 통해 새로운 주체로 거듭나게 만들고자 한다. 이 인간개조의 과정에서 먼저 주목할 부분은 고문의 현실적 실체로서 제시되는 힘의 절대적 불균형 상황과 이중 구속의 상황이다. 이는 정신분석에서 말하는 대타자와 주체의 관계와 유사하다. 대타자 앞에 선 허약한 주체는 '돈이냐, 목숨이냐'라는 강제된 선택에 직면한다. 고문자 앞에 선 피고문자 역시 절대적 힘의 불균형성 속에서 '고문이냐, 자백이냐'의 선택 즉 "동지와 대의를 위해 고문을 감내할 것이냐, 순순히 '자백'할 것이냐"의 선택을 강요받는다.[11]

10_ 고문 등 정치폭력 피해자를 돕는 모임, 『고문, 인권의 무덤』, 40-42쪽.

11_ 자크 라캉, 자크-알랭 밀레 편, 맹정현 · 이수련 옮김, 『세미나 11: 정신분석의 네가지 근본 개념』, 새물결, 2008, 321-331쪽. 앞에서 설명했듯이 우리는 '돈이냐, 목숨이냐'의 선택에서 목숨을 선택할 수밖에 없으며, 이는 우리가 언어의 장, 타자의 장으로서 상징계에 진입하게 되는 순간을 상징한다. 이때 우리는 타자의 장, 의미의 장에서 하나의 기표(단항적 기표)를 통해 대표되게 되는데, 우리는 자신의 또 다른 주체를 상실(aphanisis, fading)하는 대가를 치르면서, 지독한 소외 상태를 거치게 되면서 그렇게 된다. 이때 주체의 소멸을 야기하는 기표가 이항적 기표이며, 그 이항적 기표가 바로 표상의 대표자로서 무의식 속으로 밀려들어가 억압의 중심점을 구성한다. '강제된 선택'에 직면하여, 그는 자신에게 강제된 선택을 거부할 수도 있다. 그렇게 될 때 다시 말해 그가 언어 · 상징 질서를 거부하게 될 때, 그는 상징적 질서 속에서 자신의 '목숨', 상징적 주체를 버리고 정신병의 길로 가게 된다.

이 구조 속에 놓이게 될 때 우리는 우리 자신의 의지와 무관하게 일정한 행로를 걷게 된다. 다시 말해 상징적 질서 내의 구조적 지위, 자리가 갖는 힘이 작동하고 있다. 고문의 구조는 절대적 국가권력 앞에 놓인 무력한 개인 간의 대립 구조를 가지며, 상징계에 진입하는 무력한 주체의 상황과 유사하다. 고문 상황 속에서 (아주 극단적인 예외를 제외하고) 피고문자는 고문자의 언어와 그의 상징적 질서를 받아들이는 것 이외에 다른 선택이 있을 수 없다. 고문실, '고문의 공간'에 들어서는 순간 그 공간 내부에서 자리들의 구조가 갖는 체계, 즉 일종의 '고문기계'가 작동하기 시작한다. 김병진은 고문공간 속 고문자의 입장에 대해 다음과 같이 말한다.

수사관은 대상자를 일단 연행하면 인간적인 동정을 베풀 수 없었다. 사람 한 명을 간첩으로 조작하려면, 그 사람의 여러 특징 중 간첩이라고 할 만한 부분만 악랄하게 강조하고 과장하고 치장해야 했다. 고문할 대상을 동정해서는 안 된다. 수사관은 인간을 인간으로 볼 수 없었다. 그렇기 때문에 수사관은 누구보다 투철한 국가관과 충성심이 필요하다. 수사관은 그것을 바탕으로 자신의 행위를 정당화해야 했다.[12]

고문을 단계적 과정에 따라 살펴본다면, 고문은 일차적으로 피고문자가 그 안에서 살아왔던 상징적 세계에 혼란을 불러일으키고 궁극적으로 그것을 완전히 파괴하고자 한다. 이는 시공간의 변질, 신체의 변질, 그리고 협박과 회유를 통한 기존 가치관의 혼란 단계 등을 포함한다.[13] 인간이

12_ 김병진, 『보안사』, 28쪽.
13_ 고문 등 정치폭력 피해자를 돕는 모임, 『고문, 인권의 무덤』, 40-52쪽.

세계를 인지하는 기본 범주로서 시간과 공간에 대한 감각에 혼란을 가하여 그것을 변질시키고, 주체 형성에 있어서 동일시의 핵으로서 자기 신체와의 관계에 변질을 가하며, 자신이 익숙하게 살아온 상징적 질서 내의 기본적 의미체계를 파괴한다. 다시 『고문, 인권의 무덤』을 인용하면, "일상적인 시간은 사계절의 순환처럼 주기성을 띠고 과거에서 미래로 나아가는 것인 반면, 고문을 당할 때의 시간은 예측 불가능성과 끝없는 순환이라는 특징을 띤다……. 대다수 고문피해자들은 육체적 고통 그 자체보다 고문이 언제 끝날지 알 수 없는 것과 고문이 영원히 끝나지 않으리라는 느낌이 가장 고통스러웠다고 말하고 있다." 공간의 의미도 바뀐다. 침대는 휴식을 취하거나 사랑을 나누는 장소가 아니라 전기고문을 자행하는 도구로 바뀐다. 물 역시 갈증 해소나 세면을 위한 것이 아니라 극심한 고통을 주는 재료, 즉 물고문의 재료로 바뀌며, 휴식을 취하는 공간인 방 역시 끝없는 소음과 빛으로 가득 찬 고통스런 공간으로 바뀐다. "고문과정에서는 자신의 신체마저 저주스러운 것이 된다. 자기 의지와 무관하게 상처를 입고 고통당하기 때문이다. 고통을 이겨내기 위해서는 신체마저 자기 것이 아니라고 생각해야 하므로 신체는 자신과 무관한 것이 되고 만다. 특히 성고문을 당할 경우 자신의 신체는 혐오스러운 것이 되어버린다."

이 단계에서 고문자는 주체의 정체성을 형성하는 기본 구조, 근친상간의 금기까지 깨고자 한다. 예를 들어 김근하 군 살해사건의 피의자인 김기철의 고문장면에 대해 같은 공범자로 지목된 김금식은 "저는 기철이가 고문 받는 걸 본 적이 있습니다만 저렇게 당하면 제 에미하고 붙어먹었지 하고 추궁해도 '그렇다'고 대답하겠구나'라고 생각했다. 이뿐 아니라 조갑제는 고춧가루 고문을 당해본 어느 시민의 증언을 인용한다. "형사가 고문을 하기 전에 어머니하고 관계했다는 자백부터 받아 보이겠

다고 선언을 했는데, 정말 그런 말이 나오더라."[14] 이 두 사례는 근친상간
의 금기를 깨고자 하는 것이 고문과정에서 우연히 발생하는 과정이 아님
을 보여준다. 빈번히 발생하는 성고문과 더불어 관행적으로 일어나는
일임을 추측케 한다.[15]

고문과정은 피고문자를 격동시키고 무력하게 만들어 상징적 현실의
사리분별을 잃게 만들고, 현실 세계의 가장 커다란 금기, 근친상간의
금기까지 위반하도록 만들어 그가 딛고 서 있는 세계의 기반을 와해하고
자 한다. 근친상간의 금기를 깨는 것은 모든 문화의 근간이자 주체의
상징적 질서의 기반이 되는 '아버지'를 부정하는 것이 된다.[16] 이러한
근본적인 자기부정이 가능하도록 하기 위해서 무엇보다 먼저 극한적
고문이 가해지며, 이를 통해 그는 철저한 무기력 상태에 빠지게 된다.
그때 가해지는 고문의 모습에 대해서는 이 장의 첫 부분에서 인용한

14_ 조갑제, 『고문과 조작의 기술자들』, 한길사, 1987, 226, 256쪽.
15_ 김근태에 의하면 "'야, 이렇게 작은 것도 X이라고 달고 다니냐. 너희 민주화
　　운동 하는 놈들은 다 그러냐'라는 성적인 모욕도 하더군요. 그 당시 약간
　　열등감이 자극되기도 했지만 그건 아무래도 좋았습니다. 난 그때 '그게 무슨
　　문제냐, X이 없더라도 상관없는 일이다. 이 고통과 공포로부터 벗어날 수만
　　있다면 너한테 그 이상의 모욕과 폭언을 들어도 상관없다'라는 생각을 하였
　　습니다. 70년대와 80년대 민주화운동가들에게 고문 도중 가해지는 이러한
　　성적 고문은 일반적인 현상이었다"(김근태, 『남영동』, 77-78쪽). 군대에서
　　고참이 농담처럼 말하는 "고참은 성모 마리아의 기둥서방이다"는 말 역시
　　같은 맥락이라고 생각된다. 고문과정은 군대생활과 유사한 측면이 많다.
　　둘 다 기존에 갖고 있던 정체성을 파괴하고 일종의 '인간개조'를 목표로
　　한다는 점에서 그러하다(제1장 참조).
16_ 그것은 근친상간의 터부를 제정하고 아이를 거세하는 아버지를 부정하는
　　것이다. 다시 말해 어머니로부터 팔루스를 박탈하고, 어머니의 욕망의 대상
　　인 팔루스(남근)가 되고자 하는 아이의 시도를 포기하게 만드는 아버지,
　　그 아버지를 부정하는 것이다. 에반스, 『라깡 정신분석 사전』, 42-43쪽.

바 있다. 이때의 신체적 고통과 더불어 정신적 고통은 죽음보다 더 견디기 어려운 고통으로서 김근태는 다음과 같이 말한다.[17]

이 고문자들의 강제요구를 인정하는 일이 나 자신을 죽음으로 한 발짝 나아가게 하는 길이더라도, 지금의 이 고통을 당하지 않았으면 좋겠고 그렇게만 된다면 무엇이라도 받아들이겠다고 생각했습니다. 또한 이런 잔인한 고문만 아니라면 정말 죽음에 처넣어지는 것, 고문 없이 살해되는 것조차 받아들이겠다고 생각하게 됐고요. 아마 누구라도 그 길 이외에는 다른 선택이 없었을 것입니다.

이 극한적 고통을 벗어나기 위하여 피고문자는 타자 즉 고문자가 자신에게 무엇을 원하는지 모든 힘을 다해 알고자 하며 또 그 요구에 적극적으로 순응하고자 하게 된다. "고문자들의 요구 명령은 귀에 왕 스피커를 들이대는 것처럼 아주 분명하게 이해할 수 있었고, 머릿속에 아주 깊이 새겨졌습니다. 영원히 낫지 않는 상처를 입히면서 새겨지는 것입니다. 소름끼치는 공포와 고통을 수반하면서 각인되는 이 고문자들의 요구에는 엄청난 심리적 에너지가 충전된 채 기억되는 것입니다"라고 김근태는 솔직히 토로한다. 그는 이 속에서 고문자의 수수께끼 같은 요구에 대해 처절하게 그 응답을 모색하고자 한다. 이때 피고문자는 김근태가 말하듯 '하나님의 음성으로서의 고문자의 목소리에 대해 나의 순명하는 떨리는 음성이 화답'한다.[18] 바로 탈주체화가 시작되는 지점이

17_ 김근태, 『남영동』, 76쪽.

18_ 김근태, 『남영동』, 69, 247쪽. 주체가 타자의 언어를 받아들여 언어 속에서 소외되듯, 피고문자가 고문자의 언어를 받아들여 자백을 선택할 때 그는 지독한 소외 상태, 주체의 상실 상태에 들어가게 된다. 그가 소외를 넘어서

다. 적어도 그가 고문대 위에 눕혀져 있었던 순간만큼은. 이 상황은 지젝
이 자주 인용하는 헤겔의 '세계의 밤'에 해당된다. 주체가 탄생하는 고통
스러운 순간으로서.[19] 이 '세계의 밤'을 통과하면서 피고문자는 재주체화
의 과정, 다시 말해 상징적 질서의 변화와 대타자의 은유적 대체, 환상과
욕망의 재구조화, 그 결과로서 주체의 재정립이 일어나는 과정에 들어선
다고 할 수 있다.[20]

―――――

분리의 단계에 들어서게 되는 것은 고문자의 욕망과 결여에 마주치게 될
때이다. 김근태가 처한 이 초기 상황은 아직은 극단적 소외의 상태에 해당된
다. 이때 피고문자는 고문자가 '시키면 시키는 대로' 수동적으로 따라가는
이상을 할 수 없다. 타자, 즉 고문자의 언어를 받아들였으되 그것이 무엇을
의미하는지를 아직은 알 수 없는 상태이기 때문이다. 그러나 이 상황은
곧바로 다음 단계, 하나님 같은 존재인 고문자의 결여, 그의 욕망이 비로소
시아에 들어오는 분리의 단계로 넘어간다. 이것은 정신분석에서 말하는
환상의 형성 과정에 해당된다. 환상은 대타자가 '내게 무엇을 원하는지'(Che
vuoi?)에 대한 질문에 대답하는 한 방식이다. 환상은 대타자의 욕망, 결여를
충족시키기 위한 환상적 장면으로 구성된다. 핑크, 『라캉의 주체』, 104-113
쪽; 에반스, 『라깡 정신분석 사전』, 437쪽.

19_ 세계의 밤에 대해서는 제1부 제1장 4절에서 이야기한 바 있다. 지젝은 자신의
책 여러 곳에서 '세계의 밤'에 대해 말한다. 그는 '세계의 밤'을 칸트 이후의
철학이 맞서 싸울 대상으로서 주체성 자체의 중핵에 내재하는 어떤 것,
타자의 욕망의 심연이라고 말한다. 그것은 순수 자아 속으로의 주체의 '정신
병적 퇴각'이며, '근본적 부정성'이다. 그것은 상상력의 '부정적', '폭력적'
파열의 측면이며(상상력을 종합 활동으로 보는 칸트와는 달리), 상상력은
실재의 통일을 발기발기 찢고 사지를 절단하는, 광기에 찬 세계의 밤을
여는 가장 폭력적 지점이다. 지젝은 알프레드 히치콕 감독의 영화 <현기
증>(1958)을 예로 들면, 주인공 스코티에게, '세계의 밤'은 '타자 내의 결핍'
이라는 심연으로서 그것은 그를 어지럽게 만드는 '현기증'을 일으킨다.
『How To Read 라캉』, 75-76쪽; 『당신의 징후를 즐겨라!』, 109쪽; 『까다로
운 주체』, 59쪽; 『삐딱하게 보기』, 175쪽.

20_ 핑크는 "타자의 욕망[결여]과의 조우는 쾌락/고통 혹은 향유의 외상적 경험
을 구성한다. 프로이트는 이를 성적 과부하(sexual über)라고 기술하는데,

◀사진 6 환경재단의 2012
년 <세상을 밝게 만든 사람들>
상을 수상한 후 인사말을 하고
있는 김병진.

2) 고문과 조작: 주인 담론과 대학 담론

다음 단계로서 고문자들은 전형적인 '주인 담론'을 제시하며 고문과
조작을 이끌어간다. 그럼으로써 고문자는 피고문자에게 새로운 정체성을
주입시킨다. 보안사의 고병천 준위는 "이 나라의 재판은 형식적이야. 우리
가 간첩이라고 하면 간첩이지", "우리가 간첩이라고 말하면 간첩! 교육해
법정으로 보낸다!"를 반복해서 말한다. 김병진의 말을 인용해본다.[21]

─────────

이때 주체는 저 외상적 경험에 대한 방어로서 출현하게 된다"고 말한다.
핑크, 『라캉의 주체』, 127쪽.
21_ 김병진, 『보안사』, 49, 85, 87쪽.

재일 한국인을 간첩으로 만드는 일은 간단하다. 조총련계 인물을 적당히 엮으면 된다. 물증 따위는 필요 없다. 예를 들어 서 형의 경우는 여권, 내 경우는 여권과 학생증이 서울지방검찰청에 송치된 물증의 전부였다. 본국을 왕래하려면 필요한 여권과 국내 대학원에 적을 두고 있다는 사실을 증명하는 증서만으로 '무기 또는 사형, 또는 7년 이상의 징역'에 처하는 간첩죄가 성립됐다.

이는 전형적인 주인 담론으로서 내가 그렇게 말하기 때문에 진리라는 것, 그것은 수행적으로 진리임이 밝혀져야 하고, 그렇게 된다는 것을 의미한다.

주인 담론   대학 담론

$$\frac{S_1}{\$} \rightarrow \frac{S_2}{a} \qquad \frac{S_2}{S_1} \rightarrow \frac{a}{\$}$$

〈그림〉 주인 담론과 대학 담론

위 그림의 주인 담론에서 지배적인, 지휘하는 위치(왼쪽 상단)에 무의미한 기표 S_1이 있다. S_1은 까닭도 이유도 없는 기표, 주인 기표이다. 우리가 주인에게 복종해야 하는 이유는 그렇게 해서 우리 형편이 좋아지기 때문도 아니고, 어떤 다른 이유 때문도 아니다. 단지 주인이 그렇게 말하기 때문이며, 주인의 권력에는 그 어떤 정당화도 없다.[22] 주인 기표(S_1)는 또 다른 기표를 위해, 혹은 더 정확하게는 다른 모든 기표들(S_2)에 대하여 주체($\$$)를 대표한다. 그러나 이 작용은 어떤 교란적 잉여, 어떤

_____
22_ 핑크, 『라캉의 주체』, 240-244쪽; 지젝, 『삐딱하게 보기』, 262쪽.

잔여나 배설물을 반드시 남기게 된다. 고문자에 의해 발화되는 이 주인 담론에 의해 피고문자는 간첩이라는 주인 기표 S_1으로 대표되고, 은유적으로 대체된다. 피고문자로서 개별 주체는 고문자의 발화에 의해 특정 기표로 대표된다는 점에서 그 기표는 주체에게 주인 기표가 된다.

한편 반공·반북이 지배적 가치인 사회에서 북한 간첩은 지젝이 말하는 반유태주의 사회의 유태인이라는 기표가 그러하듯이 주인 기표로 작동한다. 지젝은 이에 대해 다음과 같이 말한다.

> 그것[주인 기표]의 의미작용은 그것의 고유한 발화행위—'기의 없는 기표'—와 일치한다. 이데올로기적 체계의 분석에서의 결정적 절차는 따라서 그것의 장을 총체화하는 요소의 눈부시고 매혹적인 폭발 뒤에 있는 이 자기 참조적, 동어 반복적, 수행적 내용을 식별하는 것일 것이다. '유태인'은 최종적으로 우리가 '유태인'이란 별명을 붙여 준 사람이다.[23]

간첩이라는 기표는 피고문 주체에게뿐 아니라 한국사회라는 상징적 현실, 타자의 장 내에서도 주인 기표로 작동하고 있다. 지젝의 유태인을 간첩으로 바꾸어 말해보면, '간첩'은 최종적으로 우리가 '간첩'이란 별명

23_ 지젝, 『가장 숭고한 히스테리환자』, 인간사랑, 2013, 332-333쪽. 주인 기표는 누빔점으로 작동한다. '누빔점'(point de capiton, 고정점)은 소파를 만들 때 그 안의 내용물이 이리저리 흔들리지 않도록 고정시키는 덮개 단추를 말한다. 라캉 정신분석에서 기의는 기표 아래로 끊임없이 미끄러지는데, 누빔점 혹은 고정점은 의미화 사슬 속에서 '기표가 의미작용의 무한한 움직임을 끝장내는' 지점이며, 변치 않는 고정된 의미를 갖는다는 환영을 만들어 낸다. 누빔점은 환유적 미끄러짐을 멈추는 사슬의 요소이며, '순수한 차이' 이다. 에반스, 『라깡 정신분석 사전』, 53-54쪽.

을 붙여준 사람이다. 그것은 "장의 총체성을 '누빔질하고' 그 의미작용을 안정시키는 예외 요소(주인 기표)"이다. "'누빔점'은 다른 것들을 총체화하고, '둘로 나누고', 그것들이 일종의 '실체변환'(transubstantiation)을 겪도록 하는 요소이다."

"우리가 간첩이라고 말하면 간첩! 교육해 법정으로 보낸다!"라는 앞의 언명 속에 누빔점으로서 주인 기표의 특성이 모두 담겨 있다. 간첩이라고 명명하기에 간첩이라는 점에서 동어 반복적이고, 간첩이 누군지는 그렇게 명명된 사람을 잘 살펴보면 알 수 있다는 점에서 자기 참조적이고, "폐회를 선언합니다"라는 말로 회의가 끝나듯이 간첩이라고 선언하기에 간첩이 된다는 점에서 수행적이다.[24] 국민 일반은 간첩이라는 누빔점에 의해 간첩질 하는 사람과 아닌 사람 즉 애국자로 나뉘고, 모든 개개인은 간첩과 애국자로 실체변환된다. 간첩 내지 '빨갱이'는 국민의 범주에 포함되지 않는 '비국민'으로서 국민의 기본적 권리가 보장될 수 없다는 인식이 최근까지 팽배해 있었다. 조현연은 이에 대해 다음과 같이 말한다.

> 문민정부 시절인 1994년 당시 내무부장관 최형우는 '사상범에 대한 고문은 괜찮다'는 끔찍한 말을 서슴없이 하기도 했다. 한국에서 사상범이란 1948년 제정된 후 수차례 개정되어 현재까지 존속해 그 위용을 뽐내고 있는 국가보안법을 위반한 사람을 뜻한다. 이 사상범의 징역생활의 조건은 '빨갱이는 죽여도 좋다', '빨갱이에게 무슨 인권인가'라

24_ 물론 주체가 외부적인 기표의 네트워크 속에 상징적 동일시의 지점을 수행적으로 완성시켜야 한다는 상징적 위임, 강제적 위임을 완벽하게 완성시키기는 어려우며, '상징적 위임을 완벽하게 수행할 수 없는 무능력의 표현'이 바로 히스테리이다. 지젝, 『이데올로기의 숭고한 대상』, 89, 198쪽.

는 한국전쟁 당시의 통상적 논리가 철저히 관철된 결과이다.[25]

　고문자에 의해 발화되는 주인 담론을 받아들이면, 즉 간첩이라는 기표로 주체가 대표되고 은유적으로 대체되도록 받아들이면, 그 다음 단계로 일종의 '대학 담론'이 뒤따른다. 그렇게 간첩으로 규정해놓고, 그렇다면 어떻게 북한에 갔다 왔는지를 합리적으로 설명하고 증거를 제시하라고 강요받는다.[26] 이처럼 주인 담론에서 대학 담론으로 넘어가는 과정을 김병진은 "한번 타협을 하자 둑이 무너지듯 차례차례 새로운 타협이 이어졌다. 그 수법은 바로 유도 신문이었다"라고 표현한다.[27]

　대학 담론은 주인 담론이 생산한 잔여, 잉여에 지식(S_2)의 그물망을 적용함으로써 '주체'로 변형시킨다. 지젝에 의하면 "이것은 교육과정의 일차적 논리다. 우리는 지식의 주입을 수단으로 하여 '길들여지지 않은' 대상('사회화되지 않은' 아동)을 주체로 생산하는 것이다."[28] 피고문자들은 주인 담론에 의해 간첩으로 규정되었지만 아직 충분히 간첩으로 '길들여지지 않았기' 때문에, 대학 담론을 통해 간첩으로서 갖춰야 할 지식을

25_ 조현연, 『한국 현대정치의 악몽——국가폭력』, 책세상, 2000, 109쪽.

26_ 핑크는 "대학 담론은 주인 기표로부터 단서를 얻어서, 모종의 날조된 체계를 가지고서 주인 기표를 그럴듯하게 치장한다"고 말한다(핑크, 『라캉의 주체』, 244쪽). 김병진, 서승의 경우 고문을 통해 그들을 간첩으로 조작하고자 했다면, 김근태의 경우 민주화운동권 진영 전체를 파괴하고자 하는 목적으로 고문과 조작이 행해졌다. 조작의 내용은 김근태가 사회주의 폭력혁명론자였음을 인정하고 다른 이들에게 이런 혁명론을 주입했다는 것, 미문화원사건과 학생운동의 배후 조작, 민청련 재정, 월북 사실의 인정 등에 걸쳐 있다. 김근태는 고문대 위에서 NDR, CDR, PDR론 등 혁명론을 암기하고 또 암기하였다. '참으로 기막힌 공부'였고, 잘 외웠다고 '칭찬'도 받았다. 김근태, 『남영동』, 76-78쪽.

27_ 김병진, 『보안사』, 166쪽.

28_ 지젝, 『삐딱하게 보기』, 262쪽.

주입받아야 하고, 또 간첩으로서 해야 했던 행동들을 자신의 것으로
받아들여야 했다. 그를 통해 피고문자 자신의 삶의 개인적 역사가 전면적
으로 소급하여 재구성되어야 했다.

　김근태의 경우 "고문 후 월북 사실을 추궁 받았으며 이 역시 인정할
수밖에 없었다. 그러자 어디서 어떻게 월북했는지 합리적 설명과 증거를
요구했다. 이렇게 저렇게 말을 만들어서 얘기를 하니까 고문자들이 거들
어주고 수정을 해주었다." 김근태의 말을 들어보기로 한다.[29]

　　고문기술자는 공포 분위기를 조성했으며 백남은이 추궁했습니다.
　어디서 어떻게 월북했는가에 대해 말입니다. 나는 삼천포에서 배를
　타고 갔다고 했습니다. 백남은, 김수현 등은 폭소를 터뜨리면서 '그것
　은 여기서 취급했어, 우리가 잘 알아서 하고'라며 이 문제에 대해서는
　추궁을 멈추었습니다……. 다음은 본인의 형들 셋이 월북을 했고,
　간첩으로 남파된 형들을 만났다는 것을 자백하는 것이었고, 이것도
　결국 인정하는 도리밖에 없었습니다. 간첩과의 접선은 본인에게 죽음
　을 가져온다는 것을 잘 알면서도 덮쳐누르는 전기고문과 물고문의
　고통을 우선 모면하기 위해서였습니다……. 그렇게 말했더니, 그것을
　합리적으로 설명하기를 요구하면서 증거를 요구하더군요. 돈을 받았
　느냐고 해서 1백만 원을 받았다고 했습니다. 74년도에 쌍문동 집 근처
　에서 한 번 만났고, 84년도에 역곡에서 한 번 만났다고 했습니다.
　이 고문자들 참 좋아하더군요. 좋아서 미쳐 날뛰기 일보 직전인 것
　같았습니다.

김병진에 의하면 "폭력과 회유로 하는 흥정에 못 이겨 L씨는 북에 가지 않았지만 갔다고 타협하고 말았다. 그러자 어떤 방법으로 갔는지 추궁당했다. '보통은 민가와 떨어진 동해안에 고무보트가 와서 사람을 태운 뒤, 먼 바다에서 대기하고 있는 모선을 타고 가는데 너는 어땠지?', '평양에 가면 천리마 동상이 있는데 높이는 이쯤 돼. 보지 못했나?' 모든 게 이런 식이었다고 L씨는 필사적으로 이야기했다. 이것이 내가 의아해하던 구체적인 입북 내용의 정체였다." 조일지의 경우 동기들과 인천에서 배를 타고 어느 섬에 놀러 가 찍은 사진, 10월 1일 국군의 날에 국군 퍼레이드를 찍은 사진 등이 '군사 기밀을 탐지 수집했다'는 혐의의 증거가 됐다.[30]

3) 꿈같이 기괴한 현실

피고문자의 상징적 현실이 붕괴되는 과정에 자주 등장하는 예가 고문 중에 듣게 되는 일상적 라디오 소리, 교향곡 등과 같은 것들이다. 그것들은 고문 상황과 전혀 어울리지 않는 뜻밖의 것들이다. 고문을 받으며 김근태를 가장 괴롭게 했던 것이 바로 '라디오 소리'였다.

> 정말 미웠던 것은 구걸하는 것 같은 비명소리가 아니었습니다. 라디오 소리였습니다……. 그 라디오 속에서 천하태평으로 지껄이고 있는 남자·여자 아나운서들의 그 수다를 도저히 참을 수 없었습니다……. 라디오 소리 사이사이에 들리는 고문기술자의 고함과 심문 소리가 어김없이 들려오고, 비명소리와 라디오 소리는 어쩐지 비현실적[현실적] 무게감은 전혀 느껴지지 않았습니다. 반면에 저 심문자 고문자의

30_ 김병진, 『보안사』, 166, 268쪽.

고함소리는 위엄 그 자체였으며 천근만근의 무게가 나갔습니다. 현실
적이며 살아서 펄펄 뛰는 것이라곤 오직 이것 하나뿐이었습니다.[31]

　그에게 라디오 소리가 그렇게 '밉고' '참을 수 없었던' 이유는 무엇일
까? 그에게 라디오 소리는 '현실적 무게감'이 전혀 느껴지지 않았다.
라디오 소리는 고문공간 속의 극한적 고통과는 극명하게 대비되는 비현
실적 수다로서, 그 자리에 어울리지 않는 엉뚱한 느낌을 주는 것이었다.
프로이트는 이러한 느낌을 'unheimlich'라는 말로 표현한다. 이성민에
따르면 이 단어는 우리말로 '기괴한', '섬뜩한'으로 번역될 수 있으며,
정반대의 뜻인 '고향의', '친숙한', '편안한'(heimlich)이라는 뜻을 함축하
는 역설적 단어이기도 하다. 따라서 이 단어는 '낯익으면서도 기괴한',
'친숙하면서도 섬뜩한'이라는 모순 어법으로 번역될 수 있다.[32]

　그러나 이때 엉뚱한 자리에 있는 것은 김근태인가, 라디오 소리인가?
라디오를 들으며 지극히 일상적인 삶을 살아야 할 그가 고문대 위에
놓여 있는 것이 꿈같이 기괴한 현실로 느껴질 수 있다. 엉뚱한 자리에
놓인 자신의 부당한 현실을 부정하고 싶은 생각을 억누를 수 없기 때문이
다. 다른 한편 극한적 고통이라는 부인할 수 없는 고문 현실 속에 갑자기

31_ 김근태, 『남영동』, 41-42쪽. 영화와 소설에서도 이와 동일한 상황이 자주
　　등장한다. 가령 영화 <진실>(로만 폴란스키 감독, 1994년)에서 여주인공은
　　고문을 당할 때마다 슈베르트의 교향곡 '죽음과 소녀'를 듣는다. 또 임철우
　　의 단편소설 「붉은방」에서도 잡지사 기자인 주인공은 고문을 당하면서 라디
　　오 연예 프로그램을 듣는다.
32_ 이성민, 『사랑과 연합』, 도서출판 b, 2011, 141-142쪽. 그래서 지젝은
　　'unheimlich'라는 개념이 가장 익숙한 사물들이 다른 장소, '알맞지 않은'
　　장소에서 발견될 때 느끼는 것, 어떤 사물을 그것이 금지된 장소에서 발견하
　　였을 때 느끼는 것이라고 말한다. 지젝, 『삐딱하게 보기』, 290쪽.

뛰어든 가벼운 일상이 마치 비현실적이고 기괴한 것처럼 느껴질 수 있다. 수다의 가벼움이 고통의 무거움을 새삼 상기시킴으로써 그 기괴한 느낌은 자신의 처지의 비참성과 고통을 가중시킨다.

라디오 소리와 같은 '낯익은' 것이 '기괴하고 섬뜩하게' 느껴지는 것은, 그 고문 현실이 자신의 상징적 현실 속에 결코 포섭되지 않기 때문이다. 이것은 프로이트의 'unheimlich'가 의미하듯 사물이 상징적 질서 속 자신의 자리를 벗어나 있는 상태, 상징을 벗어나 어떤 실재를 가리키는 상태에 있을 때 주는 느낌이다.[33] 고문공간의 꿈같이 기괴한 상황이 주체의 상징적 현실에 포섭되어 이해되려면, 가령 바깥세상의 현실 또한 고문 상황과 유사하게 변해 있어야 할 것이다. 바깥세상에서도 고문공간과 같은 극한적 상황이 벌어지고 있지 않다면, 도대체 어떻게 해서 내게 이런 기괴한 고문 상황이 발생할 수 있단 말인가?

이 8일의 고문 이후에 나는 '저 80년 5월의 광주민주화운동 당시 광주시민 대학살 같은 것이 85년 9월에 또다시 일어나고 있거나 반드시 정치군부에 의해서 감행될 예정이구나'라고 생각했습니다. 그렇지 않고서야 도저히 이럴 수는 없는 것이라고 굳게 믿게 되었습니다. 나는 이 예정된 정치적 사변의 희생양이 되는 것이며 불순한 내란 소동의 주범 또는 배후로서 낙인찍혀 공공연하게 선전 되겠구나 생각

33_ 정반대의 시각에서 생각해볼 수도 있다. 라디오 소리가 '기괴하면서 섬뜩하게' 느껴지는 상황이 '낯익으면서도 친밀하게' 느껴지는 측면도 생각해볼 수 있다. 새로운 세계에 진입할 때마다 느껴지는 '기괴하면서 섬뜩한' 느낌, 트라우마적 상황에 처하게 될 때의 느낌이다. 이런 느낌들은 상징적 세계에 진입한 이후 억압되어 의식 위로 떠오르기는 어렵지만, 우리에게 어느 정도 익숙한 느낌이기도 하다. 기시감처럼, 친밀하지는 않지만 어딘가 익숙한 느낌이다.

했습니다. 멍멍해지고 공중에 붕 뜬 것 같은 기분이 되기도 하고 나사
가 풀려버려 드디어는 착란상태, 광기를 보이게 될 운명일 수도 있겠
구나 싶었습니다.[34]

그러나 외부 현실은 전혀 바뀌지 않았다. 매일 틀어주는 라디오 소리
가 그것을 증명하고 있다. 나 하나쯤 없어져도 외부 세계에서는 늘 그대
로의 일상이 진행되고 있다. 라디오 소리를 들으며 그는 이제 외부 현실
에 대한 기대나 신뢰를 접고, 고문 상황에 적응하는 길 이외에는 아무것
도 남아 있지 않음을 깨닫는다. 그는 더 이상 저 바깥 외부 현실의 어떤
존재가 아니라 이 고문 상황 속에 죽음보다 더한 고통을 감내해야 하는
피고문자의 입장에 있을 뿐이다. 라디오 소리는 고문자가 구구히 설명하
지 않아도 고문자를 대신하여 이 불편한 현실, 냉정한 현실을 피고문자에
게 뼈저리게 일깨워주고 있다. 그리고 그 현실을 순순히 받아들여 자신의
처지, '벌레'와 같은 자신의 처지를 혼자만의 힘으로 지탱해나갈 수밖에
없음을 일깨워주고 있다.[35]
    따라서 고문자들이 라디오를 틀어놓는 것은 그들에게 고문이 일상이
기에 일상생활의 일부로서 라디오를 듣기 위해 그런 것이 결코 아니다.
라디오 소리는 고문자들이 듣기 위한 것이 아니다. 그것은 다름 아닌
피고문자에게 들려주기 위해 의도적으로 틀어놓는 것이다. 그것은 고문
기술 가운데 하나이다.

34_ 김근태, 『남영동』, 86쪽.
35_ 이 상황은 다음 장에서 말할 '타자에 대한 전이[신뢰]'가 해소되고, '주체의
    궁핍'이 발생하는 상황, 자신의 환상과 욕망이 무너지는 상황이라 할 수
    있다.

아! 그 라디오, 박살내버릴 그 라디오를 떨쳐내고, 무슨 노래도
있었습니다. 고문기술자가 라디오를 가져 오라고 지시했으며 직접
다이얼을 맞추고 조정했습니다. 이들의 고문은 그냥 되는 대로 하는
것이 아니고 상당히 치밀하게 고안된 것이었습니다. 아마 끊임없이
경험을 통해서 배울 뿐만 아니라 이러한 고문기술을 외국에서 도입했
을 것입니다. 이날 본인이 고문대에서 미워하게 된 그 라디오, 그것은
일종의 심리적 고문이었습니다.[36]

라디오 소리는 피고문자가 품고 있는 꿈과 환상, 세계에 대한 신뢰와
자기 존재감을 붕괴시키고 대신 그 자리에 절망감이 뿌리내리게 하는
심리적 고문이다. 라디오 소리와 같이 낯익은 것이 섬뜩하게 느껴지는
이 꿈같은 상황이 결코 벗어날 수 없는 것이라는 절망감을 안겨준다.
그것은 일상적 현실과 대비되어 몇 배로 증폭되어 가중되는 절망감,
낯익은 일상으로 돌아갈 수 없다는 절망감을 상징한다. 김근태가 말하듯
"그 어디에도 구원이란 것은 없었고 구원의 빛깔 비슷한 것을 찾아볼
수 없었습니다. 모든 것이 이미 고문지옥으로부터, 나로부터 멀리 저
멀리 사라져 가버렸습니다." 라디오 소리는 처음에는 일상을 상징하는
것, 따분한 일상이 행복 그 자체였다는 것을 소급적으로 깨닫도록 하는
것이었다가, 차츰 일상으로 돌아갈 수 없는 비참한 자신의 처지를 머릿속
깊숙이 육체의 세포조직에 알알이 각인시키는 상징적 증거물로 되었다
가, 그리고 이후에는 그 고통스런 고문과정을 반복 체험하도록 만드는
은유적 대체물로서 공포의 대상이 된다. 이성민은 그런 꿈같은 상황을
묘사하는 프로이트의 용어 'unheimlich'에 대해 영어의 'undead'라는 단

___
36_ 김근태, 『남영동』, 69-70, 86쪽.

어가 조응된다고 본다. 그는 이를 '산죽은', '죽지 않은' 혹은 '죽지 못한'으로 번역한다. 실재적으로는 죽지 않았지만, 상징적 현실 속에서는 이미 죽음에 이른 '산주검'의 상태, '두 죽음 사이의 공간'에 이른 상태를 가리킨다. 피고문자는 라디오 소리를 들으면서 세상에 대한 절망, 그리고 자기 존재감 상실이라는 절망에 빠져 두 죽음 사이의 공간에 서 있는 자신을 발견하게 된다.

3. 고문자와 피고문자의 전이적 관계

1) 상상적 전이/역전이와 상상적 동일시

고문과 조작의 과정 속에서 고문자와 피고문자 양자 간에는 기괴하게도 일종의 '공범 의식'이 형성되고, 이것이 이들 간의 유대 내지 '동료 의식'을 만들어낸다. 김근태의 경우 고문자가 그에게 위로의 말을 던졌을 때, 그는 '눈물이 핑 돌고 콧등이 시큰해졌으며, 미묘한 감정의 혼란 상태로 들어가게 되었음'을 솔직히 인정한다.[37]

김병진에 의하면 고문자 역시 피고문자에 대해 '이해하기 어려운 정'을 느낀다. 피고문자에게나 고문자에게 상상적 전이/역전이가 발생하고 그 효과로 일종의 '전이적 사랑'이 형성된다고 할 수 있다.[38] 재일교포

37_ 김근태, 『남영동』, 103쪽.

38_ 분석자('환자')는 분석가와 관계를 맺으면서 다른 사람들과의 과거 관계(특히 부모와의 관계)를 반드시 반복하게 되는데 이를 '전이'(transference)라고 한다. 전이가 사랑이나 미움과 같은 정서의 모습으로 나타날 때 이를 상상적 전이라 한다. (피)분석자가 분석가와의 관계에서 다른 사람과의 관계를 반복하는 것을 전이라 한다면, 거꾸로 분석가가 분석자에 대해 관계를 반복하는 것을 역전이라 한다. 여기서처럼 고문자와 피고문자 사이에 그러한 사랑과

간첩으로 조작된 조일지와 고문수사관의 '기괴한' 관계에 대해 김병진은
다음과 같이 묘사한다.[39]

> 조일지 씨를 실은 차가 멀어질 때 이상한 광경을 목격했다. 5계
> 수사관 중 한 사람이 벽에 숨듯이 서서 울고 있었다. 조일지 씨에게
> 가장 심하게 폭력을 휘두른 사람이었다. 그 눈물의 의미를 지금까지
> 이해할 수 없다. 죄책감일까. 그러나 내 마음대로 단정해버리면 잘못
> 된 추측으로 끝날지도 모른다. 한 가지 분명한 것은 폭력과 협박을
> 되풀이하는 시간이지만 그 시간 동안 정이 들기도 한다는 사실이다.
> 헤어지기 괴로울 만큼 오랜 시간을 함께 지냈다.

보안사의 고참인 김성구 준위는 "간첩을 만들려고 할 때 한 대상에
집착하면 상사병에 걸린다고 했다. 아무리 오랜 세월을 수사관으로 일해
도 그렇다"고 말한다. 고문자와 피고문자 간에 일종의 '기괴하고도 섬뜩
한 애정관계'가 형성된다고 볼 수 있다. 서로는 서로에게 자신이 갖고
있지 않은 것을 주고 있다. 피고문자에게 고문자는 '하나님 같은 존재'로

미움이라는 정서적 현상이 나타나는 것 역시 상상적 전이의 시각에서 볼
수 있다. 라캉에 의하면 사랑은 그 본질에 있어서 나르시시즘적이며 기만적
이다. "'일종의 거울상으로서 사랑은 본질적으로 기만적이다.' 이것은 우리
가 가지지 않은 것(예, 남근)을 주는 것과 연관이 있으므로 기만적이다."
다른 한편 대타자나 분석가에게 지식을 귀속시키는 것, 즉 대타자는 알고
있는 주체라고 가정하게 되는 것을 상징적 전이라 한다. 상징적 전이는
주체의 역사를 지배하는 기표들을 드러냄으로써 치료의 진전을 돕지만,
상상적 전이(사랑과 미움)는 저항으로 작용한다. 상징적 전이는 잠시 후
살펴보게 될 것이다. 에반스, 『라캉 정신분석 사전』, 171-172, 339-345쪽
참조.

39_ 김병진, 『보안사』, 221, 269쪽.

비쳐지고, 고문자에게 피고문자는 '모든 것이 가능한 슈퍼맨적 간첩'으로 비쳐진다. 양자는 서로를 일종의 '불멸의 존재'로 보는 측면이 있다. 그러한 점에서 양자는 자신이 서 있는 자리가 갖는 힘에 의해 자신도 알지 못하는 사이에 서로에게 자신이 갖지 못한 것을 주게 된다.

이러한 기괴한 동료의식은 상호 동일시의 과정을 통해 일차적으로 형성된다. 고문자는 고문과 협박, 회유를 통해 피고문자를 자신의 의도대로 지배하기 위해, 피고문자의 입장에 서서 사태를 바라보며 자신을 피고문자와 동일시하게 된다. 피고문자 역시 신문과 고문, 조작의 과정을 거치면서, 점차 고문자의 입장을 이해하고자 한다. 그는 도대체 내게 무엇을 원하는지 의문을 가지며 고문자의 시각에서 자신을 바라보고 사태를 파악하고자 한다.

이 과정은 고문기계의 작동에 따라 고문자에 의해 적극적으로 유도된다. 증인과 증거를 조작하여 범죄의 각본을 완성시키는 데에는 고문자와 피고문자 사이에 적극적 '상호 협력'이 필요하기 때문이다.[40] 김근태의 말을 인용하면 "그중 나보다 나이 많은 사람들 이름을 계속 대라고 요구하였습니다. 줄줄이 대고 거절당하고, 또 대고, 이렇게 반복하기를 십여 차례 하다가 함세웅 신부와 권호경 목사, 두 사람으로 좁혀지게 되었습니다. 이것은 본인과 고문자들의 협력과 타협, 그리고 조작 위에 세워진 것은 말할 나위도 없는 것이지요."[41]

40_ 이에 대해 김근태는 다음과 같이 말한다. "나는 그것을 고문현장인 남영동에서, 이 구치소에서, 검찰에서, 그리고 공판정에서도 반복해서 들었다. 그 표현되는 방법과 분위기는 달랐지만 나는 모두에게서 분명히 "우리가 무슨 힘이 있는가, 자신들을 이해해 달라"는 요청을 여러 번 들었다고 생각한다." 김근태, 『남영동』, 148쪽.

41_ 김근태, 『남영동』, 83쪽.

지젝은 거짓을 공유한 집단은 오히려 결속이 더욱 강해지며, 집단의
결속력은 오히려 바로 이 점에 있다고 본다. 공유된 '거짓말'이 진실보다
훨씬 강력하게 집단의 결속을 가져다주며, 그래서 "주인(권력자)의 원칙
적 기능은 집단연대를 지탱하는 거짓말을 정착시키는 것이다." 지젝은
우파이데올로기가 이러한 약점, 죄상과의 동일시를 조작하는 데 탁월하
다는 점을 지적한다.[42]

정신분석이 예비면담의 단계에서 내방자의 구조적 위치를 확인해야
하는 것처럼, 범죄 신문 역시 먼저 예비면담을 통해 범인일 가능성을
판단해야 한다.[43] 그런데 이 경우 조갑제가 말하듯 "지금도 고 씨를 의심
하는 이들의 근거는 이러한 '느낌'인 경우가 많다. 하영웅 씨도 그랬지만
이들은 고 씨가 범인이 아닐 수 없는 설명은 하지 못하고, 육감을 강조하
곤 했다." 한국의 범죄수사가 갖는 전근대적 특성은 모든 이를 범인으로
만들 수 있기에 범인이 누구인가 하는 것은 단지 그의 '육감'이라는
우연성, '직관적 판단'에 의존한다는 것이다. 다시 말해 범인일 가능성을

42_ 슬라보예 지젝, 이만우 옮김, 『향락의 전이』, 인간사랑, 2001, 120-122쪽;
　　지젝, 『이데올로기의 숭고한 대상』, 185-186쪽. 이에 대해서는 제3부 제2장
　　2절을 참조할 수 있다. 집단연대를 지탱하는 이 '거짓말'의 대표적 예가
　　조선 개국 후 만들어낸 『용비어천가』 혹은 박정희의 『국가와 혁명과 나』,
　　전두환이 대통령이 된 후 나온 자서전 『황강에서 북악까지』 등이 될 것이다.
　　에릭 홉스봄이 국가 전통이라 하는 것들이 사실상 발명, 날조(invention)된
　　것들이라고 말하는 것처럼, 그 '공유된 거짓말'이 합법화의 과정을 밟아
　　'정론'이 되고 대외적으로 국민적 결속을 다지는 요소가 될 수 있다.

43_ 브루스 핑크, 맹정현 옮김, 『라캉과 정신의학』, 민음사, 2002, 34-37쪽;
　　김종률, 『수사심리학』, 학지사, 2002, 4-5쪽. 형사소송법상 피의자에 대한
　　조사를 신문이라 칭한다. 이 신문과정은 면담(interview)과 신문
　　(interrogation)으로 나눌 수 있다. 피의자와의 면담을 통해서 피의자가 진범
　　인지를 확인하고, 그것을 전제로 피의자로부터 범죄에 대한 시인과 자백을
　　받아내는 것이 신문이다.

판단하는 예비면담의 과정에서 너무 섣불리 특정인을 범인으로 확정짓고 있으며, 그 확정의 과정이 상상적 차원에 의해 주도되고 있다는 것이다. 조갑제는 "고문이란 요술방망이만 마음껏 쓸 수 있다면 4천만 국민 전부를 살인범으로 만들 수도 있다. 수사기술면에서도 고문은 수사의 논리구조를 교란시켜버리는 치명적 약점을 갖고 있다"고 말한다. 상상적 동일시가 고문이라는 실재적 차원의 뒷받침을 받으며 상징적 현실의 규칙 즉 '수사의 논리구조'를 교란시키고 있다. 고문과 조작에 대해 다음과 같은 변명이 있다. 조갑제는 베테랑 형사의 말을 인용한다. "고문을 했다면 처음부터 조작을 목표로 하지는 않았을 것이다. 사람이 그럴 수는 없는 법이다. 고 씨가 차츰 의심스러워지고, 나중엔 범인이란 확신까지 갖게 되면서부터 고문이 시작되었을 것이다. 고문해도 시원한 증거가 안 나오고, 그래서 또 고문하고 하는 악순환이 계속되면서 형사들은 더 깊게 들어가 돌이킬 수 없는 선을 넘어버린 것이 아닐까."[44]

그러나 조작의 실상은 어떠한가? 김근하 군 살해사건의 경우 자행된 어처구니없는 조작의 예를 들어본다. "제가 범행에 쓴 노끈과 칼을 어디서 샀다고 거짓말하면 그걸 나에게 팔았다고 말하는 증인을 만들어내는 데야 못 말립니다. 범행을 저지른 다음 날 새벽에 대구 태평로의 어느 참새구이 집에서 잤다고 거짓말을 했더니 '김금식이와 함께 내가 그날 같이 잤다. 그날은 집세 주는 날이었기 때문에 분명히 날짜를 기억한다'고 말하는 증인을 만들어재끼는 데야 도리가 있습니까." 이를 통해 볼 때, 당시 한국의 범죄수사에서 '수사의 논리구조'라는 상징적 규칙은 명명백백한 증거가 존재하지 않을 경우 상상적 차원의 조작이 대신하고 있었다고 말할 수 있다.[45] 증인을 조작하고 그 많은 증인들이 한결같이

<hr>

44_ 조갑제, 『고문과 조작의 기술자들』, 227, 244, 248, 256쪽.

그를 범인으로 지목하면, 그 피의자뿐 아니라 증인 조작자까지도 뭇 타자들의 믿음 앞에 무너지게 되고, 그걸 점차 사실로 믿게 되는 단계에 이르게 된다. 일종의 뮌히하우젠 효과가 발생하는 것이다.

2) 간첩 되기의 '자발성': 상징적 전이와 주인 기표의 폐쇄적 변증화

조작 후 피고문자가 그 조작 사실을 받아들이게 되는 상황을 보다 구체적으로 살펴보기로 한다. 조갑제에 의하면 '자포자기적' 수용이 있을 수 있다. 1979년 6월 부산 동래경찰서는 여인 토막살해범이라 하여 목욕탕 보일러공 정 모 씨를 기자들 앞에 내세웠다. 정 씨는 기자들에게 "자백하고 나니 속이 후련하다"고 했다. 기자들이 "고문에 의한 허위자백이 아닌가. 여기서 고문 받았다는 말 한마디만 하면 당장 풀려난다"고 했더니, "양심의 명령에 따라 자백을 했는데 왜 오해를 하느냐"고 화를 벌컥 냈다. 그 다음 날 피살자의 신원이 밝혀졌고, 사흘 뒤 피살여인의 애인이 범인으로 체포돼 정 씨는 풀려났다.[46]

45_ 영화 <살인의 추억>(봉준호 감독, 2003)에서도 이러한 장면이 나타난다. 동네 사람들이 고문과 조작을 통해 어처구니없는 이유들로 범인으로 조작되고 있다. 영화 <추격자>(나홍진 감독, 2008)나 <마더>(봉준호 감독, 2009)에서는 상부의 압력에 못 이겨 실제 살인범(각각 하정우, 원빈 분)을 증거 없이 조작을 통해 범인으로 만들었다가 그 조작이 들통나 풀어주지 않을 수 없는 역설적 상황이 나타난다.

46_ 조갑제, 『고문과 조작의 기술자들』, 250-251쪽. 1983년 1월 14일 새벽 경주시 황오동 국일당구장 내실에서 여주인 이경순 씨(당시 37세)가 피살체로 발견됐다. 2월 대구지검 검사는 영양경찰서 입암지서장 박호영 경사(당시 41세) 등 3명을 이 사건의 범인으로 구속했다. 이들은 1심에서 유죄, 2심·3심에서 무죄선고를 받았고, 1986년 3월 진범이 잡혔다. 형사반장 출신인 박 씨는 고문을 얼마나 당했던지 현장검증 때 하지도 않은 범행연기를 해보이기까지 했다. 김병진의 경우도 간첩사건 방송보도를 위해 인터뷰를 하면서 다음과 같이 말한다. "겪어본 적 없는 일을 정말로 겪은 것처럼 말하려면 배우

그러나 조작은 결코 쉬운 과정이 아니다. 고숙종 씨가 8월 9일 새벽 1시에 쓴 자술서에는 "할머님네 집에서 가져온 대문열쇠는 비닐종이에 싸서 헛간의 쌀독 밑에 두면 좋겠습니다"는 구절이 있다. 재판부는 이 문장의 묘한 표현법과 고 씨가 윤 노파를 꼭 '어머님'이라 불렀던 점 등을 지적, 이 자술서가 고 씨의 자유의사에 의해 써진 것인지 의심스럽다고 했다.[47] 고문에 의한 진술은 늘 어딘가 빈틈이 있다. 그렇기에 보안사에서는 그것의 한 자, 한 단어까지 재검토한다. "강요받아 쓴 사실을 검사와 판사가 알아차릴 수 없게 써야 해." 이것이 당시 고문수사관의 주문이었다.[48]

고문자가 피고문자로부터 수동적 순응을 넘어서서 '적극적 협력'을 얻지 못한다면 그 빈틈은 결코 채워질 수 없다. 그 때문에 고문자는 피고문자의 '자발적 복종'이 필요하며, 피고문자가 그들의 적극적 협력자가 되기를 요구한다. 이 과정은 피고문자의 상징적 전이를 필요로 한다. 즉 피고문자가 고문자를 '안다고 가정된 주체'로 받아들여야 한다.

기질이 있어야 했다. 김용성은 계속 녹화를 중단하고 빠뜨린 부분을 알려줬다……. 외운 대사를 배우가 연기하듯이 읽었다. 아무렇게나 될 대로 되라고 자포자기했다. 녹화가 끝나자 잘했다며 모두 나를 칭찬했다." 김병진, 『보안사』, 107쪽.

47_ 조갑제, 『고문과 조작의 기술자들』, 260쪽.

48_ 김병진, 『보안사』, 111쪽. 물론 검사와 판사는 그것이 고문에 의해 조작된 사실이라는 것을 잘 알고 있지만, 그러나 모른 척할 뿐이다. 그런데 다 아는 '비밀'·거짓말을 무심코 말해버릴 때, 왜 모두 깜짝 놀라는가? 더 이상 알지 못하는 척하지(것처럼 행동하지) 못하기 때문이다. (순진한, 눈먼) 대타자가 그걸 알아버렸기 때문이다(지젝, 『How To Read 라캉』, 43쪽). 상징질서에 일단 기입, 등록되면 그것은 공식적 힘을 갖게 되어, 더 이상 모른 척할 수 없기 때문이다. 판검사 입장에서 아무리 상호 간에 '암묵적 묵계'('짜고 치는 고스톱')가 있다손 치더라도, 누구의 눈에도 드러날 만큼 조작 사실이 노골적이라면 그것을 그대로 긍정하고 넘어갈 수는 없을 것이다.

『라깡 정신분석 사전』은 상징적 전이에 대해 다음과 같이 말한다.

　　분석가는 종종 피분석자의 말들의 숨겨진 의미들, 심지어는 말하는
당사자도 알지 못하는 말의 의미작용을 안다고 생각된다. 이 가정이야
말로……. 그렇지 않다면 별로 중요하지 않았을 세부사항(우연한 몸
짓, 모호한 말)에 특별한 의미를 사후적으로 부여하는 원인이 된
다……. 처음에 피분석자는 분석가를 어릿광대처럼 생각하거나 혹은
그의 무지를 유지시키기 위해 정보를 감추고 있을 수도 있다. 그러나
'설사 의문시되던 정신분석가도 어떤 시점에서는 추호의 의심 없이
확실한 신뢰를 얻는다.'……. 이 시점에서 분석가는 알고 있다고 가정
된 주체를 구현하게 되고 전이가 일어난다.[49]

　김병진의 경우를 보기로 한다. 김병진은 "김용성은 내가 일본 학생운
동을 예로 들면서 한국 학생운동의 폭력화를 선동했다고 조서에 쓰게
했다. 정반대였다. 몸과 마음을 갈기갈기 찢고, 멋대로 이야기를 만드는
이런 짓이 바로 조작이었다"고 토로한다. 그는 또 "조사를 할 때, 진위
여부는 상관없었다. 대수롭지 않게 여긴 일을 수사관들은 대서특필하고
일부러 빨간 볼펜으로 밑줄까지 그어 상부에 보고했다. 거의 10년 전에
일본에서 서 형을 만나 한국에 관한 잡다한 이야기를 나눈 적이 있다.
그때 '짜장면이라는 음식을 중국 요릿집에서 파는데 무척이나 싸고 맛있

___
　49_ 에반스 『라깡 정신분석 사전』, 345-346쪽. 라캉은 환자가 이미 무의식 속에
　　　서 알고 있는 것을 분석가라는 인물에게 전가시키는 이 현상을 치료 중에
　　　일어나는 전이 현상의 핵심으로 지적한다. 분석가가 이미 내 증상의 의미를
　　　안다고 가정하면 나는 내 증상의 무의식적 의미에 도달할 수밖에 없다.
　　　지젝, 『How To Read 라캉』, 47-48쪽.

다'고 말한 일이 '서울의 물가 시세 등을 탐지, 수집, 보고해 간첩짓을 하고……'라고 쓰여 있었다."[50]

　고문 상황에서 '진위 여부가 상관없는' 것은 오직 고문자의 언표 행위만이 수행적으로 진실을 만들어내고 있기 때문이다. 다시 말해 고문자가 그렇다면 그런 것이고, 바로 그 얼토당토않은 말에 따라 다른 모든 것들의 의미가 뒤바뀌게 된다. 고문자가 발하는 기표가 일종의 주인 기표로서 고정점으로 작용하여 소급적으로 다른 기표들 간의 연쇄관계에 새로운 의미를 부여한다. 앞에서 본 것처럼 김근태가 '하나님의 음성으로서의 고문자의 목소리에 대해 나의 순명하는 떨리는 음성이 화답'한다고 말한 것은 바로 이런 맥락에서 이해될 수 있다.[51] 고문공간에서 작동하는 상징적 전이, 고문자만이 진실을 알고 있는 것으로 강요되는 상징적 전이의 강제 상황으로 인해 피고문자에게 고문자는 진리를 독점한 하나님과 같은 존재로 여겨질 수밖에 없다.

　이 상황에서 주체의 메시지는 말 그대로 '전도'된 형태로 되돌아온다. 주체의 메시지는 대타자 역할을 하는 고문자에 의해 전도된 형태로, 진실된 형태가 아니라 조작된 형태로 되돌아온다. 기표들의 연쇄망 속에서 특정 기표가 갖는 의미는 고문자에 의해 끊임없이 재조정되며, 피고문자는 그 재조정된 의미를 자신의 의미망 속에 깊이 각인시켜야 된다.[52]

50_ 김병진, 『보안사』, 59, 109쪽.

51_ 김근태, 『남영동』, 247쪽.

52_ 지젝, 『당신의 징후를 즐겨라!』, 53-54쪽. 우리는 늘 우리 자신의 말을 지배하는 주인이 아니기 때문에, 우리가 발화한 말의 의미는 타자에 의해 타자의 장에서 실현된다. 김근하 군 살해사건을 조작하는 데 주역의 역할을 맡았던 김금식의 경우도 마찬가지다. 자신이 쏜 화살이 부메랑이 되어 자신에게 돌아온다. "형세는 점점 우리에게 불리해져갔다. 불법 출소가 굳어지면 범행을 부인해보았자 흉악범의 발버둥으로밖에 보이지 않을 것임이 뻔한 일이었

그렇지 않으면 이 단계의 고문과정이 처음부터 다시 시작되어 이 단계가 완성될 때까지 영원히 끝나지 않을 것임을 '확실히 알기' 때문이다. 앞에서 말했듯이 고문공간 속에서 시간의 개념은 파괴되어 영원히 지속될 것처럼 느껴지는 무엇인가로 변질되기 때문이다.

고문자의 언표에 따라 진실이 조작되기 위해서는 피고문자 자신의 일생을 이루는 개인 서사가 전면적으로 재구성되어야 하며, 그 조작된 진실이 피고문자에게 깊이 각인될 필요가 있다. 고문과정 중 전형적인 한 과정으로서 소위 '자술서'를 끊임없이 쓰고 또 쓰도록 하는 것이 바로 그것이다. 이 과정은 정신분석 치료 상의 '기억상기'(recollection)와 유사한 측면이 있다.

> 치료에서 기억상기는 환자가 그의 인생의 주인 기표를 추적한다는 의미도 있다……. 기억상기를 수단으로 치료는 '주체의 인생사의 완전한 재구성'과 '주체에 의한 그의 인생사의 수임(受任)'을 목표로 한다……. 과거의 생생한 사건을 되새기는 것이 아니라, 반대로 피분석자가 자신의 과거를 재구성하는 것이며, 그때 요점은 '재구성'에 있다. '그것은 기억의 문제라기보다는 역사를 다시 쓰는 문제이다.'[53]

김병진의 경우 "사흘 밤낮 내내 잘 수 없었다……. 나를 특징짓는 인적사항 항목을 상세히 신문했다……. 내용을 검토한 이덕룡은 이렇게 타박하면서 힘들게 작성한 글을 눈앞에서 짝짝 찢었다. 수사관들은 자신

다. 이때 나는 연극을 너무 깊숙하게 끌고 가 이제 헤어날 길이 어렵게 됐음을 깨달았다." 조갑제, 『고문과 조작의 기술자들』, 159쪽.

53_ 에반스, 『라깡 정신분석 사전』, 81쪽.

들이 원하는 문장을 넣으라고 협박하면서 작업을 진행했다." 서승의 경우 "나는 거기서 매일 자술서를 쓰라고 강요받으며 수시로 불려나가 심문을 받았다"고 말하며, 조갑제에 의하면 "8월 8일과 9일 이틀간 고 씨는 자필진술서를 12개나 썼다. 10여 일 동안 모두 80회에 걸쳐 100여 장의 자술서를 썼다. 자술서 100여 장은 원고지 수백 장에 해당하므로 고 씨는 단편소설을 몇 개 쓴 셈이다." 김근태의 경우는 고문대 위에서 외우고 또 외우도록 강요받았다. 글머리에서 본 것처럼 김근태가 고문을 '자기기만과 강제된 타인기만의 사회제도화'로 규정하고 있는 것은 바로 이 지점을 가리키고 있다.[54]

　이 단계에서 피고문자의 새로운 정체성은 '내면화'된다. 즉 이 단계는 고문자에 의해 수동적으로 강요된 정체성에 대해 피고문자가 자발적, 능동적으로 동일화하도록 만드는 과정이다. 변증화의 과정은 기의 없는 기표, 주인 기표가 다른 기표들과 의미화 연쇄를 이루며 새로운 의미들을 창출하는 과정이기 때문이다. 이러한 기표 연쇄는 자유로운 연쇄가 아니라 고문자들에 의해 엄격히 제한되는 연쇄의 방식을 통해서만 이루어진다. 간첩이란 어떤 존재이며 어떤 활동을 하는지 등에 대해 고문자들은 엄밀히 코드화된 규정을 갖는다. 엄격히 제한된 이러한 변증화의 과정을 거치면서 피고문자들은 간첩으로서의 자기 정체성을 자기 스스로에게도 '모순'없이 봉합하여 나가게 된다. 핑크는 "분석의 목표 가운데 하나는 그와 같은 고립된 용어들, 환자의 연상의 흐름을 중단하고 주체를 동결시키는 이 단어들을 '변증화'하는 것이다. 여기서 '변증화'는 이 S_1(주인 기표)의 '외부'를 도입하려는, 즉 그것과 또 다른 기표 S_2 사이에

54_ 김병진, 『보안사』, 41-42쪽; 서승 『옥중 19년』, 34쪽; 조갑제, 『고문과 조작의 기술자들』, 245쪽; 김근태, 『남영동』, 78, 45쪽.

대립을 확보하려는 노력을 나타내기 위해 라캉이 사용한 용어이다"라고
말한다.[55] 지젝은 주체의 메시지가 전도된 형태로 되돌아온다는 의미에
서, 우리가 말해온 것의 진정한 의미를 결정하는 것은 탈중심화된 타자라
고 말하며, "이러한 의미에서 S_1에 역으로 의미를 부여하는 진정한 지배
기표는 S_2다"라고 말한다.

피고문자의 협력은 물론 고문자에 의해 강제된 것으로서의 '자발적이
고 적극적인' 협력이다.[56] 그러나 그 반복된 협력행위는 주인 기표의
변증화를 통해 고문자가 만들어내는 서사에 살아 있는 구체성과 일관성
을 만들어내며, 더 나아가 피고문자 자신의 내면에도 일종의 '믿음'을
생성하는 효과를 갖는다.[57] 이 상황은 고문자가 일일이 일러주고 불러주

───────

55_ 핑크, 『라캉의 주체』, 150-153쪽. 이어서 그는 "주인 기표의 변증화, 주체성
의 재촉, 새로운 은유의 창조, 원인의 주체화나 '떠맡음'…… 그것들이 모두
하나의 동일한 것이라는…… 주인 기표가 변증화될 때, 은유화가 발생하며,
주체가 재촉되며, 주체는 원인과의 관계에서 새로운 위치를 떠맡는다. 이것
들 모두는 분리의 과정에, 그리고 라캉이 환상의 횡단이라고 부르는 추가적
분리의 과정에 속한다"라고 말한다.

56_ 지젝, 『삐딱하게 보기』, 264쪽. 이러한 자발성은 강제된 선택을 '능동적으로'
수용하는 것, 강제된 선택을 '알아서 행하는 것'에 해당하며 지젝은 이를
'알맹이가 없는 텅 빈 제스처', '텅 빈 상징적 제스처'라고 표현한다. "반드시
해야 하는 것을 자진해서 하는(자유롭게 선택하는) 이 역설, 자유로운 선택이
란 실제로 없으면서도 마치 있는 것처럼 가장하는(그런 외관을 견지하는)
이 역설은 텅 빈 상징적 제스처, 거절하도록 되어 있는 증여의 제스처에
항상 따라붙는다". 지젝, 『How To Read 라캉』, 25쪽.

57_ 이러한 '내면적 믿음'이 얼마나 덧없는 것인가는 잠시 후 살펴보게 될 것이다.
부연하자면 이것이 상징적 위임을 수행적으로 완성해야 하는 주체의 소외
상태, 강제된 것을 자발적으로 해야 하는 '역설', 상징적 위임의 수행성이
갖는 '역설'의 본질이다(지젝, 『How To Read 라캉』, 25쪽). 이때 주체는
타자가 제공하는 기표들의 체계, 그 기표들과 그 기표들의 의미화 연쇄망
속에서 자신의 작업을 수행할 수밖에 없다. 그러나 그 타자가 제공하는

는 대로 받아 적고 그걸 기계적으로 암기하는 상상적 동일시의 단계를
넘어서서, 고문자의 특정 응시 지점, 기표와 자신을 동일시하는 단계,
즉 고문자의 입장이 피고문자에게 내면화되어 이제 고문자가 필요로
하는 바를 스스로 알아서 하는 상징적 동일시의 단계에 해당한다.

다른 한편 피고문자의 상징적 전이뿐 아니라 고문자의 상징적 전이
역시 필요하다. 에반스는 "라캉은 또한 분석가에게는 피분석자가 오히려
안다고 가정된 주체라고 말한다……. 분석가는 피분석자에게 마치 그가
모든 것을 알고 있는 것처럼 행동하라고 말하며, 그럼으로써 그를 안다고
가정된 주체로 만든다"라고 말한다.[58] 고문자들은 자신이 각본을 만들어
내지만 자신에게 결여된 것이 무엇인지, 그 조작된 각본의 '빈 곳'이
무엇인지, 무엇을 채워 어떻게 완성해야 할 것인지를 그 자신조차 모르기
때문에 피고문자들이 '스스로 알아서' 채워주기를 바랄 수밖에 없다.
그래서 고문자들은 자신들이 필요로 하는 것에 대해 '성의'를 보이라고
(김병진의 경우), '보답'하라고(김근태의 경우) 하는 등 막연하고 추상적
주문밖에 제시하지 못하면서, 피고문자를 거세게 다그치는 것을 볼 수
있다. 고문자들 자신도 모르는 그 무언가를 피고문자들이 '슈퍼맨'처럼
알아서 채워주기를 바라는 것이다. 앞에서 말했듯 피고문자가 고문자를
과대평가하는 것과 마찬가지로, 고문자 역시 피고문자를 과대평가한다.

고문은 장기적 효과를 갖는다. 피고문자는 검찰이나 법정에서 조작된
사실을 부인하기 어렵다. 김근태는 "고뇌와 공포에 물들어 있는 사항에

의미화 연쇄망은 완결된 형태가 아니며, 그 완성은 오직 나의 작업을 기다리
고 있을 뿐이라는 점에서 수행적이다. 타자와 '화해'하지 못할 때, 주체는
정신병적 주체로서 그 몰상식한 타자의 폭력 앞에 무기력하게 노출될 수밖에
없다.
58_ 에반스, 『라캉 정신분석 사전』, 347쪽.

대해서 검찰이 심문할 때 이성적으로 대답하고 대처할 수 없는 것은 너무나 당연했다……. 어쨌거나 이렇게 차단된 상태에서 검찰에게 잘 보이려고 하는 병적인 애정구걸 같은 심리를 당해 보지 않은 사람은 절대로 알 수 없는 것이다……. 게다가 혹시 버티다가 재차 남영동으로 끌려가지 않을까 싶어 가슴이 두 근 반 세 근 반하며 저려 온다"라고 말한다. 조갑제에 의하면 "경찰의 고문은 그 효력이 오래 간다. 검사가 입회한 현장검증 때는 물론이고, 검찰에 송치되어서도 고문 받은 피의자는 겁에 질려 앵무새 역할을 계속하는 수가 더러 있다." 여기에 언론까지 가세하면 상황은 더욱 심각해진다. 김근하 군 살해사건에서 경찰이 고문을 통해 범인으로 몰고 간 김기철의 경우, 그의 형은 다음과 같이 말한다. "…… 기철이가 살인범이라고 신문들이 너무나 자주 짖어대니 나중엔 친형인 저마저 세뇌를 당했는지 '동생이 혹시나……' 하는 생각까지 갖게 될 정도였으니까요."[59]

고문과 수사는 대립적인 것이 아니라, 양자는 서로 밀접한 상호의존 관계가 있다. '고문수사'라는 어법이 가능하다는 것이다. 수사라는 법의 영역이 있다면, 고문이라는 법의 이면, 법을 위반하면서까지 법을 지켜내야 하는 법의 이면이 필요한 것이다. 대타자와 초자아의 관계가 여기서도

59_ 김근태, 『남영동』, 194, 199쪽; 조갑제, 『고문과 조작의 기술자들』, 104, 256쪽. 이러한 상황이 '더러' 있는 게 아니라 대부분이 아닐까? 왜냐하면 김근태의 증언이 말해주듯이, 고문피해자는 판단력이 마비되고, 자아정체감이 상실되어, 일관성 있는, 바깥 현실 속의 사고구조를 상실해버렸기 때문이다. 자신의 의지로 생각할 수 있는 능력을 상실했기 때문이다. 정대범의 경우는 1960년대의 가혹한 군대 훈련소에 있었기 때문에 더욱 그러했다. 이와 더불어 조작된 증인들로서 익명의 뭇 타자들, 조작된 증거들이 한결같이 자신을 범인으로 몰아가게 되면, 그의 상징적 현실은 서서히 무너지지 않을 수 없게 된다.

반복된다(제3부 제1장 참조).

3) 간첩 만들기의 실천 무의식: 고문공간과 고문기계

그렇다면 고문자들 자신은 자신이 조작한 이야기를 어떻게 스스로 '진실'이라고 믿게 되는가? 도대체 이런 어처구니없는 상황이 어떻게 가능한가? 그러나 고문과 조작의 사례들을 살펴보면 이러한 상황은 일상적으로 일어나는 일이며, 고문공간 내에서는 지극히 평범하고 기계화된 과정일 뿐임을 알게 된다. 김병진에 따르면 "수사관들의 과대망상은 우스운 수준을 뛰어넘어 가공할 만한 수준이었다. 미치광이에게 칼을 쥐어 준 격이라고나 할까." 김병진의 경우, 고문수사관들은 나름대로의 각본에 따라 김병진을 고문하고 그쪽으로 몰고 갔다. 김병진을 몰아가기 위해서는 수사관들이 먼저 이 각본을 믿어야 한다. 그리고 김병진이 어쩔 수 없이 인정하고 서명한 것을, '결국은 진실을 자백하고 말았다'라는 식으로 단정 짓는다.[60]

김병진에 따르면 "아무튼 이 하사를 비롯해 평화공작에 전력투구하는 심사과 사람들은 '대상의 정치적 무관심은 자신의 정체를 은폐하려는 북괴 공작원의 기본적인 행동 원칙이다'라는 알 듯하면서도 알 수 없는 논리를 내세우며 계속 L을 감시했다." 여기서 '알 듯한 논리'가 간첩은 자신의 정체를 은폐하기 위해 정치적으로 무관심한 것처럼 위장한다는 것이라면, '알 수 없는 논리'는 고문자가 피고문자를 간첩이라고 부당하게 전제해놓고 그의 정치적 무관심이야말로 바로 자신을 은폐하려는 간첩의 결정적 증거라고 들이대는 억지 논리이다.[61] 이러한 억지 논리는

60_ 김병진, 『보안사』, 67, 222쪽.

61_ 여기서 "간첩은 [자신이 간첩임을 속이기 위해] 정치적 무관심을 가장한다"

다른 무엇보다 아무 죄가 없는 사람들을 '상부의 지시에 의해' 고문하고 조작해야 하는 자신들의 행위를 최소한이나마 합리화하고 정당화하고자 하는 내부용의 논리, 그 자체로 지극히 도착적인 논리이다. 그 억지 논리는 자신들이 간첩으로 조작해놓고도 그가 원래부터 간첩이었다는 식으로 믿고 싶어 하는, 윤리적 책임을 조금이나마 벗어나고 싶어 하는 자기기만의 최소한의 근거로 작용한다.

그런데 지젝은 우리의 상식과는 달리 파스칼을 인용하며 내적 믿음 같은 것은 별로 중요하지 않다고 말한다. 다시 말해 고문자가 피고문자를 간첩이라고 '내면적으로' 혹은 '진심으로' 믿느냐의 여부는 중요하지 않다는 것이다. 파스칼은 "기도하라 그러면 믿게 될 것이다"라고 말한다. 지젝에 따르면 "파스칼의 최종 대답은 이런 것이다. 이성적인 논증은 접어두고 그저 이데올로기적인 의식(儀式)에 네 자신을 맡기고, 무의미한 제스처를 반복해서 무뎌져라. 그리고 마치 네 자신이 이미 믿고 있다는 듯이 행동하라, 그러면 믿음이 저절로 생길 것이다." 지젝에 의하면 내적 믿음이란 실천 행위 뒤에 사후적으로 뒤따라오는 것일 뿐이다. 그에 따르면 내적 믿음은 "외부의 몰상식한 '기계' 즉 주체가 사로잡혀 있는 상징적 네트워크의 자동운동과 기표의 자동운동"에 의해 결정되며, 따라서 믿음은 그 본질에 있어서 내적인 것이 아니라 외적인 것이다. 우리의

는 명제가, "정치적 무관심을 가장하는 자는 간첩이다"라는 역의 명제로 둔갑하게 된다. 이는 마치 "사람은 동물이다"가 "동물은 사람이다"라는 명제로 바뀌는 것과 마찬가지이다. 논리적 차원의 억지를 벗어나서 실제의 차원에서 그것이 억지인 것은, 수사관들 스스로도 그가 간첩이 아니라는 걸, 간첩으로서의 물증이나 능력이 없다는 걸 잘 알고 있으면서도, 그걸 스스로 부인하고 있기 때문이다. 고문자들의 이러한 측면은 라캉의 분류법에 따라 도착증적 구조와 유사하다고 볼 수 있다. 에반스, 『라캉 정신분석 사전』, 108쪽; 핑크, 『라캉과 정신의학』, 295쪽 참조

'내면'에 있는 의식적 믿음보다는, 우리 외부에 우리의 실제 행위 속에
자리 잡은 무의식적 믿음이야말로 진정한 믿음에 해당된다.[62]

지젝은 이를 '믿음 이전의 믿음'이 갖는 역설적 위상이라고 말하며,
"관습을 따르면서 주체는 그것을 알지 못한 채로 믿는다. 따라서 최종적
인 [이념의] 전향은 단지 우리가 이미 믿었던 것을 인정할 때 취하게
되는 형식적 행위일 뿐이다. 다시 말해…… 외재적인 관습이야말로 항상
주체의 무의식을 지탱하는 물질적인 토대라는 중요한 사실이다"라고
말한다.[63] 알지 못한 채로 믿는 것, 무의식적 믿음은 '믿음 이전의 믿음'에
해당하며, 최종적 전향 혹은 의식적 믿음은 이미 나의 관습적, 의례적
행위 속에 객관적으로 존재했던 그 믿음을 인정하는 것일 뿐이다. 고문공
간 속에서는 그 안에서 자동적으로 작동하고 있는 고문기계가 있고,
고문자는 찰리 채플린의 영화 <모던 타임즈>(1936)의 작업 수행자처럼
컨베이어 벨트처럼 돌아가는 고문기계에 붙어 서서 자신의 내적 믿음과
는 무관하게 고문과 조작을 자연스럽게 실천하고 있다. 바로 그 외재적
실천 속에 무의식적 믿음, 즉 '믿음 이전의 믿음'이 존재하며, 우리의
의식상의 믿음, 내적 믿음은 그 실천을 반복할 때 떠오르는 상상적인

62_ 지젝, 『How To Read 라캉』, 51쪽; 지젝, 『이데올로기의 숭고한 대상』,
   70-78쪽. 의식보다는 무의식 속에 우리의 진실이 있으며 "무의식은 외부에
   있다(The unconscious is 'outside')"는 라캉 정신분석의 기본 입장에 의거할
   때, 의식하지 못하며 하는 실제 행위, 그 실천 속에 무의식적 진실이 있다고
   말할 수 있다. 라캉에 의하면 진실은 항상 욕망에 관한 진실을 말하며,
   라캉이 욕망을 말할 때는 항상 무의식적 욕망을 말한다. 에반스, 『라캉
   정신분석 사전』, 128, 279, 384쪽.
63_ 지젝, 『이데올로기의 숭고한 대상』, 80쪽. 지젝은 이를 또한 '상징 질서가
   갖는 비심리적 특성'이라고 말하기도 한다. 지젝, 『How To Read 라캉』,
   51-52쪽.

신기루와 같은 것일 뿐이다.[64] 그렇게 될 때 우리는 사후적으로 자신이 처음부터 그러한 내적 믿음을 갖고 있었다고 자신의 내적 믿음을 소급 적용한다. 다시 말해 아무 생각 없이 그 일에 기계에 붙은 부속품처럼 달라붙어 실천에 옮겼던 그 순간부터 그러한 '내적 믿음'을 이미 갖고 있었다는 식으로.[65]

조갑제는 "고문이라는 야만적 터널을 거쳐 나온 자백이나 증거는 어디서 어디까지가 진실인지, 아니면 우선 고통을 면해보자는 다급함에서 만들어낸 거짓말인지, 고문한 사람까지도 분간을 할 수 없게 된다. 고문의 함정에 수사관 스스로가 빠져 억지자백에 속아 넘어가기도 한다.

64_ "무의식이 내적인 것처럼 보인다면 그것은 상상적인 것의 효과이다." 에반스, 『라깡 정신분석 사전』, 128쪽.

65_ 그에 이어 우리는 지젝으로부터 우리의 상식과 더욱 동떨어진 주장을 듣게 된다. "따라서 유일하게 진정한 복종이 있다면, 그것은 바로 '외면적인' 복종이다. 확신에서 비롯된 복종은 이미 우리의 주체성을 통해 '매개된' 것이기 때문에 진정한 복종이 아니다……. 키에르케고르는 그리스도가 현명하고 훌륭한 사람이라는 이유로 그를 믿는다면 이는 그에 대한 끔찍한 모독이라고 했다……. 따라서 법에 대한 '외면적' 복종이란 외적인 압력에, 소위 비이데올로기적 '야만적인 힘'에 굴복되는 것이 아니다. 그것은 명령이 '이해불가능하고' 이해되지 않는 한에서, 그리고 '외상적이고' '비합리적인' 특징을 보유하고 있는 한에서 복종하는 것이다. 이 외상적이고 비일관적인 법의 특징은 법의 실정적 조건 그 자체이다. 이것은 정신분석에서 말하는 초자아 개념의 근본적인 특징이다. 초자아는 외상적으로, '몰상식하게' 경험되는, 다시 말해서 주체의 상징적 세계에 통합될 수 없는 명령이다. 하지만 법이 '정상적으로' 기능하기 위해서는…… 그 외상적인 사실(법이 자신의 언표 행위 과정에 의존한다는 것, 혹은 라클라우와 무폐가 발전시킨 개념을 사용하자면 법이 자신의 근본적인 우연성에 기반한다는 것)은 무의식 속으로 억압되어야만 한다. 법이란 '의미'가 있는 것이며 정의나 진리(혹은 보다 현대적으로 기능성)에 근거한 것이라는 식의 이데올로기적이고 상상적인 경험을 통해서 말이다." 지젝, 『이데올로기의 숭고한 대상』, 75-76쪽.

고 씨 사건이 그런 경우였다"라고 말한다. 앞의 베테랑 형사는 "나도 고문을 전혀 안 한다고는 말하지 않겠지만, 고문을 선별적으로 해야지 무턱대고 불어라는 식으로 하면 사고가 생기는 법이다"라고 말하지만, 고문자는 모두 그렇게 말할 것이다. 보안사의 수사관들조차 고문만능주의에 대해 일종의 본능적 경계심을 느끼기도 한다. 김병진은 "김성구 준위가 가끔 말하는 '수사의 묘'와 베테랑 수사관의 좌우명인 무리를 해서는 안 된다는 금기"에 대해 언급한다. 그리고 이것은 이들이 고문과 조작으로 점철된 자신의 직업에 대해 회의를 느끼는 배경이 되기도 한다. 김병진은 이에 대해 "묘한 이야기 같지만 상층부를 제외한 보안사 직원들은 누구나 모두 자기 인생을 조금씩 후회했다. 정년이 가까운 직원들은 특히 그랬다. 김성구 준위와 그 밖의 연배가 좀 있는 직원들은 자신이 보안사에 계속 묶여 있으니 나를 위로하며 자신들의 꿈을 내게 투영하는 게 아닐까 생각될 정도였다"고 말한다.[66]

따라서 고문과 조작이 갖는 실천적 효과는 고문피해자에 대해 작동하는 만큼이나 고문자 스스로에게도 작동하고 있다. "고 여인을 수사하고 기소한 사람들은 죽을 때까지 그 확집을 안고 살아갈 것입니다. 잘못을 스스로 인정하는 것은 자신의 존재 가치가 허물어지는 것을 뜻하니까요. 무고한 사람을 교수대로 보내려 했다는 것을 자인하라는 것은 인간의 능력 한계 이상의 요구일지 모릅니다."[67]

조일지를 고문하고 간첩으로 조작했던 수사관은 다음과 같이 파렴치한 통고를 한다. "어떻게든 도와주려고 했지만 여기에 쓰여 있는 자네의

66_ 조갑제, 『고문과 조작의 기술자들』, 256, 248쪽; 김병진, 『보안사』, 232, 337쪽.
67_ 조갑제, 『고문과 조작의 기술자들』, 268쪽.

행위가 너무나도 반국가적이어서 상부에서 용서해주려고 하지 않아. 그리고 교도소에 가더라도 온건하게 지내면 특사나 은사로 나올 수 있어. 건강에 주의하고 잘 지내게." 고문자의 이러한 발언은 앞에서 살펴 본 "고문의 함정에 수사관 스스로가 빠져 억지자백에 속아 넘어가기도 한다"는 조갑제의 주장처럼 자기 자신이 조작해낸 날조된 각본을 기정사실로 인정하고 있는 어처구니없음을 보여주고 있다. 더 나아가 그는 그 날조된 각본에 대한 믿음을 전제로 그 다음 판단들을 차례로 도출해내고 있다.[68]

고문자들도 일상의 공간 속에서 평범한 사회인일 뿐이다. 김근태의 분석에 따르면, "고문자들은 평범한 사람들입니다. 저주받은 표시가 얼굴에 있는 것도 아니고, 특히 증오심이나 적개심으로 표정이 일그러졌다거나 눈에 살기가 감도는 그런 사람들이 아닙니다……. 군대 나간 아들에 대한 걱정, 대학 진학을 눈앞에 둔 자제를 가진 어버이로서 당연히 부딪치는 조바심, 서민이면 누구나 안게 되는 살림살이 걱정, 박봉에 대한 불평 등 종로나 명동의 어느 길거리에서 부딪칠 수 있는 그런 사람들이었습니다."[69]

68_ 이 해괴하고도 난해한 언명을 해석하는 방법 가운데는 다음의 두 가지 방식이 포함될 수 있다. "내가 아무리 고문하며 그렇게 자백하라고 가르쳐줬다 해도 막상 네가 네 입으로 그렇게 말하는 걸 보니 놀랍군. 네가 원래부터 간첩이 아니었으면 그렇게 말할 수 없을 거야. 네가 그 정도인 줄은 진짜 몰랐어. 어쩔 수 없는 나를 이해해주게." 혹은 "내 탁월한 추리력과 수사력이 결국 자네가 지독한 간첩이라는 걸 명명백백하게 드러내고 말았군. 이젠 나도 어쩔 수 없네." 첫 번째 논리에서 두 번째 논리로 넘어가는 것은 승진과 포상의 욕망에 사로잡힌 고문수사관들에게 그리 어려운 일이 아니다. 김병진, 『보안사』, 105, 232, 268쪽.

69_ 김근태, 『남영동』, 44쪽. 임철우는 소설 「붉은방」(1988)에서, 고문공간 내에서 잔인하고 냉혹한 고문자들 역시 고문공간 바깥에서는 평범한 가장이자

그들은 고문대상자들이 간첩이 아니라는 것도, 그 간첩들이 사회불안의 주범이 아니라는 것도 잘 알고 있다. 고문자들의 말을 인용하면, "간첩이 머리에 뿔난 괴물인지 알지, 아니야. 간첩 별거 아니야. 우리가 많이 잡아 봤지만 우리와 별 차이가 없어. 교육하면 누구나 간첩이 될 수 있어." 북한에서 주민을 교육해서 간첩으로 남파하듯이, 보안사에서도 주민을 교육해서 간첩으로 조작할 수 있다. 다만 남파하는 게 아니라 법정으로 보낸다는 차이가 있을 뿐이다. 그러나 그들은 고문공간 속에서는 마치 고문대상자들이 간첩임이 분명하며 사회불안의 주범인 것처럼 행동한다. 다시 김근태의 말을 들어본다.[70]

그런데 바로 그런 평범한 사람들이 저 끔찍하고도 무서운 고문을 감행하는 것입니다. 아니 바로 그렇기 때문에 인간 동료에게 고문을 가하고도 혼란에 빠지지 않을지 모릅니다. 나는 이 사람들의 저 태연함, 고문을 가하면서 짓는 야릇하고도 냉담한 미소에 질려버렸습니

자상한 아버지로서 보통 사람과 다를 바 없이 아등바등하며 일상적인 삶을 살아가는 모습을 잘 그려내고 있다(임철우, 『사평역』, 사피엔스21, 2012). 제3부 제2장에서 살펴볼 것이지만, 찰리 채플린의 <살인광시대>(1947)는 자상한 남편이면서 연쇄살인범인 정반대되는 두 개의 캐릭터를 한 인물이 어떻게 동시에 소유할 수 있는지, 그것이 어떻게 상징적 현실에 통합될 수 있는지를 중심 주제로 다루고 있다. 위의 임철우의 소설이나 시고니 위버 주연의 영화 <진실>(1994) 등의 경우도 마찬가지다. 하드보일드 소설의 경우도 이와 유사한 주제를 다룬다. 정통 추리소설 다음에 등장한 하드보일드 소설에서 탐정은 도입부부터 일련의 사건 속으로 얽혀 들어가, 풋내기처럼 농락당하며, 자신의 빈약한 추리력과 고투하고, 자신의 정체성 위협에 대해 윤리적으로 고투하며 그 과정에서 자신도 모르게 '죄'를 짓는다. 지젝, 『삐딱하게 보기』, 130쪽.

70_ 김병진, 『보안사』, 87쪽; 김근태, 『남영동』, 44쪽.

다…….그것은 자기기만과 강제된 타인기만의 조작된 제도 위에서 있었기에 가능한 것입니다. 구속 또는 고문을 결정하고 방향을 결정짓고 대상을 선정하여 증오심을 키우고 확대시켜 나가면서 선전을 감행하는 사람이나 그룹은 저 어디 다른 곳에 도사리고 있는 것입니다. 그리고 이 남영동 사람들은 제시되고 결정된 방향으로 자기들의 직무를, 아니 작업을 추진해 나가면 그뿐입니다.

전문적 고문자가 아니고 문명화된 국가 미국의 평범한 시민의 경우라 하더라도 극단적 고문을 가할 수 있는 가능성을 스탠리 밀그램의 널리 알려진 실험이 잘 보여준다. 권위에 대한 맹목적 복종 속에서 자신이 알지 못하는 대상자를 '완전한 무관심' 속에서 극단적 고통을 가하는 '놀라운' 장면을 그 실험은 연출하고 있다.[71] 여기서 권위는 특정 공간의 상징적 현실과 그 속의 규칙이 갖는 힘, 그 내부에 들어서는 사람들에게 가해지는 불가항력적인 암묵적 힘을 가리킨다고 할 수 있다. 그 특정 공간의 기표 사슬 속에서 그는 자신의 의지나 자아 정체성과는 무관하게 자동기계처럼 사슬 속의 기표로 대체될 뿐이다.[72]

김근태의 경우, 고문공간은 잘 짜인 분업과 전문화의 체계를 형성하고 있다. 먼저 전문적이고 과학적인 지식을 갖고 일종의 '생체 해부자'처럼 고문을 직접 담당하는 고문기술자의 층위가 있다. 그 상위 층위, 중견

71_ 이니스 브레인, 김윤성 옮김, 『고문의 역사』, 들녘코기토, 2004, 9-12쪽. "참 이상한 것은 학습자에 대한 완전한 무관심이다. 마치 그는 학습자를 인간으로 여기지 않는 것 같았다. 반면에 실험하는 동안 그는 너무나 복종적이고 온순한 태도로 실험 감독자의 지시를 따랐다"고 밀그램은 기록했다
72_ 라캉은 이를 오토마톤(automaton) 즉 기호의 회귀, 재귀, 되풀이로 개념화한다. 자크 라캉, 『세미나 11』, 86-88쪽.

간부 층위에는 피고문자로부터 민주화 운동권의 정보를 짜내는 역할을 하는 담당자와, 고문을 나름대로 정당화하기 위해 간첩으로 조작하여 공소제기 및 유지의 증거를 획득해내는 임무를 갖는 역할 담당자로 나뉘어 있다. 또 그 상층에는 정치적 차원에서 이를 이용하고자 하는 층위, 즉 획득하고 조작해낸 정보를 이용하고, 더 나아가 정치적으로 필요한 정보를 짜내라고 지시하는 층위가 있다. 이 층위는 소위 치안본부, 안전 기획부 등을 포함하는 관계기관 대책회의와 같은 층위와 최상층의 소위 '정치군부'의 층위로 다시 나뉜다. 이러한 사정은 고문공간의 중견 간부 급 인물이 김근태에게 "당신들이 아무리 머리가 좋아도 우리들의 중지에는 못 당한다"라고 말하며 '뽐내었다'는 언술에 잘 나타난다.[73]

4. 고문과 조작의 결말과 정체성의 회복

1) 욕망의 대상-원인: 왜 고문과 조작의 끝은 간첩인가?

과거 범죄사건 수사에서 간첩 조작은 모든 조작이 최후의 난관에 부딪힐 때 등장하는 전가의 보도이기도 했다. 김근하 군 살해사건의 경우도 간첩행위와 연관을 지으면서 조작이 완성된다. 자기 스스로를 공범자로 조작한 김금식은 "간첩 지령설은 저만의 창작품은 아닙니다"라고 말한다.[74] 환상 스크린의 완성이 어려울 때, 구멍을 이리 깁고 저리 기워 메우고자 하는 봉합이 어려울 때, 마지막 남은 그 빈틈을 메우는 전가의 보도가 바로 간첩으로의 조작이다. "그는 간첩이기 때문이야"라

73_ 김근태, 『남영동』, 50, 79, 89, 100, 107, 192-193쪽.
74_ 조갑제, 『고문과 조작의 기술자들』, 224쪽.

면 모든 것이 끝난다. 왜냐하면 '간첩'은 유태인과 같이 초능력을 갖는 존재, 그 수가 적어질수록 더욱 큰 힘을 갖는 역설적 존재이고, 불멸의 특징을 갖는 존재, 모든 고문을 견뎌내는 사드적 존재이자, 김근태의 경우처럼 슈퍼맨이 되기를 요구받는 존재이기 때문이다.[75]

고문자들이 조작간첩에게 뒤집어씌우는 형상은 지젝이 말하는 유태인의 형상과 유사하다. 유태인의 경우와 같이 '평범한 일반 시민'처럼 보이면 보일수록 그들은 바로 그렇기 때문에 더욱더 위험한 존재로 파악된다. 앞에서 말했듯이 김병진에 따르면 "대상의 정치적 무관심은 자신의 정체를 은폐하려는 북괴 공작원의 기본적인 행동 원칙이다"라는 논리를 내세우며 조작을 이끌어간다.[76] 이것은 평범한 시민처럼 보이는 유태인이 더 위험하다고 보는 편집증적 해석과 일맥상통한다. 정치에 무관심한 평범한 사람들, 간첩 같지 않은 사람들이 더욱 위험한데, 그들이 그렇게 보이는 것은 그만큼 은폐에 능숙한 간첩이기 때문이고, 그래서 그들은 더욱더 위험하다는 논리이다. 유태인 박해 논리와 간첩 조작 논리가 그 논리적 구조에 있어서 어떻게 이렇게 일치할 수 있는지 놀라울 따름이다. 이들은 모두 자신의 환상 속에서 유태인과 간첩을 이처럼 놀라운

75_ 김근태, 『남영동』, 203쪽. 지젝에 따르면 "유태인은 분명히 하나의 사회적인 증상이다. 그것은 사회에 내재되어 있는 적대관계가 어떤 구체적인 형태를 띠고 사회의 표면 위로 돌출하는 지점이다. 다시 말해 사회가 '고장났다'는 사실이, 사회의 메커니즘이 '삐걱거리고 있다'는 사실이 분명해지는 지점인 것이다. 우리가 환상의 틀을 통해 그것을 바라본다면, 유태인은 외부의 무질서로부터 사회구조를 교란시키고 부패시키는 침입자로서 나타날 것이다……. 우리는 유태인에게 귀속된 '과잉분' 속에서 우리 자신에 대한 진실을 확인해야 한다." 지젝, 『이데올로기의 숭고한 대상』, 222-223쪽; 지젝, 『가장 숭고한 히스테리환자』, 327쪽.
76_ 김병진, 『보안사』, 222쪽.

능력을 갖는 존재, 슈퍼맨적 존재로 형상화시켜 놓고 있다. 그러고 나서 이들은 거기서 끝나는 것이 아니라, 그 논리를 희생자들에게 다시 역으로 적용하여 희생자들 자신이 자신의 그 '놀라운 능력'을 어떻게 사용하여 간첩행위나 사회적 적대 행위를 하였는지 자백하도록 강요한다. "유태인의 본성과 그들의 기만적 겉모습 사이의 분열, 불일치는 따라서 그 본성 자체에 속한다……. 그의 '본성'의 본질적 특성은 바로 그의 본성을 감추는 것이다."[77] 그러한 점에서 이들 고문자들이 고문과 조작을 통해 생산해내는 것은 피고문자의 '과잉 능력 내지 잉여 능력'이라 할 수 있다. 이 '잉여 능력'은 주인 담론에서 주인 기표가 만들어내고자 하는 '잉여 향유', 자본주의 체제의 잉여 향유인 '잉여 가치'와 등가적이라 할 수 있다.

고문자들은 컨베이어 벨트처럼 돌아가는 고문기계 속에 한 구성요소가 될 때, 그는 현실을 '삐딱하게' 보기 시작한다. 그 기계 속에 들어갈 때 그들은 피고문자를 자신의 의지와 무관하게 간첩으로 보게 된다. 평범한 시민으로서 그들은 피고문자를 자신과 같은 일반 시민으로 바라볼 수 있지만, 고문공간으로 들어가 비스듬히 바라볼 때, 주체의 욕망에 의해 왜곡된 입장에서 바라볼 때, 그들은 피고문자들로부터 간첩이라는 '확정적 형태', '익숙한 대상의 윤곽', 물신화된 간첩의 형상을 얻게 된다. 조갑제는 다음과 같이 지젝을 연상시키는 통찰력을 보여준다.

고 씨의 흐느낌이 자책감에서 우러나온 것 같아서 아직도 미심쩍게 생각한다는 기자도 있다. 그러나 그 울음을 어떻게 해석하는가 하는 것은 극히 주관적인 일이다. 예컨대 고 씨를 범인으로 몰고 가는 방향

———
77_ 지젝, 『가장 숭고한 히스테리환자』, 327쪽.

으로 기사를 써온 기자의 눈에는 자책의 흐느낌으로 비치겠지만, 고씨가 무고한 것 같다는 쪽으로 기사를 써온 기자에게는 억울한 흐느낌으로 받아들여질 것이다. 인간이 욕심을 품고 사물을 보면 바라는 방향대로만 나타나는 법이다.[강조는 필자][78]

지젝은 "욕망의 대상 원인은 정면의 관점에서는 아무것도 아닌 공허일 뿐이다가 비스듬한 관점에서만 그 윤곽을 드러내는 어떤 것이다"라고 말하며, 그 비스듬히 보이는 왜상(歪像)의 가장 아름다운 예로 셰익스피어의 『리처드 2세』의 한 장면을 든다. "왕비께서는 국왕 전하의 출발을 비스듬히 보셨기 때문에 눈물 속에서 국왕 자신보다 더 잘 슬픔의 형체를 발견하신 것입니다." 욕망의 대상 원인은 "어떠한 실체적 일관성도 갖고 있지 않은, 그 자체로는 '혼돈 외에 아무것도 아닌 것'이다가 주체의 욕망과 두려움에 의해 왜곡된 입장에서 볼 때만 확정적인 형태를 갖게 되는 '실체가 아닌 것의 그림자'"이다.[79]

김병진 역시 보안사의 고참 준위 김성구의 말을 인용하면서 "그런데 간첩을 조작하는 데 혈안이 된 사람은 태어나서 처음으로 이성을 의식하는 첫사랑에 빠진 사람하고 비슷해서 모든 일을 '제 눈에 안경'으로 해석했다"고 말한다. 재미있는 사실은 간첩 신고를 하러 보안사에 찾아오는 사람들을 보안사에서는 정신병자로 취급한다는 점이다. "정보를 제공받으면 먼저 신고자의 정신 병력 유무를 예하 부대에 알아보게 하는 것을 우리 모두 잘 알고 있었다."[80]

78_ 조갑제, 『고문과 조작의 기술자들』, 250쪽.

79_ 지젝, 『How To Read 라캉』, 106-107쪽.

80_ 김병진, 『보안사』, 221, 283쪽.

고문자들, 더 넓게 보면 박정희 체제에 있어서 간첩은 나치즘 체제에 있어서 유태인이 그러했듯이 프로이트적 의미의 물신이다. 어머니의 거세를 긍정하는 동시에 부인하는 것이 물신이듯이, 물신은 사회적 적대, 상징화할 수 없는 실재를 긍정하는 동시에 부인한다.[81] 나치즘에서 유태인의 형상이 그러하듯 간첩은 우리 사회의 적대, 상징화될 수 없는 실재적 잉여를 긍정하면서 부인하는 기능을 한다. 즉 우리 사회는 조화롭고 온전하게 발전할 수 없는데(긍정), 그것은 외부적 요소로서 북한 간첩들이 우리 사회를 교란하고 있기 때문이므로 그들을 제거한다면 그런 온전한 발전을 이룰 수 있다는 것이다(부인). 그러한 방식으로 간첩은 박정희 체제의 물신이 된다. 다시 말해 우리 사회가 안고 있는 문제들은 계급적 적대와 같은 내부의 모순들로 인해서 발생하는 것이 아니라, 단지 우리 사회 외부에서 북한이 침투하여 방해하기 때문이라는 것이다. 박정희 체제의 반공 이데올로기에 의하면, 간첩과 그와 다름없는 체제비판자 내지 민주화운동가들은 우리 사회가 안고 있는 모든 문제들을 발생시키는 엄청난 능력을 갖는 슈퍼맨과 같은 존재들이 된다. 그것이야말로 박정희 체제와 그에 의해 규율화된 주체들이 갖는 이데올로기적 환상이다.[82]

81_ 지젝, 『가장 숭고한 히스테리환자』, 334-335쪽; 지젝, 『이데올로기의 숭고한 대상』, 220쪽 참조. 이 논리에 의하면, 어머니가 거세된 것처럼, 사회라는 타자도 거세되고 결여되어 있다는 것, 그것을 일단 긍정하지만, 물신(페티시)을 통해 그 거세를 부인하게 된다.

82_ 그런데 환상은 단지 허구 내지 허위의식인 것만이 아니라 상징적 현실의 일부를 이루기 때문에, 그리고 더 나아가 그 상징적 현실을 틀 짓고 있는 것이기 때문에 그것이 단지 허구일 뿐이라고 말해주어도 아무 소용이 없다. 환상은 해석을 통해 해소되는 것이 아니라, 단지 그것을 '횡단하는 것', 가로지르는 것만이 가능하기 때문이다(지젝, 『이데올로기의 숭고한 대상』,

박정희 체제의 이데올로기적 환상에서 볼 때, 한국사회가 고장 나고 삐걱거리는 것은 내부가 아닌 외부, 즉 북한이 보낸 침입자, 간첩들 때문이다. 한국의 사회구조가 교란되고 부패하다면, 간첩이 어딘가에 숨어서 활동하고 있기('암약'하고 있기) 때문이다. 그들이 보통 사람과 똑같이 보인다고 해서 속으면 안 된다. 그것은 그들의 위장술이 그만큼 뛰어남을 보여주는 증거이고 그들이 그만큼 더 위험하다는 걸 보여줄 따름이다. 그들의 숫자가 적다고 안심하면 안 된다. 숫자가 적으면 적을수록 그들의 능력은 비약적으로 커지기 때문이다. 왜냐하면 숫자가 적음에도 불구하고 사회가 고장 나고 삐걱거리는 것이 여전하다면 그것은 그들의 능력이 그만큼 커졌다는 것을 보여주는 증거이기 때문이다. 요즘 간첩은 증거도 없고 스스로도 자신이 간첩이라 생각하지 않아서 '보통 사람'과 더욱 구분하기 어렵고, 그 때문에 그만큼 더 위험하다. 그러나 "잘 보면 보입니다." 여기서 우리는 '스스로도 자신이 간첩인 줄 모르는 간첩', '그렇기 때문에 더욱 위험한 간첩'이라는 역설적 간첩 형상을 만나게 된다.

2) 카프카적 법정: 진실과 외설

고문공간에서 어떤 것이 진실인 것으로 결정되는가에 대해서는 『소송』의 판사들처럼 카프카 식의 외설성이 개입한다.[83] 가령 김근하 군 살해사건에의 경우 김금식은 "그때 검사장이 서울로 영전하게 되어 있었

220쪽). 다시 말해 사회 그 자체는 결코 온전한 공동체가 될 수 없다는 '불편한 진실'을 깨닫는 것, 타자 내지 사회가 완전할 수 있다는 상징적 전이가 해소되고, 사회의 결여를 주체의 노력에 의해 채워주는 것이 불가능하다는 것을 인정할 수밖에 없는 주체적 궁핍화에 이르게 되는 것, 다시 말해 환상의 횡단을 통해서만 환상으로부터 벗어날 수 있다. 이 주제는 제2부 제1장에서 다루게 될 중심 문제이다.

83_ 지젝, 『삐딱하게 보기』, 296-300쪽.

는데 그 영전 선물로 이 사건 해결을 발표한 것입니다. 그 며칠 전부터
김태현 검사는 나에게 '이왕 털어놓을 것, 빨리 이야기 좀 하라'고 독촉을
여러 번 했으니까요"라고 말한다. 사건의 진실보다는 사건 '해결'에 따르
는 승진과 포상에 더 큰 무게가 두어지고 있다. "염불에는 뜻이 없고
잿밥에만 맘이 있다"는 격이다. 김병진에 따르면 한국을 불가피하게
방문해야 하는 재일 한국인 가운데는 간첩으로 몰리지 않기 위해 브로커
에게 몇 백만 엔씩의 돈을 건네야 했던 경우가 수두룩했다. 이를 두고
김병진의 아내는 말한다. "간첩도 돈으로 사고파는 거예요. 돈을 줬다면
당신은 보안사에서 일하지 않아도 됐을지 몰라요." 김근태 역시 "그래도
나는 법관을, 법원을 믿으려 했고 검찰의 기본적 양심을 믿으려고 했던
시기였다……. 아, 그러나 재판이 무엇인지 나는 몰랐던 것이다"라고
말한다. 그는 사법계의 인사정책에 대해서 "정치적 사건에서의 기여도에
따라서 정치 군부는 평가하여 훈장을 주고 처벌을 한다", "현재의 정치군
부 체제 아래에서 판사들, 검사들은 주관적 선의와 관계없이 군사독재의
옹호자이며 방위자로서의 역할을 틀림없이 담당하고 있는 것이다"라고
새삼 깨닫게 된다.[84]

　김병진과 김근태는 카프카 작품의 주인공 요제프 K와 같은 입장에
서 있다. 지젝에 따르면 "K의 결정적 실수는 법정, 즉 일관된 논박을
수단으로 하여 도달할 수 있는 동질적인 실체로서의 법이라는 타자에게
말을 건네려던 것이었다. 반면 법정은 그에게 혼란의 기호들로 뒤섞여
있는 외설적 미소를 되돌려줄 수 있을 뿐이었다. 요컨대 K는 법정으로부
터 판결(action, 법적 행위)을 기대하지만 그 대신 얻는 것은 하나의 행위

84　조갑제,『고문과 조작의 기술자들』, 227쪽; 김병진,『보안사』, 303쪽; 김근
　　태,『남영동』, 200-202쪽.

(act, 공공연한 성교)인 것이다."[85]

판사는 공식적으로 국가와 법을 대표하는 존재로서, 라캉이 <『도둑맞은 편지』에 관한 세미나>에서 말하는 '눈먼 대타자'인 왕의 위치에 있다.[86] 그러나 고문·조작 사건들의 경우 판사는 '눈먼 대타자'라기보다는 '눈이 먼 척하는', '모르는 척하는' 대타자이다. 외설적 초자아로서 그는 그 모든 것을 잘 알고 있지만, 그러나 마치 그가 눈먼 대타자인 것처럼 단지 모르는 척하고 있을 뿐이다. 모든 걸 잘 아는 초자아는 공식적 석상에서는 눈먼, 순진무구한 대타자라는 외양의 모습을 띠고 나타난다. 이때 초자아는 대타자라는 외양의 진실이다.

"라캉은…… 진실은 단순히 외양의 반대가 아니라 실제로는 외양과 연속된다고 주장한다. 진실과 외양은 뫼비우스 띠의 양면과 같은데, 그것들은 실제로 오직 한쪽 면일 뿐이다." 지젝은 카프카의 우주가 초자아적 우주라고 말하면서, 초자아는 죽은 아버지의 법이라는 자아 이상과 대비되어 자신이 죽은 줄도 모르고 주체에게 쾌락을 강요하는 외설적 존재라고 말한다.[87]

> 상징적 법이라는 타자로서 타자는 죽어 있기만 한 것이 아니다. 그것은 자신이 죽어 있다는 사실조차 알지 못하는 것이다……. 초자아는…… '타자가 아직 죽지 않았던 시간……에 기인하여 발생하는' 법의 패러독스를 제시한다. 초자아적 정언명령인 '즐기라!', 즉 죽은 법이 초자아의 외설적인 형상으로 전도되는 것은 불안과 동요의 경험

85_ 지젝, 『삐딱하게 보기』, 297쪽.
86_ 호머, 『라캉 읽기』, 91쪽. 이에 대해서는 이 책의 제3부 제2장 4절을 참조할 수 있다.
87_ 에반스, 『라캉 정신분석 사전』, 122쪽; 지젝, 『삐딱하게 보기』, 298-299쪽.

을 의미한다. 일 분 전에 우리에게 죽은 문자로 나타났던 것이 실제로 숨을 쉬며 맥박이 뛰며 살아 있다는 사실을 갑작스레 알게 되기 때문 이다……. 법이 진실에 기반을 두고 있지 않은 한 그것은 쾌락을 수태하는 것이다.

초자아의 '외설성'과 대타자의 '진실'은 동일한 것의 양면이다. 공적 인 앞쪽 면에서 그는 공평무사한 법과 진실을 대변하는 것처럼 등장하지 만, 뫼비우스의 띠를 따라 공적인 것의 이면, 뒤안길을 걸어 들어가면 그 공평무사한 '진실'이 외설적 쾌락으로 가득 차 있다는 사실이 아무런 거리낌 없이 드러난다. 조일지에 대한 앞의 '파렴치한 통고'가 그렇게 해괴하게 들리는 것은 뫼비우스 띠의 양면이 서로 등지고 있던 자신의 자리에서 벗어나 동일 표면에 모순된 두 얼굴을 동시에 들이밀고 있기 때문이다.

우리가 다루는 사례들이 발생하는 현대 한국에서 검찰, 경찰은 법적 형식 요건만 갖춰진(조작되었는지와는 무관하게) 사건의 경우, 그것을 '사실'로 치부하는 관행에 익숙해 있었다고 말할 수 있다. 첫째 언론이나 사회에서 그 '사실'을 진짜 사실로 믿어주고 모두가 그렇게 믿으니까, 그 믿음의 힘, 믿는다고 가정된 주체, 익명의 뭇 타자들의 믿음이 자신의 믿음을 새롭게 생성했다고 볼 수 있다. 벌거벗은 임금님처럼. 자신은 벌거벗었다고 생각하지만 주위의 모두가 멋진 옷을 입었다고 여겨주기 에 자신도 불가불 믿게 되는 것과 같다. 둘째, 범죄의 공간은 늘 거짓말이 난무하는 세계이기에 (피의자의 은폐, 조작 등의 거짓말, 진실을 밝히기 위한 수사관의 유인), 무엇이 진실인지는 결국 결과가 말을 해주는 것이 라는 생각에 익숙하게 된다.[88]

역사와 진실은 늘 만들어지는 것이고, 새롭게 만들어지는 것이라는

'통찰'(포스트 모던적 통찰)이 이미 학문의 세계에서 명확해지기 이전에, 존-레텔의 용어로 실제 생활 속에서 '현실 추상'으로서 실천 무의식의 차원에서 이미 수행되고 있었다고 말할 수 있다.[89] 권력이 진실을 생성한다는 한국현대사 속에서의 오랜 경험, 좌우 대립 속에서 누가 승리하는가에 따라 진실이 결정되는 처절한 역사가 있다. 조갑제의 말을 인용해본다.

해방된 이 나라에 '고문치사'란 지긋지긋한 낱말을 소개한 것은 친일경찰과 일제헌병 출신 수사관이었다……. 일제 고등계 출신의 한국인 형사들은 독립운동가들을 고문하던 그 기법을 그대로 국립경찰에 이식시켰다. 물고문 등 고문수법이 지금까지도 변함없이 왜경의 그것을 따르고 있는 것도 이 때문이다……. 1960년대에 들어서면서 공안 및 수사기관에서 일제경력자들은 자연적 수명에 의해 사라져가기 시작했다. 그러나 사라진 것은 인간 그 자체뿐이었다. 그들이 만든

88_ 지젝, 『How To Read 라캉』, 43, 49쪽; .김종률, 『수사심리학』, 40-46쪽. 지젝에 따르면 "안다고 가정된 주체의 형상은 이차적인 현상이라는 것, 그것은 상징적 질서의 구성적 특질인 믿는다고 가정된 주체를 배경으로 해서만 출현한다는 점이다."

89_ 지젝, 『이데올로기의 숭고한 대상』, 40-48쪽. 존-레텔의 용어 das reale Abstraktion을 '현실 추상화'로 번역하기도 하고, '실재적 추상'으로 번역하기도 한다(지젝, 『이데올로기의 숭고한 대상』, 43쪽과(;) 지젝, 『가장 숭고한 히스테리환자』, 40-48쪽). 이는 상품들의 교환의 실제적 과정 안에 담긴 추상 행위를 말한다. "상품은 자신의 '사용가치(그것의 형태·색깔·맛 등등)'를 결정하는 일련의 특정 속성들을 소유하는 방식으로 어떤 '가치'를 보유하지 않는다……. 교환행위가 일어나는 동안 개인들은 마치 상품이 물리적인 물질의 교환을 따르지 않는다는 듯이 행동한다". 지젝, 『이데올로기의 숭고한 대상』, 43쪽.

관습은 그 뒤에도 살아남아 지금에 이르고 있다……. 이들 인간집단은
파멸 직전의 상황으로 몰린 사람들의 특유한 단결력과 집념으로써
생존의 길을 모색했다. 그 길이란 바이러스가 번식할 수 있는 오염된
환경의 창조였다. 그리하여 민족반역의 전과자들인 그들은 민주반역
의 죄까지 범하여 민중을 배신, 탄압한 상습범이 됐던 것이다.[90]

3) 정체성의 회복: 거울상과의 조우 그리고 상징적 기입

마지막으로 고문피해자는 어떻게 자기 정체성을 회복하는가의 문제
가 남는다. 김근태가 자기 정체성을 조금씩 회복할 수 있었던 것은 검찰
을 방문하는 길에 기막힌 우연으로 자신의 처를 만난 덕이었다. "검찰청
청사 그 계단에서 내 처 인재근을 만난 것은, 그리하여 김성철 변호인을
만난 것은 나에겐 축복이었다, 구원이었다. 그 만남이 없었다면 나도
틀림없이 심문조서와 자술서에 올리고 손도장을 꽝꽝 찍어댔을 것이다."
이 순간을 보다 자세히 살펴보자.[91]

 그것은 순간이었다. 적응하고 이해하는 그런 시간은 필요했지만
 그것은 순간이었다. 인재근의 눈에 물기가 핑 도는 그런 시간으로
 충분했다. 이해와 사랑을 실은 눈빛이 나를, 짓밟혀 극도로 왜소해진
 나를 원상태로 되돌려 보내기 시작했다. 그 시선은 나에게 부피를,
 무게를 되돌려주는 전기 스파크를 일으키는 것이었다. 짓밟혀 짜부러
 진 평면이 되어버렸고 먼지처럼 왜소해진 나는 부피도, 무게도, 인간

90_ 조갑제, 『고문과 조작의 기술자들』, 51-52, 82-83쪽.
91_ 김근태, 『남영동』, 154, 200쪽.

▲사진 7 1988년 6월 30일 김천교도소 앞에서 석방의 기쁨에 만세를 외치는 김근태
ⓒ 민주화운동기념사업회 사료관.

적 자존심까지 모두 잃어버렸던 것이다. 그것이 이 시선에 의해 거꾸
로 돌아가기 시작했다. 빠른 속도로 되돌아가 결정적으로 다시 소생하
기 시작해버린 것이다.

여기서 우리는 라캉이 말하듯이 연대기적으로 계산 불가능한 계기를
통해, 이해의 시간을 건너 뛰어, 응시의 순간으로부터 결론의 계기로
도약하는 것을 볼 수 있다.[92] 김병진의 경우 "고생이 많으셨죠, 괴로우셨
죠, 몸은 괜찮으십니까?"라는 따뜻한 말 한마디가 그것에 이르는 방아쇠
의 역할을 했다.[93] 김근태의 경우처럼, 김병진이 정신적으로 회복되는

92_ 핑크, 『라캉의 주체』, 130쪽.
93_ 김병진, 『보안사』, 72쪽.

데 결정적으로 중요했던 것은, 이와 같이 '이해와 사랑을 실은' 한마디의
말이었다.

자신의 파괴된 자아가 다시 소생하여 자신의 정체성을 확인하는 데
근거가 되는 것들은 무엇인가? 자신과 유사한 거울상, 자신을 확인할
수 있는 거울 이미지(김근태·김병진의 경우 '아내')가 무엇보다 필요하
다.[94] 김근태는 이를 "만 석 달 이상이나, 공소가 제기되고도 한 달 반
이상 동안 나는 가족은 물론 변호인을 만나지 못했다. 뭐라 할까. 같은
편이라 할까. 좋은 나라끼리라고 할까. 서로 만나지 못하는 경우, 사람은
감당하기 어려운 이상심리에 빠지게 된다. 극도의 혼란에 빠질 수도
있다"라고 표현하며, 아내 인재근을 만난 순간의 느낌을 "아직 이 세상에
내 편을 들어주는 친구도 있었다는 사실은, 완전히 메말라 버려 눈물
따위는 영영 돌아오지 않을 것 같던 내 눈을 적셨다"라고 말한다.[95] 그를
통해 피고문 주체는 고문공간 바깥의 상징적 현실 속에서 자신의 위치를
(재)확인하게 된다. 이것은 거울상을 통한 자아 형성 과정의 역과정이다.
자신의 거울상을 자신으로 알아보기 위해 타자의 상징적 승인이 필요했
다면, 그 이후 그 거울상은 이미 승인된 상징적 기입을 환기시키며 그것

94_ 피고문자가 고문공간을 벗어나 현실의 공간으로 들어서면, 그는 당분간
    정신병에 가까운 구조를 갖는 주체가 된다고 할 수 있다. 그 경우 그에게는
    상징적인 것의 결여를 보완하는 상상적 수단이 중요한 역할을 한다. 러셀
    그리그는 "라캉은 정신병이 일종의 퇴행을 수반한다고 본다. 상징적 심역으
    로부터 상상적 심역으로의, 연대기적이기보다는 위상학적인 퇴행이 일어난
    다는 것이다. 따라서 상징적인 것으로부터 폐제된 것이 실재에 다시 나타날
    때, 그것은 상상적 특징을 지니게 된다"고 말한다(러셀 그리그, 「제3장 정신
    병의 메커니즘에서 증상의 보편적 조건으로」, 대니 노부스 엮음, 문심정연
    옮김, 『라캉 정신분석의 핵심 개념들』, 문학과지성사, 2013, 82쪽).

95_ 김근태, 『남영동』, 166, 157쪽.

을 보증한다(고 주체에 의해 생각된다).

그러나 자신의 잃어버린 정체성을 되찾기 위해서는 상상적 차원이 중요한 계기가 되기는 하지만, 그것으로는 불충분하다. 상징적 차원의 승인, 상징적 현실로부터의 인정이 필요하다. 대타자로부터 인정을 받고 상징적 현실에 기입되기 위해서는 먼저 법정에서 자신의 무죄를 인정받아야 한다. 그리고 더 나아가 사회의 익명적 뭇 타자들로부터도 무죄를 인정받아야 한다. 법정의 인정을 넘어서서 사회의 익명적 뭇 타자들의 인정이 반드시 필요하다는 사실은 조갑제의 다음과 같은 말 속에서 잘 드러난다. "김기철 씨는 비록 무죄 판결을 받았지만 대다수의 사람들에게 자신의 진실(결백)을 입증하는 데서는 실패했고 그래서 격리 칩거 생활에 들어간 것이 아닐까? …… 김기철 씨의 죽음은 법정의 진실(무죄 판결)과 사회의 진실(결백 입증)은 별개의 문제라는 것을 보여준다……. 진실을 말하기는 쉽지만 이 세상에서 그것을 얻기란 얼마나 어려운가?"[96]

김근태와 김병진, 서승이 자신의 고문 경험을 책으로 써서 남기고자한 것은 불법적이고 비인간적인 고문의 진실을 고발하고자 한 것이 주요한 동기였을 것이다. 하지만 그들이 자신이 고문당한 과정을 정밀하게기록한 책을 고통스럽게 써나간 것은, 단지 그것만을 위해서는 아니라고판단된다. 고발을 넘어서 그것이 자기 치유의 과정, 정체성 회복 과정의필수적인 과정이기도 했기 때문이라고 판단된다. 상징적 현실로부터의인정, 고문에 의해 강요된 자백이 사실이 아니라는 점을 뭇 타자들로부터인정받고자 한 것, 타자들의 믿음을 통해 자신의 믿음을 소급적으로다시 생성하고자 한 점, 그럼으로써 파괴된 자신의 정체성을 회복하고자

96_ 조갑제, 『고문과 조작의 기술자들』, 236쪽.

한 점 역시 주요한 동기였다고 할 수 있다.

　김근태는 자신의 정체성을 회복한 이후에도 "남영동의 그 고통과 공포, 상처는 수많은 필름에 찍혀져 본인의 심층에 간직되었고, 조금만 방심하면 활동사진으로 펑펑 돌아가면서 나를 무너뜨리려 엿보고 있는 것입니다"라고 고백한 바 있다.[97] 상처를 '봉합'하여 일관된 정체성을 유지하고자 하는 자아, 그리고 그 상처를 비집고 튀어나오는 "너는 벌레 같은 존재일 뿐이야"라는 초자아의 악마 같은 속삭임이 대립하고 있다.

　여기서 제시된 김근태, 김병진, 서승 등의 사례, 즉 피나는 자기분석과 고투의 과정을 거쳐 자신의 정체성을 다시 회복하게 된 사례들은 예외적인 경우에 해당된다. 이와는 달리 고문피해자들은 많은 경우 고문을 통해 새롭게 조작된 자신의 정체성과 현실 사이에 놓인 거대한 괴리, 심연을 극복하지 못하고, 현실 공간 속에서 자기 정체성의 자리를 확보하지 못한 채 정신적 미아가 되어 왔다. 우리는 양귀자의 소설「숨은 꽃」(1992)에서 고문 후유증으로 그런 '산 죽음'의 상태, 앞서 말한 바와 같이 실재적으로는 살아 있지만 상징적으로는 죽어 있는 그러한 상태에 이른 전 민주화 운동가의 모습을 볼 수 있다.[98] 또 우리는 최근 발생한 세월호 참사 사건(2014년)으로 인해 충격에 빠진 희생자의 주변인들 속에서 이러한 모습을 다시 발견할 수 있다.

97_ 김근태,『남영동』, 47쪽.

98_ 양귀자,『슬픔도 힘이 된다-개정판』, 쓰다, 2014. 양귀자는 같은 책에 실린 소설「천마총 가는 길」에서 어느 잡지사 기자가 억울하게 겪는 고문과 조작의 과정을 상세하게 그려내고 있다. 또 소설가 현기영은 1979년 11월에 보안사에 연행되어 고문 받은 고통스런 체험을 소설적 형식으로 재현해낸 바 있다. 현기영,『누란』, 창비, 2009;『한겨레신문』, 2016년 6월 26일.

맺는말

고문 상황의 일차적 특징은 고문자와 피고문자 간 힘의 절대적 불균형 상태이다. 이는 대타자와 주체의 관계와 유사하다. 대타자 앞에 선 허약한 주체가 '돈이냐, 목숨이냐'라는 강제된 선택에 직면하듯이 고문자 앞에 선 피고문자 역시 '고문이냐, 자백이냐'의 선택을 강요받는다. 죽음보다 더 고통스런 고문 상황 속에서 피고문자는 대체로 자백을 선택하지 않을 수 없게 된다. 그는 고문자의 수수께끼 같은 요구에 대해 처절하게 그 응답을 모색하고자 한다. 고문과정은 상징적 질서의 재형성, 환상과 욕망의 재구조화, 그 결과로서 주체의 재정립이 일어나는 과정이다.

고문자들은 "이 나라의 재판은 형식적이야. 우리가 간첩이라고 하면 간첩이지"라는 '주인 담론'을 제시하며 고문과 조작을 이끌어간다. 이 주인 담론에 의해 피고문자는 간첩이라는 주인 기표로 대체된다. 이 언명 속에는 누빔점으로서 주인 기표의 특성들이 모두 담겨 있다. 간첩이라고 명명하기에 간첩이라는 점에서 동어 반복적이고, 간첩이 누군지는 그렇게 명명된 사람을 잘 살펴보면 알 수 있다는 점에서 자기 참조적이고, 간첩이라고 선언하기에 간첩이 된다는 점에서 수행적이다. 고문자에 의해 발화되는 주인 담론을 받아들이면, 그 다음 단계로 일종의 '대학 담론'이 뒤따른다. 고문자는 피고문자를 간첩으로 규정해놓고, 그렇다면 어떻게 북한에 갔다 왔는지를 합리적으로 설명하고 증거를 제시하라고 강요한다.

고문에 의해 조작된 진술은 늘 어딘가 빈틈이 있다. 고문자가 피고문자로부터 수동적 순응을 넘어서서 적극적 협력을 얻고자 하는 것은 바로 이 때문이다. 적극적 협력만이 그 빈틈을 채울 수 있기 때문이다. 이 과정은 피고문자의 상징적 전이를 필요로 한다. 즉 피고문자가 고문자를

'안다고 가정된 주체'로 상정해야 한다. 이 단계는 고문자에 의해 수동적으로 강요된 정체성에 대해 피고문자가 자발적, 능동적으로 동일화하도록 만드는 과정이다. 이는 기의 없는 기표로서 주인 기표에 대해 고문자들이 기표들 간의 연쇄를 엄격히 제한된 방식으로 변증화하면서 그 의미망을 봉합하여 나가는 과정이기도 하다. 이것은 피고문자 자신의 일생의 개인 서사를 전면적으로 재구성하는 작업을 필요로 한다. 고문과정 중 전형적인 한 과정으로서 소위 '자술서'를 끊임없이 쓰고 또 쓰도록 하는 것이 바로 그것이다.

고문과 조작이 갖는 실천적 효과는 고문피해자뿐 아니라 고문자 스스로에게도 작동한다. 고문자들은 나름대로의 각본에 따라 피고문자를 고문하고 그쪽으로 몰고 가지만, 그 과정에서 고문자들 스스로도 이 각본을 진실로 믿게 된다. "기도하라 그러면 믿게 될 것이다"라는 파스칼의 언명처럼 내적 믿음은 고문과 조작의 실천을 행한 사후에 발생하는 것이지만, 그 실천 이전부터 있었다는 식으로 몰아가는 상상적 소급 효과를 갖는다. 고문자들도 일상의 공간 속에서는 평범한 사회인일 뿐이다. 그러나 고문공간 속에는 그 안에서 자동적으로 작동하는 고문기계가 있고, 고문자는 컨베이어 벨트처럼 돌아가는 고문기계에 붙어서 있는 작업 수행자처럼 자신의 내적 믿음과 무관하게 고문과 조작을 자연스럽게 실천한다.

과거 범죄사건 수사에서 간첩 조작은 모든 조작이 최후의 난관에 부딪힐 때 등장하는 전가의 보도이기도 했다. '간첩'은 유태인과 같이 초능력을 갖는 존재, 그 수가 적어질수록 더욱 큰 힘을 갖는 역설적 존재, 그래서 보통 사람들의 상식을 뛰어넘는 범죄자가 될 수 있는 존재로 상정되기 때문이다. 평범한 시민으로서 고문자들 역시 피고문자를 자신과 같은 일반 시민으로 바라볼 수 있지만, 고문공간으로 들어가

비스듬히 자신의 욕망에 의해 왜곡된 시각에서 바라볼 때, 피고문자들로부터 간첩이라는 '확정적 형태', 물신화된 간첩의 형상을 얻게 된다. 나치즘에서 유태인의 형상이 그러하듯 간첩은 우리 한국사회의 적대, 상징화될 수 없는 실재적 잉여를 긍정하면서 부인하는 기능을 한다. 우리 사회의 적대는 외재적 요소로서의 북한 간첩들이 교란시키기 때문에 발생하는 것이지, 우리 사회 내부의 모순들로 인해서 발생하는 것이 아니라는 것이다.

고문공간에서 어떤 것이 진실인 것으로 결정되는가에 대해서는 카프카식의 외설성이 개입한다. 판사는 국가와 법을 대표하는 존재로서, 라캉이 <『도둑맞은 편지』에 관한 세미나>에서 말하는 '눈먼 대타자'인 왕의 위치에 있지만, 고문·조작 사건들의 경우 '눈먼 대타자'라기보다는 '눈이 먼 척하는', '모르는 척하는' 대타자이다. 외설적 초자아로서 그는 그 모든 것을 잘 알고 있지만 단지 모르는 척하고 있을 뿐이다. 초자아의 '외설성'과 대타자의 '진실'은 동일한 것의 양면이다. 권력이 진실을 생성하는 한국현대사의 오랜 경험, 누가 승리하는가에 따라 진실이 결정되는 처절한 역사적 경험이 이를 잘 말해주고 있다.

고문피해자는 어떻게 자기 정체성을 회복하는가? 김근태가 자기 정체성을 조금씩 회복할 수 있었던 것은 검찰을 방문하는 길에 기막힌 우연으로 자신의 처를 만난 덕이었다. 자신의 파괴된 자아가 다시 소생하여 자신의 정체성을 확인하는 데에는 먼저 자신과 유사한 거울상, 자신을 확인할 수 있는 거울 이미지가 필요하다. 또한 그것은 상징적 현실, 대타자로부터 인정을 받아야 한다. 그를 위해서는 먼저 법정에서 자신의 무죄를 인정받아야 하며 더 나아가 사회의 익명적 뭇 타자들로부터도 무죄를 인정받아야 한다. 김근태와 김병진, 서승이 자신이 고문당한 고통스런 과정을 정밀하게 써나간 것은, 고문에 의해 강요된 자백이 사실이 아니라는 점을 뭇 타자들로부터 인정받고자 한 것, 그리고 타자들의 믿음을 통해 자신의 믿음을 소급적으로 다시 생성하고자 한 점, 그럼으로써 파괴된 자신의 정체성을 회복하고자 한 점이 주요한 동기였다고 할 수 있다.

한국현대사에서 고문과 조작의 역사는 최근까지 미지의 영역으로 남아 있었다. 그러나 최근 고문과 조작의 실상에 대해 김근태, 김병진의 중요한 증언들이 잇따라 책으로 공식 출간되면서 이에 대한 논의의 장을 열어젖히고 있다. 정신분석은 고문에 대해 본격적 논의를 할 수 있는 '언어'를 제공한다. 이 경우 언표의 내용도 중요하지만 언표 행위의 가능성 자체가 중요하다고 판단된다. 미지의 영역으로서 고문과 조작의 역사는 연구자들로 하여금 어떤 해석을 강요하고 있다. 수수께끼와 같은 이 영역은 연구자들로 하여금 나름대로의 해석을 추적하도록 하고 있으며, 그러는 가운데 연구자들 자신을 지배해온 주인 기표 더 나아가 우리 사회를 지배해온 주인 기표를 자신도 모르는 사이에 발설하도록 만든다.

제2부 **혁명과 주체**

제**1**장
혁명적 독립운동과 정체성의 문제: 김산과 조봉암

1. 정체성의 혼란과 비극적 죽음

　조봉암(1899~1959)과 김산(1905~1938) 이 두 사람은 모두 비극적으로 생을 마감했다. 조봉암은 북한의 간첩이라는 죄명을 뒤집어쓰고 이승만 정권에 의해 사형을 당했으며, 김산은 일본의 밀정이라는 죄명으로 중국 공산당에 의해 처형되었다. 그러나 이 두 사람의 비극성은 그 비극적인 죽음에도 있지만, 진정한 비극성은 이들을 죽음으로 몰아넣은 정체성의 혼란과 위기 문제에 그 뿌리가 있다. 김산의 비극성은 일본 경찰에 체포 되었다가 풀려난 이후, 일본 경찰에 협력한 변절자라는 혐의를 결코 벗어나지 못했다는 데 그 뿌리가 있으며, 조봉암의 비극성 역시 해방 공간 내지 상해 활동 시기에 공산주의로부터 반공주의로 전향하지 않을 수 없었던 상황에서 그 근원을 찾을 수 있다. 조봉암은 일제에 협력하지 는 않았지만, 해방 이후 공산주의에 대한 자신의 신념을 포기하고 공개적으로 '전향'을 선언했다. 그에 비해 김산은 명백한 변절 내지 전향 행위가 없었고 그의 사후 중국공산당에 의해 공식적으로 복권되었지만, 죽는 그날까지 변절했다는 비판에서 벗어날 수 없었다.

이 두 사람을 묶어주는 끈이 있다면 그것은 바로 정체성의 문제이다. 자기 스스로 생각하는 자신의 정체성과 현실이 규정하는 정체성 간의 커다란 괴리 문제, 그리고 현실이 규정하는 정체성조차 상황에 따라 급격히 변화되었다는 문제 등이 그것이다. 그리고 이들은 그러한 상황을 규정하는 역사적 격랑 속에서 자신의 존재 자체를 지탱하는 것도 버거울 정도로 고통스러운 노력을 해야 했다. 객관적으로 본다면 이러한 정체성 의 위기 문제는 그러한 역사적 격랑 즉 조선 말 국권 상실 그리고 일제 식민지배로부터의 독립과 혁명이라는 시대적 과제를 해결하고자 온몸 으로 분투하는 과정에서 발생한 문제였다.

무엇이 그들로 하여금 독립과 혁명을 위한 투쟁에 나서도록 했는가? 무엇이 그들로 하여금 그 투쟁에서 물러나도록 만들었는가? 그들은 어떻 게 독립운동가 내지 사회주의 혁명가가 되었으며, 또 변절자라는 '낙인' 을 받기에 이르렀는가? 그들 자신은 자기 정체성의 그러한 급격한 변화 를 어떻게 받아들였는가? 비극은 단지 비극으로만 끝나고 말았는가?

이러한 비극성의 문제는 이들에게만 한정되지는 않는다. 조봉암 반대 운동을 벌였던 박헌영 역시 미제의 첩자라는 죄명으로 북한 당국에 의해 총살되었고, 박헌영과 '경성 트로이카'를 구축했던 김단야는 소련공산당 에 의해 일제의 고급 밀정이라는 죄명으로 사형당했다. 그 외에도 니콜라 이 부하린을 비롯하여 많은 혁명가들이 스탈린 시대의 숙청 과정에서 희생되었다.[1]

1_ 임경석, 『이정 박헌영 일대기』, 역사비평사, 2004, 184, 476쪽; 김남국, 『부하

정체성 문제로 비극적 최후를 맞아야 했던 이 상황은 1930년대 일본의 만주 침략 및 중일전쟁과 밀접한 관련이 있고, 세계적으로는 독일 등의 파시즘화와 관련이 있다. 동아시아에서는 일제에 의한 대대적인 전향공작, 그리고 만주에서의 민생단 사건 조작, 중국국민당의 정보기관 남의사 창설과 대대적 전향공작 등이 그 직접적 배경이 된다. 또 코민테른을 통한 소련의 세계혁명 전략과 그것의 변화과정 역시 그 배경의 다른 한 축을 이룬다. 유럽 혁명의 가능성이 높은 상황에서 채택되는 좌경 모험주의적 혁명 전략, 혁명 가능성이 소진된 상황에서 식민지·반식민지 국가들을 중심으로 하는 통일전선 전략 등이 그것이다. 그리고 그 전략 변화의 후속 작업으로 내부 숙청 작업이 전개되었다. 이 두 사람의 정체성 위기 문제는 이들 스스로 어찌할 수 없는 이러한 세계사적 변화과정에 휩쓸려 들어가면서 그와 직간접적으로 연결되면서 전개되었다.

여기서는 먼저 이 두 사람의 생애를 간략히 살펴본 이후, 이들의 정체성이 형성되는 모습을 상상적·상징적 동일시의 시각에서 살펴보고, 그 동일시가 명명행위의 근본적 우연성에 의해 지배되고 있다는 것, 그리고 그것이 비극의 뿌리를 이룬다는 점을 살펴볼 것이다. 다음으로 이 두 사람의 정체성 (재)형성 과정과 삶을, 낯선 세계와의 조우, 그로 인한 주체의 불안 형성(히스테리화), 낯선 세계와의 화해와 정체성의 재형성이라는 시각에서 연대기적으로 살펴볼 것이다. 그리고 최종적으로 이 두 사람이 화해할 수 없을 정도로 낯선 세계와 마주쳐 존재의 궁핍 상태에 도달했을 때, 주체는 어떤 선택을 할 수 있을 것인가라는 문제를 검토한다. 여기서 이 문제는 라캉 정신분석에서 말하는 '환상 가로지르기'와 '증상과의 동일시'라는 시각에서 조명될 것이다. 마지막

린: 혁명과 반혁명 사이에서』, 문학과지성사, 1993 참조.

으로 이들의 삶이 위기에 직면했을 때 사랑이 어떤 역할을 하고 있는지가
간략히 검토된다.

2. 조봉암과 김산의 생애

조봉암(1899~1959)은 경기도 강화군에서 태어나 1907년 보통학교에
입학하여 1911년에 졸업하고, 다시 2년제 농업학교를 졸업한다. 졸업
이후 그는 강화군청 급사, 고원이 되었다가 대서소 대서보조업자를 한다.
조봉암은 1919년 만세시위에 참가하여 독립선언서 배포 혐의로 서대문
감옥에 수감되어 혹독한 고문을 받고 애국정신이 급격히 성장하는 큰
변화를 겪는다. 1921년 일본으로 유학하여, 엿장수를 하면서 고학한다.
이 기간 중 그는 김찬을 만나 큰 영향을 받으며 일생 동안의 관계를
맺게 된다. 그는 박열 등과 무정부주의 모임 '흑도회'를 조직하였지만,
볼셰비즘에 경도된다.
1922년 독립투쟁 참여를 위해 귀국하여 베르흐네우딘스크 한인 공산
주의자대회 국내 대표로 참가하였으며, 대회 결렬 후 협의 대표로 모스크
바로 갔다가 모스크바 동방노력자공산대학에서 공부하게 된다. 1923년
폐결핵으로 자퇴하고, 조선공산당과 공산청년회 조직의 사명을 갖고
귀국한다. 1924년 김찬 등과 코민테른 청년조직인 신흥청년동맹을 조직
하고 이 조직의 전국 순회강연에서 대중연설가로서 폭발적 인기를 얻는
다. 이때 그는 같이 활동하던 동지 김조이와 결혼하고 박헌영 등과 조선
일보 기자생활을 한다. 1925년 제1차 조선공산당과 고려공산청년회를
결성하고, 그 승인을 위해 상해를 거쳐 다시 모스크바로 간다. 거기서
두 조직의 승인을 얻고 동시에 유학생 21명 입학 승인도 얻어 상해로

돌아간다.

1926년 상해에서 김찬, 김단야 등과 조선공산당 해외부를 설치하고, 만주총국 설치 등의 활동을 하며 코민테른의 극동부 위원이 된다. 그는 1931년 중국공산당 상해지부 서기가 된다. 이 기간 중인 1927년에 조봉암 은 상해로 찾아온 김이옥과 동거생활에 들어가게 되는데, 이 때문에 공금 전용 등의 이유로 박헌영, 김단야 등의 배척을 받게 된다. 1932년에 는 박헌영이 상해로 와 김단야와 활동하면서, '반조(봉암)운동'을 펼치기 도 한다. 1932년에 그는 일본 경찰에 체포되어 신의주감옥에서 7년간 징역생활을 한다. 체포 직후 김이옥은 강화에서 죽게 되는데, 1939년에 출옥한 그는 김조이와 다시 재결합한다. 이후 그는 모든 활동을 정지하는 휴지기에 접어든다.

해방 이후 조봉암은 인천보안대, 건준 인천지부 등을 조직하여 활동하 지만, 중앙조직에는 참여하지 못한다. 1946년 민주주의민족전선 인천지 부 의장으로 활동하다 사무실에서 미군정의 수색을 받아 박헌영에게 쓴 비판 편지가 압수되어 각 신문에 공개된다. 그 직후 미군정의 전향 요청을 받고 전향 성명을 낸다. 1948년 제헌의원에 당선되어 무소속구락 부를 결성하여 대표를 맡다가 농림부장관으로 임명되어 농지개혁을 이 끈다. 1950년 2대 국회의원에 다시 당선되고 국회부의장에 당선된다. 1954년의 사사오입 개헌 이후 민주당 창당에 참여하고자 하였으나 거부 당하면서 진보당 창당 활동을 한다. 1956년 진보당의 대통령 선거 후보로 지명되어 '책임정치 수립, 수탈 없는 경제실현, 평화통일 성취' 등의 정견을 발표한다. 1958년 진보당 사건으로 구속되어 1959년 대법원에서 간첩죄로 사형이 선고되고 같은 해 사형이 집행되어 그 생을 마감하게 된다. 이후 2011년 대법원 전원 합의부가 조봉암의 무죄를 선고한다.[2]

김산(1905~1938)은 평북 용천에서 태어나 이동휘를 영웅으로 보며 성장한다. 1912년 보통학교에 입학하였으나 1916년 마을 아이와 싸운 후 아버지에게 대들다 가출하여, 평양의 작은형 집으로 가 공부하여 1918년 숭실중학에 입학한다. 1919년 만세시위에 참여하다 구금되어 학교에서 제적된다. 이후 동경으로 가 고학을 하며 대학입시 준비를 하다가 모스크바 유학을 결심하고 국경을 넘지만 길이 막혀, 1920년 16살의 나이에 신흥무관학교에 입학한다. 졸업 이후 1920년에 상해로 가서 임시정부 기관지 독립신문 식자공으로 일하며 안창호, 이광수, 이동휘 등을 만나고, 흥사단에도 가입한다.

1921년 테러리스트 오성륜을 만나고 의열단에 가입하며 톨스토이, 아나키즘에 심취한다. 이후 잠시 귀국하였다가 1922년 북경 협화의학원에 입학하고 마르크스, 레닌을 읽는다. 1923년에 김성숙 등과 민족주의적 공산주의 단체를 결성하고, 코민테른 특사 보이틴스키 등을 만나며, 1923년 말 김성숙과 함께 중국공산당에 가입한다. 1925년 김성숙이 먼저 가 있는 광동으로 가 광동대학 의학과에 편입한다. 1927년 장제스의 쿠데타로 국공합작이 좌초되면서 발생한 광주(광저우)봉기에 김성숙, 오성륜과 함께 참여한다. 3일천하로 끝난 봉기 이후 해륙풍 소비에트로 패퇴하여 중국공산당 당학교에서 강의하며 해륙풍 방위를 위한 다섯 번의 전투에 참가한다. 해륙풍 전투 패배 이후 고난에 찬 행군 끝에 해륙풍을 탈출하여 홍콩을 거쳐 상해에 도착한다. 거기서 그는 다시 김성숙을 만나고, 역시 극적으로 생환한 오성륜과도 재회한다.

1928년 그는 조선공산당 출신 한위건의 중국공산당 입당을 반대한다. 1929년 중국공산당 북경시위원회 조직부장으로 활동하며, 당의 요청으로 만주지역의 조선인 공산당원을 중국공산당에 통합하는 활동을 한다.

1930년 북경으로 돌아와 제숙영과 동거하며 당 활동을 같이 한다. 1930년 북경에서 북경 정부에 체포되어 일본에 인도되고 신의주경찰서에서 고문을 당하지만, 무혐의로 석방되어 고향집에서 요양하다 다시 북경으로 탈출한다. 그러나 일제에 변절했다고 낙인이 찍혀 중국공산당에서 제명된다. 죽음에 이를 정도의 극심한 어려움 속에서 조아평의 보살핌으로 기력을 회복한다. 이후 하북성에서 활동하도록 명령받아 교사생활을 하며 농민조직을 결성한다. 이때 농민군 무장봉기를 비판하는 의견서를 제출하여 트로츠키파로 몰린다. 1933년 다시 체포되어 강제노역 형을 받고 고국으로 압송되었다가 석방되어, 고향집에서 요양하다 탈출하여 북경에 도착한다. 그러나 여전히 당의 외면을 받게 되고, 그 상황 속에서 조아평과 결혼한다. 1935년 상해로 가서 김성숙 등과 함께 조선민족해방동맹을 결성한다. 1936년 중국공산당 중앙과 홍군 지휘부가 있는 보안, 연안으로 가서 항일군정대학에서 강의생활을 하던 중 1937년에 님 웨일즈를 만난다. 당 중앙에 전선으로 보내달라는 요청을 하여, 1938년 전선으로 이동하던 도중 처형을 당해 생을 마감한다. 이후 1983년 중국공산당 중앙위원회 조직부에서 김산에 대한 복권 판결이 내려진다.[3]

3. 정체성의 형성: 동일시, '강제적 선택', 낙인

여기서는 김산과 조봉암이 혁명적 독립운동가에 이르는 길을 살펴보고자 한다. 이 두 사람이 혁명적 독립운동가로 자기 정체성을 형성하는 과정을 상상적 동일시와 상징적 동일시라는 관점에서, 라캉 정신분석에

3_ 이원규, 『김산 평전』, 실천문학사, 2006, 615-624쪽.

서 말하는 주체 형성 과정의 관점에서 살펴볼 것이다.

1) 동일시와 정체성

동일시, 동일화(identification)는 정체성, 동일성(identity)을 획득하는 과정이다. 그래서 동일시, 동일화는 정체화로 번역되기도 한다. 라캉은 상상적 동일시와 상징적 동일시를 구분한다. 상상적 동일시는 거울에 비친 자신의 거울 이미지와 자신을 동일시하면서 자아가 창조되는 과정이다. 그 거울 이미지는 자신과 유사한 동년배의 이미지이거나 어머니의 말에 비쳐진 자신의 이미지일 수도 있다. 거울단계는 일차적 동일시라 할 수 있으며, 그 거울 이미지에 기반하여 이상적 자아가 탄생한다. 그에 비해 이차적 동일시로서 상징적 동일시는 '아버지'와의 동일시를 가리키며, 자아 이상의 형성을 불러온다. 상징적 동일시는 아버지라는 대상이 갖는 어떤 하나의 특성과 동일시하는 것이다. 라캉은 그것을 타자로부터 나오는 하나의 '기표'와 동일시하는 것으로 보며 이를 통해 주체가 형성된다고 말한다. 다시 말해 주체는 다른 기표에 대하여 하나의 기표에 의해 대표되는 어떤 것이다. 상징적 동일시는 주체가 아버지의 법인 거세를 받아들이면서 상징계로 진입하는 것이기도 하다.[4]

이를 조금 더 구체적으로 살펴보기로 한다. 지젝에 의하면 "상상적 동일시는 그렇게 되면 우리가 우리 자신에게 좋아할 만하게 보이거나 '우리가 그렇게 되고 싶은' 이미지와 동일시하는 것이고, 상징적 동일시

4_ 강응섭, 『자크 라캉과 성서 해석』, 새물결플러스, 2014; 에반스, 『라캉 정신분석 사전』, 112-113, 371쪽; 김석, 『에크리―라캉으로 이끄는 마법의 문자들』, 살림, 2007, 157쪽. 상징적 동일시는 '이차적 동일시'로서, 일차적 동일시를 모델로 하며 따라서 상상적인 것을 공유한다. 그것이 '상징적'인 것은 그것이 상징적 질서로의 이행을 완성시키고 있기 때문이다.

는 우리가 관찰당하는 위치, 우리가 우리 자신을 바라보게 되는 위치와 동일시하는 것이다." 지젝은 상징적 동일시가 '타자 내의 어떤 응시'를 위한 동일시라고 말한다. 브루스 핑크는 상징적 동일시에 대해 다음과 같이 말한다. "거울 앞의 아이는 돌아서서 자신의 뒤에 서 있는 어른이 고개를 끄덕여주고, 알아보아주고, 찬성하거나 승인하는 말을 해주기를 기대한다……. 아이는 마치 어른의 관점에서 보듯이 자신을 보게 되고 마치 자신을 부모를 대표하는 타자인 것처럼 간주하고, 마치 밖에서 보듯이 자신이 다른 사람인 것처럼 스스로를 알아가게 된다."[5] 상징적 동일시는 아이가 아버지의 시선으로 자신을 바라보는 것이라면, 상상적 동일시는 아이가 스스로에게 좋아 보이는 이미지로 자신을 형성하고자 하는 것이다. 이 두 가지 동일시가 중첩되어 아이는 아버지의 시선으로 볼 때 좋아 보이는 (그렇게 보인다고 생각되는) 이미지와 자신을 동일화한다. 이것이 바로 이차적(상징적) 동일시는 일차적(상상적) 동일시를 모델로 한다는 말이 의미하는 바다.

　상상적 동일시와 상징적 동일시가 중첩되는 양상을 달리 표현해보기로 한다. 대타자의 특정 응시 지점을 만족시키는 어떤 대상, 어머니가 고개를 끄덕여 준다고 생각되는 거울 이미지, 대타자가 제시하는 하나의 기표에 걸맞다고 생각되는 어떤 대상, 그것을 주체는 자신과 자신을 동일시하며 자아를 형성하게 된다. 예를 들어 김소연은 1980년대 한국

5　지젝, 『이데올로기의 숭고한 대상』, 184-186쪽; 핑크, 『에크리 읽기』, 201쪽.
　　"상상적 동일시 속에서 우리는 유사성의 수준에서 타인을 모방한다(우리와 '비슷할' 경우에만 우리 자신의 이미지를 타인의 이미지와 동일시한다). 반면 상징적 동일시에서 우리는 정확히 타인을 모방할 수 없는 지점에서, 유사성을 벗어나는 지점에서 그와 우리 자신을 동일시한다". 지젝, 『이데올로기의 숭고한 대상』, 191쪽.

지식인들의 모습을 다음과 같이 파악한다. 당시 지식인들이 '사회주의를 향해 진보해가는 역사'라는 대타자의 특정 응시를 만족시키기 위해, 민중들 특히 노동자 계급과 상상적 동일화의 관계를 맺으려 했다는 것이다.[6] 상징적 동일시에 의해 승인된 상상적 이미지를 모방하며 주체는 새로운 상징적 세계에 진입한다. 영화 <아바타>(제임스 카메론 감독, 2009)의 경우처럼, 우리가 새로운 세계에 들어가기 위해서는 그 세계가 허용하는 가면, 아바타, 가상의 인격체를 반드시 뒤집어써야만 한다.

그러나 그것은 항상 어떤 희생을 필요로 한다. 이는 아이가 상징적 질서 속으로 진입하게 되면서 거세되는 상황, 자신의 향유가 희생되는 상황이기도 하다. 이후 주체는 새로운 세계에 진입하고자 할 때마다 이와 유사한 상황을 반복해서 겪게 된다. 앞선 제1부의 제1장과 제2장에서 살펴보았듯이 이는 군대라는 공간, 혹은 고문공간이라는 새로운 세계를 불가피하게 받아들이지 않을 수 없게 된 주체에게 유사하게 반복되는 상황이기도 하다. 하나의 기표로 대표됨으로써 그는 상징적 세계에 진입할 수 있지만, 그것은 거세를 전제 조건으로 한다. 거세에 의해 그는 자신의 향유를 포기해야 하고 그 새로운 세계를 대표하는 타자에 종속되는 소외의 과정을 겪는다.

타자에게 완전히 종속되는 소외의 단계를 벗어나기 위해서 주체는 타자와 일정한 거리를 갖게 되는 분리의 과정을 거쳐야 한다. 분리는 타자도 나만큼이나 결여된, 완전하지 않은 존재라는 '깨달음'을 통하여 발생한다. 홍준기는 이를 다음과 같이 말한다.

6_ 김소연, 『실재의 죽음: 코리안 뉴 웨이브 영화의 이행기적 성찰성에 관하여』, 도서출판 b, 2008, 101쪽.

라캉에 따르면 주체는 필연적으로 상징계에 의한 소외를 겪는
다……. 그리하여 주체는 대타자의 명령에 종속된 상상적 주체—소
외된 주체—로 살아가게 된다. 이러한 상상적 주체가 이제 진정한
주체로 다시 태어나기를 원한다면 분석—자기분석 혹은 정신분석가
를 통한 분석—을 통해 상징계에 의한 소외를 극복하는 과정—라캉
은 이를 분리라고 부른다—을 반드시 거쳐야 한다. 라캉은 이러한
분리 과정을 '두 개의 결핍이 만나는 것'으로 설명한다. 나를 어떤
특정한 기표에 종속하게 만든 대타자도 나만큼이나 결핍된 존재임을
깨닫는 순간 분리가 일어난다는 것이다……. 상징계에 의해 소외된
주체는 자신의 삶을 결정지은 대타자가 '정답'을 갖고 있다고 믿고
끊임없이 대타자에게서 그것을 찾으려 할 것이 아니라, 대타자도 주체
가 찾는 '숨겨진 보물'을 갖고 있지 않다는 경험을 함으로써만 소외를
극복할 수 있다.[7]

김산의 경우를 살펴보기로 한다. 김산이 자아 정체성을 형성하는 과정
에 중요한 역할을 한 인물, 상상적 동일시의 대상이 된 인물은 오성륜,
김성숙, 한위건 등이다. 김산은 오성륜이나 김성숙을 자신이 그럴듯하다
고 생각하여 모방하고 따라갈 수 있는 대상으로 여겼으며, 한위건은
적대적이고 경쟁적이지만 결국은 그 역시 자신의 또 다른 동일시의 대상
으로 받아들인다. 그러나 그에게 톨스토이, 안창호, 펑파이(彭湃,
1896~1929) 등은 도저히 흉내 낼 수 없는 아버지와 같은 존재로 여겨진다.
따라서 이동휘, 안창호, 펑파이 등의 아버지 형상들 그리고 톨스토이주
의, 아나키즘, 중국공산당의 혁명노선은 그에게 상상적 동일시의 대상이

7_ 홍준기, 「지제크의 라캉 읽기」, 1886쪽.

아니라 상징적 동일시의 대상이 된다. 그렇기 때문에 그들이 갖는 어떤 특징, 톨스토이주의 내지 혁명노선의 어떤 특정 측면을 취하여 그걸 자신을 응시하는, 관찰하는 지점으로 삼아 그걸 만족시키는 자신의 모습을 만들어가려 한다. 상상적 동일시와 상징적 동일시는 중첩되어 나타난다. 따라서 오성륜이나 김성숙이 상상적 동일시의 대상이 될 수 있는 것은 그들이 무정부주의나 중국공산당의 혁명노선에 충실한 존재, 타자의 응시를 만족시킬 수 있는 존재라는 승인이 내려져야 함을 전제로 한다. 그럴 경우 그들은 김산에게 거울 이미지로 비쳐져 이상적 자아로서 모방의 대상이 된다.

이렇듯 김산이 김성숙 등을 모방하며 중국공산당의 혁명적 세계로 진입하고자 했던 시기는, 그 세계가 요구하는 대로 자신을 완전히 종속시키는 소외의 단계에 해당한다. 김산이 타자에 완전히 종속되는 소외의 상태를 극복하고 분리의 단계에 이르게 되는 것은 광주와 해륙풍 봉기를 겪은 이후의 일이다. 뒤에 자세히 설명하겠지만, 그 봉기를 통해 그는 타자도 결핍되고 결여된 존재라는 것, 타자도 '숨겨진 보물'을 갖고 있지 않다는 것, 타자 역시 완전하지 않기에 어떤 욕망을 갖고 있다는 것을 깨닫게 된다. 그러한 타자의 결여, 타자의 욕망과 조우하게 되면서 그는 분리의 단계에 이르게 된다. 김산이 중국공산당 내에서 중요한 지위를 차지하게 되었을 때, 그는 자신이 타자가 결여한 부분을 충족시켜줄 수 있다는 생각을 갖게 된다. 즉 김산 자신만의 고유한 환상을 갖게 된다. 그것은 타자의 결여를 충족시키는 것을 통해 자신의 결여 또한 충족시킬 수 있으리라는 기대 내지 환상, 그를 통해 자신이 존재의 의미를 가질 수 있다는 환상이다.

이 단계가 바로 상징적 동일시가 완성되는 단계이다. 그는 이제 더 이상 타인을 이상적 거울 이미지로 삼아 일일이 모방하지 않고도, 타자가 자신에게 무엇을 원하는지 '알아서 할 수' 있게 된다. 왜냐하면 그는 타자가 무엇이 결여되었는지, 무엇을 욕망하는지를 깨달았다고 생각하기 때문이다. 물론 이것은 환상일 뿐이지만, 환상은 주체가 상징적 현실을 살아가기 위해 반드시 필요한 요소이며, 환상 자체가 주체의 상징적 현실의 일부를 이루는 구성 요소이기도 하다. 상징적 동일시가 완성되는 과정은 제1부 제1장에서 살펴보았듯이 졸병이 고참이 되어가면서 거치는 단계적 과정이기도 하면서, 제3부 제1장의 권력 개념에서 말하게 될 권위의 형태, 일일이 시키지 않아도 '스스로 알아서 하는' 자발적 복종의 단계에 해당하는 것이기도 하다. 지젝의 다음 설명은 이를 잘 말해준다.

> [상상적 동일시의 경우] 자신과 동일시할 이상적 자아, 자신을 이끌어줄 어떤 이미지를 필요로 한다. 하지만 [상징적 동일시의 경우] 성숙하여 '어떤 스타일을 갖게' 되고, 그 순간 더 이상 동일시를 위한 외적 참조점이 필요 없게 된다……. 그는 자율적 인격체, '자기 자신이 되었던' 것이다……. [상징적 동일시는] 구조적인 것이다……. 상호주관인 상징적 네트워크 안에서 자신에게 위임된 어떤 역할을 맡음으로써, 일정한 자리를 차지함으로써 동일시를 실현한 것이다. 바로 이러한 상징적 동일시에 의해 상상적 동일시가 해소된다. 더욱 정확히 상상적 동일시의 내용이 바뀌게 되는 것이다.[8]

부연하자면 상징적 동일시가 완성된다는 것, 자신에 대해 타자가 원하는 것이 무엇인지를 깨닫게 되었다는 것은 타자의 응시 지점이 주체

8_ 지젝, 『이데올로기의 숭고한 대상』, 192-193쪽.

내부에 내면화되었다는 것을 말한다. 그것은 타자가 부여한 자신의 자리와 역할을 파악함을 통해 스스로 자신의 존재 이유가 무엇인지를 알게 되었다고 생각하는 단계, 그럼으로써 소외를 넘어 분리에 이르게 되는 단계이다. 그것은 앞 장에서 살펴보았듯이 자신에게 부여된 주인 기표가 다른 기표들과 연쇄되면서 의미를 갖게 되는 변증화의 과정을 밟는 것이기도 하다. 또 주체는 타자의 욕망을 충족시킴으로써 거세에 의해 희생된 향유, 타자에게 양도되었던 향유를 일정 정도 되찾아 누릴 수 있게 되리라는 무의식적 기대를 갖게 된다.

김산에게 이 단계는 광주와 해륙풍의 경험 이후 단호한 원칙론의 입장을 견지하며 조직 활동을 시작한 바로 그 시점이다. 그는 그때 분리의 단계와 더불어 상징적 동일시의 완성 단계에 이르게 된다. 그는 더 이상 다른 사람을 외적 참조점으로 삼아 모방하지 않고도, '자율적 인격체'로서 스스로의 판단에 의해 당 활동을 할 수 있다고, 당이 그에게 위임한 자리를 맡아 그 역할을 수행할 수 있다고 생각한다. 또 그럼으로써 타자 즉 중국공산당의 결여와 욕망을 충족시켜줄 수 있게 되었다고 (무의식적으로) 생각한다.

조봉암의 경우 상상적 동일시의 대상이 김찬, 박헌영, 김단야 등이라면, 상징적 동일시의 대상은 이동휘, 이가순, 이상재, 니콜라이 부하린 등의 아버지 형상들 그리고 아나키즘, 코민테른의 혁명노선이라 할 수 있다. 그리고 김산에게 한위건이 그러했듯이, 조봉암에게 박헌영은 평생에 걸쳐 '경쟁적' 거울 이미지의 역할을 했다고 할 수 있다. 김산의 삶에 있어서 가장 중요했던 상징적 동일시의 지점이 중국공산당의 혁명노선이라면, 조봉암에게는 코민테른의 혁명노선이었다고 할 수 있다. 그 지점이 지젝이 말하듯 이들의 삶에 있어서 타자의 응시 지점이자, 소급적 효과를 발생시키는 누빔점 내지 주인 기표의 역할을 하는 지점이다.

이에 대해서는 잠시 후에 다시 살펴보게 될 것이다.

조봉암의 경우를 보다 구체적으로 살펴보기로 한다. 그는 3·1운동에 참여했다가 감옥에서 이가순을 만나게 되는데, 그는 조봉암에게 '도무지 흉내 낼 수 없는' 일종의 아버지 형상에 해당한다. 그 자신의 말을 들어보자.[9]

> 원산 이가순 씨의 일은 영원히 잊혀지지 않는다. 인격·풍채·언변·식견 등등 그 어느 편으로 보든지 훌륭하고 출중했고 또 독립운동에도 물론 영도자였다. 그러나 내가 지금 말하고자 하는 것은 그의 놀랄 만한 기백, 도무지 흉내 낼 수 없는 그의 추상 열화 같은 기백에 대해서다……. 일본인에게 절대로 경어를 쓰지 않았다. 재판장에게도 꼭 '해라'를 했다……. 이가순 씨는 단 한 번도 타협하는 일이 없었다. 철저한 원수대접이었다.

조봉암은 이가순을 직접 접하면서 자신이 '도무지 흉내 낼 수 없는' 저항민족주의라는 새로운 세계가 펼쳐지는 것을 느낄 수 있었고, 그의 '기백'을 응시 지점으로 하여 자신의 자아 이상을 설정하며 저항민족주의의 세계로 들어갔다. 그래서 그는 "나라를 위한 일이라면 무슨 일이라도 했다. 안 하고는 못 배기겠고 몸살이 날 지경"이 되어, "그래서 호혈(虎穴)에 들어가는 심경으로 동경으로 건너갔다. 홀로 기차표 한 장 들고 적수공권으로 동경에 들어섰다."

9_ 조봉암, 「내가 걸어온 길」, 『희망』, 1957년 2, 3, 5월, 정태영·오유석·권대복 엮음, 『죽산 조봉암전집 I: 죽산 조봉암선생 개인문집』, 세명서관, 1999, 330-6쪽.

조봉암은 동경에서 엿장수를 하며 유학생활을 했다. 그때 그는 김찬(1894~?)을 만나는데 "김찬 씨는 그때부터 작고하던 날까지 일생을 통해 꼭 동지로서 같이 의논하고 같이 투쟁했다." 조봉암에게 김찬은 평생 동안 자신이 흉내 내고 모방하는 자신의 분신 같은 거울 이미지의 역할을 했다. 하지만 김산의 경우 김성숙이, 이광수에게 최남선이 그러하듯, 조봉암에게 김찬은 초기에 있어서는 거울 이미지보다는 아버지 형상에 더 가까웠다.[10]

조봉암에게 상징적 동일시의 대상이 되는 타자의 응시 지점은 저항민족주의에서 아나키즘을 거쳐 사회주의로 나아간다. 그는 동경 유학 시절(1921. 7~1922. 8)에 대해 다음과 같이 말한다.

세상에 처음 보는 책이 어찌 많은지 그저 책에 취해 장사도 싫고 강의도 싫어 책만 잡고 늘어졌다. 원래 지식에 주리고, 목마르던 참이었다……. 사회주의에 관한 서적을 읽어보니 어찌 그리 마음에 탐탁하

10_ 이원규에 따르면, "김찬은 봉암을 포함하여 네 사람의 후배들을 압도하는 카리스마를 갖고 있었다"(이원규, 『조봉암 평전: 잃어버린 진보의 꿈』, 118쪽). 조봉암은 동경 유학 때 어머니가 돌아가시지만 귀국하지 못한다. 이때 조봉암은 "김찬의 등장으로 어머니를 여읜 슬픔을 잊어갔다"(121쪽). 그 외에 김찬은 조봉암을 조선인고학생동우회 모임에 데리고 나가기도 했으며, 니콜라이 부하린이 쓴 『공산주의 ABC』를 가져다주기도 했다(125쪽). 또 1922년 초여름 김찬이 조국 해방투쟁의 실천적 참여를 선언함에 따라 김찬과 함께 귀국하여 활동을 시작한다(130쪽). 조봉암이 감옥에서 출옥한 이후 1940년 4월 하순, 옛 동지 김찬과 만났을 때 김찬은 "지금은 꼼짝도 할 수가 없어. 언제고 때가 올 테니 참고 기다리자"라고 하여 지난날 가장 맹렬한 투사였던, 그리고 조선공산당을 창당했던 두 사람은 긴 유휴상태로 들어갔다(323쪽). 따라서 김찬은 조봉암에게 사실상 아버지 큰 타자에 가까운 역할을 했다.

고 기뻤던지 이루 형언해서 말할 수가 없었다……. 이러한 진리가
있는 것을 모르고 살아온 것을 생각하니 서글프기도 했고 통분하기도
했다……. 읽으면 읽을수록 그것이 완전히 진리이고 내 마음 가운데
항상 꿈틀거리고 용솟음치던 생각과 백 퍼센트 일치되는 때에 무한한
만족과 법열을 느꼈다. 나는 사회주의를 연구하고 사회주의자가 되고
사회주의 운동을 하기로 했다. 일본 제국주의의 강도 같은 침략과
수탈이 어째서 생기고, 어떻게 이루어지는가를 알게 되었고, 우리
민족이 어째서 이렇게 압제를 당하고 무엇 때문에 이렇게 못살게
되었는가도 알게 되었다. 일본 제국주의를 반대하고 한국의 독립을
전취해야 할 것은 물론이지만, 한국이 독립되어도 일부 사람이 권력을
쥐고 잘사는 그런 독립이 아니고, 모든 사람이 자유롭고 잘사는 좋은
나라를 만들어야 되겠다고 결심했다.[11]

조봉암은 사회주의에 심취되기에 앞서 아나키즘에 깊은 흥미를 느끼
고 박열 등과 '흑도회'를 조직하였지만, "아나키스트들의 관념적 유희에
만족할 수 없었다. 그래서 볼셰비즘으로 기울어졌다." 조봉암은 한국
독립이라는 입장에서 볼셰비즘을 받아들였다. 볼셰비키들은 국내 혁명
에 성공했을 뿐 아니라, 제국주의 반대, 특히 일본 제국주의와 한국침략

11_ 조봉암, 「내가 걸어온 길」, 337-338, 340-356쪽; 박태균, 『조봉암 연구』,
   창작과비평사, 1995, 24-70쪽. 조봉암의 이런 생각은, 조선 독립운동가를
   도쿄에 이삼 년만 견학시키면 "자기네 능력과 그만한 수단이 부족하고 그
   목적을 달치 못할 줄을 깨달을 것"이라고 말하는 이광수와 대조된다(김윤식,
   『이광수와 그의 시대 1』, 개정 증보, 솔, 1999, 649쪽). 이광수와 달리 조봉암
   은 우리가 못나서 그런 게 아니라, 우리의 땀과 희생을 발판으로 일본 제국주
   의가 힘과 능력을 갖는다는 깨달음, '수행적' 성격에 대한 깨달음을 갖고
   있었다고 할 수 있다.

을 반대하고 한국독립을 적극 지원하기 때문이었다. 조봉암은 그래서 우리나라가 일본과 싸워 이기자면 굳은 조직을 가져야 되겠고, 러시아와 협력하고 지원을 받아야 되겠다고 결심한다. 따라서 그가 상징적으로 동일시했던 지점은 아나키즘, 사회주의 자체가 아니라 저항민족주의의 시각을 통해 투사된 아나키즘, 사회주의였다.

조봉암은 귀국 후 조선공산당 조직에 참여하고, 코민테른과의 연락 업무에 주력하여 일종의 코민테른의 조선 대표부의 자격을 갖게 된다. 1922년 베르흐네우딘스크 한인 공산주의자 국내 대표로 참가하였으며, 모스크바에서 수학하였고 이후 조선공산당과 공산청년회 조직의 사명을 갖고 귀국한다. 조봉암은 1925년 제1차 조선공산당과 고려공산청년회를 결성하고, 그 승인을 위해 다시 모스크바로 간다. 1926년 상해로 돌아와 조선공산당 해외부를 설치하고, 코민테른의 극동부 위원이 된다. 조봉암은 조선공산당 조직 이후 주로 상해에서 코민테른과의 연락 업무에 활동의 중점을 두었고, 따라서 이 시기에 그가 동일시했던 지점은 코민테른의 혁명노선이었다.

조봉암은 당시 니콜라이 부하린(1888~1938)과 각별한 관계를 갖는다. 조봉암은 김찬이 가져다준 부하린의 『공산주의의 ABC』를 "식사도 거르고 끝까지 읽었다……. 그 책을 통해 공산주의 이론의 기초를 다진 뒤에는 김찬이 추천하는 전문적인 사상서들을 독파해나갔다." 조봉암은 1922년 겨울 모스크바에 갔을 때 코민테른의 대표 대리인 부하린을 만났다. 조봉암의 회고에 따르면 같이 간 조선공산주의자들의 "모든 보고를 다 듣고 난 부하린은 이런 결론을 내렸다. '동무들이 각기 자기네 그룹만이 공산주의를 잘 안다고 말하지마는 내가 보기에는 같소. 더는 이론적인 이야기는 하지 말고 무조건 합쳐서 일본 제국주의와 싸우시오.' 그래서 즉시 각파의 조직을 해체하고 오르그뷰로(소위 조선공산당 조직총국이

라는 이칭)를 조직하기로 했다."[12] 또 이 시기에 조봉암은 박헌영과 경쟁
관계가 형성된다. 다시 말해 박헌영은 조봉암에게 적대적이고 경쟁적인
거울 이미지의 역할을 하면서 끊임없이 자신을 비춰보도록 만드는 또
다른 자아였다.

2) 강제적 선택과 전향

정체성을 획득하는 과정은 강제성을 갖는다. 그럼에도 그것이 선택이
라는 측면을 갖는다는 점에서 강제된 선택이라 말한다. 라캉은 이를
소외의 vel이라 말한다. "돈을 내놓을래, 목숨을 내놓을래"에 대한 양자
택일의 상황으로서, '주체'는 돈을 내놓는 것을 선택할 수밖에 없는 강제
적 선택의 상황에 직면한다. 주체는 대타자에 대한 복종, 기표체계 안으
로 들어가는 것, 기표에 의해 자신이 대표되는 것을 선택하는 길밖에
없다. 그리고 이것은 우리가 기표와의 동일시, 상징적 동일시를 통해
정체성을 획득하는 방식이기도 하다. 강제적 선택 앞에 선 주체의 상황은
1930년대에 권력에 의해 전향공작의 대상이 된 혁명가 내지 독립운동가
들의 상황에서 극명하게 나타난다.

1930년대 일본에서 공산주의를 청산하는 전향이 광범위하게 발생하

---

12 이원규, 『조봉암 평전』, 126, 152-153쪽; 조봉암, 「내가 걸어온 길」, 347쪽.
    1924년 초 박헌영·임원근·김단야가 신의주형무소에서 석방되어 경성으
    로 왔다. 김찬은 세 사람을 환영하는 자리를 마련하며 조봉암에게 말한다.
    "자네는 국내파 공산주 청년투사 삼인당[상하이 트로이카]과 어깨를 겨뤄
    야 해"(이원규, 『조봉암 평전』, 168쪽). 조봉암은 1925년 제1차 조선공산당
    조직 직전 무렵 "나는 책임이 중하고 일이 많아, '공청'[공산청년회] 책임은
    그 전년에 출옥하여 당시 동아일보에 근무하던 박헌영에게 맡기고, 나는
    비밀리에 당조직 운동을 하는 한편 소위 '청총'[청년총동맹] 운동에 전념했
    었다"라고 말한다. 조봉암, 「내가 걸어온 길」, 355쪽.

는데, 쓰루미 슌스케는 이를 '국가권력 아래에서 일어난 사상의 변화', '국가에 의해 강제된 사상 변화'로 정의한다.[13] 쓰루미는 전향을 국가가 강제력을 사용한다는 것, 개인 혹은 집단이 압력에 대해 스스로의 선택에 따라 반응한다는 것으로 보고, 강제력과 자발성을 두 가지 불가결한 요소로 파악한다. 그는 당시의 전향 배경을 1928년 치안유지법의 공포와 1931년 만주사변에 대한 대중들의 열광적 환영, 그리고 그에 따른 대중들로부터의 고립 감정에서 찾는다. 1930년대 일본에서 일어난 전향, 즉 방향전환은 정체성의 재형성이라 할 수 있는데, 이는 강제력이 주된 힘으로 작용했지만 상대적으로 자발성, 선택성의 측면 역시 강했다.

중국에서도 1930년대에 중국국민당의 비밀경찰 남의사가 창설되면서 대대적인 전향공작이 전개된다. 김산에 의하면 이는 유럽 파시즘에서 차용한 것으로, 대단히 큰 효과를 거둔 바 있다. 그 주요전술은 변절을 강요하면서, 배반을 전제로 그에게 자유를 제공하는 것이었다. 그는 처형될 것인가, 전향할 것인가 둘 중 하나를 선택할 수 있을 뿐이다. 남의사는 두 명 이상 다른 당원을 밀고하여 체포하면 석방시켜 준다는 조건을 내걸었다. 그리고 석방하기에 앞서 당 활동을 그만둔다는 공개적 전향서를 발표하도록 하고, 더 이상 당 활동을 못하도록 그것을 신문지상에 발표했다.[14] 당시의 전향 내지 변절은 자발성, 선택성보다는 강제력이 훨씬 큰 비중을 차지했다.

13_ 쓰루미 슌스케, 최영호 옮김, 『전향: 전시기 일본정신사 강의 1931~1945』, 논형, 2005, 31-34쪽. 애초에 전향은 '공산주의적 방향전환'을 위해 사용된 말로서, 전위분자가 무산계급과 대중 속으로 돌아가야 하지만, 먼저 공산주의자 스스로 동시대의 사회에 대해 행동할 수 있도록 자신의 사색의 법칙을 전향(방향전환)시켜야 한다는 것에서 나왔다.

14_ 님 웨일즈, 조우화 옮김, 『아리랑』, 동녘, 1984, 252, 258쪽.

3) 정체성의 결정 요인: 속성, 명명, 우연성

지젝은 정체성 형성 과정에서 주체의 측면에 초점을 맞추어 살펴보기 위해, 언어학에서 이루어진 기술주의와 반(反)기술주의 간의 논쟁을 검토한다. 논쟁의 초점은 어떻게 (탁자라는) 이름이 그 대상을 지시할 수 있는가 라는 문제이다. 기술주의적 입장은 단어가 갖는 의미 때문이라고, 그 대상이 탁자라는 단어의 의미 속에 포함된 속성들을 갖기 때문이라고 답한다. 이에 비해 반기술주의는 그 대상을 그 이름으로 지시하는 '최초의 명명행위' 때문이라고 본다. 대상의 동일성을 보장하는 것으로서 대상에 '고정적 지시자'(rigid designator)를 부착시키는 이 최초의 명명행위는 '역사의 전지한 관찰자'에 의해 보증된다.[15]

지젝은 반기술주의적 입장을 두둔하지만 반기술주의가 간과하는 지점에 주목한다. 그것은 명명행위의 근본적 우연성, 명명행위 자체의 소급적 효과이다. 즉 명명행위 자체가 소급적으로 그것의 지시물을 구성한다는 사실, 대상의 동일성을 지탱하는 것은 바로 이름 그 자체, 기표 그 자체라는 점을 지젝은 강조하고 있다. 지젝은 특정 대상이 동일성을 갖도록 해주는 이름, 즉 고정적 지시자야말로 '주인 기표' 개념과 완전히 일치한다고 말한다.

명명행위의 근본적 우연성과 기술주의적 속성과는 어떤 관계를 갖는 것인가? 상징 질서, 큰 타자의 측면에서 볼 때, 특정 정체성에 걸맞은 '속성'이 무엇인가를 결정하는 것은 그 어떤 필연성도 없는 우연성, 자의성에 의해 결정된다는 것으로 파악될 수 있다.[16] 명명행위 자체의 소급적

15_ 지젝, 『이데올로기의 숭고한 대상』, 159-160, 167-169쪽; 지젝, 『삐딱하게 보기』, 206쪽.

16_ 지젝에 따르면 이는 '자동운동'으로서의 상징적 기계가 갖는 특징이다(지젝, 『이데올로기의 숭고한 대상』, 85-86쪽). 그는 이를 카프카의 소설에 나오는

효과란, 그러한 자의적 명명행위를 주체의 측면에서 보았을 때, 그 속성이란 것도 주체에게 정체성이 부여되어 그 이름으로 불리게 되면서 그 주체가 그러한 속성을 갖고 있는 것으로 사후적으로 재구성된다는 것을 말한다.[17]

특정 기표와 동일화되는 정체성과 그에 필요한 속성의 관계는 끊임없이 미끄러지는 관계에 있다. 정체성과 속성, 기표와 기의의 관계는 잠정적일 뿐이며, 그 속성이나 기의는 큰 타자에 의해 부여되는 주인 기표에 의해 잠정적으로 고정될 뿐이다. 자신의 '속성'이 변화하지 않더라도 상징적 질서, 상징적 좌표축이 변화함으로써 상징계 내에서 그의 위치는 급격히 변화된다. 상징적 질서, 좌표축의 변화란 큰 타자의 변화, 주인 기표의 변화를 말하며, 그 변화가 기표들 간의 연쇄에 파급적 효과를 불러일으켜 기의의 변화를 야기한다. 이때 큰 타자란 그 시점에 상징적 질서, 그 장을 지배하는 권력의 소재에 붙여지는 이름이라 할 수 있다.

우리의 문제는 어떻게 혁명가, 독립운동가, 배반자, 전향자라는 단어 내지 기표가 김산이나 조봉암을 지시 혹은 대표할 수 있는가에 관한 것이다. 기술주의적 정체성 부여 즉 의미와 속성을 연결시켜 그 일치

───────

'비이성적 관료제'에 비유한다. "카프카의 '비이성적인' 관료제는 바로 이 기괴하고 몰상식하고 맹목적인 장치들, 정확히 이데올로기적인 국가장치가 아닌가?······. 이 외부적인 '기계'는 그것이 오직 주체의 무의식적인 경제 속에서 외상적이고 몰상식한 명령으로서 체험되는 한에서만 제 힘을 발휘한다."

17_ 지젝은 이를 '인지의 이데올로기적 행위'라 부르는데, 그 행위에서 "나는 '언제나-이미' 나 자신을 내가 호명되는 바로서의 그것으로 인지한다. 나 자신을 X로서 인지할 때 나는 내가 언제나-이미 X였다는 사실을 자유롭게 떠맡는다-선택한다." 앞서 말한 바와 같이 이는 "그/녀가 올바른 선택을 한다는 조건에서 그/녀에게 선택의 자유가 주어지는 '강제된 선택'"이다. 지젝, 『까다로운 주체』, 36쪽.

여부에 따라 정체성을 부여할 때, 기술주의적 속성이란 그 시점에 사회적으로 인정받는 기준이라 할 것이다. 따라서 조봉암, 김산 각각은 자신이 지향하는 사회와 그 사회의 일원으로 인정받기 위해 필요하다고 생각하는 속성을 갖기 위해 자기 나름대로 수학과 훈련, 투쟁을 통해 노력하는 과정을 밟는다. 다만 국권이 상실된 상황 속에서 최종적으로 정체성과 속성을 연결 짓는 힘을 갖는 권력의 소재, 자신을 누군가로 호명해줄 주체가 모호하며 경쟁적일 수가 있다.[18]

지젝이 강조하는 것은 그러한 명명행위의 근본적 우연성과 그것의 소급적 성격이다. 상징적 동일시의 대상인 타자가 그를 혁명가나 전향자라고 부르게 될 때 즉 그렇게 호명하게 될 때, 주체가 그 명명·호명을 기꺼이 받아들이게 되면 그 이름(고정적 지시자)은 주인 기표로서 고정점으로 작용하게 되어 그 자신을 그 기표에 걸맞은 인물로 소급적으로 '구성해낸다'는 것이다.[19] 김산의 경우를 보기로 한다. 김산이 혁명가가

18_ 김윤식은 "나라 없는 백성이란 주자학의 질서관에서는 물론, 동학의 입장에서도, 일찍이 손병희가 그의 상소문에서 말했듯 '부모 잃은 자식' 같은 것이었다"고 말함으로써, 고아의식에 사로잡힌 존재로 보고자 한다. 김윤식, 『이광수와 그의 시대 1』, 244쪽.

19_ 지젝은 이 지점에서 알튀세르의 호명 이론을 비판한다. 지젝은 알튀세르의 '이데올로기적 호명'이 호명에 대한 인지 이면에 있는 수행적 차원을 간과하고 있다고 주장한다. 여기에는 단지 호명과 인지만이 있는 것이 아니고 그 호명된 것을 기꺼이 떠맡고자 하는 주체의 상징적 제스처가 개재되어 있다는 것이다. 주체는 빗금 친 텅 빈 주체 S의 심연을 벗어나기 위해, 성급하고 촉박한 동일화(precipitous identification), 주인 기표 S_1과의 촉박한 상징적 동일화를 하게 된다는 것이다(슬라보예 지젝, 이성민 옮김, 『부정적인 것과 함께 머물기—칸트, 헤겔, 그리고 이데올로기 비판』, 도서출판 b, 2007, 144-150쪽). "거기서 일어나는 일은 S에서 S_1으로의 이행, 즉 내가 무엇인지에 대한 근본적 불확실성으로 요약되는 주체성의 공백으로부터 상징적 정체성의 떠맡음으로의 이행이다." "이러한 예기적(豫期的), 촉박한

되는 것은, 그가 그렇게 불리어지면서 자기 스스로 혁명가의 속성으로 인정되는 자신의 속성들을 조각조각 새롭게 주워 모아 혁명가라는 정체성을 갖는 인물로 자신을 소급적으로 재구성해내고, 또 이후 자신이 이를 '수행적으로' 완성해낼 때이다. 김산은 중국공산당 지도부의 지위에 임명된 이후, 자신이 그렇게 임명된 것은 1920년대 말 광주봉기와 해륙풍 소비에트에서의 투쟁 경력이 기반이 되었기 때문이라고 생각하고 자신을 그렇게 보는 중국공산당의 응시 지점과 동일화하고자 한다. 김산은 이를 "나는 북경에 도착하자마자 북경의 공산당 비서가 되었으며…… 내 경력이 좋기 때문에 중국인 한국인 할 것 없이 모두 나를 신뢰하였으며 그래서 일이 잘 되어 나갔다", "나는 충분한 준비도 갖추지 못한 상태에서 지도부의 지위에 앉게 되었다. 하지만 급속도로 발전하였다"라고 말한다.[20] 김산은 어느 날 중국공산당에 의해 당 지도자로 명명, 호명되었고, 그는 자아의 수준에서 그것이 광주와 해륙풍에서의 투쟁 경력을 높이 사서 그런 것으로 (오)인지하고, 자신이 그러한 속성을 갖는 존재가 되기 위해 노력함으로써 수행적으로 그것을 다시 한 번 완성하고자 한다.[21]

그와 동일하게 근본적으로 우연한 배경 아래 누군가로 일단 '낙인'이

동일화는 일종의 선제공격이며, '나는 타자에게 무엇인가'에 대한 답을 미리 제공하여 타자의 욕망과 관련된 불안을 완화시키려는 시도다." 이러한 측면은 정체성의 문제에 고통 받는 식민지 주민 일반, 그리고 뒤에서 다시 말하겠지만 '이중적 고아의식'을 평생 안고 살았던 이광수의 경우 보다 분명하게 드러난다고 생각된다.

20_ 님 웨일즈, 『아리랑』, 189, 245쪽.

21_ 그러나 "호명 속에서의 인지(recognition)는 언제나 오인(misrecognition)이며, 실제로는 우리의 자리가 아닌 수신인의 자리를 자랑스럽게 떠맡음으로써 웃음거리로 전락하는 행위이다." 지젝, 『까다로운 주체』, 416쪽.

▶사진 8 1930년 일제
경찰에 의해 체포되었을 때
의 김산의 모습

찍히게 되면—다시 말해 그렇게 명명되면—그는 그것으로부터 벗어
나기가 대단히 힘들게 된다. 김산이 일제에 체포된 이후 풀려나와 일제의
밀정으로 몰렸을 때, 자신이 변절하지 않았다는 것, 일제의 밀정이 아니
라는 것을 증명하는 것은 거의 불가능에 가까웠다.[22] 거기다 그 누구도
김산이 일제 밀정이 아니라는 '유권 해석'을 내릴 책임을 지려 하지

_____

22_ 알프레드 히치콕의 영화 <북북서로 진로를 돌려라>(1959)에서 캐플런으로
   오인 받는 손힐(캐리 그란트)이나, <현기증>(1958)에서 스카티에 의해 매들
   린으로 '낙인'찍힌 주디(킴 노박)처럼, 혹은 <도망자>(앤드루 데이비스 감
   독, 1993)에서 자신의 아내를 죽인 살인자로 선고받은 외과 의사(해리슨
   포드)처럼.

않았다. 다시 말해 혁명 상황 속에서 최종적 권력의 소재가 불분명한 배경 요인 또한 그 과정에 작용하고 있었다. 이때 자신을 변명하면 할수록 그는 더욱더 의심을 받게 된다.

이는 마치 지젝이 유태인에 대해 말하는 것과 흡사하다. 유태인이란 궁극적으로 '유태인이란 기표에 의해 낙인찍힌 사람'을 의미하며, 유태인이 누구인가는 경험적 차원이 아니라 '구조적 차원의 문제'라는 것이다. 우리의 인식을 결정하는 구조로서 환상의 틀 속에서 볼 때, 경험적 증거는 그다지 중요하지 않다. 이 틀 속에서 유태인이 우리의 선량한 이웃처럼 보이는 것은 그만큼 그들이 더 위험한 존재라는 증거가 된다. "일상의 겉모습의 가면 뒤에 진짜 정체를 숨기고 있기 때문에."[23]

김산이 일제의 밀정인지의 여부를 판정하는 사정회의에서 김산이 일제의 밀정이라고 의심할 증거가 없다는 데에 대해 한위건은 "저 사람의 유죄를 결정할 수 있는 방법은 하나도 없습니다. 하지만 바로 이 때문에 우리는 그의 결백을 믿을 수가 없는 것입니다'라고 답한다. 김산이 자신으로 인해 체포된 사람이 하나도 없으며, 이제까지 자신에게 아무 문제가 없었다는 점을 지적하자, 한위건은 "그렇습니다. 이 순간까지 그것은 사실입니다. 그렇지만 내가 보기에 저 사람이 우리 조직을 왜놈에게 팔아먹고 파괴할 결정적 시기를 기다리고 있는 것에 지나지 않습니다. 그를 믿는 것은 우리 당을 위험에 노출시키는 것입니다'라고 답한다.[24]

23_ 지젝, 『이데올로기의 숭고한 대상』, 95, 175쪽. 지젝에 따르면 20세기에 현존하는 권력의 항구적인 비상 상태를 정당화하는 것은 보이지 않는 (그래서 전능하고 편재하는) 적의 위협이다. 파시스트들은 유태인의 음모라는 위협을 발동하고, 스탈린주의자들은 적대 계급의 위협을 퍼뜨린다. 마이어스 『누가 슬라보예 지젝을 미워하는가』, 254쪽.

이때 큰 타자인 중국공산당이 그를 변절자로 보면서 내건 것은 일제에 체포되고 그렇게 쉽게 석방되었다는 것이다. 다시 말해 그것이 바로 중국공산당이 내건 변절자의 '속성'이다. 이는 당 차원의 결정이고, 당 차원의 안정적 질서를 위해 필요한 것이다. 어떤 속성이 어떤 정체성을 결정하는지는 그야말로 '근본적 우연성'이 지배하는 영역이다.[25] 1920년대에 김산이 중국공산당 내에서 주요한 지위를 맡았던 것은 당이 결정한 어떤 속성을 그가 갖고 있었다고 보았기 때문이다. 그와 정확히 동일하게, 1930년대에 그가 해당분자가 된 것 역시 근본적인 역사적 우연성, 그의 어떤 속성이 당이 규정한 속성과 일치한다고 보았기 때문이다. 다시 말해 큰 타자인 중국공산당이 당면한 문제, 그 '결여'는 어떤 실정적 대상에 의해 가려져야 하는데, 다시 말해 그 해결책이 모색되어야 하는데, 그것이 무엇이 될지, 누구로 될지는 근본적으로 우연성에 의해 결정되며, 그 속성 역시 큰 타자에 의해 사후적으로 결정될 뿐이라는 것이다.

중국공산당이 김산을 밀정으로 규정하는 것은 앞에서(제1부 제2장) 지젝이 유태인에 대해 말한 것처럼 전형적인 주인 담론에 해당한다.

24_ 님 웨일즈, 『아리랑』, 233쪽.

25_ 박정희 시대에 김근태, 서승 등의 경우, 고문을 통해 '자백'했어도 그것은 변절이 아니라 '조작'이라고 본다. 인간이 고문을 넘어설 수는 없다는 것이 인정되기 때문이다(이 책의 제1부 제2장 참조). 그러나 일제강점기 당시에는 동일한 이유, 즉 누구도 고문을 이겨낼 수 없다는 이유 때문에 일제에 체포된 사람은 변절자로 낙인찍히고 당적이 박탈되었다. 특히 장기간의 징역형을 살지 않고 조기에 석방된 경우는 더욱 그러하였다(이원규, 『김산 평전』, 428-429쪽). 조봉암의 경우는 7년 징역형을 받고 모범수로 1년 감형을 받아 출소한 것에 대해서조차 "감옥 중에서 전향성명을 하고 상표를 타고 가출옥을 했다"라는 비판이 따랐다(조봉암, 「존경하는 박헌영 동무에게」(1946), 정태영·오유석·권대복 엮음, 『죽산 조봉암전집 I: 죽산 조봉암선생 개인 문집』, 세명서관, 1999, 33쪽).

김산이 일제의 밀정인 것은 큰 타자인 중국공산당이 일제 밀정이라고 규정했기에 밀정인 것이며(동어 반복), 밀정이 갖는 속성이 무엇인가는 김산을 잘 살펴보면 알 수 있으며(자기 참조), 그런 낙인에 의해 그는 결과적으로 밀정이 되기(수행성) 때문이다. 다시 말해 김산이 일제 밀정이 되는 것은 정확히 주인 기표가 갖는 속성, 동어 반복적·자기 참조적·수행적 속성이라는 우연적이며 자의적인 속성에 의해서이다.[26]

니콜라이 부하린이 처형된 것은 1938년 3월이고 김산이 처형된 것은 1938년 10월이다. 김단야 역시 1937년 스탈린 공포정치 기간 중 모스크바에서 일본의 밀정이라는 투서를 받아 처형되었다. 김단야가 처형된 사유는 일본에 체포된 이후 가벼운 형을 받거나 무사히 도주하였다는 혐의 때문이었다. 이때 같은 투서에 의해 같은 혐의로 몰린 인물들이 김찬, 조봉암, 박헌영 등이었는데, 이들 역시 1937년의 시점에 모스크바에 있었다면 스탈린 대숙청의 희생양이 되었을 것이다.[27]

조봉암의 경우를 보기로 한다. 그는 3·1운동에 참여하면서 민족이 자신을 독립운동가라는 이름으로 불러주었다고 생각하고 '무슨 일이든지 하지 않고는 못 배기는' 그런 존재로 자신을 구성한다. 그리고 호랑이 굴에 들어가는 심정으로 동경에 간다. 동경에서 '지식에 주리고 목마르던' 그는 '완전히 진리이고 내 생각과 백 퍼센트 일치되는' 사회주의 서적들 속에서 자신의 이름을 부르는 소리를 듣는다. 그것은 곧이어 코민테른과 조선공산당이라는 실정적 형상을 갖게 된다. 이때 코민테른

26_ 지젝, 『가장 숭고한 히스테리환자』, 332-333쪽. 주인 담론에 의해 규정되는 주인 기표로서 유태인이라는 누빔점(고정점)이 갖는 '자기 참조적이고 동어 반복적이고 수행적' 특성에 대해서는 제1부 제2장 2절의 '2) 고문과 조작: 주인 담론과 대학 담론'에서 살펴본 바 있다.

27_ 임경석, 『이정 박헌영 일대기』, 184쪽.

과 조선공산당은 자신을 특정한 정체성으로 이름을 불러주고 명명하는 호명의 주체이자, 자신을 바라보는 응시의 지점이 된다.

그러나 그 명명행위가 근본적으로 우연적이며 자의적이라는 것은 후에 그가 혁명의 배신자라는 정반대의 이름으로 다시 호명되는 데에서 잘 드러난다. 그는 그렇게 명명된 이후, 그가 이미 과거부터 종파주의적 당 활동을 했다거나 공금을 유용했다거나 하는 등의 속성들이 있었다는 식으로 사후적으로 재구성된다. 국권이 상실되어 정체성을 규정하는 최종적 권력의 소재가 모호한 상황에서, 이러한 명명행위의 근본적 우연성과 소급적 성격은 보다 뚜렷이 나타날 수 있다. 이때 조봉암의 혐의 사실 부분들이 실제로 유죄가 아니라 하더라도, 김산과 한위건의 경우처럼 그는 '구조적 유죄'의 위치를 차지하게 된다. 당시 조선공산당은 당 재건의 어려움에 봉착해 있었고, 큰 타자 내의 그러한 결여, 공백은 어떤 실정적 대상에 의해 채워져야 했는데, 그 시점 그 자리에 마침 조봉암이라는 인물이 있었던 것이다. 조선공산당 그리고 그에 영향을 미치는 코민테른이라는 큰 타자, 그 세계와 질서가 변화함에 따라 조봉암이 동일한 '속성'을 갖고 있었다 하더라도 그의 위치, 정체성은 급격히 변화될 수밖에 없었다.

앞에서 본 바와 같이 지젝은 유태인 박해 문제를 논의하면서 그것이 결국은 사회적 적대라는 구조적 공백을 은폐하고자 하는 이데올로기적 환상이라고 본다. 1930년대의 독일 자본주의 내지 나치즘이 산출해낸 사회적 적대, 상징적 세계를 틀 짓고 있는 실재적 공백으로서 사회적 적대를 은폐하고자 하는 환상이라는 것이다. 독일 사회가 당면한 그 사회적 적대가 유대족이 박멸된다면 해결될 수 있다는 환상 아래, 주체 개개인들을 유태인이라는 기표로 호명하여 정체화·동일화하고 그들을 처단하고자 했던 것이다. 타자의 장에서 구조적 차원에서 이루어진 이러한 결정들이 개별 주체들에게 적용될 때 주체의 입장에서 그것은 우연성과 자의성으로 얼룩진, 어찌할 수 없는 '강제적 선택'으로 부과된다. 주체의 입장에서 유태인으로 지목되어 체제의 적으로 규정되는 것은 명명행위의 근본적 우연성이 극명하게 드러나는 지점이다. 유태인의 피가 섞였다는 바로 그 이유, 그 속성으로 인해 체제의 적으로 지목되고 낙인찍혀, 억울하게도 유대족에 의해 자행되었다고 날조된 죄를 뒤집어쓰고 처단된다.

그와 마찬가지로 1920년대 말 코민테른-중국공산당의 세계 속에서 장제스의 반공 쿠데타는 어떤 실재의 침입으로서 구조적 공백으로 작동하였으며, 당시 그 공백은 극좌적인 혁명적 봉기를 통해 해소될 수 있다는 환상이 형성되었다.[28] 그 봉기에 참여한 김산은 혁명가로 호명되고 정체화 되었으며, 그때 그 혁명가의 속성은 '피도 눈물도 없는 계급 전사'로 규정되었다. 그에 따라 김산은 스스로 그런 속성을 갖는 혁명가가 되기 위해 노력하여, 혁명가로서의 속성을 수행적으로 완성하려 한다. 다른 한편 1930년대 코민테른-중국공산당의 세계에서 구조적 공백으로 작동했던 것은 홍군 점령 지역 이외, 즉 백구에서 혁명 활동의 지속적 침체 내지 실패라고 할 수 있다. 그 원인에 대해서는 공산당 내부의 변절 행위 내지 활동 노선의 오류 때문이라는 환상이 형성되었다. 그리고 그 변절자의 속성은 일제에 체포되어 풀려난 자, 당 활동에 위해된 자 등으로 규정되었다. 김산이 바로 그런 변절자 내지 일제 밀정, 트로츠키

28_ 코민테른 제6회 대회에서 채택된 테제 「식민지·반식민지 국가의 혁명운동에 대하여」(1928년 9월 1일)에 따르면 "장개석의 부르주아 반혁명적인 쿠데타가 일어났을 때, 혁명적 프롤레타리아는 전혀 준비가 안 되어 있는 상태였다. 쿠데타는 프롤레타리아 대열 내에 혼란을 불러일으켰다." 편집부 엮음, 『코민테른 자료선집 3』, 동녘, 1989, 307-308쪽.

주의자로 호명되고 낙인찍혀 그러한 존재로 동일화·정체화 된다. 김산 자신의 변절 유무와 무관하게 그리고 김산이 제기한 노선의 유효성과는 무관하게, 그는 당의 배신자로 규정되고 그로 인해 처단된다.

따라서 타자에 의해 호명된 자신의 정체성에 대해 주체가 그 정체성의 속성을 스스로 충족시키고 있는지의 여부는 그다지 중요하지 않다. 다시 말해 그것은 상상적인 영역, 자아의 영역, 상상적 (오)인지의 영역일 뿐이다. 이는 라캉이 의사소통을 '성공적 오해'라고 말하는 지점이기도 하다.[29]

조봉암의 경우 역시 김산의 경우와 유사하다. 1920년대에 코민테른과 조선공산당이라는 상징적 세계 속에서 조선공산당원들의 잦은 체포와 재건의 어려움이 당시 당면했던 가장 큰 어려움이었고, 이는 어떤 형태로든 해소되어야 할 타자 내의 공백이었다고 할 수 있다. 그러한 구조적 공백에 마주쳐 코민테른 및 조선공산당 중앙 내에서는 당의 내부 문제, 즉 당내 인물들에 의한 해당 행위들이 일소된다면 그 어려움이 해소될 수 있다는 환상이 조성되었다. 그러한 환상 속에서 조봉암은 종파주의자, 변절자라는 기표로 명명되고 정체화되었으며, 그때 그러한 정체성이 갖는 속성이란 조봉암으로 대표되는 종파주의 활동 등으로 규정되었다.[30]

29_ 지젝, 『삐딱하게 보기』, 69쪽. 김산은 자신이 혁명가로서의 정체성을 확보하기 위해 수행적으로 로베스피에르에 버금가는 피도 눈물도 없는 계급 전사가 되고자 한다. 김산은 그것이 주체가 타자의 호명에 응답하는 방식이라고 생각하지만, 나중에 그로 인해 '이립삼주의자'로 몰림으로써 그것이 상상적 오인·오해에 불과한 것이었음을 깨닫게 된다.

30_ 이 역시 주인 담론에 의한 정체성 부여가 갖는 동어 반복적이고 자기 참조적 측면이다.

4. 정체성 재형성의 계기: '낯선' 세계와의 조우

라캉 정신분석의 시각에서 정체성의 변용 혹은 재형성 과정은 강박증자가 히스테리화되는 과정을 거쳐 다시 강박증자로 돌아가는 과정에 해당된다.[31] 브루스 핑크는 이에 대해 다음과 같이 말한다.[32]

타자 속의 결여와 대면한 그들은 (아마도 이후 수년간) 자신의 세계

31_ 히스테리와 강박증은 신경증의 두 하위 범주이다. 앞에서 말한 바 있듯이 신경증은 아이가 언어의 세계로 들어와 주체로 형성되는 것에 의해, 즉 기표의 효과로 발생한다. 최초에 어머니와 아이 사이에 형성된 상상적 이자 관계에 아버지 기표가 개입되어 들어와 어머니의 욕망(어머니의 혹은 어머니에 대한 욕망)을 억압하고 대체하면서 신경증이 형성된다. 이것은 상징계로의 진입, 주체 형성의 과정이며, 어머니와 아이 사이에 아버지가 금지의 법을 도입하는 과정이다. 어머니와 아이 사이에 아버지 기표(아버지의-이름)가 개입되어 둘 사이가 분리되면서, 아이는 존재 상실의 경험을 하게 된다. 따라서 신경증자가 던지는 질문은 "나는 무엇인가?"라는 존재에 관한 질문이다. 히스테리가 성에 대한 질문이라면 강박증은 존재와 죽음에 대한 질문이다. 히스테리자의 질문은 "나는 남자인가, 여자인가?"라는 성별과 관련되는 반면, 강박신경증자의 질문은 "존재하는가, 존재하지 않는가?", "나는 살았는가, 죽었는가?"라는 자기 존재의 우연성과 관련된다. 히스테리자는 [여자로서] 자신을 타자의 욕망 대상으로 제공하여 타자의 결여를 메우려 하지만, 궁극적으로는 [남자로서] 타자의 자리를 차지하고 그 역할을 대신하려 한다. 히스테리자는 자신을 욕망 대상으로 제공할 경우에도, 타자의 욕망이 불만족한 상태에 있도록 하여 그를 지배하려 한다. 강박증자는 의식적 생각에 빠져 있을 때만 살아 있다고 확신하며 무의식을 거부한다. 그는 타자로부터 욕망의 대상만을 취하고 타자를 배제하고 무화시켜 자기 완결성을 유지하고자 한다. 그렇기 때문에 그의 욕망 충족은 원천적으로 불가능하다. 김석, 『에크리──라캉으로 이끄는 마법의 문자들』, 228-229쪽; 에반스, 『라깡 정신분석 사전』, 214-216쪽.

32_ 핑크, 『라캉과 정신의학』, 204-225쪽.

에 대해 위협감을 느끼며 불안에 빠진다……. 강박증자는 타자의 욕망
과 대면하면서 충격을 받는다. 그는 타자를 더 이상 무화시키거나
중화시킬 수 없으며……. 히스테리 환자는 타자가 무엇을 원하는지
항상 주목한다……. 강박증자는 타자의 결여와의 대면을 통해 다소나
마 그러한 히스테리 환자와 비슷한 모습을 보이게 된다. 즉 라캉의
용어를 따르자면, 강박증자는 '히스테리화'(hystericized)되며 타자에
대해 자신을 개방한다.

　강박증자가 히스테리화되는 일차적 조건은 타자의 결여, 타자의 욕망
과의 대면이다. 강박증자의 히스테리화는 완전하다고 믿었던 타자도
결여되어 있고 욕망을 갖는다는 현실을 마주치면서 시작된다. 타자의
욕망, 낯설고 무시무시한 욕망과 마주쳐서 더 이상 자신의 정체성을
유지할 수 없게 되는 불안의 상황 속에서 히스테리화가 시작된다. 다시
말해 그는 자신이 구축한 세계, 그리고 그 안에서 자신의 지위, 정체성에
대해 위기에 봉착한다. 핑크는 "타자의 욕망[결여]과의 조우는 쾌락/고통
혹은 향유의 외상적 경험을 구성한다. 프로이트는 이를 성적 과부하
(sexual über)라고 기술하는데, 이때 주체는 저 외상적 경험에 대한 방어로
서 출현하게 된다"고 말한다. 낯선 모습으로 다가온 타자에 직면하여
그는 자신의 세계와 자신의 정체성을 새로이 정립해야 하는 상황에 처한
다. 히스테리자의 전략에 대해 핑크는 "히스테리자는 우선 타자로부터
결여/욕망을 끌어냄으로써, 그를 존재하도록 만든다. 그리고 그와 동시
에 그녀는 그의 자리를 차지하고 그의 역할을 대신한다"고 말한다.[33]
　히스테리자 담론을 통해 이 국면을 살펴본다면, 주체는 자신을 규정하

────────
33_ 핑크, 『라캉과 정신의학』, 127, 223, 232-233쪽.

는 주인 기표 S₁에 의문을 제기하고 자신에 관한 새로운 지식 S₂를 얻고자
한다. 주체는 "나는 왜 당신이 나라고 말하는 그것인가?"라고 질문한다.
"내 안의 무엇이 나를 그것으로 만드는가?"라는 균열의 경험으로서 히스
테리자의 질문이 제기된다. 그는 자신을 재현하는 기표(사회적 그물망
속에 내 장소를 결정하는 상징적 위임)와 거기서 상징화되지 않은 내
존재의 잉여 간의 간극을 경험한다. 그는 기표와 잉여를 분리하는 심연에
빠진다. 상징적 위임은 '수행적'이기 때문이며, 상징적 위임은 나의 '실질
적 속성들' 내에 정초될 수 없기 때문이다. 히스테리자는 이렇게 '존재에
대한 질문'을 체현하고 있다. 그의 기본적 문제는 (대타자의 눈으로 보기
에) 자신의 존재를 어떻게 정당화할 것인가, 어떻게 해명할 것인가 하는
것이기 때문이다.[34]

　히스테리화 되었다가 다시 강박증화되는 것은 라캉의 '봉합하기'(su-
turing) 개념으로 설명될 수 있다. 히스테리화되어 타자에 대해 자신을
개방하였다가 강박증화되면서 다시 폐쇄적이 되는 것은 외과수술적 봉
합에 비유된다. 그 결과 강박증화되면서 타자를 향한 열림은 봉합된
수술 흔적처럼 꿰매어져 있게 된다. 브루스 핑크에 따르면 "강박증자는
타자를 중화시키려고 노력한다. 강박증 증세가 심하면 심할수록 환자는
보다 완강히 분석을 거부하는 경향을 보인다. 왜냐하면 분석에 참여하는
것은 일반적으로 상징적 타자로 표상되는 지식의 담지자인 누군가의
도움을 받는 것이기 때문이다…… 그는 '인간이라면 모름지기 자기
스스로 생각하고 자기 스스로 문제를 해결해야 한다'고 말할 것이다."
그래서 핑크는 강박증자의 담론과 가장 가까운 것이 대학 담론일 것이라
고 말한다. 지젝에 의하면 "대학 담론은 교육과정의 일차적 논리이다.

34_ 지젝, 『삐딱하게 보기』, 263쪽.

우리는 지식의 주입을 수단으로 하여 '길들여지지 않은' 대상('사회화되지 않은' 아동)을 주체로 생산하는 것이다. 이 담론의 '억압된' 진리는, 우리가 타인에게 부여하려는 중립적 '지식'의 겉모습 뒤에서 우리가 언제나 교사[주인]의 제스처를 취할 수 있다는 것이다."[35]

1) 김산과 중국 혁명

김산은 어린 시절 어머니가 일제 경찰에 의해 얼굴을 폭행당하는 장면을 보고, 식민지 국가권력이라는 낯선 타자와 직접 대면한다. 이후 그의 세계는 식민지 질서와 그 안에서 순종적 주민으로서의 정체성을 받아들이는 것이 아니라 그에 저항하는 저항민족주의를 중심으로 구축된다. 어린 날 그것을 상징적으로 구현한 인물이 무력에 무력으로 맞서는 의병장 이동휘였다. 이는 만주 신흥무관학교 입교로, 그리고 중국에서 오성륜, 김원봉의 영향 아래 아나키즘으로 이어지고, 이후 김성숙의 영향에 의해 공산주의로 나아간다. 그에게 아나키즘이나 공산주의-볼셰비즘은 식민지 국가권력, 제국주의로부터의 해방, 조선 독립을 쟁취하는 방략 즉 저항적 민족주의의 연장선상에 있었다.

김산에 의하면 무정부주의와 테러리즘은 대중운동을 하기 어려운 곳인, 고립된 농민을 단위로 하는 사회에서 발전한다. 김산에 따르면 의열단은 무정부주의가 지배했으며, 한국 무정부주의자의 전성기는 1921년에서 1922년이었다. 공산당이 흥기하자마자 무정부주의자들은 모든 영향력을 상실했으며, 1924년 의열단은 민족주의자, 무정부주의자, 공산주의자의 세 조각으로 분열하였다. 정치활동을 할 수 있는 대중운동이 존재하였기 때문에, 개인적인 테러리즘은 더 이상 필요 없게 되었다는

35_ 핑크, 『라캉과 정신의학』, 231쪽; 지젝, 『삐딱하게 보기』, 262쪽.

것이다.[36]

그가 다시 히스테리화되는 시점은 1927년 장제스의 쿠데타로 국공합작이 좌초하면서 발생한 광주 봉기와 해륙풍 소비에트의 현장에 참여했을 때이다. 이때 그는 봉기의 진행 과정에 직접 참여하면서, '계급의 적'인 지주들에 대해 상상하지 못했던 잔인한 형벌이 부과되는 장면들을 목격하고 큰 충격에 빠진다. 그는 공산주의 혁명이라는 타자의 '낯선' 모습, 끔찍한 모습을 보았다. 완전하다고 보았던 타자가 결여와 욕망을 드러내는 모습, '날것' 그대로의 모습을 정면으로 대면하지 않을 수 없게 된 것이다. 봉기의 지도자 펑파이가 이때 아버지 대타자의 역할을 맡는다. 혁명의 성공을 위해서라면 혁명의 적에 대해 인도주의를 넘어서는 잔인한 형벌을 부과하고 집행해야 한다는 것, 그렇게 할 수밖에 없다는 걸 김산은 펑파이로부터 배운다.

김산 스스로도 펑파이가 김성숙, 안창호에 이어 자신에게 세 번째로 큰 영향을 준 인물로 평가한다. 해륙풍 소비에트에서 반혁명적 지주의 자식이며 계급의 적이라 하여 끌려온 인물에게 동정심을 내비치는 김산에게 펑파이는 다음과 같이 말한다.[37]

자네도 저 청년만큼이나 어리고 순진하군. 계급적 정의란 것은 개인적인 것이 아니라 내전의 필연적인 수단이야. 의심나는 경우에는 보다 적게 죽이는 것이 아니라 보다 많이 죽여야 되지. 자네는 지주들이 해륙풍에서 자행한 잔인한 짓거리를 모르고 있어…… 농민들의 행위는 지주들의 백분의 일도 안 되네……. 자기를 방어하려면 무엇이

36_ 님 웨일즈, 『아리랑』, 38, 93-96쪽.

37_ 님 웨일즈, 『아리랑』, 89, 154, 156쪽.

필요한지 농민들은 알고 있다네. 만일 자기네의 계급적 적들을 깨부수
지 않는다면 농민들은 사기를 잃어버릴 것이요, 혁명의 성공에 의심을
품게 될 것이네. 이것은 그들의 의무이자 또한 자네의 의무이기도
하지.

당시 농민들은 지주를 잔인한 방식으로 처형하고 싶어 했고, 지도자들
역시 이를 허용하지 않을 수 없었다. 다시 김산의 말을 인용해본다.

해륙풍의 홍군은 인도적이어서 가능한 한 친절하게, 총으로만 죽였
다. 하지만 지주 밑에서 고문으로 시달림을 받아왔던 지방농민들은
자기네의 계급적인 죄인에 대하여 친절하지가 않았다. 그들은 귀를
잘라내고 눈알을 뽑고 나무 위에 달아매는 방법을 더 좋아하였다.
나는 정치부에 있었으므로 죄인들을 총살하도록 사단장에게 요청했
지만, 사단장은 잘라 말했다. "안 되오. 농민들은 이것을 위해 일 개
월 동안이나 싸워온 거요. 이 자들은 인민의 죄인들이니 농민들이
좋아하는 대로 정의를 보여주어야 하는 것이오. 이 한 달 동안에 얼마
나 많은 농민들이 죽어갔소? 만일 진짜 고문이 어떤 것인지 알고
싶다면 자금(紫金)에 있는 교도소에 가서 벽을 보고 물어 보시오. 인민
들은 겨우 셋만을 죽이고 싶어 하지요. 그런데 만일 이 세 놈이 권력을
장악한다면 이 자들은 삼천 명은 죽일 거요.

코민테른은 당시 중국공산당이 농민들의 요구를 충분히 수용하지
못했다고 비판한다. 코민테른 내부회의에서 「광동 폭동에 관한 결의」
(1927. 12. 15)를 논의하는 과정에서 노이만은 "혁명 기간에 보여준 중국
공산당 중앙위원회의 우익적 실책, 즉 '농민의 과잉 행동'에 대하여 그들

이 반대했던 것과 강제적인 산업중재를 수용하였던 것에 대하여 공격하였다."[38] 혁명 과정에 행해지는 이러한 잔인한 테러는 타자가 갖는 외설적 초자아로서의 측면, 공적 이데올로기적 텍스트에 대한 폭력적 지탱물 내지 보충물에 해당한다.[39]

해륙풍에서 구사일생으로 빠져나와 상해에 도착한 그는 자신의 투쟁 경력을 기반으로 중국공산당 지도자의 지위에 오른다. 당시 그는 광주와 해륙풍의 경험을 밑거름 삼아 단호한 원칙론의 입장을 견지하고 조직 내 사람들에게 대응한다. 로베스피에르라는 별명을 얻으면서. 그는 자신에 대해 이렇게 말한다. "완전무결한 순결과 청렴결백을 고집했기에 로베스피에르로 불리기도 했다. 언제나 정당함이라는 높은 자리에서 최종판결을 내릴 자세가 되어 있었다. 서슴지 않고 당의 노선이라는 이름으로 누구든지 공박했으며, 다른 사람에 대해 제출한 엄숙한 고발장도 많았다."[40] 다시 말해 앞서 말했듯이 히스테리자로서 그는 타자의 결여, 욕망을 채워주기 위해 "타자의 자리를 차지하고 그의 역할을 대신한다."

그 연장선상에서 그는 한위건의 중국공산당 입당을 단호히 거부한다. 김산은 1928년의 조선공산당 대량 검거를 피해 탈출한 당지도자로서 믿을 수 없는 사람이라고 한위건을 비판한다. 이는 "의심나는 경우에는 보다 적게 죽이는 것이 아니라 보다 많이 죽여야 된다"는 펑파이의 가르

38_ 디그레스 편, 『코민테른과 중국혁명』, 논장, 1988, 128쪽.

39_ 지젝은 이러한 차원이 혁명 과정에 반드시 필요한 부분이라고 강조한다. 지젝, 『까다로운 주체』, 385-388쪽. 지젝은 이에 대해 자크 랑시에르, 에티엔 발리바르, 알랭 바디우 등과 논쟁을 벌이는데, 이에 대해서는 이 책의 제3부 제3장 4절을 참조할 수 있다.

40_ 님 웨일즈, 『아리랑』, 231쪽.

침을 내면화한 것이라 볼 수 있다.[41]

그가 다시 히스테리화되는 시점은 일본에 체포되었다 석방된 이후, 변절했다는 누명을 쓰고 중국공산당에서 제명되었을 때이다. 이때 그는 낯설고 기이한 타자로서의 중국공산당, 그리고 그 결여, 욕망과 다시금 마주치게 된다. 이제 그는 자신이 던진 메시지, 한위건의 입당을 단호히 반대했던 자신의 메시지를 전도된 진실한 형태로 되돌려 받는 위치에 서게 된다. 김산은 "그 응보가 로베스피에르의 전통으로 내 머리 위에 떨어진 것이다"라고 말하며 그것이 한위건에 의한 것임을 알게 된다.

자신의 입을 통해 발설된 타자의 메시지가 이제 자신을 단죄하는 메시지가 되어 되돌아왔을 때, 다시금 타자의 끔찍하고 외설적인 '낯선' 모습을 대면하게 된다. 이제 그는 타자의 욕망, 결여를 채우기 위해서는

41_ 님 웨일즈, 『아리랑』, 154, 231쪽. 한위건(1896~1937)은 1919년 3월 1일 경성의학전문학교 학생으로 파고다공원에서 학생대표로 독립선언문을 낭독했다. 4월 중국 상해로 건너가 대한민국임시정부에 참여했다가 1920년 귀국 후 일본의 와세다 대학에 유학했다. 1924년 이광수의 「민족적 경륜」에 대해 동아일보사의 사죄 및 논설 취소를 요구했다. 1925년 3월 동아일보사에 입사했다. 1926년 11월 정우회에 가입해 안광천과 함께 「정우회 선언」을 발표하고, 제3차 조선공산당에 참여했다. 1927년 초 신간회 발기에 참여했으며, 1928년 2월 일제의 검거로 제3차 조선공산당이 궤멸되자, 가을에 일제의 검거를 피해 중국으로 망명했다. 1929년 코민테른 '12월 테제'의 방침에 따라 당재건운동을 전개하였고, 잡지 『계급투쟁』을 통해 당재건운동기 서울상해파와 구화요파의 운동론을 비판하며 엠엘파의 운동론을 정립했다. 1930년경 북경에서 중국공산당에 입당했고, 이후 이철부라는 중국식 이름을 사용했다. 1933년 중국 국민당 정부 경찰에 체포되었다가 석방된 후 중국공산당 하북성위원회 선전부장이 되었다. 이후 그는 '우경취소주의'로 비판받다가 1936년 봄 좌경노선이 청산되면서 하북성위원회 서기 겸 천진시위원회 서기가 되었다. 1937년 5월 연안에서 개최된 소비에트구역 당대표 대회에 참석했다가 요양소에서 병으로 사망했다. 네이버 지식백과, 『한국민족문화대백과』, 한국학중앙연구원, 2016, 1, 22.

자신을 엄격하게 단죄하지 않을 수 없는 위치에 서게 된다. 김산은 지젝이 말하는 다음의 경우처럼 기괴한 상황에 처한다. "나의 존재의 바로 그 중핵과 외계 사물의 궁극적 외부성의 이와 같은 일치를 보여주는 궁극적 사례는, 아버지를 죽인 자를 찾다가 스스로가 범인임을 발견하는 오이디푸스 그 자신이지 않은가?"[42]

김산은 후일 "한 씨와 또 한 명의 한국인 당지도자가 1928년 상해에서 심문받았을 때 나는 그네들이 왜놈 첩자인가 배반자인가에 대해서는 개의치 않았지만 불과 며칠 사이에 왜놈에게 천 명이나 체포될 수 있을 정도로 당 조직을 약하게 만들었다는 객관적인 범죄적 우둔함에 대해서는 당연히 처벌을 받아야만 한다고 생각하였던 것이다"라고 회고하는데, 이는 한위건이 김산을 의심하며 "저 사람의 유죄를 결정할 수 있는 방법은 하나도 없습니다. 하지만 바로 이 때문에 우리는 그의 결백을 믿을 수가 없는 것입니다"라는 말과 일맥상통한다.[43] 김산이 한위건에 대해 '왜놈 첩자인지 아닌지 개의치 않는 것', 한위건이 김산의 '유죄를 결정할 수 있는 방법이 없다는 것'은 모두 동일하게 일본 밀정이라는 죄목을 입증할 확실한 증거가 없음을 말하고 있는데, 그럼에도 불구하고 '객관적으로 유죄'라는 논리 역시 양자에게 있어 모두 동일하다.[44] 이것이

42_ 지젝, 『까다로운 주체』, 495쪽.

43_ 님 웨일즈, 『아리랑』, 233, 290쪽.

44_ 당시 중국공산당은 위기에 처해 있었는데, 당 내부에서의 자수와 전향, 배반 행위가 중요한 몫을 하였다(이시카와 요시히로, 손승희 옮김, 『중국근현대사 3: 혁명과 내셔널리즘 1925-1945』, 삼천리, 2013, 132-133쪽). 앞서 말했듯이 중국공산당이 김산을 밀정으로 규정하는 것은 전형적인 주인 담론에 해당한다. 김산을 일제의 밀정으로 규정하는 데에는 주인 담론의 어처구니없는 속성들, 즉 동어 반복적이고, 자기 참조적이며 수행적인 특성이 그대로 나타난다.

바로 1930년대 스탈린 정치재판의 비극적 본질이며, 그것은 1930년대 중국에서 그리고 1950년대 박헌영 일파에 대한 김일성 정치재판에서 반복되고 있다. 부하린 재판을 다룬 한 논자는 그 비극적 본질을 '주관적 성실과 객관적 반역'에 있다고 본다.[45]

김산이 한위건이나 다른 당원들을 엄격히 통솔하거나 처벌하는 위치에 있을 때, 그들이 김산에게서 느꼈던 타자의 '낯섦', 중국공산당의 낯섦, 혁명의 낯섦을 김산 자신은 전혀 알지 못했지만, 이제 뒤바뀐 상황 속에서 그 역시 그런 냉혹하고 외설적인 타자와 조우하게 된 것이다.[46] 김산의 말을 빌리면 "처음에는 아무 이유 없이 이립삼주의자로 불렸으

45_ 김남국, 『부하린: 혁명과 반혁명 사이에서』, 295, 304쪽. 김남국은 "그[부하린]의 삶은 역사 속의 행위자들이 자신이 원래부터 의도했고 예측했던 의도적-주관적 결과들과 이와 반대되는 현실적-객관적 결과들 사이에서 일그러지고 찢겨진다는 점, 어떤 의미에서 인간은 자신의 행위가 갖게 될 객관적 의미를 파악하지 못한 채 행동에 착수해야 하는 비극적 존재라는 점을 보여준다"고 말한다(304쪽). 어떤 시각에서 보면 이는 이광수가 자신을 '우자의 효성'이라 표현한 것과 일맥상통하는 부분이 있다(이광수, 『나의 일생: 춘원 자서전』, 498쪽). 이광수는 자신이 주관적 차원에서 민족을 위해 일한다고 했지만, (해방 이후 소급적으로 과거를 바라볼 때) 결국 민족에 위해가 되었음을 인정하면서도, 그것이 개인적 명리가 아니라 진정으로 민족을 위한 길이었다고 고집하고 있다.

46_ 『아리랑』에서 김산은 1931년 북경에서 당내 심사청문회를 통해 자신의 무죄가 밝혀져 당원으로 복귀되었다고 말하고 있으나(님 웨일즈, 『아리랑』, 234쪽), 김산의 삶을 면밀히 추적한 이원규에 따르면 김산은 당시 심사청문회에서 변절자가 아니라는, 결백하다는 인정을 받았으나 당적 회복은 유예되었다(이원규, 『김산 평전』, 431-433쪽). 그러나 이후 중국공산당 내에서 이립삼의 '극좌노선'에 동참했던 당원들 수백 명이 해당 행위를 한 것으로 지목되어 처형되거나 투옥되었다. 김산도 광주 봉기에 참여했다는 이유로 이립삼주의자로 몰려, 당적 회복이 안 된 상태에서 장가구의 광산에서 육체노동을 하며 비밀조직을 만들라는 명령을 받게 된다. 이원규, 『김산 평전』, 434-435쪽; 님 웨일즈, 『아리랑』, 234-235쪽.

며, 그 다음은 우파, 그리고 이번에는 트로츠키주의자라 불렸던 것이다……. 이제 마지막으로 남아 있는 것은 나를 '한국놈'이라 부르는 것이었다. 그것으로 만사는 끝날 것이다. 비록 나 자신이 인정하기 싫은 일이기는 했지만, 이것이 다른 모든 사람들의 밑바닥에 잠재해 있다는 것을 암암리에 느꼈다."[47] 김산은 좌익모험주의자로부터 우익기회주의자에 이르기까지 서로 모순되는 다양한 명칭으로 낙인이 찍히는데, 이는 이름이 의미-속성에 연결되는 것이 아니라, 근본적 우연성 즉 자의적 외설적 명명에 의해 이루어진다는 것을 너무나도 적나라하게 보여주는 순간이기도 하다.

그러나 그러한 자의적이며 모순적인 낙인마저도 자신을 배제하는 근거가 되지 못하면 결국 마지막에 가서는 국적 문제가 제기되리라는 것을 김산은 어둡게 예감하고 있다. 사실 김산은 이를 날카롭게 인식하고 있었다. 이립삼주의자에 대한 숙청이 전면적으로 진행되던 상황에서 김산은 "언제나 외국인들은 제일 먼저 비난받는 존재인 것이다"라고 말한다.[48] 중국혁명을 한국혁명의 시작이자 동시해결의 문제로 보고자 하는 김산에게 이는 끊임없는 회의의 근원이었다. 예를 들면 그는 "과연 극동에서의 이 전쟁이 마침내는 한국을 해방시키게 되지 않을까? 나는 해방시킬 것이라 생각한다"라고 말하지만, 이는 여전히 자기 정체성의

47_ 님 웨일즈, 『아리랑』, 251-252쪽. 김산은 1932년 보정부에서 학교 교사로 근무하며 농민 수백 명을 조직했는데, 당시 중국공산당 하북성위원회에서는 김산에게 농민봉기를 지시했다. 김산은 그에 반대했으나 그에 따르지 않을 수 없어 참여했지만 결국 실패로 끝나고 만다. 이후 당 노선에 대해 동지 25명의 연서로 북경 당 지도부에 비판 의견을 내자, 그들은 김산을 우파, 트로츠키파, 심지어 남경 국민당 정부에 기운 자들이라고 비난했다. 이원규, 『김산 평전』, 457-461쪽; 님 웨일즈, 『아리랑』, 248-252쪽.

48_ 님 웨일즈, 『아리랑』, 30, 235, 260쪽.

뿌리를 뒤흔드는 문제였다. 그것은 "나는 중국공산당원인가, 조선독립의 혁명가인가?"라는 문제였다(마치 나는 남자인가, 여자인가를 질문하는 히스테리자처럼). 다시 말해 국제적 혁명연대 그 밑바닥에는 여전히 민족 문제, 국가이익의 문제가 꿈틀대고 있음을 김산은 명확히 느끼고 있었던 것이다. 또 그는 남의사의 대규모 전향공작에 따라 배반자가 속출하는 상황을 보면서 "이 모든 배반을 직접 목격하고 나는 마음에 상처를 받았으며 몸도 급격히 악화되었다……. 나는 인간성에 대한 믿음을 상실하였다. 또한 중국공산당에 대한 믿음도 흔들렸다"고 토로한다.[49]

이들의 비극성은 바로 서로 뒤바꿔 쓰는 가면놀이, 상대방이 되어보는 정체성의 뒤바뀜 놀이가 단순한 놀이이면서 스스로 깨닫지 못하는 지독히 잔인한 결과를, 예견치 못하는 어떤 실재를 동반하면서 진행되고 있다는 점에 있다. 김산은 찰리 채플린의 영화 <시티 라이트>(1931)의 주인공처럼 귀한 손님으로 (오)인정받다가 어느 날 모든 사람들의 시선을 받으면서 추격자에 쫓기는 신세가 된 자신을 발견한다.[50]

49_ 지젝은 그래서 민주주의는 항상 민족국가라는 '병리적' 사실에 묶여 있으며, 세계시민, 전 지구적 민주주의의 시도는 곧 무기력을 입증하게 될 것이라고 말한다. 그는 제1차대전 발발시 각국 노동운동이 애국적 쇼비니즘에 빠짐으로써 국제연대를 파괴한 바 있음을 사례로 제시한다. 지젝, 『삐딱하게 보기』, 325-326쪽.

50_ 이러한 점이 바로 채플린 영화가 갖는 특징, 코미디의 핵심적 특징이라고 지젝은 파악한다. 그는 "코미디의 기원은 정확히 그런 잔인한 맹목성, 상황의 비극적 현실에 대한 무지에서 찾아져야 한다"고 말한다. 영화 <시티 라이트>에서 "방랑자는 우연히 자신의 것이 아닌, 그에게 운명 지어져 있지 않은 자리를 차지한다. 즉, 그는 부자나 귀한 손님으로 오해받는다. [그러다가] 그는 추격자들에게 쫓겨서 무대에 서 있는 자신을, 갑자기 수많은 시선들이 주목하는 중심에 선 자신을 발견한다." 지젝, 『당신의 징후를 즐겨라!』, 33쪽.

이제 그는 혁명을 수행하는 행위자 자신도 알지 못하는 그러한 무의식
과의 조우, '타자의 비일관성과의 조우', '타자는 현실적으로 자신의 행위
와 말의 주인이 아니라는 사실과의 조우'에 직면하게 된다. 혁명의 희생
양인 그들에게만 그 장면이 이해불가능하고 수수께끼인 것이 아니라는
것, 그들 즉 혁명의 대행자들 또한 '그들이 무엇을 하고 있는지를 알지
못한다'는 것을 이 상황은 잘 보여주고 있다.[51] 이 상황은 뒤에서 다시
말하겠지만 혁명 과정에 메타언어는 없다는 로자 룩셈부르크의 명제와
직접적 관련을 갖는다.

51_ 헤겔이 말하듯 "고대 이집트인들의 비밀은 이집트인들 자신에게도 역시
비밀이었다"(지젝, 『까다로운 주체』, 461쪽; 지젝, 『이데올로기의 숭고한
대상』, 301쪽). 지젝은 이를 정신분석의 중요한 주제 중 하나인 '원초적
장면'과 연결시킨다. 아이가 '원초적으로 억압된' 장면 앞에서 무력하게
수동적으로 바라보고만 있어야 할 때, 그 장면의 연출자인 부모 또한 자신이
무얼 하는지 잘 모른다는 것이다. 그는 "성교 장면이나, 혹은 자신으로서는
이해할 수 없는 어떤 불가사의한 성적 함축을 갖는 (부모나 다른 어른들의)
제스처에 자신이 복종하는 것을 무력하게 목격하는 아이. 인간적 성욕과
무의식이 기원하는 것은 바로 이런 틈새 속에서이다"라고 말하며, 이때
무의식은 아이의 편에 있는 것이 아니라 어른의 편에 있다고 말한다. "무의
식과의 원초적 조우는 타자의 비일관성과의 조우이며, (부모인) 타자는 현실
적으로 자신의 행위와 말의 주인이 아니라는 사실과의 조우이다. 그것은
타자가 자신도 의미를 알지 못하는 신호들을 방출한다는 사실과의 조우이
며, 또한 그가 행하는 행위의 진정한 리비도적 공포를 이해하지 못하면서
그 행위를 수행한다는 사실과의 조우이다……. 성욕화의 기원적 현장으로
서의 원초적 유혹의 장면의 구성 일체는, 목격하는/거나 희생양인 아이에게
만 그 장면이 이해불가능하고 수수께끼인 것이 아니라는 것을 전제하는
한에서만, 즉 그들 또한 '그들이 무엇을 하고 있는지를 알지 못한다'는 것을
우리가 전제하는 한에서만 유효한 것이다." 지젝, 『까다로운 주체』, 457-461
쪽.

2) 조봉암과 코민테른, 조선공산당

조봉암은 3·1운동으로 투옥되어 테러와 고문을 당하면서 잔인하면서 낯선 식민지 국가권력이라는 타자와 대면한다. 조봉암 역시 이 낯선 타자에 순응하기보다는 저항의 길로 나아간다. 조봉암은 출옥 후 '전연 딴 사람'이 되었다. "나는 나라가 무엇이라는 것을 알게 되었고, 내 민족을 위해 무엇을 할 것인가 하는 것을 생각하는 사람이 되었다……. 나를 붙잡아 감옥에 보내준 일본 놈은 나로 하여금 일생 동안 일본 제국주의와 싸운 애국투사가 되게 한 공로자였다. 나는 완전히 심기가 일전되었다. 어떻게 직업이나 얻어 볼까 하던 생각, 그 환경에서 그대로 살 생각은 아예 없어졌다." 이때 그 저항민족주의를 구현한 인물이 앞에서 언급한 이가순이었다. 조봉암은 이가순을 통해 저항민족주의라는 새로운 세계로 진입해 들어갈 수 있었고, 자신을 그 세계의 일원으로 정체화하게 된다. 그의 저항민족주의는 아나키즘을 거쳐 최종적으로 사회주의로 나아간다.[52]

조봉암은 일본 유학 이후 귀국하여 코민테른의 노선을 충실히 따라 조선공산당을 조직하고 코민테른과 조선공산당 사이의 연락을 위해 상해에서 활동하였다. 그러나 그는 최종적으로 코민테른과 조선공산당의 버림을 받으며 낯선 타자의 얼굴을 다시 한 번 마주치게 된다. 심지어는 제1차 조선공산당을 함께 결성하며, 동일한 화요회 계열에서 활동했던 박헌영과 김단야로부터 반대운동까지 당하게 된다. 이는 니콜라이 부하린이나 김산이 처한 딜레마이자 운명이기도 하며, 추후에 자신을 단죄했던 김단야와 박헌영 역시 동일하게 맞이하게 될 운명이기도 하다.

52_ 조봉암, 「내가 걸어온 길」, 332-333쪽; 임경석, 『이정 박헌영 일대기』, 184, 476쪽.

조봉암은 1925년에 모스크바에서 제1차 조선공산당과 고려공산청년회의 승인을 얻고 상해로 복귀한 이래 일제에 의해 체포되는 1932년까지 상해에서 주된 활동을 한다. 1926년 김찬은 조봉암·김단야와 협의를 갖고, 상해에 '조선공산당 중앙간부 해외부'[통칭 상해부]를 주재시킨다는 결정을 내렸다. 그러나 해외에 망명 중인 김찬·조봉암 등 전임 간부들의 이 같은 생각에 대해 제2차 조선공산당 책임비서 강달영을 비롯한 국내의 중앙집행위원회는 심한 불만을 느꼈다. 그뿐만 아니라 국내 간부들은 조봉암의 위치에 대해서는 더욱 노골적으로 반발하였다. 그들은 상해파 고려공산당의 오랜 근거지이던 블라디보스톡 등지에서 조봉암이 조선공산당 중앙간부의 자격으로 활동하면서 상해파의 조직을 약화시키고 있는 것이 무척 못마땅했던 것이다. 제1차 조선공산당은 만주총국을 설치하기 위해 조봉암을 만주에 파견하였으나, 이 사정을 모르는 2차 공산당은 이 역시 자신들의 근거지를 침해한다고 생각하여 거부하고자 하는 우여곡절을 겪었다. 1926년 5월 조선공산당 만주총국이 결성되고 조봉암은 책임비서가 되었지만, 갈등의 골은 더욱 깊어졌다.[53]

조봉암은 만주총국 사업을 설치한 다음 달인 1926년 6월경 상해로 되돌아왔다. 급히 돌아온 까닭은 1926년 7월 상해에 코민테른 원동부가

53_ 박태균, 『조봉암 연구』, 63-69쪽. 조선공산당이 결성되기 이전인 1920년 무렵 모스크바 자금 문제를 둘러싸고 이동휘를 중심으로 하는 상해파 고려공산당과 김만겸을 중심으로 하는 이르쿠츠크파 고려공산당으로 분열되었고, 그로 인해 소위 '자유시 참변'(1921년 6월)이 발생했으며, 앞서 말한 베르흐네우딘스크 한인 공산주의자대회(1922년 11월)는 이 양자의 통합을 위한 것이었다. 박헌영 등은 이르쿠츠크파 공산당 소속이었으며(임경석, 『이정 박헌영 일대기』, 66쪽), 이후 김찬, 박헌영, 조봉암 등에 의해 화요회가 결성되고(1924년 11월) 그 주도로 제1차 조선공산당이 결성되면서 조봉암은 상해파에 경쟁적 입장으로 분류된다.

설치되었기 때문이었다. 책임비서는 러시아의 보이틴스키가 맡았고 동양 각국의 대표 한 명씩이 위원으로 선임되어 코민테른과 자국 공산당의 연락사무를 담당하기로 되었다. 취추바이(瞿秋白)가 중국 대표로, 조봉암이 조선대표로 임명되었으며, 그 외에 일본·필리핀·대만 등도 위원이 선임되었다. 그에 따라 김찬·조봉암·김단야에 의해 유지되던 해외부는 사실상 해체되어, 조봉암만 상해에 남고 김단야는 8월에 모스크바공산대학에 입학하기 위해 떠났고, 김찬도 12월에 블라디보스톡 쪽으로 떠났다.

그러나 1926년 12월에 결성된 제3차 조선공산당은 조봉암, 김찬, 박헌영, 김단야 등이 속한 화요회의 경쟁 상대 그룹이 중심이 되어 결성되었다. 김찬은 3차 조선공산당에 대한 상해부의 지배를 관철시키려 모스크바에까지 가서 이를 주장하였으나, 코민테른은 오히려 김찬, 조봉암이 속한 조선공산당 해외부를 해체하라고 명령하였다.[54] 즉 조봉암은 코민테른 원동부 대표가 되기는 하였지만, 김찬과 더불어 국내의 조선공산당 조직과는 절연된 것이다. 그에 따라 국내 당 조직인 조선공산당은 조봉암이 이끌었던 지난날의 '상해부'를 '상해 야체이카'로 격하시켰다. 제1차 조선공산당 창당의 주역이었던 그가 평당원 신분이 된 것이다.[55]

조봉암은 3차 조선공산당에 대해 "일본에서 유학하던 신진학도들, 그중에도 안광천, 한위건, 홍기문 등이 소위 'ML당'이란 것을 조직했는

54 _ 박태균, 『조봉암 연구』, 70-72쪽. 그 이유는 다음과 같은 코민테른의 지령 (1927년 5~6월경) 때문이었다. "해외에 있는 단체 및 개인 등이 조선 운동에 접근, 지도적 간섭을 행하기 때문에 당 파쟁을 야기시킨다. 국제당에서는 차후 지도적 간섭을 행하지 말 것을 엄명함. 중앙간부는 해외부를 철폐할 것을 명함."

55 _ 이원규, 『조봉암 평전』, 243, 256쪽; 조봉암, 「내가 걸어온 길」, 357쪽.

데…… 이 학도들의 당은 소위 순이론파인데…… 때로는 자기네 이외의 과거의 모든 조직을 부정하기도 했고 때로는 우리나라 자치운동을 해야 된다고 주장하기도 했었다"라고 비판한다.

1927년에는 일국일당주의 원칙에 따라 중국에서 활동하는 한국인 공산주의자는 중국공산당에 가입하라는 코민테른의 명령에 따라 조봉암은 중국공산당 장쑤성위원회 산하에 한인지부를 조직하고 거기 속하게 된다.[56] 1928년에 코민테른은 조선공산당에 관한 이른바 '12월 테제'를 통보하며 인텔리 중심의 기존 조선공산당 조직을 해체하고 노동자와 빈농을 중심으로 당을 재조직하라는 지시를 내렸다. 이 시기의 조봉암에 대해 박태균은 다음과 같이 평가한다.

조봉암은 이 시기 만주총국의 조직과 코민테른 원동부에서의 활동을 통해 민족해방운동을 수행했지만, 그의 이름에는 '종파주의자'라는 심각한 오명이 붙기 시작했다. 게다가 그는 사회주의운동의 주류로부터 밀려남으로써 이후의 활동에 상당한 제약을 가져올 수 있는 조건을 만들었다. 즉 당시 사회주의자들은 ① 국내에서 당재건운동에 참여하는 계열과 ② 중국공산당에 입당하여 중국공산당과 함께 항일운동에 참여하는 계열, 그리고 ③ 만주에서의 항일무장투쟁 그룹 등으로 나누어졌다. 조봉암은 ②의 길을 택했는데, 실제 당시 많은 사회주

56_ 이원규, 『조봉암 평전』, 263, 269쪽. 박태균에 따르면 일국일당주의는 코민테른의 규약에 포함되어 있기는 하지만, 의무사항은 아니었는데 1920년대 말부터 코민테른은 이를 강조하기 시작했다. 그에 따라 상해에서 활동하던 30~40명의 조선인 공산주의자들은 중국공산당에 개별적으로 가입하지 않으면 안 되었다. 1927년 8~9월경 중국공산당 강소성위원회 법남구 산하의 한인지부를 조직하여 여기에 소속하게 되었고, 조봉암·여운형·홍남표·현정건·구연흠 등이 가입하였다. 박태균, 『조봉암 연구』, 74-75쪽.

의자들은 ①과 ③의 길을 택했으며, 해방 이후 사회주의운동의 주도권을 잡은 것도 이들이었다. 따라서 그가 ②계열에 참여했다는 사실은 그의 활동이 주류로부터 멀어지고 있었다는 것을 의미한다.

①에 박헌영 등이, ③에 김일성, 오성륜 등이 해당한다면, ②에 조봉암, 김산, 김성숙 등이 해당한다. 그러나 김산에 비해 중국공산당 내에서 조봉암의 활동은 주변의 위치, 즉 중국공산당의 한인지부 형식으로 활동하는 데 그쳤다. 게다가 1932년에는 박헌영이 상해로 와 김단야와 활동하면서, '반조(봉암)운동'을 펼치게 된다. 이 모든 것은 조봉암의 중국 내 활동을 제한하고 위축시키는 방향으로 작용하였다.[57]

박헌영은 1931년 말 모스크바의 국제레닌학교를 졸업하고, 1932년 1월 조선공산당 재건 준비사업을 위해 코민테른에 의해 상해로 파견되었다. 다시 말해 박헌영은 그때까지 조봉암이 맡았던 지위, 즉 코민테른 대표자로서의 지위를 이어받고 조봉암을 밀어낸 격이 된 것이다. 조봉암에 대한 박헌영 일파의 비난 원인에 대해 이원규는, 첫째 자기들이 국내나 만주에 잠입해서 투쟁하는 동안 위험이 없는 상하이 프랑스 조계에서 편안히 앉아 있었다는 것이었다. 그리고 그 이유가 김조이라는 당원 아내를 버리고 부르주아 출신 비당원 여자[김이옥]를 데려다 살고 있다는 것이었다. 둘째는 모풀의 돈을 유용했다는 것이었다. 셋째는 자기 마음대로 수하 당원들을 이끌어가는 종파주의자라는 것이었다. 박태균에 의하면 반조운동의 죄목에는 공금 유용건, 김이옥과의 결혼문제 외에 상해에서 강도짓을 했다는 것도 포함되어 있었고, 상해 시절 이후 조봉암의 또 다른 죄목으로 "출옥 후 이권 얻어서 부자로 살았다는 것", "감옥

57_ 박태균, 『조봉암 연구』, 74, 84쪽; 이원규, 『조봉암 평전』, 282쪽.

중에서 전향성명을 하고 상표를 타고 가출옥을 했다"는 등이 제시되었다.[58]

조봉암은 1946년 자신의 공개 전향을 불러온 박헌영 비판 서신 「존경하는 박헌영 동무에게」에서, 모풀의 공금을 전용했다는 점에 대해 "여비와 생활비로 소비한 것이 사실이오"라고 인정하고, 당원을 버리고 비당원 여자와 결혼한 것에 대해 "설명하기 싫고 죄로 아오"라고, 상해에서 강도짓을 했다는 것에 대해 상해 당부 당원 중에 그런 인물이 있었음을 인정하며 "책임자로서 죄는 내게 있소"라고 역시 인정하고 있다.[59]

그러나 조봉암의 혐의 사실 부분들이 실제로 유죄가 아니라 하더라도, 김산과 한위건의 경우처럼 그는 '객관적으로 유죄'가 된다. 왜냐하면 조봉암 그가 당에 저해되는 위치에 있는 인물이라는 판단이 당 중앙에 의해 내려졌기 때문이다. 김산과 한위건의 경우처럼 그가 유죄인지의 여부와는 무관하게 '구조적 유죄'의 위치를 그는 차지하게 된 것이다. 그 구조는 바로 코민테른과 조선공산당 중앙이 갖는 환상의 틀이다. 공금 전용이나 비당원 여자와의 결혼 문제는 그가 반당행위자라는 구조적 판단이 내려진 이후 소급적으로 구성된 것이지, 그 역은 아니다. 조선공산당의 재건이 어려움에 봉착하고 있는 것, 타자 내의 결여, 그 빈 자리는 어떤 실정적 대상에 의해 채워져야 하는데, 그 환상의 틀 안에서 결여를 채울 그 대상이 무엇이 될 것인지는 근본적으로 우연성에 의해 결정될 뿐이다. 때마침, 그 자리에 조봉암이라는 인물이 있었다. 1937년

58_ 임경석, 『이정 박헌영 일대기』, 168-9쪽; 이원규, 『조봉암 평전』, 282쪽; 박태균, 『조봉암 연구』, 84-85쪽. 박헌영은 상해에서 김단야와 함께 조선공산주의운동 기관지 『콤무니스트』를 발행했으며, 이 잡지는 1933년 7월까지 발간됐다.

59_ 조봉암, 「존경하는 박헌영 동무에게」, 32쪽.

의 시점에 박헌영이 모스크바에 있었다면 박헌영이 스탈린 숙청의 대상
이 되었을 수 있었던 것과 마찬가지로.

조봉암 역시 김산과 마찬가지로 자신에 대해 정반대로 뒤바뀐 '낯선'
타자의 모습을 대면하고 히스테리화된다. 그는 조선공산주의 운동에
대해 코민테른의 입장을 대표하는 자리에서 쫓겨나고, 그 대표자에 의해
혁명의 배신자라는 위치로 일거에 추락하고 만 것이다. 게다가 그 죄목에
는 공금 유용, 강도짓과 같이 파렴치한 혐의까지 부가되었고, 거기다
개인적 내밀함의 영역인 사랑의 문제까지 비난의 표적이 되었다. 그가
공산주의를 공식적으로 부인하고 전향한 것은 해방 이후인 1946년이지
만, 그것이 불가피할 수밖에 없었던 배경은 그의 상해 시절에 이미 형성
되어 있었다.

5. 세계의 비일관성과 주체적 궁핍화 그리고 중상과의 동일시

1) 코민테른 및 중국공산당의 문제: 세계의 비일관성

여기서 조봉암과 김산에게 큰 타자의 지위를 갖는 코민테른 내지
중국공산당이 갖는 비일관성, 외설성의 측면을 살펴보기로 한다. 공식적
으로 중국공산당은 코민테른의 한 지부에 불과하였기에, 중국공산당과
코민테른의 관계에 대한 다음의 평가는 주목을 요한다.[60]

> [중국공산당이] 코민테른의 지도 아래에 있다는 사실은 모스크바에
> 서 전개된 권력투쟁과 노선투쟁의 영향을 강하게 받는다는 것을 의미

60_ 이시카와, 『중국근현대사 3』, 127-129쪽.

한다. 특히 1920년대 중반 스탈린과 트로츠키 사이에 벌어진 권력투쟁
에서는 중국 혁명에 대한 인식이 쟁점 가운데 하나였기 때문에 북벌기
중국공산당의 정책에 큰 영향을 끼쳤다……. 코민테른의 지시나 정세
판단에 따른 (때로는 현실에 맞지 않는) 노선과 방침을 수행한 결과
그것이 실패로 끝났을 때, 모스크바가 아니라 중국공산당 지도부가
책임을 추궁 당했고 그때마다 지도부가 비판을 받아 교체되었다.

코민테른의 역사를 정리한 연구서는 이를 "코민테른이 권력투쟁과
소비에트 국가이익의 요구뿐만 아니라 변화하는 국내 환경에 순응하도
록 강제했던 것처럼, 1924년에서 1928년까지의 특징은 좌익에서 우익으
로, 그리고 또다시 좌익으로의 널뛰기와 코민테른 정책의 모호함이었다"
고 평가한다.[61]

중국공산당이 공식적으로 항일 통일전선 수립으로 전략을 전환하게
된 것은 1935년 코민테른 7회 대회의 반파시즘, 반제 통일전선 전략의
수립이 중요한 계기였다. 이시카와는 "일본의 침략이 이미 현실이 되었
기 때문에 당의 노선을 '항일'로 대체하는 것은 당연하지 않은가? 왜
굳이 코민테른의 방침 변경을 기다려야 하는가?"라고 질문하면서, "이것
은 오늘날 상식으로 보면 당연히 그렇겠지만, 중국공산당이 결국 코민테
른의 지부라는 사실을 다시 한 번 염두에 두어야 할 것이다. 공산주의
운동의 총본산인 코민테른의 권위는 이렇듯 강력했다"고 답한다.[62]

코민테른의 노선 변경에 따른 책임을 중국공산당이 고스란히 뒤집어

61_ 케빈 맥더모트·제레미 애그뉴, 황동하 옮김, 『코민테른』, 서해문집, 2009,
79쪽.

62_ 이시카와, 『중국근현대사 3』, 159-160쪽.

쓰는 과정에서 김산 역시 그 희생자가 된다. 코민테른 5회 대회(1924)의 결정에 따라, 자본주의국가 내에서는 소위 '사회파시즘론'에 의거하여 '아래로부터의' 통일전선으로 한정되는 좌경적 전술이 채택되지만, 중국과 같은 식민지·종속국에서는 민족 부르주아지를 포함하는 반제민족통일전선 전술과 국민정부 구상이 제시되었다. 그러나 1927년 장제스의 쿠데타 이후 민족 부르주아지의 반혁명적 성격이 분명해짐에 따라 코민테른 정책에 큰 변화가 있게 되어, 중국을 포함한 식민지·종속국에서도 그 정책이 아래로부터의 반제민족통전 전술과 소비에트혁명 방식으로 전환된다. 코민테른 6회 대회(1928)는 좌익적 편향이 보다 분명하게 나타났고, 세계대공황이 발발하여 자본주의 위기 국면이 조성되면서 이는 더욱 심하게 되었다. 그러나 좌익적 편향으로 인한 무수한 실패와 이를 극복하려는 지속적 노력의 결과, 코민테른 7회 대회(1935)에서 반파시즘 통일전선 및 반제민족통전 전략이 채택된다.[63]

김산은 장제스 쿠데타 이후 좌경 급진적 전술이 지배하는 상황 속에서 1927년의 광주와 해륙풍 봉기에 참여하였고, 이후 중국공산당 지도자의 지위에 오른다. 그러나 그는 1931년 일제에 체포되었다 풀려난 이후 일제 밀정 혐의와 더불어 좌경모험주의적인 이립삼주의자로 낙인찍히게 된다. 김산에 따르면 "이립삼식 봉기에 대한 보복이 지독히도 잔인하였던 것이다." 김산은 이에 대해 "제6회 대회 시대에는 누구나가 혁명이 확실히 성공하리라 믿고 용감히 죽었던 것이다. 그렇지만 그 후 상당수가 혼란을 일으켰으며 당의 노선을 진정으로 믿지 않았던 것이다"라고 말한다. 코민테른 6회 대회의 좌경적 전술 채택에 따라 혁명의 성공을 믿고

63_ 맥더모트·애그뉴, 『코민테른』, 80-129쪽; 김성윤 엮음, 『코민테른과 세계혁명 I』, 거름, 1986, 27-30쪽 참조.

투쟁했던 사람들이 이립삼주의자로 몰려 숙청당하는 상황 속에서 당원들은 당 노선에 혼란을 느꼈으며, 이는 김산의 경우도 마찬가지였다. 이때 김산은 당시 현실에 맞게 백구 즉 국민당 지배 지역과 적구 즉 공산당 지배 지역에서 서로 다른 전술을 취해야 한다는 정책을 당에 건의하였다. 그는 "백구에서는 민주주의적 슬로건을 활용하고, 적구에서는 소비에트를 만들기 위한 투쟁을 계속해 나가야 한다"는 노선을 제시하였다. 그러나 당의 대다수는 이에 반대하였다. 그렇기 때문에 김산은 후일 자신의 노선이 1935년에 [코민테른 7회 대회에서] 인민전선이라는 이름으로 공식 채택되었음을 말하며 아쉬워한다.[64]

　지젝을 다시 인용하면 반유태적 관념이 유태인과 아무런 관계가 없는 것처럼, 일제 밀정이라는 혐의는 김산과는 아무런 관계가 없다. 유태인의 이데올로기적 형상은 우리 자신의 이데올로기적인 체계의 비일관성을 봉합하는 하나의 수단일 뿐인 것처럼, 일제 밀정이라는 형상은 당시 중국공산당의 비일관성, 비일관적 노선 변화를 봉합하기 위해 필요한 수단일 뿐이다. 유태인은 하나의 사회적 증상으로서 사회에 내재된 적대 관계가 어떤 구체적 형태를 띠고 사회 표면으로 돌출하는 지점, 사회가 고장났다는 사실이 분명해지는 지점인 것처럼, 김산이 일제 밀정으로 몰렸던 것은 당시 중국공산당의 노선 실패를 봉합할 수단, 희생양이 필요했기 때문이다. 환상의 틀을 통해 볼 때, 유태인은 무질서한 외부로부터 사회구조를 교란·부패시키는 침입자로서 유태인을 제거하면 사회의 질서·안정·동일성을 회복할 수 있을 것 같은 구체적 원인의 외관을 갖는다.[65] 소련의 부하린 일파, 중국의 이립삼주의, 김산 등이

64_ 님 웨일즈, 『아리랑』, 235-236, 252쪽.
65_ 지젝, 『이데올로기의 숭고한 대상』, 94, 222쪽.

희생된 것은 그들의 제거를 통해 스탈린 체제나 중국공산당 체제를 안정
시킬 수 있다는 일종의 환상이 작동하고 있었기 때문이었다.

조봉암 역시 마찬가지임은 앞에서 언급한 바 있다. 김산은 일본경찰로
부터 석방된 이후 중국공산당의 의심을 받아 당으로부터 제명되면서
자신의 상징적 세계를 규정해온 대타자로서 중국공산당에 대해 회의를
갖게 된다. 조봉암은 상해에서 활동하던 시기 자신의 활동이 점차 위축되
고 자신에 대한 비판이 거세지면서 코민테른과 조선공산당에 대해 회의
를 갖게 된다.

2) 부하린, 김산, 조봉암: '전이의 해소'와 '주체적 궁핍화'

김산과 조봉암이 직면한 상황은 니콜라이 부하린(1888~1938)이 스탈
린에 의해 혁명의 배신자로 재판에 회부된 상황과 유사하다.[66] 부하린은
자신을 처형하게 되어 있는 이 재판의 최후진술에서 "우리는 자신들이
저주받은 반혁명의 대열에 서 있음과 사회주의 조국의 배신자가 되어
있음을 발견할 수 있습니다"라고 말한다.[67] 이는 바로 스스로를 단죄하여

66_ 김산의 경우는 상황 구조뿐 아니라, 집행 방식과 시점까지 부하린과 유사하
다. 1938년 중국공산당 내의 대숙청을 주도한 인물은 코민테른 중국대표로
모스크바에 파견되어 7년 만에 귀국한 강생(康生)이었다. "트로츠키 비적을
제거하자"라는 구호로 시작된 그 숙청 과정은 트로츠키파를 제거하는 스탈
린의 숙청 과정을 그대로 답습한 것이었다. 이원규, 『김산 평전』, 578-579,
590쪽.

67_ 김남국, 『부하린: 혁명과 반혁명 사이에서』, 269, 304쪽. 앞에서 말했듯이
김남국은 부하린 비극의 본질을 '주관적 성실과 객관적 반역'으로 본다.
"그는 레닌과 논쟁하고, 트로츠키와 싸우고, 스탈린과 결별하면서 자신의
노선을 따라 질주해가지만, 1930년대 스탈린 노선의 성공을 목격하면서
자신의 노선이 주관적 성실과 객관적 반역이라는 세계의 분열을 지양함에
실패했음을 인정한다."

어떤 괴물 같은 존재와 자신을 동일화하고 있음을, 그리고 그 기괴한 입장을 담담히 받아들이고 있음을 보여주는 것이다. 앞서 말했듯이 지젝은 이 재판의 피고인들이 언표의 주체와 언표 행위의 주체 사이의 차이, 다시 말해 주체의 분열을 보여주는 완벽한 사례라고 말한다. 피고가 언표 행위 주체의 수준에서 훌륭한 공산주의자라는 것을 증명할 유일한 길은 죄를 고백하는 것, 즉 언표 주체의 수준에서 자신을 당의 반역자로 규정하는 것이기 때문이다.[68]

쾨슬러는 『한낮의 어둠』(1940년)에서 이를 "글래트킨을 통하여 루바소프는 바로 루바소프 자신을 판결한 것이다"라고 표현하고 있다. 여기서 루바소프는 부하린에 해당하며, 글래트킨은 부하린을 심문한 젊은 인물로서 루바소프(즉 부하린) 세대가 만들어낸 인간형이다. 글래트킨과 같은 객관적 사고방식이 형성되도록 도운 사람은 바로 루바소프 자신이며, 그 젊은 세대는 객관적 사고를 그 한계점까지 실천하고 있다. 지젝은 라캉적 영웅에 대해 "라캉은 '영웅'을 오이디푸스처럼 자기 행위의 결과들을 완전히 떠맡는 주체, 말하자면 자신이 쏜 화살이 완전한 원을 그리고 자신에게 되돌아올 때 옆으로 비켜서지 않는 주체로 정의한다"고 말하고 있는데, 이는 부하린이나 김산과 같은 비극적 인물을 가리킨다고 볼 수 있다.[69]

68_ 지젝, 『이데올로기의 숭고한 대상』, 294-295쪽. 언표 행위(enunciation)의 주체는 말하고 있는 나를 가리킨다면, 언표(statement)의 주체는 말해진 내용 속의 나, 진술 속의 나를 가리킨다. 라캉은 주체의 분열이란 바로 이 두 수준 간의 분열이라고 말한다.

69_ 김남국, 『부하린: 혁명과 반혁명 사이에서』, 288쪽; 지젝, 『당신의 징후를 즐겨라!』, 53-54쪽. 이에 대해서는 제3부 제3장 4절을 참조할 수 있으며, 제3부 제2장에서 다루는 영화 <똥파리>의 주인공 역시 그러한 비극적 주체의 계열에 포함시킬 수 있다. 이것은 자신의 메시지가 타자의 장을 거쳐

메를로퐁티는 『휴머니즘과 테러』(1947)에서 쾨슬러를 비판하면서 이 재판은 혁명 재판, 즉 역사의 차원에서 공산주의자의 관점에 의해 이해되는 혁명 재판으로 보아야 한다는 입장을 취한다. "혁명 재판은 혁명이 이제 막 진실로 만들려 하는 그 진실의 이름으로, 즉 존재하지 않는 것의 이름으로 존재하는 것을 평가하는 것"이며, "그러므로 모스크바 재판은 혁명가들 사이에서만, 즉 자신이 역사를 만들어가고 있다고 믿는 사람들과, 이미 현재를 과거로 간주하고 망설이는 자는 배신자로 규정하는 그런 사람들 사이에서만 이해될 수 있다'고 말하며, "포위된 마을에서 절도죄가 중죄가 되듯이, 현존하는 대중적 정부가 문제에 직면했을 때 정치적인 것은 형사적인 것과 구별되지 않는다"며 스탈린 재판을 옹호한다.[70]

지젝은 메를로퐁티와 달리 스탈린의 정치재판에 대해 비판적이다. 그는 스탈린의 관점은 승자의 관점, 최종적 승리가 '역사의 객관적 필연성'에 의해 미리 보장되어 있는 승자의 관점이며, 공인되지 않은, 숨겨진 목적론을 갖는 진보주의적 관념론, 각각의 사건과 행동의 '객관적 의미'를 결정하는 대타자를 함축하는 것이라고 비판한다. 지젝은 민주집중제의 구현체로서의 볼셰비키 공산당을 고전주의적 지도자에 대립되는 전체주의적 지도자로 본다. 그는 "인민 전체가 당을 지지한다"는 생각은 결코 부정될 수 없다고 본다. 왜냐하면 당의 통치를 반대하는 자들은 더 이상 '인민'이 아니며, '인민의 적'이 되기 때문이다. 이러한 인민에 대한 순환적 정의 때문에, 당이 인민 전체의 지지를 받는다는 주장은

전도된 형태로 자신에게 되돌아오는 주체의 상황, 제1부 제2장 3절에서 논의한 상황과 동일하다.
70_ 김남국, 『부하린: 혁명과 반혁명 사이에서』, 292-293쪽.

결코 부정될 수 없다.[71]

　우리는 이들, 온몸으로 혁명과 독립을 위해 한평생 몸을 바친 혁명가들이 처한 이러한 궁지를 어떻게 이해해야 할 것이며, 이들이 이 상황 속에서 최종적으로 선택한 행위를 어떻게 이해할 수 있을 것인가? 우리는 이러한 주체를 라캉이 말하는 '환상을 횡단'한 주체라는 시각에서 보아야 하지 않을까? 보다 정확히는 자신의 환상을 횡단하지 않을 수 없는 상황에 처해진 비극적 주체로 보아야 할 것이다. 환상은 주체가 타자의 결여를 환상-대상을 통해 채워주는 (상상적) 장면으로 구성된다. 이때 주체는 타자의 결여를 채워줄 수 있는 환상-대상을 자신의 욕망 대상으로 구성하며 자신의 존재 의의를 찾는다. 환상이 깨지는 것은 타자의 결여가 더 이상 부정될 수 없게 될 때, 주체 스스로에 의해 채워줄 수 있다는 생각이 더 이상 유지될 수 없을 때 발생한다. 환상의 횡단은 타자가 완전하지 않고 결여되어 있으며 그 완전한 지점에 결코 도달할 수 없다는 깨달음, 타자가 '안다고 가정된 주체'의 지위로부터 추락하는 것, 즉 '전이의 해소'와 그리고 그에 따른 주체의 지위 변화, 주체 역시 그 결여를 결코 채워줄 수 없다는 깨달음, 즉 '주체적 궁핍화'(subjective destitution) 이 두 가지를 포함한다.[72]

71_ 지젝, 『이데올로기의 숭고한 대상』, 245-246, 251-252쪽. 박정희 체제가 '국방의 의무'를 수행하지 않은 국민을 '비국민'으로 몰아간 것 역시 마찬가지 논리에 입각해 있다. 박정희 체제는 국방의 의무를 수행하여 '무조건 명령과 무조건 복종'이 몸에 밴 주체들만을 '국민'의 범주에 포함시키므로, "국민 전체가 체제를 지지한다"는 명제는 결코 부정될 수 없다(체제를 지지하지 않는 자는 비국민이기 때문이다). 우리가 지젝의 입장을 받아들인다면 박정희 역시 지젝이 말하는 '전체주의적 지도자'의 범주에 들어간다고 볼 수 있다.

72_ 에반스, 『라캉 정신분석 사전』, 163-164, 436-438쪽; 지젝, 『이데올로기의

김산과 조봉암이 처한 궁지는 이처럼 타자에 대한 전이가 해소되고, 주체적 궁핍화에 도달한 상황으로 볼 수 있다는 것이다. 그렇다면 이들은 이러한 궁지, 즉 세상도 덧없고 그 세상을 살아가는 자신의 존재도 덧없다는 걸 깨달은 궁지 속에서 어떻게 자신의 존재를 지탱해낼 수 있었던 것일까? 환상의 횡단, 환상 가로지르기란 전이의 해소와 주체적 궁핍화라는 궁지를 주체가 있는 그대로 받아들이는 상황을 가리킨다. 지젝은 환상 가로지르기가 '결여된 욕망의 대상-원인이 그 자체로 결여를 객체화·구현하는 것에 지나지 않음을 체험'하는 것이며, '그것의 매혹적 현존이, 그것이 차지한 자리의 공백, 대타자 내의 결여인 공백을 은폐하는 것일 뿐임을 체험하는 것'이라고 말한다. 그가 여기서 강조하는 것은 '환영으로부터 환영 자체(그것의 실정적 내용)를 제거할 때, 남는 것은 완전한 무가 아니라 환영을 위한 공간을 열어주었던 구조 내의 공백'이라는 것이다.

지젝은 근본적 환상을 통과한 이후에도 남아 있는 욕망, 환상에 의해 지탱되지 않는 욕망이 있다고 말한다.

> 그리고 이 욕망은 물론 분석가의 욕망이다. 분석가가 되려는 욕망이 아니라, 분석가의 주체적 자리에 부합하는 욕망, '주체적 궁핍'을 겪었으며 배설물의 비천한 역할을 받아들이는 사람의 욕망, '내 안에 나보다 더한 어떤 것이 있다', 즉 나를 타자의 욕망의 대상이 될 가치가 있는 것으로 만드는 비밀스런 보물이 있다는 환상적 생각에서 벗어난 욕망. 이 특유의 욕망은, 내가 '큰 타자의 비실존'을—즉 상징적 질서가 한낱 유사물에 불과하다는 사실을—완전히 떠맡은 이후라 하더라

――――
숭고한 대상』, 329-330쪽.

도 나로 하여금 자기-폐쇄적인 충동의 회로에 몰입되지 않도록 가로
막는 그 무엇이다……. 그것은 '[안다고, 믿는다고, 즐긴다고] 가정된
주체'의 전이적 효과를 피하는 공동체적 '큰 타자'를 기능하게 만든다
고 가정된다. 다시 말해서 분석가의 욕망은 "환상을 통과한 이후에
그리고 '큰 타자의 비실존'을 받아들인 이후에 어떻게 우리는 그럼에
도 불구하고 다시금 집단적 공존을 가능하게 만드는 큰 타자의 어떤
(새로운) 형태로 회귀할 수 있는가?"라는 물음에 대한 라캉의 잠정적
답변인 것이다.[73]

　　김산과 조봉암은 환상을 횡단한 이후에도 끝까지 포기하지 않고 고수
하고자 했던 혁명적 대의가 있었는데, 지젝은 이를 다른 방식으로 표현하
고 있다. 김산이나 조봉암 모두 중국공산당과 코민테른의 비일관성, 외설
성에 실망하면서도, 그리고 그로 인해 자신의 근본적 정체성마저 부정되
어 티끌 같은 존재로 환원되는 주체적 궁핍화의 고통을 겪으면서도,
그러면서도 마지막 순간까지 놓지 않았던 어떤 혁명적 대의의 한 자락이
있었다는 것이다. 즉 환상을 횡단한 이후 배설물의 비천한 존재로 자신을
받아들인 이후에도, 공동체적 '큰 타자'를 가능하게 만든다고 가정되는
그러한 주체의 욕망, 집단적 공존을 가능하게 만드는 큰 타자의 새로운
형태에 대한 욕망, 바로 그것을 김산과 조봉암은 끝까지 포기하지 않았다
는 것이다. 이것이 이 글의 입장이자 가설이기도 하다.
　　그런데 이에 대해서는 또 다른 시각에서의 조명이 있을 수 있기에
일단 그것을 짚고 넘어가기로 한다. 다시 말해 대타자는 아무것도 모르
며, 상황을 실제로 통제하는 것은 공식적 대타자의 이면에 있는 초자아라

73_ 지젝, 『까다로운 주체』, 482쪽.

는 시각, 다시 말해 초자아의 외설성이 지배하는 그러한 상황의 시각에서 조명될 수 있다는 것이다. 김산은 자신의 결백을 인정받기 위해 법의 공식적 측면을 회피하고 법의 이면에 호소하는 '외설적 방법'에 의지할 수도 있었다는 것이다. 한위건이 김산의 반대를 무릅쓰고 중국공산당에 입당하기 위해 김산이 투옥되어 현장에 없는 틈을 타서 입당을 이루어낸 것처럼. 그러나 김산은 이러한 방식을 정면으로 거부한다. 김산은 "이 체험은 내게 대단히 귀중한 것이었다. 이 체험으로 나는 자신의 용기와 지조에 완전히 자신감을 얻었다……. 절대로 친구나 개인적인 적을 배반하지 않으리라. 내 적을 내 손으로 죽일지언정 밀고를 통해 파멸시키지는 않으리라. 배신에 의해 혁명을 성공시킨다면, 도대체 우리가 무슨 도덕적 권리를 갖는단 말인가?"라고 말한다.[74] 이 점은 조봉암 역시 마찬가지로 그는 자신에 대한 비판에 대하여 박헌영에 보내는 서신에서 다음과 같이 말하고 있다.

> 내가 반박하지도 않고 남의 죄과를 들추지도 않은 것은 오직 당을 위한 것뿐이오. 내가 양심적으로 진실로 죄로 생각하는 것은 일하지

74_ 님 웨일즈, 『아리랑』, 261쪽. 예를 들어 한국전쟁 전후 빨갱이로 단죄되는 것을 벗어나는 가장 손쉬운 방법은 명시적 법에 호소하여 자신의 '결백'을 주장하는 게 아니라 '외설적 수단' 가령 은밀히 뇌물을 공여하는 방법 등이었다. 그걸 모르는 '불쌍한' 죄인은 자신의 결백만을 재판관에게 호소한다. 아니 다 알지만 그 뇌물을 준비하지 못해 빨갱이로 몰려 처참한 최후를 맞이했을 수도 있다. 재판관은 잘 알고 있다. 재판관 자신을 포함하여 그 누구도 '빨갱이 법'의 법망을 벗어날 수 없음을, 그래서 법의 외설적 보충을 통해서 법망을 벗어나야 함을. 그걸 가리키기 위해 당시 유행했던 신조어가 '사바사바'였으며, 『동아일보』는 이를 '해방10년의 특산물'이라는 이름으로 소개하고 있다. 『동아일보』, 1955년 8월 17일 3면.

못한 것이오. 그런 것만치 쥐꼬리만치도 일한 것 없이 큰일이나 한 것 같이 꾸미며 혁명가로서는 물론이고 인간적 양심으로도 도저히 할 수 없는 짓을 한 자들이 동지를 속이고 계급을 속이고 뻔뻔히 군중 면전에 나타나서 꺼떡대는 것은 참으로 용서할 수 없는 현상이며 우리 당을 파괴하는 결과가 될 것이오. 나 자신부터 소위 자기비판을 했다 해서 그 죄과들이 일시에 없어지는 것이 아닐 줄 아오. 벌은 벌대로 받아야 되오.[75]

3) 김산에게 있어서 환상 가로지르기

김산은 남의사의 전향공작에 따른 배반과 처형이 난무하며, 당노선이 갈팡질팡하고 자신마저 당에서 제명된 절망적인 1930년대의 상황 속에서 "오류란 피할 수 없는 것이다. 그리고 오류에는 비극이 뒤따른다……. 오류를 고칠 수 있도록…… 실패를 통해 사람들이 눈을 뜰 때까지 기다릴 수밖에 없다……. 그동안 안달해서는 안 된다. 인내심을 가져야 한다"라고 말한다.[76] 앞서 말했듯이 김산은 혁명을 수행하는 행위자 자신도 알지 못하는 그러한 무의식과의 조우, '타자의 비일관성과의 조우', '타자는 현실적으로 자신의 행위와 말의 주인이 아니라는 사실과의 조우'에 이르게 된다. 고대 이집트인들의 비밀은 이집트인들 자신에게도 역시 비밀이었듯이, "주체가 꿰뚫을 수 없는, 불가사의한 타자와 대면하게 될 때 포착해야 하는 것은 타자에 대한 자신의 질문이야말로 이미 타자 자체의 질문이라는 사실이다."[77]

75_ 조봉암, 「존경하는 박헌영 동무에게」, 33쪽.

76_ 님 웨일즈, 『아리랑』, 253-255쪽.

77_ 지젝, 『이데올로기의 숭고한 대상』, 301쪽. "실체적인 타자의 침투불가능성, 주체가 큰 타자의 중심부를 꿰뚫을 수 없도록 가로막는 방해물은 이러한

김산은 여기서 중국공산당이라는 체계 자체의 '구조 내의 공백', '정상적 작동 방식의 파열'로서 당 노선의 오류가 피할 수 없는 것임을 기꺼이 받아들이고자 한다.[78] 물론 이것은 당의 대행자로서 자신의 재입당을 거부하는 한위건에 대해 칼을 품고 그의 집을 방문하여 복수하고자 한 이후, 그리고 당 노선의 오류에 대해 그 잘못됨을 조목조목 지적하며 화를 터트리고 난 이후의 일이다. 그가 환상을 벗어나는 것은 그 모든 것이 자신의 욕망에 의해 부추겨진 것임을 깨닫고, 자신의 헛된 욕망에서 벗어나 주체적 궁핍화에 이르는 순간이다.[79]

타자가 이미 그 자체로 가로막혀 있으며, 상징화 즉 상징적 통합에 저항하는 어떤 '이해불가능한' 암초를 중심으로 구조화되어 있다는 사실에 대한 직접적인 지표이다. 주체는 사회를 완결된 전체로 이해할 수 없다. 그러나 이러한 무능력은 존재론적 위상을 지니고 있다. 그것은 사회 그 자체는 존재하지 않는다는 사실을, 사회는 근본적 불가능성에 의해 각인되어 있다는 사실을 증명해준다. 그리고 타자, 실체로서의 사회가 이미 주체일 수 있는 것은 바로 완전한 동일성[정체성]의 성취에 대한 그 불가능성 때문이다."

78_ 가령 앞에서 인용한 바 있는 코민테른 제6회 대회에서 채택된 테제「식민지·반식민지 국가의 혁명운동에 대하여」(1928년 9월 1일)를 보면 "장개석의 부르주아 반혁명적인 쿠데타가 일어났을 때, 혁명적 프롤레타리아는 전혀 준비가 안 되어 있는 상태였다. 쿠데타는 프롤레타리아 대열 내에 혼란을 불러일으켰다…… 당시 공산당은 혁명적 대중의 자주적인 행동을 분명히 저지했다…… 혁명적인 노동자·농민운동은 여전히 승리를 쟁취하기 위한 노력을 계속했다. 이제 중국공산당도 그 노선을 시정하고 올바른 지도부를 선출하여 혁명의 선두에 섰다. 그러나 혁명의 물결은 이미 퇴조로 바뀌고 있었다…… 과거 기회주의적 지도부의 엄청난 오류 대신에, 이제는 그 반대로 다양한 지방에서 대단히 유해한 봉기주의의 오류가 나타났다"고 쓰고 있다. 편집부 엮음,『코민테른 자료선집 3』, 동녘, 1989, 307-308쪽.

79_ 님 웨일즈『아리랑』, 238-239쪽. 지젝이 말하는, 유태인의 사기에 넘어간 폴란드인처럼, 그는 화를 터트림으로써 대타자에 대한 전이로부터 벗어났지만, 그러나 아직 환상을 벗어나지는 못했다(지젝,『이데올로기의 숭고한 대상』, 120쪽). 나중에 김산은 연안에서 한위건을 다시 만나 서로를 용서해

　　김산은 자신이 가장 중요하다고 여겼던 가치들이 지젝이 말하듯 '똥'과 같이 '배설물의 비천함'에 불과하다는 걸 깨닫게 된다. 그는 자신이 "1932년까지는 재판관처럼 떡 버티고 앉아서 무자비하게 '오류'를 규탄하기도 하고 훈련교관처럼 말썽꾸러기들을 대열 속으로 두들겨 맞추기도 하였던 것이다. 어리석은 지도와 어리석은 추종 때문에 사람들이 죽거나 운동이 깨지는 것을 보면 열화처럼 분노가 솟아올랐다. 나는 용서를 몰랐다"고 자신의 모습을 뒤돌아본다.[80] 당시 김산은 피도 눈물도 없는 로베스피에르와 같은 자세, 그것이야말로 중국공산당에 절대적으로 필요한 것, 즉 타자의 결여를 충족시키면서 자신의 결여 또한 동시에 충족시킬 수 있는 지점이라고 생각했다. 그러나 그는 그 자신이 일제 밀정, 이립삼주의자로 몰리게 되면서, 혁명가로서 반드시 필요한 속성이라고 생각하며 스스로 가꿔왔던 자신의 내면적 가치들이 똥과 같이 비천한 것으로 전락하게 되는 것을 목격한다. 그리고 그것은 단지 자신의 욕망이 만들어낸 환영일 뿐이라는 걸 비로소 깨닫게 된다. 환상이 환멸로 변하는 순간이다.

　　그러나 그 환멸의 순간에 맞닥뜨린 피할 수 없는 진실에 대해, 그것을 어떻게 받아들일 것인가라는 문제는 단순히 인식론적 문제가 아니라 윤리적 실천의 문제, '용기'와 관련된 문제이다. 알렌카 주판치치는 다음과 같이 말한다.

주며 화해하게 된다(이원규, 『김산 평전』, 547-548쪽). 우리는 자신의 환상과 거리를 두고 환상의 궁극적 우연성을 경험하여 주체적 결핍상태를 겪은 이후에야, 다른 사람들이 자기 나름대로 갖는, 또 가질 수밖에 없는 자기만의 고유한 환상이 있음을 인정하고 그것을 존중해줄 수 있게 된다. 지젝, 『삐딱하게 보기』, 313-314쪽.

80_ 님 웨일즈, 『아리랑』, 290쪽.

진리는 과도하게 강한 빛과 같다. 우리가 그것을 직접적으로 바라보면 그것은 우리를 눈멀게 하거나 파괴한다……. 진리는 존재와 생존의 기능들과의 이접 안에 수립된다. 그러나 이 이접 또는 상호 배제의 본성은 (구조적이 아니라) 역학적이다……. 한 정신의 강함은 그것이 얼마나 많은 진리를 여전히 참거나 견뎌낼 수 있는지와 관련하여 측정된다.[81]

김산은 자신의 회상록이기도 한 『아리랑』의 최종 말미에서 다음과 같이 말한다. "다년간의 마음의 고통과 눈물을 통해 '오류'가 필수적이며 따라서 선이라고 하는 것을 배웠다. 오류는 인간 발전의 통합적인 일부분이며 사회변화과정의 통합적 일부분인 것이다……. 거짓(僞)을 배우지 않는 자는 사실(眞)을 알지 못한다. 마르크스주의와 레닌주의의 교과서는 잉크로 쓰여진 것이 아니라 피와 고통으로 쓰여진 것이다……. 비극은 인생의 한 부분인 것이다."[82] 김산은 '오류는 사회변화과정의 통합적 일부'임을 인정하면서 고통스럽다 하더라도 그것을 기꺼이 받아들이고자 한다. 김산은 자신이 당을 대신하여 한위건 등 타인을 해당(害黨)분자인 두려운 사물과 동일시하며 배제하였듯이, 이제 자신이 자신의 메시지를 돌려받아 당에 의해 해당분자라는 두려운 사물과 동일시될 때, 그는

81_ 알렌카 주판치치, 『정오의 그림자—니체와 라캉』, 도서출판 b, 2005, 143-145쪽. 주판치치는 진실 내지 진리를 인식론적 문제가 아니라 윤리의 문제, 용기의 문제로 보고자 한다. 그럴 때 오류는 맹목이 아니라 비겁이 된다. 왜냐하면 진리는 삶에 위험할 수 있는 어떤 것이며, 진리는 상징적인 것이 아니며, 실재와 연관된 것이기 때문이다(상징적인 것은 삶의 은신처인 반면, 실재는 그것의 노출이자 취약성이다). 진리는 삶에 위험한 것으로, 생존조차 위협할 수 있는 어떤 것이다.

82_ 님 웨일즈, 『아리랑』, 291쪽.

당의 그 '오류'를 기꺼이 받아들일 뿐 아니라 그 오류가 올바른 길로
나아가기 위해서 불가피한 것임을 또한 인정한다. 다시 말해 그는 자신의
개인적 오류는 당의 오류와 더불어 진실에 이르기 위해서는 불가피하게
거칠 수밖에 없는 여정임을 깨닫게 된다.

라캉이 말하듯 진리는 오직 허구나 오인을 통해서만 나타나는 것이며,
전이는 환영이지만 그것을 무시하고 곧바로 진리에 다다를 수 없다.
주체의 '실수'·'잘못'·오인이라고 지칭되는 것은 역설적이게도 진리
보다 앞서 도달한다. 왜냐하면 '진리'는 그 자체로 오직 실수를 통해서만,
실수의 매개를 통해서만 진리가 되기 때문이다. 우리는 우리의 행동이
이미 우리가 바라보는 사태의 일부분이라는 것을, 우리의 실수가 진리
그 자체의 일부분이라는 것을 못 보고 지나친다.[83]

지젝은 여기서 에두아르트 베른슈타인(1850~1932)과 로자 룩셈부르
크(1871~1919)를 대립시킨다. 베른슈타인의 수정주의적 두려움은 객관
적 조건이 성숙되기도 전에 권력을 너무 '성급히', '시기상조로' 장악하
고자 하는 것에 대한 것이라면, 로자 룩셈부르크의 대답은 최초의 권력
장악 시도는 필연적으로 '시기상조'라는 것이며, 노동자계급이 성숙함에
도달하는 유일한 방법은 '성급하게' 그걸 시도하는 것이고, 만약 '적당한
시기'를 기다린다면 우리는 절대 그 순간에 도달하지 못한다는 것이다.
다시 말해 혁명적 힘이 성숙된다는 조건은 오직 실패로 귀착될 일련의
'성급한' 시도들을 통해서만 가능하다는 것이다. 지젝이 말하듯 로자
룩셈부르크의 논의의 초점은 혁명 과정에 메타언어는 불가능하다는 것
이다. 김산은 엄밀한 자기분석을 통해 이와 정확히 동일한 결론에 도달하
고 있다. 즉 김산은 자신의 과거를 전체적으로 점검한 후 '오류'가 필수적

83_ 지젝, 『이데올로기의 숭고한 대상』, 106, 109-111쪽.

이며 선이며, 사회변화과정의 통합적 일부라고 최종적인 결론을 내리고
있다.

지젝은 베른슈타인과 룩셈부르크의 대립이 강박증자와 히스테리자
의 대립과 일치한다고 말하고 있다. 그렇다면 낯선 타자와의 대면을
통해 히스테리화된 주체가 다시 자신의 세계를 새로이 구축한 이후 강박
증자로 돌아간다면, 그는 객관적 조건이 무르익을 때까지 끝없이 혁명을
연기하는 베른슈타인적 수정주의자가 된다는 뜻이다. 다시 말해 이는
혁명가 역시 항상 관료주의화라는 타성의 함정에 빠질 위기 속에 있다는
뜻이다. 자크 랑시에르가 말하듯이 정치에는 어떤 고정된, 자연적 주체도
없으며, 정치적 '주체'는 어떤 혁명적 순간, 해방의 과정에 주체로서
등장하였다가 자신의 자리와 일을 차지하는 순간, 이해관계를 갖는 순간
치안의 질서 속으로 함몰되어 사라지는 불안정한 존재이다(제3부 제3장
4절 참조). 이 점은 바로 김산 스스로 과거의 자신을 반성하던 지점이기도
하다. "언제나 정당함이라는 높은 자리에서 최종판결을 내릴 자세가
되어 있었다. 서슴지 않고 당의 노선이라는 이름으로 누구든지 공박했으
며, 다른 사람에 대해 제출한 엄숙한 고발장도 많았다."[84]

이렇게 환상을 가로지른 김산이 선택할 다음의 행로는 과연 무엇이
될 것인가? 큰 타자인 중국공산당의 비일관성, 오류에 직면하고(중국공
산당의 결여를 부정하고 완결성을 가정하였던 상징적 전이가 해소되고),

84_ 님 웨일즈, 『아리랑』, 231쪽. 베른슈타인과 룩셈부르크의 대립을 강박증자와
히스테리자의 대립으로 보는 관점을 세계혁명론이라는 보다 큰 시야에서
본다면, 우익기회주의와 좌경모험주의 간의 대립, 식민지 종속국 중심의
통일전선 전략과 유럽 중심 세계혁명론 간의 대립, 이 모두가 강박증과
히스테리의 대립이 된다. 이는 스탈린과 트로츠키 간의 논쟁인 일국사회주
의론과 영구혁명론 간의 대립, NEP기의 소련 체제에서 부하린과 프레오브
라젠스키 간의 논쟁에서도 반복된다.

또 그로 인해 스스로의 주체적 궁핍을 받아들인 김산에게 그 다음의
행로는 과연 무엇이었겠는가? 지젝은 사회적 환상 '횡단하기'와 증상과
의 동일시가 상관적이라 말하며, 따라서 우리는 환상을 횡단하고 동시에
증상[증환]과의 동일시를 완수해야 한다고 말한다. 증환의 존재론적 위
상은 우리의 유일한 실체, 우리 존재의 유일한 지탱물, 주체에 일관성을
부여할 수 있는 유일한 지점이며, 우리 주체들이 '광기를 피할 수 있는'
방법, '무(근본적인 정신적 자폐증, 상징적 세계의 와해) 대신에 유(증상-
형성물)를 선택할 수 있는' 방법이다. 바로 이 때문에 정신분석 과정의
종결에 대한 라캉의 최종 정의는 증상[증환]과 자신을 동일화하는 것이
다.[85]

　　김산은 광주 봉기와 해륙풍 소비에트에서 홍군에 참여했던 시절, 그를
사로잡았던 트라우마적 기억으로 돌아가고자 하듯이 증상처럼 무장투
쟁, 군사투쟁의 현장으로 가고자 한다. 자신에게 낙인이 찍힌 이립삼노선
또한 국민당 지역에서의 무장봉기와 홍군에 의한 대도시 점령을 요구한

85_ 지젝, 『이데올로기의 숭고한 대상』, 135, 222-223쪽. 지젝에 의하면 "환상을
　　횡단하여 불안에서 벗어난 환자들이, 즉 현실의 환상적 틀로부터 거리를
　　확보한 환자들이 왜 아직도 증상을 포기하지 않는 것인가? 해석을 넘어서
　　심지어 환상을 넘어서까지 잔존하는 병리적 형성물인 이 증상을 어떻게
　　할 것인가?"라는 질문에 대해, 라캉은 신조어 증환(sinthome)이라는 개념을
　　통해 대답한다. 라캉에 의하면 증환으로서의 증상은 향락[향유, 주이상스]이
　　스며있는 기표적 형성물이다. 지젝은 그 예로서 유럽 사회의 유태인과 자본
　　주의체제의 경제 위기나 전쟁을 들고 있다. 그는 유태인에 귀속된 속성들이
　　우리 사회체계의 필연적 산물임을 인정해야 한다고 말한다. 우리는 유태인
　　에 귀속된 '과잉분' 속에서 우리 자신의 진실을 확인해야 한다. 자본주의
　　체제의 정상적 작동의 퇴화처럼 보이는 것들(전쟁, 경제 위기 등)이 사실은
　　체계 자체의 필연적인 산물인 것처럼. 지젝은 '증상과의 동일시'가 사태의
　　'정상적인' 작동 방식의 파열과 과잉분 속에서 진정한 메커니즘으로의 접근
　　을 가능케 하는 열쇠를 확인하는 것이라고 말한다.

것이다. 김산은 늘 충동적으로 무장투쟁, 군사투쟁의 현장으로 달려가고자 하였다. 그는 1931년 당에서 제명되고 죽음의 위기에까지 내몰렸을 때 자신이 결핵에 걸리자 이를 큰 충격으로 받아들였다. 그것은 자신이 언젠가는 남방에 가서 홍군에 참여하려는 꿈을 갖고 있었는데 그것이 좌절되었다고 생각했기 때문이다.[86]

지젝은 증상과의 동일시의 예를 영화 <옛날 옛적 서부에서>(세르지오 레오네 감독, 1968)에서 주인공 '하모니카맨'이 자신의 트라우마를 지칭하는 하모니카와 자신을 동일시하는 것을 들고 있다.[87] 그와 마찬가지로 김산은 무장투쟁 노선과 자신을 동일시하고자 한다. 김산에게는 트라우마로 작동하고 있던 광주와 해륙풍에서 초기 홍군들의 잔인한 처형 현장에 대한 기억이 있다. 당시 그것은 신성한 혁명 과정의 정상적 작동을 파열시키는 어떤 과잉으로 그에게 느껴졌던 것이다. 그러나 김산은 이제 전장이라는 잔인한 현장과 정면으로 대면하고자 하며, 자신에게 낙인찍힌 이립삼주의자와 자신을 트라우마적으로 동일화하고자 한다. 그것이

86_ 님 웨일즈, 『아리랑』, 235-238, 255쪽. 그는 "중국 홍군에는 한국인 동지가 몇 있었다. 나는 공개적 활동을 좋아하였다. 비밀지하공작이나 당의 정치적 음모나 투쟁은 행복감을 줄 수 없었다"라고 말한다. 또 1927년 장개석의 쿠데타 이후 1934년 대장정이 시작될 무렵, 그는 백구에 대한 기대를 버리고 "우리는 홍군 운동에 희망을 걸었다"고 말한다.

87_ 지젝, 『이데올로기의 숭고한 대상』, 135-136쪽. 지젝은 주인공인 하모니카맨이 '주체의 결핍상태'(subjective destitution), 즉 자신을 표상하는 기표, 이름을 갖지 못한 상태를 견뎌왔는데, 이것이야말로 그가 자신의 증상과의 동일화를 통해 일관성을 유지하는 이유라고 본다(지젝, 『삐딱하게 보기』, 276쪽). 하모니카를 불며 자신의 형을 결국 죽음에 이르게 했다는 죄책감에 사로잡힌 주체, 비천한 존재로 환원된 궁핍한 주체로서 주인공은 그 트라우마적 기억을 증상처럼 반복하기 위해 하모니카를 분다. 그렇게 그는 자신을 그 하모니카와 동일시하면서, 궁핍한 주체로서 자신의 존재를 지탱한다.

자신을 당에서 제명하는 빌미가 되었다 하더라도, 그것은 혁명 과정의 과잉이 아니라 그 과정의 불가피한 한 부분이라는 것을 받아들이게 되었음을 의미한다. 결국 그는 1936년 상해의 조선민족해방동맹과 가족을 떠나 중국공산당 중앙과 홍군 지휘부가 있는 보안으로 돌아올 수 없는 길을 떠난다.

김산은 1936년 8월에 "조선민족해방동맹과 조선공산당에 의해 서북에 있는 중화소비에트 지구에 파견될 대표로 선출"된다. 조선민족해방동맹은 1936년에 김산, 김성숙, 박건웅 등이 결성한 단체로서 "우리는 중국만을 위해 희생될 것이 아니라, 직접 한국혁명을 보위하지 않으면 안 된다고 결의하였다……. 더 이상 물속에 녹아 있는 소금처럼 우리 자신을 잃어버릴 처지가 못 된다"라는 입장을 가졌다. 이 조직은 코민테른 7회 대회(1935년)와 중국공산당의 8·1선언(1935년)을 배경으로 결성되었으며, 뒷날 김원봉의 민족혁명당, 유자명의 조선혁명자연맹과 통합해 조선민족전선연맹이라는 통일전선을 결성했고, 이것이 조선의용대로 발전한다.[88]

따라서 김산에게 무장투쟁은 환상을 횡단하고 나서도 포기할 수 없는 병리적 형성물로서의 증상에 해당한다. 그는 오직 홍군에의 참여를 통해서만 자신의 상징적 세계가 완전히 와해되는 것을 피하고 자기 존재를 지탱할 수 있다고 느꼈던 것이다. 이원규에 따르면, 김산은 전선으로 나가 일본군과 싸우고 싶다고 당에 요청하였고, 그 요청이 받아들여져 200km 떨어진 도시로 걸어서 이동하던 중인 1938년 10월 19일 당에 의해 총살되었다. 중국공산당 중앙에서는 그 직전인 10월 8일 김산이 '일본 특무기관의 정보원'이므로 비밀리에 사형하라는 명령을 내린 바

88_ 님 웨일즈, 『아리랑』, 283-285쪽; 이원규, 『김산 평전』, 504-506쪽.

있다.[89]

다시 말하지만 지젝은 근본적 환상을 통과한 이후에도 남아 있는 욕망, 환상에 의해 지탱되지 않는 욕망에 대해 말한다. 그것은 배설물의 비천한 역할을 받아들여 주체적 궁핍화에 도달한 사람의 욕망, 환상을 벗어난 욕망, '큰 타자의 비실존'을 받아들인 후에도 집단적 공존을 가능하게 만드는 큰 타자의 새로운 형태로 회귀할 수 있는 욕망을 말한다.[90] 다시 김산의 마지막 말을 인용한다. 그는 여기서 이름도 기억되지 않은 채 혁명 과정에서 희생된 동지들, 특히 해륙풍 무장투쟁 과정에서 희생된 동지들과 자신을 동일시하고자 한다.

> 내 청년 시절의 친구나 동지들은 거의 모두가 죽어버렸다. 민족주의자, 기독교신자, 무정부주의자, 테러리스트, 공산주의자—수백 명에 이른다. 그러나 내게 있어서는 그들이 지금도 살아 있다……. 그들은 직접적인 것에는 실패했지만 역사는 좋은 평가를 계속 유지한다. 한 사람의 이름이나 짧은 꿈은 그 뼈와 함께 묻힐지도 모른다. 그러나 힘의 마지막 저울 속에서는 그가 이루었거나 실패한 것이 단 한 가지라도 없어지지 않는다. 이것이 그의 불사성(不死性)이며, 그의 영광

89_ 이원규, 『김산 평전』, 582-590쪽.

90_ 지젝, 『까다로운 주체』, 481-482쪽. "라캉은 분석의 끝이 전이의 '청산'을 포함한다는 생각 또한 거부한다. 전이가 '청산될' 수 있다는 생각은 전이의 본질에 대한 오해에서 비롯된다. 그에 따르면 전이는 넘어설 수 있는 어떤 환영이라고 파악된다. 그러한 관점은 전이가 갖는 상징적 본질을 전적으로 간과한다는 점에서 잘못되어 있다; 전이는 말의 본질적 구조 가운데 한 부분이다. 분석 치료가 분석가와의 사이에 설정된 특정 전이 관계의 해소를 포함하지만, 전이 그 자체는 분석의 끝 이후에도 여전히 존속한다." 에반스, 『라캉 정신분석 사전』, 164쪽.

또는 수치인 것이다. 자기 자신이라 할지라도 이 객관적 사실은 바꿀 수가 없다. 그는 역사이기 때문이다. 그 무엇도 사람이 역사라고 하는 운동 속에서 점하는 자리를 빼앗을 수가 없다.[91]

지젝은 스탈린의 입장을 진보주의적 관념론이라 비판하면서 발터 벤야민을 진정한 유물론자로 옹호한다. 그는 벤야민에 의거하여 다음과 같이 말한다.

혁명은 지속적 역사발전에 속한 것이 아니라, 반대로 지속성이 깨질 때, 승자의 역사인 이전의 역사 조직이 소멸될 때 나타나는 '정지'의 계기이다. 바로 이 순간, 지배자의 텍스트 속에서는 무의미하고 텅 빈 흔적으로 작동했던 미성숙한 행동, 말실수, 실패했던 과거 시도들이 혁명의 성공을 통해 소급적으로 '구원될' 것이고 의미를 찾게 될 것이다. 이러한 의미에서 혁명은 창조적 행동이며 '죽음 충동'의 극단적 침입이다. 지배자의 텍스트를 제거하고 무로부터 새로운 텍스트를 창조하여 억압된 과거를 미래완료의 형태로 완성하게 될 것이다.[92]

91_ 님 웨일즈, 『아리랑』, 292쪽. 중국혁명의 초기 과정에서 많은 한국인 혁명가들이 희생되었다. 가령 이시카와는 "황푸군관학교에서는 민족 독립을 추구하는 다수의 조선 청년들이 수학했으며 실제로 북벌군에도 참가하였다"(이시카와, 『중국근현대사 3』, 42쪽)라고 쓰고 있고, 김산은 "국제주의의 이름으로 중국을 위해 죽으려고, 우리들 수백 명은 기꺼이 광동으로 갔다. 그 결과 한국 혁명운동 지도부의 정수는 그곳에서 전멸당하고 말았다……. 해륙풍에서 나는 죽은 사람들보다 더한 고난을 당했다……. 나는 다른 한국인 8백 명과 함께 광동으로 가서 중국혁명에 참가하였다"고 말한다. 님 웨일즈, 『아리랑』, 28, 33쪽.

92_ 지젝, 『이데올로기의 숭고한 대상』, 247쪽.

혁명가로서 김산은 혁명 과정에서 먼저 세상을 떠난 과거의 동지들, 그들이 실패했던 과거의 시도들이 그대로 사라지는 것이 아니라 영원히 죽지 않을 것임을 말하며 자신을 그들과 동일시하고자 한다. 그것은 훗날 혁명의 성공을 위해 다시 소환될 것이며, 또 혁명의 성공을 통해 소급적으로 구원될 수 있음을, 억압된 과거가 미래완료형으로 완성될 수 있음을 말하면서, 일종의 진혼곡, 동지들에 대한 진혼곡뿐 아니라 자기 자신에 대한 진혼곡까지를 부르고 있는 셈이다.[93]

4) 조봉암과 환상 가로지르기

조봉암의 경우를 살펴보기로 한다. 조봉암은 앞서 말한 바와 같이 상해 시절 극단적으로 '낯선' 타자의 모습을 대면하게 된다. 그 낯선 타자에 의해 그는 조선공산주의 운동에 대한 코민테른 대표자의 자리에서 혁명의 배신자라는 바닥으로 추락하고 만다. 조봉암에게 붙은 죄목에는 공금 유용, 강도짓과 같이 파렴치한 혐의, 개인적 영역인 사랑의 문제에 대한 극단적 비난까지 포함되면서 그의 위치는 '배설물의 비천한

93_ 1978년 중국 국가기획위원회에서 일하던 김산의 아들 고영광은 중국공산당 중앙조직부에 아버지의 명예 회복을 위한 심의를 공식 요청했고, 김산이 연안 항일군정대학에서 강의할 때 학생이었던 중공당 중앙위원회 조직부장 후야오방(胡耀邦)과, 김산과 더불어 광주 봉기에 참가했던 전국인민대표자회의 위원장 예젠잉(葉劍英)에게 간곡한 서신을 보냈다. 그는 1981년 다시 편지를 보냈고, 중공당 중앙조직부는 김산에 대한 심사에 들어갔다. 해방 후 입수한 국민당 서류에 '아무것도 자백하지 않는 미련한 놈', '장지락을 찾아서 체포하라'는 지시서, 그리고 일본 측 문건의 '절대로 전향하지 않을 놈' 등을 근거로 1983년 1월 중앙조직부는 "트로츠키파나 일본 특무 문제는 부정되어야 한다, 그의 피살은 특정한 역사 조건에서 발생한 억울한 사건으로 마땅히 정정되어야 한다"는 결론을 내리고 명예 회복과 당적 회복을 결정하였다. 이원규, 『김산 평전』, 595-602쪽.

역할'을 맡는, 주체적으로 극히 궁핍한 상황에 처하게 된다. 결국 상해 시절에 형성된 자기 존재의 극단적 추락이라는 이러한 상황이 해방 이후 1946년의 공개 전향으로 그를 이끌었다.

조봉암은 전향 이후 1950년대에 이승만의 최대 정적으로 부상하면서 자신을 죽음으로 몰고 가게 될 평화통일론을 전개하는데, 그것은 과거 자신의 이념적 지향과는 달리 철저한 반공 논리에 입각하여 전개된다. 그는 해방 이후의 조선공산당에 대해 "조선공산당의 박헌영 등의 정치적 행동은 그 대부분이 우리 민족의 감정과 이익을 무시하고 오직 소련의 지시대로만 움직이는 소련의 주구적 역할을 했을 뿐"(1957. 5)이라고 보고, 북한정권의 성립에 대해 "공산당이 반동화하여 소련과 결탁해서 소련지배하의 북한에서 자기네들끼리 정권을 수립"(1950. 3)하였다고 비판한다. 또 스탈린의 숙청에 빗대어 "이북의 괴뢰정권 김일성은 최근 박헌영 일파를 또한 같은 방법으로 죄를 뒤집어씌워 피의 제사를 지냈다"(1953. 8. 15)고 말한다.[94]

조봉암은 사회주의와 자본주의를 노농계급 독재와 자본계급 전제로 비판하면서 이들을 지양하는 이른바 제3의 길을 제시한다. 그것은 "참된 민주주의 국가"(1954. 3), "복지사회", "자주·통일·평화국가"(1956. 11. 10)로 구체화된다. 그는 '우리 민족의 지상명령은 남북통일'(1956. 11)이라고 보고, 그 방법은 평화통일 이외에 없다고 보았다. 그는 이승만 정권이 독재와 수탈을 합리화하기 위한 중요한 근거로 제시하고 있던 무력통일·남침위협론이 왜 불가능하고, 왜 평화통일만이 유일한 대안인가라는 점을 제시하고자 하였다. 그에게 그것은 '자주적 발전의 길',

---

94_ 신병식, 「한국현대사와 제3의 길: 여운형, 김구, 조봉암의 노선을 중심으로」, 『한국정치학회보』, 34집 3호, 2000, 69-73쪽.

'자주적 통일의 길'이었다.

자주적 발전의 길을 택하지 않을 때, 즉 자본주의나 사회주의 어느 일방에 치우친 발전의 길을 택하게 될 때, '양쪽' 외세[미국과 소련]와의 협조는 불가능하게 되며 따라서 민족통일은 달성되지 못하며 각각 어느 한쪽 외세에 의존하는 분단지속의 상태가 불가피하게 될 것이다. 거꾸로 자주적 통일의 길을 걷지 않을 때, 즉 어느 한쪽 외세에 의존하여 통일을 도모할 때 '양쪽' 외세와의 협조는 이루어지지 못하여 분단지속은 불가 피해지고, 국가건설의 지향은 자주적 발전의 길을 걷지 못하고 어느 한쪽 외세에 의해 강요되는 발전의 길을 걸을 수밖에 없게 된다.

다시 말해 조봉암은 평화통일론에 자신의 모든 것을 걸고 있다. 그는 자신의 입장을 철저한 반공논리 위에 세움으로써 자신의 가장 내밀한 가치, 즉 반제국주의 민족해방마저 부정해야 하는 주체적 궁핍화에 도달 하게 된다. 예를 들어 그는 이러한 철저한 반공논리를 베트남전쟁에 대한 평가에까지 끌고 가면서 스스로조차 당혹스러움을 느낄 정도가 된다.

> 우리 민족은 소위 동병상련 격으로 월남독립운동에 대하여 무한한 관심을 가져왔다. 일찍이 호지명군이 불란서에 대한 투쟁을 계속할 때 우리가 일본 제국주의에 대한 투쟁과 같이 큰 감격을 가지고 보아 왔다……. 그런데 호지명이 공산진영에 들어갔다. 이 또한 약소민족 의 비애이다……. 호지명이 공산진영에 들어가서 소련의 괴뢰가 되었 다면 그 또한 우리 민족 중의 김일성같이 월남 민족의 적으로 전락되 는 것은 아닐까, 생각이 여기에 미치매 가슴이 아프고 몸이 떨린다.[95]

95_ 조봉암, 「내가 본 내외정국」, 『한국일보』(1955년 6월 16일~7월 11일).

조봉암은 자신의 회고담에서 "우리 한국청년의 대부분이 3·1운동 이후로 많이는 사회주의자가 되고 혹은 공산당을 조직했습니다. 그러나 그들의 대부분은 한국독립을 위한 사회주의고 한국독립을 위한 공산주의자였습니다. 한국 민족을 버리고 한국독립을 불고하고 사회주의 혹은 공산주의를 생각한 일은 없습니다"라고 밝힌 바 있다.[96]

그러면서도 그가 끝까지 잃고자 하지 않는 것은 우리 민족의 최종적인 민족해방 즉 자주적인 민족통일이었다. 그 자주적 통일의 전제가 되는 것이 앞서 말한 자주적 발전의 길, 즉 사회주의나 자본주의 어느 편에도 치우치지 않는 발전의 길이라고 봄으로써 주체적 궁핍화는 일종의 전이 해소를 전제한다. 따라서 그에게 평화통일론은 환상을 가로지른 이후에도 남는 것, 분석의 끝에 도달하는 것, 곧 증환에 해당된다고 할 수 있다. 당시 미국 측은 매카시 선풍이 몰아치던 극단적 냉전분위기 속에서 조봉암의 평화통일론을 당혹스럽게 받아들였다. 미국대사관에서는 제3대 대통령선거 이후 조봉암을 직접 만나 그 진의를 파악하고자 했다. 진보당 창당 당시 미국은 "가장 중요한 문제는 조봉암이 공산주의와 정말 절연했는가, 평화통일을 위해 공산주의자들과 협상을 할 것인가의 여부"라고 판단했을 정도로 위협감을 느꼈다.[97]

그는 그 증상과의 동일시를 통해 광기를 피하고, 무(상징적 세계의 와해) 대신에 유(증상)를 선택함으로써 자신의 존재를 지탱한다. 결국에 가서 그가 평화통일론으로 인해 사형에 처해졌다 하더라도, 그는 상징적 죽음보다는 실재적 죽음을 선택했다고 할 수 있다. 조봉암이 자신의 죽음에 초연하였다는 사실은 여러 부분에서 나타난다. 예를 들어 사형집

96_ 조봉암, 「나의 정치백서」, 『신태양』, 1957년 5월 별책, 390쪽.
97_ 박태균, 『조봉암 연구』, 382-387쪽.

▲사진 9 간첩혐의로 재판정에 선 조봉암의 모습. 제일 왼쪽.

행이 예견되어 국내외에서 구명운동이 벌어질 때, 조봉암은 옥중에서 제헌절 성명을 발표하였다(1959. 7. 17). 여기서 그는 "나는 비록 법의 앞에 죽음의 몸이 되었다고 하여도…… 우리 동지들은 현실의 포로가 되지 말고 조국번영과 우리의 이념을 살리기 위하여 최후까지 노력하시기 바랍니다"라고 말하며 자신의 구명을 위해 원칙과 신념을 양보하지 말 것을 당부하였다. 그의 사형집행은 관례를 무시하고 7월 31일 가족들도 모르는 사이에 즉각 집행되었으며, 조봉암은 죽는 순간의 마지막 유언에서까지 "나의 죽음이 헛되지 않고 이 나라의 민주발전에 도움이 되기를 바라며 그 희생물로서 내가 마지막이 되기를 바랄 뿐이오"라고 말하며 자신의 죽음을 초연히 받아들였다.[98]

6. 정체성의 재형성과 사랑의 문제

조봉암과 김산에게 있어서 정체성의 변용 시점 이전에 마치 하나의 징조처럼 사랑의 문제가 등장한다. 1920년대 중국과 조선의 사회주의운동 내부에서 사랑 내지 연애의 문제는 일종의 금기의 대상이었다. 중국공산당 내에서 남녀 당원 사이에 문제가 자주 발생하였기 때문에, 공산당이 여성해방을 추구하고 있기는 하였지만 이에 대해 당 지도부에서 1925년에 다음과 같은 일종의 교리가 제시된 바 있다.

마르크스주의의 신봉자라면 경제 제도가 완전하게 개조될 때까지 아름다운 연애 생활 같은 것은 할 수 없음을 알고 있을 것이다. 마르크스주의자는 결코 연애에 반대하지 않는다. 모든 것을 희생하여 경제

98_ 박태균, 『조봉암 연구』, 394-396쪽. 그러나 조봉암에게 최종적으로 사형을 선고한 죄목은 평화통일론이 아니라 날조된 간첩죄였다. 조봉암에 대한 신원운동은 윤길중을 중심으로 1989년 이래 끈질기게 전개되어, 노무현 정권 시절 「진실 화해를 위한 과거사정리위원회」를 거쳐 2011년 1월 20일 대법원에서 간첩죄에 대한 무죄가 확정되면서 성취를 이루게 되었다. 김학준, 『두산 이동화 평전』 수정증보판, 단국대학교출판부, 2012, 395-396쪽.

제도 개조를 추구하여 모든 사람이 아름다운 연애를 할 수 있게 되기
를 희망한다. 그러나 마르크스주의자라면 경제 제도의 개조를 위해
때로는 모든 것(연애를 포함하여)을 희생하지 않으면 안 된다…….
사랑에 연연하여 오히려 자신이 해야 할 활동을 희생시킨다면 그
사람은 어리석은 소인배이지 결코 마르크스주의의 신봉자라고 할
수 없다.[99]

 김산 역시 '혁명생활 속에서는 절대로 가정생활이 불가능'하다고 말
하고 있으며 주변 동료들의 경우도 이와 다르지 않았다. 그러나 그럼에도
불구하고 당내 처분을 받게 될 남녀 당원의 '경솔한' 만남과 헤어짐이
지도자를 비롯한 남녀 당원 간에 나타났다. 박헌영의 경우, 그는 사랑과
결혼조차 철저히 공산당 활동에 종속시켰으며, '사업'을 위해 자식을
갖는 것조차 경계하고 싫어했다. 박헌영은 모스크바 시절(1928~1931)
부인 주세죽 그리고 김단야와 함께 같은 방에서 생활했는데, 동지와
사업을 위해 부인과 잠자리를 가진 적이 한 번도 없었다. 그러나 주세죽
이 아이를 갖자, 부부간에 문제가 생겼는데 그것은 김단야의 아이였기
때문이다.[100]
 그렇지만 대부분의 사람들은 박헌영만큼 철저히 조직 활동에 충실할
수 없었다. 그들은 독립과 혁명을 위해 모든 것을 바쳤지만, 그들에게
다가온 타자의 낯선 모습, 완벽하다고 믿었던 타자의 외설적이고 잔인한

 99_ 이시카와, 『중국근현대사 3』, 126-7쪽.
 100_ 님 웨일즈, 『아리랑』, 106-110쪽; 이시카와, 『중국근현대사 3』, 127쪽;
   임경석, 『이정 박헌영 일대기』, 500-501쪽.

▲사진 10 모스크바 시절 박헌영, 주세죽 부부와 딸 비비안나

모습과 대면했을 때, 그에 대해 충격과 회의에 빠지지 않을 수 없었고, 그 충격을 완화시켜 줄 일정한 공간과 시간이 필요했다. 자신이 의식했든 의식하지 못했든 간에 그 상황이 그들로 하여금 사랑 혹은 결혼으로 나아가도록 하였다.

김산의 경우 첫 번째 체포 이후 석방되어 북경에 돌아갔을 때, 일본의 밀정이라는 모함을 받아 당으로부터 제명되었을 뿐 아니라, 과거 그의 노선이 좌경 이립삼주의였다는 비판을 받았다. 김산은 당으로부터 외면 받아 일자리도 돈도 떨어진 상황 위에 결핵이 도져서 죽음에 이르는 상황에 이르렀다. 이때 그는 조아평의 보살핌을 받으며 죽음으로부터 벗어날 수 있었다. 그를 통해 그는 자신의 상처받은 자아, 파괴된 정체성을 추스르며 그녀와 결혼하게 되고, 조직 활동으로부터 한 발 물러서지 않을 수 없게 된다. 당시 그는 자신의 과거 행적을 엄밀히 분석하며 자신에 대한 일종의 자기분석을 행한 이후 다음과 같이 말한다. "나는 내 과거의 경험을 분석하고 가혹한 자기 성찰을 철저히 하였다……. 이제 나는 더 이상 학생이 아니었고, 더 이상 혁명적 낭만주의자도 아니었으며, 더 이상 당의 관료도 아니었다……. 다년간의 힘든 혁명적 경험으로 무장되고 장차 올바른 지도자가 될 자격을 갖춘 하나의 성숙한 인간이었다……. 나는 자신에 대하여 강력하고 흔들리지 않는 신뢰를 느꼈다. 그때 이후 나는 한 번도 이 신념을 잃어본 적이 없다."[101]

조봉암의 경우 자신을 찾아 상해에 온 김이옥과 동거생활에 들어가면서 당 활동에서 비켜서게 된다.[102] 당시 공산주의운동을 같이 한 동지들 사이에서 조봉암의 이러한 생활은 비판의 대상이 되었다. 더욱이 당원인 아내를 버리고 비당원인 여자와 동거한다는 것은 용납될 수 없는 것으로

101_ 님 웨일스, 『아리랑』, 230-235, 245-246쪽. 그러한 점에서 "상징적 동일시는 '이차적 동일시'로서, 그것은 일차적 동일시를 모델로 하며 따라서 다른 모든 동일시처럼 상상적인 것을 공유한다." 에반스, 『라깡 정신분석 사전』, 113쪽.

102_ 김이옥은 당시 폐결핵에 걸렸는데, 당시만 해도 폐결핵은 치명적인 병이었기 때문에 삶을 포기한 채 나날을 보내다가 문득 죽기 전에 조봉암을 만나보기라도 해야겠다는 결심을 하고서 몰래 여비를 챙겨 일본 나가사키를 경유하여 상해로 건너간 것으로 알려져 있다. "김이옥은 강화도 출신 부농의 딸로, 경성여자고보를 마쳤고 상해로 조봉암을 찾아올 당시 이화여전 음악과에 다니고 있었다. 그녀는 어릴 때 고향에서 조봉암과 같은 교회에 다니면서 다섯 살 위인 조봉암을 매우 따랐다고 한다. 그러다가 3·1운동 때 조봉암의 선전문서 작성·배포 일을 도와주면서 급격히 가까워졌으며, 3·1운동 참가로 인해 조봉암이 서대문형무소에 수감되어 있을 때에는 자주 면회도 갔다. 그러나 조봉암의 출옥 후 결혼까지 생각했던 이들은 김이옥 부모의 완강한 반대에 부딪혔다……. 첫사랑에 실패한 조봉암은 사회주의운동가로서 정력적으로 일했고 그때 같은 운동가인 김조이와 동지적 결합을 하였다가 그가 출국할 즈음 헤어진 것이다". 박태균, 『조봉암 연구』, 83쪽.

비판되었다. 혁명운동에 몸 바치기로 한 공산주의자로서는 도저히 인정될 수 없는 애정행각이며 부르주아적 작태라는 것이었다.[103]

　여기서 다음의 의문이 제기될 수 있다. 단순히 조봉암과 김이옥의 동거라는 단일 요인이 그에 대한 모든 비난을 불러일으키고 조직에서 이탈하는 인과 연쇄를 불러온 것일까? 그것보다는 조봉암의 편에서는 사전에 이미 이 모든 걸 예견했으면서도 김이옥을 선택했다고 보는 편이 온당하지 않을까? 그렇다면 그 선택을 끌어낸 무언가가 있을 것이며, 그것은 억압된 것이 회귀하는 것, 곧 증상이 아니겠는가? 앞에서 살펴보았듯이 당시 조봉암은 자신 나름대로 독립과 혁명을 위해 최선을 다했음에도, 앞이 보이지 않는 상황에 부딪혀 있었다. 자신이 처한 그러한 위기 상황을 아무리 억압하고 부인하고자 하여도 끊임없이 고개를 쳐드는 불안과 회의가 당시 조봉암이 처한 상황이 아니겠는가, 라는 것이다.

　김이옥이 그를 찾아온 1927년이라는 시점은 그가 체포의 위험을 무릅쓰고 국내로 들어가 조선공산당의 재건을 위해 활동해야 하는 시점이었다. 하지만 그간 자신의 활동의 거점이 상해였다는 점과, 조선공산당 해외부 설치를 둘러싼 국내 공산주의자들과의 불화가 그것을 가로막았다. 다시 말해 조봉암은 그 시절 자기 정체성의 위기 문제에 부딪힌 것이다. 실제로 그가 전향한 것은 해방 이후인 1946년이지만, 그 뿌리는 이미 상해 시절에 있었고, 그것을 가리키는 징조가 김이옥과의 절망적인

103_ 박태균, 『조봉암 연구』, 84쪽. 민족주의 진영에서도 "조봉암이 동지였던 아내를 버리고 애인을 불러들여 살림을 차렸다'고 성토했다(이원규, 『조봉암 평전』, 255-256쪽). 조봉암은 모스크바에 있는 "아내 김조이한테서는 원망과 탄식으로 가득 찬 편지가 오고 아우 용암한테서도 질책하는 편지가 왔다. 그는 아내 김조이에게 미안하다고, 병든 몸으로 목숨을 걸고 찾아온 이옥을 외면할 수 없었다고, 하늘이 어떤 벌을 내리더라도 달게 받겠다는 내용의 답장을 써 보냈다."

사랑이었다.[104] 조봉암은 자신의 회고담에서 "내가 상해에 있는 동안 내 처가 찾아와서 오 년간 동거했고, 딸을 하나 낳아서…… 호정의 모친은 김이옥인데……"라고 밝히고 있다. 그러나 어린 시절부터 해방 직전까지 자신의 인생을 회고하는 이 글에서 그는 김조이에 대해서는 단 한마디도 언급하고 있지 않다.[105]

맺는말

지금까지 김산과 조봉암의 혁명적 독립운동을 정체성의 형성과 그 좌절, 그리고 환상의 횡단이라는 시각에서 살펴보았다. 상상적 동일시와 상징적 동일시라는 정체성 형성 과정은 타자의 세계를 완성시킴으로써 자신의 존재를 구하고자 하는 주체의 환상, 김산과 조봉암의 경우 혁명적 독립의 성취를 위해 자신은 어떤 역할을 할 수 있는가라는 구도 속에서

104_ 박태균도 "일제 시대 이후 조봉암의 활동에 대해 당내에서 많은 비판이 있었고, 이 때문에 소위 반조운동이 일어나기도 했다……. 조봉암이 당중앙에 보내는 편지(「존경하는 박동무에게」)에서 '당내의 자신에 대한 음해'에 대해 상당부분 할애한 것도 바로 이 때문이었다. 바로 이 점이 그가 공산주의운동에서 전향할 수밖에 없었던 결정적 이유였다"라고 쓰고 있다. 박태균, 『조봉암 연구』, 124쪽.

105_ 조봉암, 「내가 걸어온 길」, 358쪽. 조봉암은 일제에 체포되어 7년형을 살고 출옥한 이후인 1939년에 김조이와 다시 결합한다. 김이옥은 조봉암이 체포된 다음 해 조봉암의 칠촌이 상해에 와 딸 호정과 함께 귀국하지만, 1934년에 폐결핵 악화로 죽는다(이원규, 『조봉암 평전』, 298-301쪽). 조봉암과 김조이의 관계에 대해 이원규는 "각각 감옥살이를 하고 나와 동지들의 권유로 재결합을 하긴 했지만 둘 사이에 사랑은 없었다. 상대의 고난 어린 삶에 대한 연민이나 동지로서의 신뢰가 있을 뿐이었다"라고 쓰고 있다. 이원규, 『조봉암 평전』, 371쪽.

이루어진다. 그러나 중국공산당이나 코민테른이라는 타자가 김산과 조봉암을 혁명적 주체로 호명하고 정체성을 부여하지만 그 호명이 갖는 본질적 자의성·우연성으로 인해 환상이 무너지고 자기 존재의 의미를 확보하지 못하게 되는 절망적 상황에 봉착하게 된다. 그러한 궁지 속에서 김산과 조봉암이 선택한 길이 '정신분석의 끝'이라 일컬어지는 이른바 '환상 가로지르기'와 '증상과의 동일시'에 해당한다는 것이 이 글의 가설이다.

김산의 경우 상상적 동일시의 대상이 된 인물은 오성륜, 김성숙, 한위건 등이었다. 오성륜이나 김성숙은 자신이 그럴듯하다고 생각하여 모방하고 따라갈 수 있는 대상의 역할을 했으며, 한위건은 적대적 경쟁자로서 그 역시 자신의 또 다른 거울 이미지 역할을 했다. 그에게 톨스토이, 김원봉, 펑파이(彭湃) 등은 도저히 흉내 낼 수 없는 아버지와 같은 존재였으며, 그러하기에 톨스토이주의, 아나키즘, 중국공산당의 혁명노선은 그에게 상징적 동일시의 대상이 된다. 오성륜이나 김성숙이 상상적 동일시의 대상이 될 수 있었던 것은 그들이 무정부주의나 중국공산당의 혁명노선에 충실한 존재, 타자의 응시를 만족시킬 수 있는 존재였기 때문이다.

김산이 상징적 동일시를 완성하고 자기 정체성을 확고히 하는 것은 광주와 해륙풍 봉기를 겪은 이후의 일이다. 그 봉기를 통해 그는 타자도 결핍되고 결여된 존재라는 것을 깨닫게 되며, 자신이 타자가 결여한 부분을 충족시켜줄 수 있다는 생각, 즉 자신만의 고유한 환상을 가질 수 있게 된다. 그는 더 이상 다른 사람을 외적 참조점으로 삼아 모방하지 않고도, 스스로의 판단에 의해 당이 그에게 위임한 자리를 맡아 그 역할을 수행할 수 있다고 생각한다.

조봉암의 경우 상상적 동일시의 대상이 김찬, 박헌영, 김단야 등이라면, 상징적 동일시의 대상은 이동휘, 이가순, 니콜라이 부하린 등의 아버지 형상들 그리고 아나키즘, 코민테른의 혁명노선이라 할 수 있다. 조봉암에게 박헌영은 평생에 걸쳐 경쟁적 거울 이미지의 역할을 했다. 김산의 삶에 있어서 가장 중요했던 상징적 동일시의 지점이 중국공산당의 혁명노선이었다면, 조봉암에게는 코민테른의 혁명노선이었다고 할 수 있다. 그 지점이 지젝이 말하듯 이들의 삶에 있어서 타자의 응시 지점이자, 소급적 효과를 발생시키는 누빔점 내지 주인 기표의 역할을 하는 지점이다.

조봉암은 이가순의 '도무지 흉내 낼 수 없는' 기백을 통해 저항민족주의라는 세계로 들어갔다. 조봉암에게 김찬은 평생 자신의 분신 같은 거울 이미지의 역할을 했는데, 김산에게 김성숙이 그러하듯, 조봉암에게 김찬은 초기에 있어서는 아버지 형상에 더 가까웠다. 조봉암은 아나키즘에 깊은 흥미를 느꼈지만, 아나키스트들의 '관념적 유희'에 만족할 수 없어 볼셰비즘으로 기울어졌다. 김산의 경우도 그러했지만 당시 그가 상징적으로 동일시했던 지점은 아나키즘, 사회주의 그 자체가 아니라 저항민족주의의 시각을 통해 투사된 아나키즘, 사회주의였다.

김산은 중국공산당에 의해 당 지도자로 호명되었는데, 그는 그것을 광주와 해륙풍에서의 투쟁 경력을 높이 사서 그런 것으로 (오)인지하고 그 역할에 부응하고자 노력했다. 1920년대에 김산이 그 지위를 맡았던 것은 당이 결정한 어떤 속성을 그가 갖고 있었다고 본 것과 마찬가지로, 1930년대에 일제의 밀정으로 규정된 것 역시 근본적인 역사적 우연성 때문이었다. 다시 말해 큰 타자인 중국공산당이 당면한 문제, 그 '결여'는 어떤 실정적 대상을 통해 해소되어야 했는데, 그것이 무엇으로, 누구로 될지는 근본적으로 우연성에 의해 결정될 뿐이라는 것이다. 그것이 바로 주인 담론이 갖는 속성으로서, 그에 의하면 김산이 일제의 밀정인 것은 큰 타자인 중국공산당이 일제 밀정이라고 규정했기에 밀정인 것이며(동어 반복), 밀정이 갖는 속성이 무엇인가는 김산을 잘 살펴보면 알 수 있으며(자기 참조), 그런 낙인에 의해 그는 결과적으로 밀정이 된다(수행성). 동일한 논리로 김단야가 1937년 스탈린 공포정치 기간 중 모스크바에서 일본의 밀정이라는 투서를 받아 처형되었는데 김찬, 조봉암, 박헌영 등도 그 시점에 모스크바에 있었다면 동일한 이유로 스탈린 대숙청의 희생양이 되었을 것이다.

조봉암의 경우 그는 3·1운동에 참여하면서 민족이 자신을 독립운동가라는 이름으로 불러주었다고 생각하고 '무슨 일이든지 하지 않고는 못 배기는' 그런 존재로 자신을 구성한다. 그리고 호랑이 굴에 들어가는 심정으로 동경에 가서 '완전히 진리이고 내 생각과 백 퍼센트 일치되는' 사회주의 서적들 속에서 자신을 호명하는 소리를 듣는다. 그것은 곧이어 코민테른과 조선공산당이라는 실정적 형상을 갖게 되며, 그들은 자신을 특정한 정체성으로 명명하는 호명의 주체이자, 자신을 바라보는 응시의 지점이 된다. 그러나 그 명명행위가 근본적으로 우연적이며 자의적이라는 것은 후에 그가 혁명의 배신자라는 정반대의 이름으로 다시 호명되는 데에서 잘 드러난다. 그는 그렇게 명명된 이후, 그가 이미 과거부터 종파주의적 당 활동을 했다거나 공금을 유용했다거나 하는 등의 속성들이 있었다는 식으로 사후적으로 재구성된다.

조봉암은 일본 유학 이후 귀국하여 조선공산당을 조직하고 코민테른과 조선공산당 사이의 연락을 위해 상해에서 활동한다. 그러나 그는 최종적으로 코민테른과 조선공산당의 비일관성, 낯선 타자의 얼굴을 마주치게 되고, 제1차 조선공산당 결성을 함께 하며 동지로 활동했던 박헌영과 김단야로부터 반대운동을 당하게 된다. 이는 니콜라이 부하린이나 김산이 처한 딜레마이자 운명이기도 하며, 추후에 자신을 단죄했던 김단야와 박헌영 역시 동일하게 맞게 될 운명이기도 했다.

　김산과 조봉암의 경우 낯선 타자와 직면하여 정체성의 위기가 도래하는 시점에 마치 하나의 징조처럼 사랑의 문제가 등장한다. 김산의 경우 첫 번째 체포 이후 석방되어 북경에 돌아갔을 때, 당으로부터 제명되고 일자리도 돈도 떨어진 상황 위에 결핵이 도져서 죽음에 이르는 상황에 이르렀다. 이때 그는 조아평의 보살핌을 받으며 죽음으로부터 벗어날 수 있었다. 그를 통해 그는 자신의 상처받은 자아, 파괴된 정체성을 추스르며 그녀와 결혼하게 되고, 조직 활동으로부터 한 발 물러서게 된다. 조봉암의 경우 자신을 찾아 상해에 온 김이옥과 동거생활에 들어가면서 당 활동에서 비켜서게 된다. 이로 인해 그는 혹독한 비판을 받고 조선공산당 내에서 평당원의 지위로 격하된다. 그러나 당시 조봉암은 이 문제가 불거지기 이전에, 나름대로 독립과 혁명을 위해 최선을 다했음에도 앞이 보이지 않는 상황에 부딪혀 있었다.

　김산과 조봉암이 처한 궁지는 타자에 대한 믿음이 사라지고, 주체적 궁핍화에 도달한 상황, 즉 세상도 덧없고 그 세상을 살아가는 자신의 존재도 덧없다는 걸 깨달은 상황이라 할 수 있는데 그 궁지 속에서 주체는 어떻게 자신의 존재를 지탱해낼 수 있는 것인가? 라캉에 의하면 주체가 환상을 가로지른 연후에 자신의 존재를 지키기 위해 도달하는 지점은 증상과의 동일시이다. 김산과 조봉암은 중국공산당과 코민테른의 비일관성에 실망하고 자신의 근본적 정체성마저 부정되어 티끌같이 비천한 존재로 환원되는 주체적 궁핍화의 고통 속에서도, 마지막 순간까지 나름대로의 어떤 혁명적 대의를 지키고자 했다.

　김산은 당으로부터 제명된 이후 뼈아픈 자기 성찰을 통해 중국공산당이라는 체계 자체가 갖는 공백이나 파열로서 당 노선의 오류가 피할 수 없는 것임을 받아들이고자 했다. 이 주제는 객관적 조건이 성숙되기도

전에 성급히 혁명을 시도하는 것에 대한 베른슈타인의 두려움에 대해 로자 룩셈부르크가 제시한 대답 즉 최초의 권력 장악 시도는 필연적으로 '시기상조'이며, 노동자계급이 성숙함에 도달하는 유일한 방법은 '성급하게' 그걸 시도하는 것이고, 만약 '적당한 시기'를 기다린다면 우리는 절대 그 순간에 이르지 못할 것이라는 대답에 관한 것이다. 라캉에 의하면 우리는 허구를 통하지 않고서는 결코 진실에 이를 수 없다.

김산은 광주 봉기와 해륙풍 소비에트의 현장에서 홍군으로 참여했던 시절 그가 겪었던 트라우마적 기억으로 돌아가고자 하듯 무장투쟁, 군사투쟁의 현장으로 가고자 한다. 자신에게 낙인찍힌 이립삼노선 또한 무장봉기와 홍군에 의한 대도시 점령을 요구한 것이었다. 김산은 늘 무장투쟁, 군사투쟁의 현장으로 달려가고자 하는 욕망을 갖고 있었다. 따라서 김산에게 무장투쟁은 환상을 횡단하고 나서도 포기할 수 없었던 증상에 해당된다. 그는 오직 홍군에의 참여를 통해서만 자신의 상징적 세계가 완전히 와해되는 것을 막고 자기 존재를 지탱할 수 있다는 것을, 그리고 광주와 해륙풍에서 먼저 떠난 혁명 동지들의 희생을 역사 속에 영원히 살아남을 수 있게 해주는 길이라고 느꼈다.

조봉암은 상해 시절 자신을 찾아온 김이옥과 동거에 들어가면서, 박헌영, 김단야의 배척을 받아 조선공산당 운동에서 배제되었을 때 낯선 타자의 얼굴, 타자의 비일관성을 마주하게 된다. 조봉암에게 붙은 죄목은 공금 유용, 종파주의, 비당원 여성과의 결혼 등이었다. 그러나 조봉암의 혐의 사실 부분들이 실제로 유죄가 아니라 하더라도, 김산과 한위건의 경우처럼 그는 '객관적으로 유죄'가 된다. 조선공산당의 재건이 어려움에 봉착하고 있는 것, 타자 내의 결여, 그 빈 자리는 어떤 실정적 대상에 의해 채워져야 하는데, 그 환상의 틀 안에서 결여를 채울 그 대상이 무엇이 될 것인지는 근본적으로 우연성에 의해 결정된다. 그때, 그 자리에 조봉암이라는 인물이 있었다. 결국 그는 자신에게 씌워진 그러한 죄목들에 대한 비난이 근본적 요인으로 작용하여 1946년에 공개적인 전향 선언을 하게 된다. 이후 그는 반공주의자의 입장에서 자본주의와 사회주의 사이의 '제3의 길'을 걷게 되며, 1950년대 후반에 이르러 이승만의 최대 정적이 된다.

조봉암은 1950년대에 이승만의 최대 정적으로 부상했을 때 평화통일론을 제시하며 자신의 모든 것을 걸고자 했다. 그는 전향 이후 자신의 입장을 철저한 반공논리 위에 세움으로써 자신의 가장 내밀한 가치, 즉 반제국주의 민족해방마저 부정해야 하는 주체적 궁핍화에 도달한다. 그러면서도 그가 끝까지 잃지 않으려 했던 것은 우리 민족의 최종적인 민족해방 즉 자주적인 민족통일이었다. 그 자주적 통일의 전제가 되는 것이 자주적 발전의 길, 즉 사회주의나 자본주의 어느 편에도 치우치지 않는 발전의 길이었다는 점에서 주체적 궁핍화는 전이의 해소를 전제하고 있었다. 따라서 그에게 평화통일론은 환상을 가로지른 이후에도 남는 것, 분석의 끝에 도달하는 것, 곧 증상에 해당된다고 할 수 있다. 결국에 가서 그가 평화통일론으로 인해 사형에 처해졌다고 하더라도, 그는 상징적 죽음보다는 실재적 죽음을 선택했다고 할 수 있다. 그는 그 증상과의 동일시를 통해, 다시 말해 무(상징적 세계의 와해) 대신에 유(증상)를 선택함으로써 광기를 피하고 자신의 존재를 지탱하고자 했다.

김산과 조봉암, 이 두 사람의 마음속에는 평생 어린 날 자신의 모습이 살아 있다. 일제 경찰에 따귀를 맞는 어머니를 보면서 무기력하게 바라만 보고 있어야 했던 어린 김산의 모습, 어려운 가정형편 속에서 식민지 치하의 생활에 근근이 적응하며 살아가는 것이 최선이라 여겼던 어린 조봉암의 모습. 다시 말해 한 아이가 울고 있는데 그것이 자신인지 모르고, 그것이 평생 자신을 움직이는 힘인 줄 모르고 살아갔던 식민 치하

우리 민족의 초상들이 있다. 역사적 격랑 속에서 자신의 정체성을 움켜쥐고자 고투했던 그들이 이제 그 모든 것을 벗어나 다시 어린 날의 텅 빈 자신의 모습으로 돌아가고 있다. 그래서 지젝은 주체란 바로 실재로부터의 응답이라고 말한다.[106] 그 텅 빈 주체의 모습을 스스로 얼마나 받아들였는지는 여전히 의문으로 남지만, 그와 동일한 여정을 밟을 수밖에 없는 오이디푸스의 자식들인 우리는 그들의 악전고투 속에서 우리 자신의 진정한 모습을 찾고자 노력하는 수밖에 없다.

106_ 지젝은 동일시로서의 주체 이전, 이데올로기적 호명 이전, 일정한 주체-위치를 떠맡기 이전의 주체에 대한 라캉의 입장은, 주체는 하나의 응답, 큰 타자 즉 상징적 질서의 질문에 대한 실재의 응답이라고 말한다(지젝, 『이데올로기의 숭고한 대상』, 301-305쪽). 타자의 질문은 수신자 안에 있는 대답이 불가능한 지점, 말이 결여되어 있는 지점, 주체가 무력한 상태로 노출되고 있는 지점을 겨냥한다. 그것은 라캉이 Das Ding이라 부른, 나의 가장 깊은 부분, 내밀한 중핵, '내 안의 나 이상의 것'을 겨냥한다(304쪽). 주체는 자기 자신이라 할 대상에 대하여, 그를 유혹하는 동시에 밀쳐내는 사물(Thing)에 대하여 분열되어 있다. 즉 $ \$ \diamondsuit a $인 것이다. 주체는 자신 안에 있는 대상에 대한 그 자신의 분열, 분할을 통해 구성된다.

제2장
이광수와 근대 주체의 문제

1. 심판과 이해의 사이

이광수(1892~1950)는 격변의 한국 근현대사 속에서 파란만장한 인생 역정을 거쳐 비극적으로 생을 마감했다. 이광수는 「2・8독립선언서」를 기초하고 상해 임시정부에서 『독립신문』 편집국장을 역임했으나, 귀국하여 타협적 문화운동을 거쳐 친일행위를 하기에 이르렀고, 최종적으로 한국전쟁 중 납북되어 북한에서 병으로 생을 마감했다. 그러나 그는 그 친일 행위가 자신의 명리를 위한 것이 아니라 민족을 위해서 했다는 입장을 결코 포기하지 않았다.[1]

───────

1_ 함석헌은 1957년 사상계사가 주관한 '육당 춘원의 밤' 추모강연회에서 춘원은 우리 민족을 대신하여 울어준 시인이라면서 그의 친일을 막아주지 못한 우리 민족의 힘이 없었던 것이 통탄스럽고 모두의 책임이라 말한 바 있다. 이광수 저, 최종고 편, 『나의 일생: 춘원 자서전』, 푸른사상, 2014, 610쪽.

이광수에 대한 담론은 크게 두 가지로 나뉜다. 그 하나는 그가 식민지 대중에게 큰 영향을 끼친 대작가이자 선각자임에도 불구하고 일제 말기 노골적인 친일 행위를 했기에 '친일파'로 비판받아야 마땅하다는 단죄론이다. 다른 하나는 일제강점기에 그 누구도 어떤 형태로든 친일행위를 하지 않을 수 없었다는 데 근거한 그에 대한 변호론이다. 여기에 최근에 등장한 세 번째 입장이 보태어진다.

이광수를 단죄하든 변호하든 최근까지 이광수 담론은 그의 입장을 깊이 이해하는 차원까지 이루어지지는 않았던 것 같다. 이광수에 대한 논의 자체가 그가 살았던 당대부터, 그리고 그의 사후 오늘날까지 여러 곡절 속에 휘말릴 수밖에 없었기 때문이다. 해방 이후 친일파 '논쟁'은 격렬한 좌우갈등 속에서 이루어졌고, 이후 이광수 논쟁은 '빨갱이' 단죄 선풍에 휘말리면서 논의의 왜곡이 중첩되었고, 1960년대에는 정치경제적 목적에 이용하기 위해 이광수와 그의 작품들이 다시 호출되는 등 여러 우여곡절이 있었다.

최근의 연구들은 단죄론과 변호론의 이분법 구도를 벗어나 이광수를 있는 그대로 '이해'하고자 하는 입장에 일단 충실하고자 한다. 이 연구들은 여러 학문 간의 협력 아래 이광수의 글들을 그가 쓴 소설뿐 아니라 논설 등 범위를 넓혀 본격적으로 재검토하고 있으며, 또 그가 처한 당시의 입장을 이해하기 위해 당대 현실을 보다 구체적으로 재현하기 위해 노력하고 있다. 여기에는 김윤식의 선구적 연구를 필두로 하여, 김현주, 서영채, 최주한, 권보드래 등 여러 연구들이 포함된다.[2]

2_ 김윤식, 『이광수와 그의 시대 1, 2』, 개정 증보, 솔, 1999; 김현주, 『사회의 발견—식민지기 '사회'에 대한 이론과 상상, 그리고 실천(1910~1925)』, 소명출판, 2013; 서영채, 『아첨의 영웅주의: 최남선과 이광수』, 소명출판, 2011; 권보드래, 「저개발의 멜로, 저개발의 숭고—이광수 『흙』과 『사랑』의 1960

선악의 이분법적 구도를 넘어설 때, 가장 중요한 주제 가운데 하나는 이광수라는 식민지의 한 지식인이 어떻게 자신을 근대 주체로 정립할 수 있었는지, 혹은 그렇게 하고자 했는지, 라는 문제를 탐색하는 일이라 생각된다. 이 문제의식은 이광수의 소설들을 근대 주체란 무엇인가라는 질문에 대한 이광수 자신의 탐색 과정이자 그 결과물로 보고자 하는 입장과도 연결된다. 가령 서영채는 이광수가 20세기 한국이 감당해야 했던 식민지적 근대성의 대표적인 문학적 표현이라고 말한다.[3]

최근의 연구들은 먼저 이광수가 처한 당시의 상황을 보다 구체적이고 객관적 차원에서 이해하고자 노력한다. 여기에는 조선총독부와 『매일신

년대」, 박헌호 편저, 『센티멘탈 이광수: 감성과 이데올로기』, 소명출판, 2013; 최주한, 『이광수와 식민지 문학의 윤리』, 소명출판, 2014. 이러한 최근의 연구들이 반드시 그런 것은 아니지만 이광수를 보다 깊이 이해하려고 하다 보니, 그 의도와는 무관하게 이광수의 '이해'를 넘어 '변호'하는 입장에 빠지는 경향도 종종 발견된다. 그를 이해한다는 것은 그의 입장이 되어보아야 가능한 것이기에 '이해' 자체가 어느 정도 '변호' 내지 '용서'를 내포하고 있는 것이기도 하기 때문이다. 지금까지 이광수에 대한 본격적 연구가 '미루어진' 것 역시 어떻게 보면 그를 통해 그의 소위 '친일 행위'가 일종의 불가피한 것으로 이해되는 것이 아닐까, 라는 무의식적 걱정, '알고 싶지 않은 진실'을 회피하고자 하는 '무지에의 의지'가 어느 정도 작용했다고도 볼 수 있다.

3_ 서영채, 「자기희생의 구조—이광수의 『재생』과 오자키 고요의 『금색야차』」, 박헌호 편저, 『센티멘탈 이광수: 감성과 이데올로기』, 소명출판, 2013, 85쪽. 서영채는 최남선과 이광수를 논하면서, 그들을 '친일'이라는, 그 의미가 고착화된 '밀봉된 단어'로 심판하기 이전에, 그들을 깊이 있게 이해하는 일이 중요하다고 힘주어 말한다(서영채, 『아침의 영웅주의: 최남선과 이광수』, 3-6쪽). 서영채는 이광수와 최남선에 대한 연구가 어려운 이유를 "그들은 거인이었고 배신자였다. 배신자가 되는 순간 거인은 난장이가 될 수밖에 없는데도, 그들은 여전히 거인의 풍모로 다가온다는 것이 문제이다"라고 은유적으로 표현한다. 이어서 그는 그들이 갖는 위상 즉 당시 '민족을 대표하는 지식인'으로서의 자리로 인해 그들의 대일협력은 더욱 치명적으로 다가오며, 한국 근대 지성사의 지우기 힘든 얼룩이 되었다고 말한다.

보』를 통한 국가적 규율화의 과정, 그와 더불어 당시의 지식인들이 식민지 상황의 한계를 극복하고자 하면서 문명개화라는 시대적 과제를 수행하고자 했던 노력들, 그리고 일반 대중들의 구체적 일상생활의 모습 등이 포함된다. 이 연구들은 이를 기반으로 이광수가 자신의 입장을 어떤 자율성 내지 자의성에 의해 선택하였다기보다는 당시 형성된 정세 속에서 불가피하게 선택할 수밖에 없지 않았는가라는 쪽으로 나아가고 있다. 그러한 '불가피성'이야말로 이광수에 대해 우리가 곤혹스러워하는 그 '얼룩'을 해명할 수 있는 하나의 길을 제시한다고 생각된다.[4]

이광수의 입장은 대체로 1910년대의 이광수, 1920년대의 이광수, 1930년대 후반 이후의 이광수 등으로 구분된다. 이 시기 구분은 잘 알려져 있다시피, 조선총독부의 식민지정책 변화를 말하는 것이기도 하다. 1910년대의 무단통치와 3·1운동 이후 1920년대의 소위 문화정치, 1931년의 만주사변, 1937년의 중일전쟁 이후의 총동원정책과 그 강화로의 변화이다. 다시 말해 이는 이광수의 입장 변화가 일본의 식민지정책의 영향을 크게 받고 있다는 점을 말해준다. 그렇다면 이 세 시기 사이에 이광수의 입장에는 어떤 변화 내지 단절이 있었으며 그것은 어떻게 이루어졌는지 등이 해명될 과제로 주어진다.[5]

4_ 최근의 연구자들 가운데 최주한이 이광수를 적극적으로 변호하는 입장에 있다면, 『센티멘탈 이광수』의 필자들은 다소 비판적 입장에, 김현주나 서영채는 비판과 변호를 넘어서서 그를 이해하고자 하는 입장에서 이 문제에 접근하고 있다. 최주한이 이광수의 일제 타협을 '과감한 전략적 타협'의 입장에서 보고자 한다면, 서영채는 '아첨의 영웅주의'라는 입장에서 보고자 한다. 『센티멘탈 이광수』는 1910년대 이광수의 대중적 인기를 1960년대의 대중적 인기라는 시각에서 보면서, 1960년대 이광수가 대중에게 소비되는 방식을 1910년대에 역적용하고자 하며, 그것의 핵심을 전체를 위한 개인 희생(멸사봉공)의 정당화에서 찾고자 한다.

예를 들어 김현주는 1910년대에는 식민지 지식인 엘리트들이 근대적 '사회' 영역을 점유하기 위하여, 조선총독부를 경쟁상대로 설정하면서 자신들의 담론 정치를 전개하였다고 본다. 1920년대로 넘어오면 보수적인 '민족주의' 엘리트들에게 자신의 경쟁상대로서 사회주의 지식인들이 등장하게 되고, 조선총독부는 그 공동의 적을 상대로 어느 정도 타협의 대상으로 변화된다. 이 시기에 쓰여진 이광수의 「민족개조론」은 당시의 입장에 대한 전면적 검토를 가능하게 해주는 기본 자료이며, 이에 대해서는 김현주가 깊이 있게 독해하고 있다. 1930년대 후반 이후야말로 '얼룩'의 시대로서, 보수적 지식인들이 어떻게 적극적 '친일 협력'으로 나아가게 되었는지가 설명되어야 할 항이 된다. 서영채는 이를 '민족 없는 민족주의'라는 역설이라고 보면서, '아첨의 영웅주의', '비윤리의 윤리성' 등의 논리를 제기한다. 아래에서 이러한 기존 연구들의 성과에 의존하여, 각 시기별로 이광수와 근대 주체의 문제를 종합적으로 검토해보기로 한다.

2. 1910년대의 이광수: 사회진화론적 문명개화주의자

5_ 가령 서영채는 1910년대의 이광수는 힘의 모럴을 부르짖는 사회진화론자였고, 1920년대의 이광수는 도덕적 민족주의자로 변화되고, 1930년대 후반부터 불교적 인과응보론자가 된다고 본다(서영채, 『아첨의 영웅주의』, 88쪽). 김윤식은 이광수의 창작방법에 세 개의 단계가 있다고 본다. 첫 단계가 『무정』 등의 소설처럼 자전적 주인공을 내세우는 것이라면, 두 번째 단계는 귀국 후의 것으로 자기의 이데올로기를 역사물이나 현대물을 통해 드러내는 이른바 인형 조종술 같은 창작 방법이며, 세 번째 단계는 「무명」 등에서 자기가 관찰하고 체험한 사실을 토대로 창작하는 방법에 해당한다. 김윤식, 『이광수와 그의 시대 2』, 279쪽.

1910년대의 이광수를 말할 때, 『매일신보』에 쓴 「대구에서」(1916. 9. 20~23)라는 논설과 장편소설 『무정』(1917)이 그 중심에 선다.

1) 논설 「대구에서」와 '사회'의 발견

「대구에서」는 대구청년의 권총강도 사건에 대해 그 원인과 해결 방안을 논하는 글이다.[6] 김현주에 따르면 당시 조선 사회가 타락, 범죄, 나태 같은 도덕적 쇠퇴 현상에 빠져 있다고 보는 조선총독부의 지배적 담론은 유교 담론에 토대를 두어 이를 개인의 도덕성 문제로 해석하고, 국가 행정 차원의 처벌 대상으로 파악한다. 그러나 이광수는 이를 '사회'의 문제, 사회의 결함에서 기인한 문제로 보고 그 해결책도 사회가 책임을 져야 하는 것으로 재해석한다. 병합 직후 식민국가의 담론 정치는 '국가'를 이식하는 데 초점을 맞췄으며 '사회'에 대해서는 거의 관심을 보이지 않았다. 그러나 1910년대 중반 일본 유학생들의 담론 정치의 특징은 '사회'를 중심으로 하고 '국가'와 '개인'을 사고한 데 있었다.[7]

「대구에서」는 '사회'라는 영역을 두고 이광수가 총독부와 경쟁하는 양상을 보여주는 글이다. 다시 말해 이광수의 글은 총독부의 통치 영역을

6_ 김현주, 『사회의 발견』, 212-217쪽. 이 사건은 1916년 9월 4일 새벽 2시경 대구의 서유순이란 자산가의 집에 2명의 도둑이 숨어들었다가 들켜서 도망가는 과정에서 쫓는 머슴에게 육혈포를 쏘아 부상을 입힌 사건으로서, 사건에 연루된 자들 중에 '대구 협성학교 교원'이 포함되었고, 수사 과정에서 권총 6자루와 탄약 수십 발이 발견되었다.

7_ 위의 책, 258쪽. 1910년대 중반 이후 동경의 조선인 유학생 사이에서는 정치에서 사회로의 이동이 뚜렷이 나타나며, 같은 시기 일본과 중국에서도 '사회'는 지식인 집단의 사상과 운동을 이끌던 핵심 개념이었다. 따라서 이광수의 이 글은 일본에서의 변화 그리고 조선인 유학생의 의식 변화를 반영하고 있는 것이기도 하다. 위의 책, 243-251쪽.

법(법령)의 영역으로 제한하고자 하는 담론적 성격을 갖는다. 이광수는 "조선도 昔日에는 每洞每鄕에 엄연한 불문율이 있어 사회가 스스로 다스려 가더니 근래에 이것이 다 깨어지고 새것이 아직 확립치 못하여 人人이 헌병이나 순사에게 포박만 아니 당할 일이면 忌憚 없이 행하게 되나"라고 하면서 사회는 불문율에 의해 다스려지는 영역, 따라서 총독부의 통치 영역이 아닌 것으로 규정하고자 했다.[8] 그는 이어서 "사회에 규모가 엄정하여 인인이 그 사회의 선량한 감화를 받으며 사회의 제재를 두려워하기를 법률의 제재보다 더하게 되면 결코 청년들이 이처럼 단체적으로 주색의 쾌를 취하지 아니하게 될지라"라고 말함으로써 이를 더욱 분명히 한다. 그는 이 무렵의 다른 논설에서 "대개 법령은 소극적이라 이미 죄악을 범한 뒤에 이를 다스리는 능력이 있을 뿐이니 애초에 죄를 범치 못하게 하는 힘은 오직 도덕적 감화에 있고 도덕적 감화는 교육과 민간 유덕인사의 존경에 있는지라"라고 말한다(「공화국의 멸망」, 『학지광』 5호, 1915년). 이 글은 앞의 논설에서 말한 '불문율'이 '사회적 도덕'에 해당함을 보여주며 그에 의한 감화 즉 불문율에 의한 도덕적 감화를 통해 범죄를 미연에 방지할 수 있음과, 그 도덕적 감화의 수행자로 자신과 같은 민간 유덕인사를 설정하고 있다.

이 논설은 조선총독부와 타협의 성격을 갖고 있기는 하지만 그 한도 내에서 사회의 영역을 조선 민족의 영역으로 구성해내자는 강한 담론적, 수행적 성격을 갖고 있다. 그래서 김현주는 이를 "사회를 전면화하는 유학생들의 담론 정치는 제국과 식민지의 지배-종속 관계를 괄호 안에

8_ 위의 책, 31, 211-214쪽. 김현주는 이를 '담론 정치'로 개념화하고 있는데, 그 주역은 재일 유학생으로서 그들은 이를 통해 '지적·문화적 헤게모니'를 얻고자 했다고 본다.

넣으면서 조선인만으로 구성된 독립적이고 자율적인 집합체를 '생산'했다"고 말하며 그때 '사회'는 '국가(일본)'와는 구분되는, '민족(조선)'의 경계와 일치했다고 말한다.[9] 그리고 1910년대 중반에 재일 유학생들은 앞 세대의 엘리트나 현재의 식민국가가 동원한 것과는 다른 지식들을 참조하고 활용하면서 '사회'의 욕구와 권리에 대한 새로운 주장을 전개했다고 말한다.[10] 그 대표자가 바로 이광수라 할 수 있다.

그러나 사회를 구성하고자 하는 이러한 노력은 당시 식민당국의 통치 현실로 볼 때 기본적으로 커다란 한계를 갖고 있었다. 이 논설은 국가의 영역을 야경 즉 질서유지에 한정하고, 다른 모든 영역은 사회에 맡겨야 한다는, 자유주의자들의 야경국가론, 자유방임 국가론을 연상시킨다. 그러나 당시 조선총독부라는 식민지국가는 단지 법령의 소극적 집행에만 자신의 역할을 한정하고 있지 않았다. 일본 식민통치의 특징은 인민들의 일상생활의 매우 세부적인 분야까지 국가권력이 확장되고, 이 과정에서 행정 권력의 하위 유형으로서 규율권력이 출현하고 정련되며, 규율권력은 억압적 식민지 국가권력이나 직접적 제재의 형태를 띠었다는 것이다.[11] 규율권력이란 누군가에 의해 기획된 것이 아니라, 사회에 비가시적

9_ 위의 책, 259쪽. 김현주는 '사회'는 공/사 재구성의 핵심적 계기였으며, 식민지기에 들어서는 식민국가의 영역과 구별되는 식민지민의 '사회'에 대한 의식이 더 분명해졌다고 말하고, 식민지기 내내 공/사 분할 방식을 두고 식민권력과 식민지민들은, 절대적으로 불평등한 권력관계 안에서일망정, 끊임없이 서로 반박·경쟁·타협·승인·협상했다고 말한다. 위의 책, 44쪽.

10_ 위의 책, 31쪽. 유학생들의 담론 정치의 특징은 '국가'를 괄호 안에 넣고 '개인'으로 '사회'를 구성함으로써 '개인'과 '사회'를 동시에 주체화하려 한 데 있었다. 즉 이들은 국가를 괄호 안에 넣으면서 사회를 전면화한 동시에 사회와 개인을 상호의존적인 존재로 설명하고 있으며, 개인의 형성과 사회의 구성이 동시에 진행되는 것으로 보고자 하였다. 위의 책, 134-135쪽.

11_ 이철우의 연구에 의하면 총독부는 경찰, 행정 권력, 법령이라는 도구를

으로 스며들고 구성원 상호 간에 익명으로 투시되는 감시의 시선 속에서 형성된다는 점을 강조한 개념인데, 식민지 조선에서는 식민 국가 스스로 규율 기법을 전유하고 있다는 점이 두드러진 특징이라는 것이다.[12]

2) 「대구에서」를 둘러싼 해석들: 총독부에 대한 헌책인가, '전략적 타협'인가

이 글에 대해 김윤식은 준비론 사상의 맹아가 보이는 글로서 식민지 치하의 한국 청년들을 다스리는 방법을 총독부에 건의하고 제시하는 글이라고 비판적으로 평가한다.[13] 김윤식은 이광수가 이 글에서 동경에서 이삼 년 간 교육을 받으면 해외에서 격렬한 사상, 즉 민족주의 사상이나 혁명 사상을 가진 자도 그런 사상이 사라진다고 단언하고 있음에 주목한다. 그는 이런 글을 춘원이 썼다는 것, 다른 곳이 아닌 총독부 기관지에 썼다는 것은 춘원 생애에 획기적 사건이라고 평한다. 그러나 김현주는 김윤식의 주장에 대해 이 글의 수신인이 식민통치자뿐 아니라

체계적으로 정비함으로써 지식과 권력, 인지가능성과 통치가능성을 결합하고자 했다. 1910년대 경찰에서 물리적 억압력 증가 못지않게 중요한 것은 국가의 개입범위 확대였다. 경찰은 생산활동과 생활양식 전반에 걸쳐 사회를 '지도'하려는 국가의 기획을 최일선에서 실천한 기구였다. 경찰은 생활실태, 공중위생을 조사·감독하고, 도로공사 지휘, 농사, 부업, 저축에 이르기까지 지도·권고하고, 민사분쟁의 중재자, 이념적 선전모임의 조직자 등 거의 모든 일상생활에 관여하였다. 국가의 일상생활 침투는 그만큼 많은 세세한 법령에 의해 뒷받침되었다. 위의 책, 136-137쪽.

12_ 일제 말기 극단적인 총동원체제가 가능했던 것은 일본 제국주의의 이러한 일상생활에 대한 광범한 통제 양식이 갖추어져 있었기 때문에 가능했다. 도미야마는 2차대전 말 오키나와의 생활개선운동과 일상생활의 규율화에 관해 주목하고 있는데, 그것은 일본의 식민지 통치 양식이 일본 제국의 영역 내에 광범위하게 적용되고 있었음을 보여준다. 도미야마 이치로, 『전장의 기억』, 47-49쪽.

13_ 김윤식, 『이광수와 그의 시대 1』, 543-546쪽.

독자인 조선인들이라는 점을 들어 이를 반박하고자 한다.[14]

　다른 한편 최주한은 이광수의 입장을 '과감한 전략적 타협'이라는 개념을 사용하여 이해하고자 한다. 그는 이광수의 글이 식민당국에 자신의 포부와 능력을 펼칠 학교교육과 사교기관, 신문, 잡지와 종교와 독서 등 청년들의 활동 무대를 제공할 것을 촉구한 것으로 보고 있다. 1910년대 무단통치기 식민지정책은 조선을 철저히 종속적 지위에 두는 이중적인 식민 전략으로서, 이광수는 제국 일본을 향해 동화론을 찬성하면서도 교육과 언론의 개방을 요구하며, 과감하고도 위태로운 모험에 나섰다고 보는데, 이러한 시도는 단순한 체제순응적 타협이 아니라, '전략적 타협'의 산물이라는 것이다. 이광수가 동화를 찬성하는 것은, 동화론의 지지자라기보다, 그 다음의 요구인 '평등한 교육'을 받아야 한다는 주장의 정당성을 끌어내기 위한 '전략적 수사'라는 것이다. 요약하자면 최주한은 이광수의 입장을 식민권력에 동화론 지지라는 타협책을 제시하고, 그 대가로 문명개화를 얻어내자는 전략이라고 해석한다. 최주한은 이광수가 일본인과 조선인이 동화되기 위해서는 교육과 산업의 영역에서 동등한 대우를 받아야 한다는 것을 다름 아닌 총독부에 요구한 것으로 해석한다.[15]

　「대구에서」는 주인 담론의 성격을 갖는다. 이광수는 '사회' 영역을 설정함으로써 상징적 질서의 구성 자체를 변화시키려 하고 있으며, 그에 따라 개별 주체들의 위상에 근본적인 변화를 가하고자 한다. 이 담론 속에서 조선민족 개개인은 총독부의 협소한 통치 영역을 벗어난 사회의

14_ 이 글이 실린 식민당국의 기관지 『매일신보』는 초창기에 귀족과 유림을 협력의 대상으로 호출했으나, 이 무렵 신흥하는 '중간 계층', 실업가 그룹과 지식인층에 주목하고 있었다. 김현주, 『사회의 발견』, 227쪽.

15_ 최주한, 『이광수와 식민지 문학의 윤리』, 257-263쪽.

영역에서 문명개화되어야 할 근대 주체로서의 자리가 부여되고, 이광수
자신은 그 자리를 부여하는 주인의 자리를 차지하고자 한다. 이 담론
내에는 '사회'의 영역에서 불문율, 즉 도덕적 요소를 생산하고 그를 통해
대중들을 감화하는 역할의 담당자를 '민간 유덕인사'로 설정함으로써
지식인 엘리트들의 지위를 확보하고자 하는 의도가 숨겨져 있다. 물론
이 글은 무조건적 명령의 성격을 띤 주인 담론보다는 대학담론에 가깝다.
근대가 과학혁명을 통해 열렸다고 할 때 근대의 담론 규칙 자체가 중세적
인 주인 담론을 배제하고 대학담론만을 허용하기 때문이다. 따라서 모든
주인 담론은 외형적으로 대학담론의 형태로 제시될 수밖에 없다.[16] 「대
구에서」라는 글 역시 대학담론의 형태를 띠지만, 이광수는 대학담론의
지식 뒤에 숨어 있는 지배자, 주인의 역할을 담당하고자 하였다. 이러한
자세는 그의 최초의 장편소설 『무정』에서도 그대로 이어진다.[17]

　이 지점에서 슬라보예 지젝의 저항 전략이 개입한다. 지젝에 따르면
제국주의의 공식 이데올로기는 식민지민들에게 제국의 본국민들처럼
문명화될 것을, 다시 말해 동화될 것을 촉구하면서도, 공식 측면의 이면

16_ 핑크에 의하면, "라캉은, 거의 주인 담론에서 대학 담론으로 이어지는 일종의
　　역사적 운동 같은 것을 제안하기까지 하는데, 이때 대학 담론은 주인의
　　의지에 대한 일종의 적법화나 합리화를 제공한다"(핑크, 『라캉의 주체』,
　　242쪽).

17_ 따라서 이 담론의 성격에 대해 김현주는 앞서도 말했듯이 조선인들의 사회가
　　실재했으며 그 존재를 발견하게 되었다기보다는 비판이라는 상징적 실천을
　　통해 식민지 인민들의 존재양태에 대한 특정 이미지로서 사회를 구성 또는
　　생산하는 것이었다고 말하고 있는데(김현주, 『사회의 발견』, 319쪽), 그것은
　　이 담론이 주인 담론의 성격을 갖는다는 점을 보여주는 것이다. 이 담론
　　내부에는 김현주가 말하듯 위계장치가 존재하고 있다. 그것은 조선 사회에
　　대한 전문가로서 이광수와 같은 지식인들이야말로 조선 민중에 대하여 공동
　　체의 전체 이익을 대표하는 위치를 차지한다는 것이다(318쪽).

에서 즉 초아아의 불문율의 차원에서는 결코 그렇게 되지 못하도록 여러 가지 실질적인 불평등한 조치들을 깔아놓고 있다는 것이다. 따라서 식민 지민들은 본국 국민들과 같아지도록 동화될 권리를 '피억압자의 근본적 권리'로 주장해야 한다는 것이다. 다시 말해 외설적인 불문율을 통한 동화의 장애 조치들을 철폐하도록, 공식 이데올로기에 의거하여 동화를 근본적 권리로서 주장해야 한다는 것이다.[18]

지젝의 주장은 최주한의 주장과 거의 일치한다. 그러나 지젝의 주장과 최주한의 해석은 이광수의 입장과 미세하지만 분명한 차이가 있다. 이광수 주장의 핵심은 사회의 영역을 조선 민족에게 맡기라는 것이다. '사회'의 영역은 '불문율'의 영역으로서, 공식적 법집행을 중심 영역으로 하는 식민국가의 영역이 아니기에 개입해서는 안 된다는 것이다. 지젝의 주장이나 최주한의 해석은 식민국가가 (앞서 이철우가 밝혔듯이) 사회 영역의 세밀한 영역까지 개입하여 불평등한 차별정책을 시행하고 있는데, 그 사회 영역에서 물러나라는 것이 아니고, 적극적으로 개입하여 조선인에게도 평등한 정책을 실행하라는 것이다. 그러나 이것은 이광수의 입장이 아니다. 이광수는 사회 영역에 조선총독부가 개입할 것이 아니라, 이 영역은 사회가 스스로 통치할 수 있도록 총독부로부터 자율적인 불문율의 영역으로 남겨두라는 것이다. 이러한 이광수의 입장은 그 주장이 대폭 협소해진 것이기는 하지만 「민족개조론」으로도 연결되고 있다. 후술하겠지만 사회 내의 자율적 단체 활동을 통해 불문율에 해당하는 '정의적(情意的) 습관'을 만들어냄으로써 민족을 개조하겠다는 것이 「민족개조론」의 핵심 내용이기 때문이다.[19]

18_ 지젝, 「서문: 왜 칸트를 위해 싸울 가치가 있는가?」, 알렌카 주판치치, 이성민 옮김, 『실재의 윤리: 칸트와 라캉』, 도서출판 b, 2004, 13쪽 참조.

지젝의 주장과 최주한의 해석은 일정한 한계를 갖는다. 식민당국에 대해 그들이 공식적으로 제시하는 동화론을 지키도록 촉구하고, 동화의 이면에서 실질적인 불평등을 강요하는 불문율적인 관행을 철폐하도록 요청하기 위해서는 저항세력이 일정한 힘을 갖고 있을 것을 전제한다. 저항운동이 식민지 주민의 일정한 지지를 얻고 나름대로의 조직을 갖고 있을 경우에 한하여, 식민당국에 대하여 자신들의 공식적 법을 지키라는 요구가 일정한 효과를 가질 수 있다. 인도의 무저항주의운동이 그 예가 될 것이다. 그렇지 않을 경우는 추상적이고 공허한 요구로 끝나거나, 식민당국이 이들 요구자들을 협조세력으로 포섭하는 것으로 귀결될 가능성이 높다. 지젝이나 최주한보다 더 멀리 나간 이광수의 주장은 더욱 그러하다. 1930년대 초 이광수가 편집국장이던 시절 『동아일보』를 중심으로 전개된 브나로드 운동이 이러한 활동의 최대치가 될 수 있을 것이다.[20]

이 시기 이광수의 논설에서 나타나는 그의 입장을 담론의 성격에 관해서만 말한다면, 김윤식이 말하는 총독부에 대한 협조라는 성격보다는 최주한이 말하는 '전략적 타협'의 성격에 가깝다고 할 수 있다. 그것은

19_ 최주한은 이광수의 삶 전체를 '전략적 타협'이라는 관점에서 설명하고자 하기 때문에 이광수라는 주체가 어떻게 스스로를 정체화하는지에 대해 그 변화되는 모습을 놓칠 수 있다. 최주한의 관점은 후술하듯이 1920년대 이후의 사실과 잘 맞지 않는다. 서영채의 주장에 따르면 1940년대의 이광수는 전략적 타협이라는 입장에 있지 않았다. 서영채는 1920년대에 이광수는 (타협할 줄 아는) 현실주의자였고, 최남선은 이상주의자였으나, 1940년대에는 그것이 바뀌어 이광수가 ('기괴한') 이상주의자가 되고 최남선이 현실주의자가 되었다고 말한다. 서영채, 『아첨의 영웅주의』, 17-18쪽.

20_ 브나로드 운동과 이광수의 활동에 대해서는 김윤식, 『이광수와 그의 시대 2』, 163-188쪽 참조.

김현주가 말하듯 '사회' 영역을 두고 조선총독부와 경쟁하고자 했다는 측면에서 볼 때 그러하다는 것이다. 그러나 이 담론은 당시 조선총독부의 정책 실천과 근본적으로 대립하고 있었고 그 때문에 그 실현가능성은 대단히 희박하였으며, 총독부에 저항하여 그 담론을 관철시킬 수 있는 민중적 조직과 지지를 갖지 못했다는 점에서 수행력을 갖기도 어려웠다. 그렇기 때문에 이광수의 이러한 입장은 스스로 자신을 사회진화론적 문명개화론자로서의 근대 주체로 설정하고, 그에 기초하여 전근대적 유교 질서를 타파하고자 하는 것을 이 시기 자신의 가장 중요한 과제로 설정하였다는 차원에서 이해될 필요가 있다. 다시 말해 이 시기 이광수의 담론은 결국 조선총독부라는 현실의 장벽에 부딪혀 '식민지' 근대주의자가 아닌 '보편적' 근대주의자의 입장에서 전근대적 잔재의 청산을 자신의 과제로 설정하는 선으로 축소되고 말았다. 1920년대에 들어서면 사회주의자들과의 대립이 이광수에게 가장 중심적인 과제로 떠오르게 되면서 총독부에 대한 그의 입장은 다시 변화한다.

3) 소설 『무정』: 자전적 회고록 혹은 자기 탐색적 인식 장치
① 김윤식의 해석
김윤식은 『무정』이 이광수의 자서전이자 당시 지식 청년들의 자서전으로 연결된다고 본다. 김윤식에 의하면 무정이 훌륭한 문학작품인 것은 이들 특정 집단의 이데올로기를 이광수라는 예외적 개인을 통해 '감각적 명징성의 최대치'로 끌어올렸기 때문이다. 이 작품의 진취적 힘은 바로 그 집단이 시대를 이끄는 상승 계층이라는 점에서 나오며, 초기의 타협론이야말로 이 계층의 이데올로기라는 것이다. 이 작품의 특징은 이들 상승계층과 몰락계층 간의 단순 이분법 위에 전자와 후자 간의 사제관계, 가르치고 배우는 관계를 뼈대로 하고 있다는 점이다. 또 하나의 특징은 박영채로 상징되는 정결성-누이콤플렉스인데, 김윤식은 그것이야말로 이광수가 스스로의 노력에 의해 극복해 나갔던 가치라고 본다. 이광수는 와세다 대학 시절에 깊이 영향을 받은 진화론과, 불교 철학적 인과법칙의 지배를 받는 천문학적 우주관에 의해 그것을 극복하고 그로부터 해방될 수 있었다는 것이다. 또한 이 소설의 가장 외상적인 장면, 박영채가 배학감과 김남작에 의해 강간당하는 장면에서 이형식은 분개하기는 하지만 무력감을 보이며 머뭇거리고 마는 것이 그 점에 연유하고 있다는 것이다.[21]

　김윤식에 의하면 망국 칠 년째를 맞는 조선은 ① 배학감·김현수로 대표되는 훼손된 가치의 세계[친일파·파렴치한의 노선], ② 박영채로 대표되는, 능욕당한 [절개와 순수를 지키는] 본래적 가치의 세계, ③ 이형식으로 대표되는 이것도 저것도 아닌, 가해자이자 피해자인 애매한 미정형의 가치의 세계로 대별될 수 있다. ①의 계층에는 식민지 통치자와 야합한 토착 부르주아지와 약삭빠른 일부 지식층이, ②의 계층에는 대부분의 뿌리 뽑힌 선비 계층과 서민 계층이 포함된다. 문제는 ③의 계층이다. 이형식은 일본식 문명개화를 자각의 표준으로 하여 가르치고자 돈키호테처럼 떠든다. 이형식과 같은 계층은 망국 상태에서는 가장 잘해야 식민지 통치자에 봉사하는 사상인 민족개량주의에 멈추고 만다. 나쁘게 말하면 ①에 봉사하는 꼴이다. 무정을 읽는 독자층의 대부분이 ③의 계층에 속하는 지식층 학생, 즉 사제 관계에 걸려 있는 사람들이었을 것이고, 잠재적 독자층(문자 미해득의 서민층)이 ②였을 것이다. ③의 계층은 시간이 갈수록 ①계층에 흡수되든가 ②계층으로 흡수될 운명에

21_ 김윤식, 『이광수와 그의 시대 1』, 566-575, 583-584, 599-601쪽.

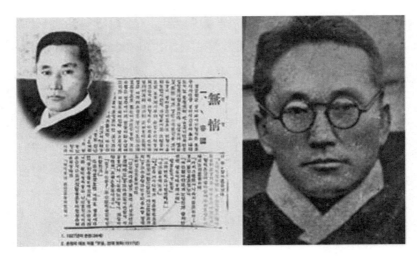

▲사진 11 이광수와 소설 <무정>

처해진다. 1917년은 ③의 계층이 그 최대의 가치 증대에 놓였던 시기로 볼 수 있다. 『무정』의 폭발적 인기가 이를 입증한다. 이 망설임의 세대는 3·1운동 이후에는 다소 선명해져, 대체로 민족개량주의 노선에 모여들게 된다. 한 사회의 표준인 '신성한 그 무엇'이 능욕당한 것에 대한 비애·원한이야말로 『무정』이 시대적 기념비가 된 까닭이다.

김윤식의 이러한 평가는 탁월하다고 생각되며, 뒤에서 논의할 장편 『재생』은 ③에서 ①로의 이행을 실험하는 과도기적 작품이라고 생각된다. 김윤식은 이광수의 가장 큰 약점이 현실을 주관적 관점에서 파악한 점이라고 말한다. 그 주관성은 늘 도덕적·윤리적 문제로 되돌아가는 것이었고 마침내 그것은 법화경 행자로 도피하는 결과를 낳는다. 이광수는 근대화가 자본주의화라는 것, 그것은 또 하나의 엄격한 과학 사상이라는 것을 끝내 알지 못했거나 알고자 하지 않았고, 따라서 심정적 세계에서 한 발자국도 나아가지 못했다는 것이다.[22]

그러나 김윤식의 이러한 주장은 이광수가 결코 ①의 세계에 도달하지는 못하고 과도기적 근대 주체로 남았다는 의미를 갖는다면 적절하겠지만, 김윤식이 주장하듯 '과학 사상으로서의 근대화'에 대한 이해에 도달하지 못했다는 주장이라면 적절하지 않다고 생각된다. 그것은 곧이어 다루게 될 「민족개조론」의 논의에서 잘 드러난다.

② 서영채의 해석

그에 비해 서영채에게 텍스트는 완결된 결과물이 아니라 특정한 역사적 조건들 속에서 구성되어나가는 인식적 장치로 파악된다.[23] 따라서 그는 텍스트 내의 균열과 불일치를 찾고 그 필연성, 사상적 변화의 내적 필연성을 텍스트 생산의 역사적 조건들을 통해 해명하고자 한다. 이러한 서영채의 작업은 식민지적 근대이기는 하지만 근대사회 속에서 근대 주체로서 자기 정체성을 찾아가는 과정으로 이광수의 작품들을(논설까지를 포함하여) 해석하고자 하는 것이다.

그 정체성을 일단 이영미가 제기한 신파성 개념을 원용하여 '신파적 주체'라고 개념화할 수 있다고 생각된다.[24] 그것은 근대와 전근대가 충돌

22_ 위의 책, 618쪽. 이러한 김윤식의 해석은 이광수가 근대 세계나 근대 주체에 대해 상상적 동일시의 차원에 머무르고, 상징적 동일시에 이르지 못했다는 평가로 이해될 수 있다.

23_ 서영채, 『아침의 영웅주의』, 267-272쪽.

24_ 이영미, 「이광수의 신파성 줄타기」, 박헌호 편저, 『센티멘탈 이광수: 감성과 이데올로기』, 소명출판, 2013. 이영미는 신파성을 "전근대 시대의 천륜과 인륜의 힘이 이미 사라짐으로써 자기 안에 뒤엉킨 욕구·욕망들을 조절할 능력이 없고, 근대적 주체성은 아직 미약하여 이를 합리적으로 정리하고 의지와 노력으로 상황을 돌파하는 태도를 갖지 못한 상태에 조응하는 세계 전유방식"으로서 "갑자기 도래한 근대사회에 충분히 적응하기 힘들었던 [근대] 초기의 인간들이 보이는 현상"이라고 규정한다.

하는 속에서 근대 주체로 나아가는 과도기적 주체로, 지젝이 '사라지는 매개자'로 재개념화한 그러한 주체로 볼 수 있을 것이다.[25] 그렇게 볼 때 이광수의 일생은 식민지 상황 속에서 신파적 주체로부터 근대 주체로 나아가고자 하는 지난한 과정이었다고 볼 수 있다.

서영채는 『무정』에서 박영채가 버림받고 죽음에 이르는 전반부와 다시 부활하는 후반부가 서로 단절된 어떤 것으로 보고자 한다. 서영채는 그 단절, 균열을 작자 이광수가 애초에 의도했던 것과는 다른, 당대의 역사적 조건들이 작용한 결과로 본다. 『무정』의 서사구조를 이루는 삼각관계는 이형식이 선형이라는 욕망의 대상과 영채라는 의무감의 대상 사이

25_ 지젝은 이를 프레드릭 제임슨으로부터 차용하고 있다. 제임슨은 『사라지는 매개자: 혹은 스토리텔러로서 막스 베버』에서 프로테스탄티즘은 봉건제와 자본주의 사이의 '사라지는 매개자'라고 주장한다. 프로테스탄티즘은 종교의 영역에 노동의 세계를 끌어들여 모든 사람을 부의 축적과 근면한 노동에 매진하도록 했으며, 그럼으로써 자본주의가 출현할 조건을 창출했다. 그러나 자본주의의 출현은 종교의 쇠퇴를 불러왔다. '사라지는 매개자'는 서로 대립하는 두 개념 사이의 이행을 매개하고 곧 사라지는 개념이다. 지젝은 사라지는 매개자가 개념과 형식의 비대칭성으로 발생한다는 점에 주목한다 (토니 마이어스, 『누가 슬라보예 지젝을 미워하는가』, 82-83쪽). 이영미가 말하는 신파적 주체는 일제에 의해 외부적으로 근대가 열려 개인주의적 욕망(부의 축적 욕망)의 추구가 전근대적 유교의 윤리와 충돌하며 죄의식을 발생시키지만, 전근대적 윤리가 그것을 끌어안을 힘이 부족한 상황에서 혼란에 빠진 주체를 말한다고 할 수 있다. 그러나 점차적으로 근대사회의 요소들이 지배적 힘을 차지하게 되면 더 이상 전근대적 윤리가 불필요하게 되고 근대사회 자체의 윤리나 도덕이 이를 대체하게 되어 신파적 주체의 죄의식은 옅어진다. 이광수의 「민족개조론」은 전근대적 유교 윤리를 대신하여 근대사회의 윤리를 제시한 글이라 할 수 있다. 서영채도 이와 유사한 맥락에서 막스 베버의 『프로테스탄티즘의 윤리와 자본주의 정신』을 언급하며, 초기의 부르주아지, 즉 초기 근대 주체에 있어서 자본주의 정신과 윤리성의 결합을 언급하고 있다. 서영채, 『아첨의 영웅주의』, 284-290, 372쪽 참조.

에서 갈등하는 구조가 중심을 이룬다. 서영채는 이렇게 개인의 욕망이 윤리적 당위와 동등한 자격을 부여받은 것은 『무정』이 최초라는 점에서 『무정』을 '소설사적 사건'으로 자리매김한다. 그것의 본질은 주체의 자율적 욕망에 기반하는 근대와 성리학적 윤리에 기반한 전통 간의 대립이다.

서영채에 따르면 '기존의 모든 인륜도덕은 무효다'는 이광수의 말은 곧 '신은 죽었다'와 같은 차원의 선언이다. 그는 구시대 질서에 대한 비판자이자 파괴자로 등장한 이광수에 대해 김동인이 제시한 평가를 인용하며 이에 공감한다.

> 그가 처음 사회에 던진 문학은 반역적 선언이었다. 실로 용감한 돈키호테였다. 그는 유교와 예수교에 선전을 포고하였다. 그는 부로들에게 선전을 포고하였다······. 이 모든 반역적 사조는 당시 전 조선 청년의 일치되는 감정으로서, 다만 衆人은 차마 이를 발설치를 못하여 침묵을 지키던 것이었다······. 춘원의 반역적 기치는 높이 들렸다. 청년들은 모두 그 기치 아래 모여들지 않을 수 없었다······. 한 마디의 불평도 없이 춘원의 막하에 모여 들었다. 아아! 우리는 그때 얼마나 존경하는 마음으로 그를 보았는가! (「한국 근대소설고」).[26]

그러나 서영채는 다시 김동인을 인용하며 『무정』이 가장 빛을 발하는 부분을 박영채의 윤리적 아름다움에서 찾는데, 그것은 '이광수의 의도를 뚫고 서사세계로 침투한 역사적 현실의 반영'이라고 파악된다. 이광수의 원래 의도란 영채를 희생시키고 선형을 선택하는 것으로 마감짓는 것이다. 서영채에 의하면 그래서 형식이 문제의 강간 장면에서 결국 파렴치한

26_ 위의 책, 363쪽에서 재인용.

인 배학감과 자신이 '동일한 현실 원리' 위에 서 있음을 깨닫고 두 사람을 훈계하는 정도로 마무리할 수밖에 없었으며, 형식이 영채의 유서를 보고 평양을 찾아가는 것은 '영채와 구시대의 죽음을 확인하기 위한 여정'이 었을 뿐이다.[27]

그러나 이광수는 영채를 희생시키고 났을 때, 그 결과로서 형식에게서 드러나는 초라한 모습에 경악한다. 먼저 무정의 많은 독자들이 김동인의 말처럼 "작자가 말하려는 신도덕보다는 영채의 경력이 말하는 구도덕에 동정을 가지게 된다." 이 지점에서 작자 이광수는 독자들의 시선을 의식하고 있으며, 그 시선으로 자신을 다시 성찰하고 있다. 그 시선으로 보았을 때 형식은 선형과 결합하여 개인적 욕망의 만족에만 탐닉하는 '추악한 본질'을 드러내고, '초라한 어린아이'의 모습, '타락한 근대인'의 모습으로 전락한다.[28]

서영채에 따르면 이 시점의 이광수는 여러 논설들을 통해 구시대의 가치관을 비판하고 새로운 가치관을 주창하는 계몽주의자로 등장한다(「금일 아한 청년과 정육(情育)」(1910)이래, 유교에 대한 본격적 비판인 「신생활론」(1918)에 이르기까지). 이광수는 '情의 力'은 곧 개인의 자발성인데, 성리학적 가치질서는 개인의 맹종만을 요구하며, 개인의 자발성을 거세시킨다고 주장한다. 가부장의 권위에 대한 형식적 선을 묵수하는 것은 허위이며 자기기만이며, 그에 대한 맹목적 복종을 요구하는 사회와 제도는 감옥이다. 이 감옥은 깨어져야 했다. 그 저항의 무기는 이성, 투명한 계몽이성에 입각한 비판이다. "이성으로 엄하게 판단한 연후에 비로소 선악진위를 안다……. 비판의 반대는 독단과 미신이외다."라고

27_ 위의 책, 312-315쪽. 물론 이것은 김동인의 관점이기도 하다.

28_ 위의 책, 311, 342, 353-362쪽.

주장하며, 이성에 입각한 판단에 따라 기존의 절대적인 윤리를 비판한다.[29]

그러나 그런 사회진화론적 문명개화론의 입장에서 영채를 희생시킨 결과는 독자들의 반발을 샀을 뿐 아니라, 이광수 스스로에게도 죄책감을 불러일으킨다. 형식의 죄책감의 본질은 서영채가 말하듯 "십자가에 달린 자도 사람, 가시관을 씌우고 옆구리를 찌른 자도 사람…… 모두 다 같은 사람이로다……. 저 불쌍한 영채나, 영채를 팔아 먹으려 하는 욕심 사나운 노파나 영채를 사려 하는 짐승 같은 사람들이나, 영채를 위하여 슬퍼하는 내나 다 같은 사람이 아니뇨"라고 모두 용서하며, 그것은 동시에 영채를 버리고 선형을 선택하는 자신을 용서하는 것이며, 조선을 침략한 일제의 논리를 사면하고 있는 것에 대한 죄책감이다.[30]

서영채의 논리를 정리하자면, 여주인공 영채는 두 가지 복합적인 가치를 상징하고 있다. 하나는 전근대적 질서를 가리키고, 다른 하나는 민족을 표상한다는 것이다. 한편으로 영채는 이광수에게 무능하고 타락한 전근대적 질서를 상징한다. 다른 한편 영채는 그와 모순된 모습으로 정결한 윤리성, 문명개화의 결과로 등장한 제국주의라는 타락한 근대에 의해 능욕당한 조선 민족을 상징한다. 이광수는 당시 대중들이 여전히 중요하게 간직하고 있었던 전통적 질서의 성리학적 윤리성이라는 가치를 버릴 수 없었고, 그 윤리성의 시각에서 문명개화의 당연한 결과인 근대성이 갖는 도덕적 타락의 모습에도 만족할 수 없었다. 다시 말해, 이광수는 '기존의 모든 인류도덕은 무효다'라는 기치 아래 그때까지 벼려온 사회진화론자로서의 자신의 정체성이 『무정』이라는 텍스트와

29_ 위의 책, 359-360쪽.
30_ 위의 책, 338-339쪽.

그 독자들이라는 타자의 장에서 자신의 기대와 다른 모습으로 실현될 때 주저하지 않을 수 없었던 것이다.[31] 그렇기 때문에 서영채는 당시 이광수의 입장에서 영채를 부활시키는 『무정』 후반부는 전체 서사구조에서 한낱 사족에 지나지 않는다고 말한다.

그러나 내가 볼 때 그것은 한낱 사족에 불과한 것이 아니라 이광수의 뿌리 깊은 죄책감에 닿아 있다. 김윤식은 대동강에 몸을 던지고자 하는 박영채의 이 한 많은 유서야말로 『무정』의 압권이라고 말하면서, 후에 이광수가 "그것은 불쌍한 부모님의 일, 동생들의 일, 나 자신의 기구한 어린 시대의 잊혀지지 않는 정다운 기억을 그려보고 싶은 충동에서 나온 것이라 할 것이다. 『무정』도 그 첫 부분인 영채의 어린 시대는 곧 나의 어린 시대의 정다운 또는 쓰라린 기억이다"라고 회고한 구절을 인용한다.[32] 말하자면 이광수는 여기서 '정다운 과거'이지만 그를 배신할 수밖에 없었기에 느끼는 '쓰라림'을 죄책감의 본질로 말하고 있다. 그 죄책감은 부모, 동생, 어린 시대를 그 대상으로 포괄한다. 무능력하기는 했지만 자신만을 위해 희생했던 부모와 동생들, 그러나 구세계를 대표했기에 자신이 버려야만 했던 이 정다운 인물들에 대한 죄책감이야말로 이광수가 평생 안고 가야만 했던 트라우마를 이룬다. 아버지는 자신의 병구완을 하다 목숨을 잃었고, 어머니는 아들의 장래를 위해 스스로 목숨을 끊었으며, 어린 막내 여동생 또한 굶어죽다시피 했기에 그 트라우마는 더욱

31_ 그래서 서영채는 이광수가 1920년대에 '도덕적 민족주의'라는 서로 결합될 수 없는 모순된 목표를 설정하게 된 것이 이와 관련되어 있다고 본다. 서영채는 이를 금욕주의와 회의주의를 거쳐 도달하는 불행한 의식이라는 헤겔적 관념으로 설명하고자 한다. 위의 책, 323-373쪽.

32_ 김윤식, 『이광수와 그의 시대 1』, 106-107쪽. 당시 이광수가 겪었던 곤경에 대해서는 이광수 자신이 쓴 「그의 자서전」에 잘 나타나 있다.

클 수밖에 없었다. 그 끝없이 회귀하는 죄책감으로 인해 이광수에게 죽은 부모의 법은 그의 평생을 사로잡았다고 할 수 있다.

다시 말해 이광수가 사회진화론적 문명개화를 성찰적으로 바라보게 된 것은, 당대의 신파적 대중들의 시선, 죄의식의 대상인 부모의 시선을 자신과 동일시하지 않을 수 없었기 때문이다. 그것이 소설 속에서는 영채의 시선으로 나타난 것이다. 그래서 형식은 영채가 살아 있다는 소식에 놀라, "금시에 영채가 혹 돌아서며 무서운 얼굴로 자기를 흘겨보고 입에 가득한 뜨거운 피를 자기에게 내뿌리며, '이 무정한 놈아, 영구히 저주를 받아라!' 하고 달겨들 것 같다"고 느낀 것이다.

서영채에 따르면 『무정』은 이광수와 이형식의 죄책감 속에서 전통과 근대의 모순적 결합을 민족이라는 이름 아래 성취하면서 막을 내린다. 형식과 선형 그리고 영채와 병욱 두 쌍이 열차 칸에서 조우하면서 형식은 죄책감 속에서, 영채는 원망감 속에서 격렬한 갈등에 휩싸일 때, 그것을 해소해주는 것이 '곤경에 처한 민족'에 대한 사명감과 헌신감이다. 다시 말해 전통과 근대가 갈등할 때, 그 해소책으로 '발견'된 것이 민족이다.[33]

그런데 앞서 살펴보았듯이 이때 이광수가 발견한 '민족'은 「대구에서」를 통해 (사회와 더불어) 발견된 민족과 동일한 위상을 갖는다. 장차 민족 독립을 쟁취할 집단적 주체로서의 민족이 아니라, 계몽을 통한 문명개화에 의해 근대 주체로 거듭나야 할 민족 개개인들이 있을 뿐이다. 다시 말해 문명개화를 하게 되면 모두가 조화롭게 잘 살 수 있는 사회를 만들 수 있다는 환상이 이들과 이광수를 지배하고 있다. 식민지배 아래에서 발생하는 모든 모순들은 문명개화에 의해 해결될 수 있다는 환상, 전근대적 요소들을 발본색원하면 그에 이를 수 있다는 환상이 영채까지

33_ 위의 책, 351-358쪽.

포함하여 이들 모두를 지배하고 있는 것이다.

다시 말해 문명개화의 기치 아래 성리학적 윤리성을 몰아내고 도달한 결과가 고작 '타락한 근대인'이라는 실망감이 이광수로 하여금 문명개화라는 궁극적 목적 아래 민족이라는 가치를 도입하지 않을 수 없게 한 배경이다. 당시 이광수에게 문명개화는 유학생 출신 지식층이 '민간 유덕인사'로서 사회적 도덕에 해당되는 근대사회의 불문율을 만들어내고 그를 통해 대중을 지도함으로써 성취할 수 있는 과제로 설정된다. 문명개화의 과정에서 민족을 이끌 이러한 교사로서의 지위야말로 '타락한 근대인'으로 전락할 수 있는 지식인층을 구원해줄 수 있는 사명이 된다. 따라서 문명개화와 민족이라는 두 가치가 결합하여, 제국주의 본국에서 근대적 교육을 받은 지식층은 민족의 교사를 자임하며 대중을 문명개화로 이끌어가고, 그럼으로써 자신들 또한 그를 통해 '타락한 근대인'으로 전락할 위험에서 벗어날 수 있게 된다. 이것이 바로 「대구에서」로부터 『무정』에 이르기까지 이광수가 근대 주체로서 자기를 정립하기 위해 자기 성찰을 통해 그리고 대중과의 교호작용을 통해 깨닫게 된 결과이다.

여기서 민족이라는 가치는 그가 애써 무시하고 억압하고자 했던 당대 신파적 대중들의 시선, 그리고 이광수 자신을 위해 모든 걸 희생한 부모의 시선이 그에게 회귀하여 만들어낸 깊은 죄책감의 산물이다. 따라서 이광수에게 민족이라는 가치는 다른 무엇보다도 '민족의 교사로서 대중들을 문명개화 시킨다'는 것을 중심 내용으로 하고 있다. 그것은 독자적 가치로서의 위상을 갖는 것이 아니라, 문명개화의 바람직하지 못한 결과를 보완하는 부수적 가치로 도입되고 있을 뿐이다. 그것이 1920년대에 이광수가 「민족개조론」에서 '민족의 교사'라는 지위를 자임하며 도덕적 개조 즉 도덕적 문명개화를 주장하게 되는 배경이다.

3. 1920년대의 이광수: 근대적 규율, 근대의 도덕

이광수는 1920년대에 「민족개조론」을 발표하고 문화적 민족주의운 동을 전개한다. 「민족개조론」은 이 시기의 이광수를 이해하는 데 핵심적 논문이다. 이 시기에 주요한 소설로는 『재생』, 군상 3부작, 『흙』 등이 있다. 1920년대의 이광수를 살펴보기에 앞서서 「2·8독립선언서」를 기 초하고 임시정부에서 활동했던 시기를 먼저 살펴보기로 한다.

1) 이광수의 2·8독립선언은 일시적 일탈인가?

김윤식은 이광수가 「2·8독립선언서」를 기초하게 된 것은 '다분히 일시적이요 감정적인 것'이었다고 평가한다. 이광수는 3·1운동 직전 허영숙 집안의 결혼 반대로 허영숙과 베이징으로 사랑의 도피행을 감행 했는데, 일제와의 협력 등의 사유로 당시 베이징 교포사회에 물의를 일으킨 바 있다. "그 유명한 춘원이 어린 처녀와 함께 베이징에 나타난 사실은 교포 사회에서 큰 관심거리였다." 젊은 여자와 함께 산다는 것, 총독부 기관지 『매일신보』에 글을 쓴다는 것, 일본 공사관에 드나든다는 것 등이 그 원인이었는데 이광수 스스로 이 모두가 "변명할 수 없는 문제"라고 적었다. 김윤식에 의하면 이 세 가지 문제는 그대로 방치하면 춘원을 파멸케 하기에 부족함이 없는 것이었고, 따라서 이러한 공포심에 서 탈출하는 방식은 반드시 모색되어야 했었다. 김윤식은 "허영숙의 사랑도 온전히 얻고, 일본 공사관을 드나든다는 누명도 벗고, 「신생활론」 의 거창한 민족적 경륜가의 모습을 고스란히 보일 수 있는 길은 오직 도쿄로 잠입하여 독립운동의 선봉에 서는 길 뿐이었다"고 말한다.[34]

34_ 김윤식, 『이광수와 그의 시대 1』, 657-658, 662, 731쪽.

김윤식은 「2·8독립선언서」의 기초와 임시정부에서의 활동이 이광수의 타협적 준비론과는 거리가 있는 일시적인 일탈이었다는 입장에서 있다. 김윤식은 그러한 일시적 일탈을 부추긴 것으로 첫째 베이징에 계속 체류할 경우 세상으로부터 고립될지 모른다는 공포감, 둘째는 베이징에서 세계정세를 넓게 볼 수 있었다는 점을 들었다. 베이징에서는 이광수에게 충격을 준 「무오독립선언서」(1919년 2월 1일 발표) 등 해외 동포들의 독립 움직임을 소상히 들을 수 있었고, 연일 톱뉴스로 전해지는 윌슨의 14개조 평화방책을 접할 수 있었다. 이광수는 후일 "윌슨의 14원칙이 발표되고……. 이러한 뉴스는 내 마음을 흔들어놓았다"라고 말한다. 김윤식은 이런 이광수에 대해 "도쿄의 마권에서 벗어나면 독립 사상이 머리를 드는 것이며, 도쿄의 마권으로 접근하면 이미 품은 독립 사상도 서서히 눈 녹듯 사라지는 것이었다"라고 평가한다.[35]

그러나 이광수가 민족의 독립운동에 뛰어든 것에 대해서는 김윤식의 평가와 달리 일시적 일탈이었다기보다는 『무정』을 통해 이광수가 모색한 일관된 행동 패턴이었다고 볼 여지가 있다. 서영채는 『무정』의 이형식이 자신의 욕망만을 추구하는 근대인으로 등장하여, 애정 갈등 속에서 개인주의적 근대성에 대한 회의와 환멸을 경험하고, 이를 민족이라는 공동체의 차원으로 고양시켜 해소하였다고 평가한 바 있다. 박영채 또한 전통주의자로 출발하지만 병욱을 통해 근대의 세례를 받고 삼랑진 축제를 통해 민족주의라는 차원으로 고양된다. 이때 형식과 영채의 방황은 전통과 근대의 자기지양 과정에 해당되며, 양자의 접점은 민족주의였다.[36]

35_ 위의 책, 648-649, 654, 661-662쪽.
36_ 서영채, 『아첨의 영웅주의』, 403쪽. 물론 그 해결책은 잠정적인 것일 뿐이다.

베이징에서 이광수가 처한 상황이 정확히 이와 일치한다. 이광수는
『무정』의 이형식이 김선형과의 결혼을 통해 신분상승을 꿈꾸었던 것처
럼 허영숙과의 관계를 통해 자신의 욕망을 충족시키고자 하는 근대적
주체의 모습으로 베이징 동포사회에 등장하였고, 그런 그에 대해 동포들
의 비난이 쏟아지면서 자신의 개인주의적 근대성에 대해 불안과 회의를
경험하게 되었는데, 그는 이러한 갈등을 2·8독립선언이라는 민족 공동
체 차원의 문제로 고양시켜 해소하려 했다는 것이다. 김윤식이 2·8독립
선언을 허영숙과의 관계가 갖는 내적 문제와 외적 비난들을 해결하기
위해 민족이라는 차원으로 문제를 전치시켰다고 보는 평가는 이와 정확
히 일치한다. 그런데 김윤식은 그것을 이광수의 행동패턴으로부터의
일탈이라고 보는 데 반하여, 그것은 『무정』 이래의 일관된 행동패턴이었
다고 말할 수 있다. 다시 말해 이광수가 『무정』에서 탐색한 바 있듯이
개인적 욕망을 좇는 데 성공한 근대 주체의 모습은, 근대 주체에 이르지
못한 신파적 주체인 대중들의 시선에서 볼 때 초라해 보이거나 더 나아가
'타락한 근대인'으로 비춰진다는 문제에 직면한다. 전통과 현대의 갈등
이 주체 내면으로 옮겨진 『무정』의 이형식과 베이징의 이광수는, 자신이
처한 그러한 갈등 상황을 지양하는 길이 그 둘을 초월하는 민족이라는
숭고한 대상에 헌신하는 길이라고 믿었던 것이다.[37]

해외유학을 마치고 돌아온 이후 삶의 모습은 『흙』의 허숭이 잘 보여준다.
식민지의 근대주의자는 늘 '숭고한' 민족 문제를 저버리고, '타락한' 근대인
으로 전략할 위기에 처해 있다. '타락한 근대인' 그것이 근대 주체로서 영위
하게 될 본래의 삶의 궤도이고 민족주의는 그 보완물이기 때문이다.

37_ 최주한은 이렇게 자신의 개인적 문제를 사회적 문제로 전환시키는 이광수에
대해 놀라움을 표시한다. 그에 비해 김윤식은 앞서 말했듯 이광수가 주관적
이고 심정적인 세계에 갇혀 있기 때문이라고 본다. 최주한이 말하는 것은,
이광수가 자신의 첫 결혼 실패를 구체제의 조혼 문제와 결부시켜 사회적

2) 1910년대와 1920년대의 이광수: 연속인가, 단절인가

김윤식은 「민족개조론」을 쓸 무렵의 이광수를 다음과 같이 평가한다. 이광수에게 안창호가 그렇게 만류했던 귀국은 방랑의 끝이었고 생활의 안정이었다. 이광수 스스로 이 귀국을 하느님의 명령이라 주장하며, 불교적인 인과율이라 불렀다. 총독부에 항복장을 써놓고 귀국했다느니, 변절자라느니, 일개 아녀자에 대한 상사병에 걸렸다느니 등등의 세상의 비난이란 무슨 객설이냐, "나는 너희들과 종자가 다르다"라는 게 당시 이광수의 생각이었다는 것이다. 방랑이 끝나 어른이 된 그가 할 수 있는 일은 「민족개조론」을 주장하는 일, 논설로써 민족적 경륜을 펼치는 일이었다.[38]

김윤식은 민족 개조의 내용은 흥사단의 사상 그대로이며, 그 방법도 흥사단의 조직 그대로라고 본다. 그 핵심은 "덕체지 3육의 교육적 사업의 범위에 한한 것인즉 아무 정치적 색채가 있을 리가 만무하고 또 있어서는 안 될 것이외다"라고 할 수 있다. 김윤식이 보기에 춘원에겐 소년 시절과 청년 시절 사이의 사상적 변화란 거의 없다.[39]

─────

문제화했던 논설 「금일 아한 청년과 정육」에서였다. 최주한, 『이광수와 식민지 문학의 윤리』, 44-45쪽. 최주한은 이광수의 글쓰기가 '싫은 아내를 사랑하려는 고민'과 '사모하는 S를 마음에서 떼어버리려는 고민'에서 시작되었으며, 그것은 개인적 번민의 경험을 심리적·사회적 동기와 관련시켜서 자신의 깊은 내적 갈등과 대면하기 위한 시도였다고 말한다(39-40쪽).

38_ 김윤식, 『이광수와 그의 시대 2』, 29-31쪽.

39_ 위의 책, 41-49쪽. 김윤식에 의하면 이광수가 1910년 중학을 마칠 때 가졌던 첫 번째 사상은 교사가 되어 학도를 가르쳐 문명개화를 하고자 하는 것이었다. 두 번째 단계는 1915년 이래 두 번째 일본 유학에서 배운 사상으로서 첫 번째와 마찬가지로 문명개화, 구습타파 등 일종의 준비론이었다. 지식층에 의한 위로부터의 계몽주의의 일종으로서 첫 번째 단계보다 좀 더 정밀하고 세련되었을 따름이다. 세 번째 단계는 상하이에서 귀국한 후 전개한

「민족개조론」은 지사적 계층과 청년들의 격분을 사는데 그 이유는 첫째 민족 전체를 향한 논설이었다는 점, 둘째 「민족개조론」의 사상과 계획이 "재외 동포 중에서 발생한 것"이라는 대목으로서 해외 망명객들이 춘원으로 하여금 「민족개조론」을 쓰도록 종용했다는 주장은 도저히 용납될 수 없는 것이라는 점, 셋째 3·1운동에 대한 모멸적 발언으로서 "또 무지몽매한 야만인이 자각 없이 추이하여가는 변화 같은 변화"라는 단정 등이었다.[40]

그러나 서영채는 이광수가 3·1운동을 기점으로 그 전과 후에 큰 사상적 전회가 이루어졌다고 본다. 그 계기가 된 것은 상해에서 안창호와의 만남이었는데, 상해 이전에는 사회진화론을 앞세우는 현실주의자였다면, 상해 이후에는 덕성과 정신적 가치를 앞세우는 모럴리스트로 바뀌었다는 것이다.[41] 다만 이광수가 민족주의자였음은 그 전후로 변화가 없었고, 민족주의는 그의 전 생애의 '정신적 상수'였다고 말한다. 바뀐 것은 민족주의의 실천의 방략으로서 그것이 180도로 바뀌었다는 것이다. 그 변화를 여실히 보여주는 논설이 상해 이전의 「우선 수(獸)가 되고 연후에 인(人)이 되라」(1917)와 이후의 논설인 「상쟁의 세계에서 상애의 세계로」(1922)이다. 여기서 이광수는 로마 멸망 원인으로 물질적 현실을

「중추 계급과 사회」, 「민족개조론」에 집약되어 있다. 「2·8독립선언서」야 말로 춘원의 한갓 객기인데 그것은 그의 사상과 무관한 주장이기 때문이다. 「민족개조론」에 와서는 '동맹'을 조직해야 한다는 구체성이 제시되었다는 특징을 갖는데, 그것은 도산으로 말미암아 비로소 가능한 것이었다.

40_ 위의 책, 44-45쪽.

41_ 서영채, 「자기희생의 구조」, 84-85, 114쪽. 1910년대의 이광수가 구시대의 가치질서를 파괴하며 서구적 합리주의자로 등장하였다면, 3·1운동 이후 1920년대에는 도덕주의자이자 민족주의자로 탈바꿈하였다는 것이다. 서영채, 『아첨의 영웅주의』, 373쪽.

도외시하고 도덕심만 창궐한 것을 제시한 데서, 물질적 부강만 추구하여 도덕심이 쇠퇴한 것으로 정반대로 말을 바꾼다.

서영채는 또 이광수의 소설 역시 이전의 『무정』(1917)에서 이후의 『재생』(1925)으로 서사구조의 근본적 변화가 발생했다고 본다. 그것은 주인공들의 삼각관계에서 누가 선택권을 갖는가의 문제였다. 『무정』에서는 남자 주인공인 이형식이 선택권을 가졌다면, 『재생』에서는 여주인공 김순영이 갖는다. 무정에서 남자가 여자를 배신했다면, 『재생』에서는 여자가 남자를 배신한다. 『재생』에서 신봉구가 주인공이 된 것은, 식민지 유학생들이 자신이 근대인이라고 생각했던 것은 순간적 착각에 불과하며 냉정한 현실은 근대의 자유시민이 아니라 제국의 포로이자 노예라는 점을 깨닫게 된 결과라는 것이다. 그래서 신봉구가 가해자가 아닌 피해자의 자리에 놓인 것은 당연하며, 1919년의 분기점을 넘으면서, 근대주의자 이형식은 식민지인 신봉구가 된 셈이라고 말한다.

식민지 지식인들이 자신들이 그 시대의 주역인 근대 시민이 아니라 일본 제국의 식민지민에 불과하다는 사실을 깨닫게 되었다는 것이야말로 3·1운동 전후의 중요한 변화라고 보는 서영채의 분석은 대단히 탁월하다. 다만 그것이 식민지 주민에게만 해당되는 것은 아니라는 점을 덧붙여야 한다. 근대가 열리면서 그 주역인 근대 시민은 중세적 신의 자리를 차지할 수도 있고, 근대 자본주의에 길들여진 노동자의 자리를 차지할 수도 있게 되었다. 하지만 근대가 만들어낸 최종 결과는 신의 자리는 사회구조 내지 상징적 현실에 귀속되고, 개개인들은 그 구조적 권력에 의해 규율화된 근대 주체가 되어 자신이 그 규율에서 벗어나지는 않았는지를 늘 '성찰'해야 하는 노예로 전락했기 때문이다.

3) 「민족개조론」: 김현주의 정밀한 글 읽기

김현주는 자신의 책에서 「민족개조론」을 정밀하게 분석하고 있다. 그는 무엇보다도 그 글의 이론적 기반이 되는 르봉의 군중심리학과 그것이 갖는 함의에 대해 주목하고 있다. 김현주는 먼저 이 논설이 사회변혁을 위해 하나의 잘 짜여진 '제안서'라고 그 성격을 규정한다. 그는 이 글이 "비판과 소설을 뛰어넘는, 계몽주의적 글쓰기의 완성형"이며 "재현과 비판에 내재된 모호한 잠재 서사를 명확하고 완전한 기획으로 가시화"했다고 평가한다.[42]

「민족개조론」은 10개의 절로 구성되어 있다. '민족개조의 의의'로부터 시작하여, '역사상으로 본 민족개조운동', '갑신 이래의 조선의 개조운동'을 검토한 후, '민족개조는 도덕적일 것', '민족적 개조는 가능한가', '민족성의 개조는 얼마나한 시간을 요할까'를 논의하고, '개조의 내용', '개조의 방법'을 제시한 이후 최종 '결론'으로 끝맺고 있다.[43] 간략히 내용을 정리해보기로 한다. 먼저 조선민족이 이렇게 쇠퇴한 원인은 허위, 나태, 비사회성 및 경제적 쇠약과 과학의 부진 등 민족성의 도덕적 쇠퇴 때문인 것으로 진단된다. 이러한 민족성을 개조하기 위한 경로는 10단계로 나뉜다. 한사람이 자각하여 개조 계획을 세워 동지를 구하여 단체를 결성한 이후, 일반 민중에게 선전을 통해 여론을 형성하고, 그 여론이 형성되면 중심인물이 나서서 민중을 지도하여 전염력을 발생시켜, 마침내 그 사상이 이지(理知)의 영역을 넘어 정의적(情意的) 습관의 영역으로 들어가 민족개조가 완성된다. 그때 개조의 핵심 내용은 무실과 역행, 그리고 사회봉사심 즉 멸사봉공의 정신 등의 요소이다. 개조의 방법은 개조동맹을 결성하여 그를 통해 민중을 개조하는 것이다.

42_ 김현주, 『사회의 발견』, 415-427쪽.
43_ 이광수, 『민족개조론(ebook)』, 도서출판 도디드, 2016.

　김현주는 이 「민족개조론」이 이전의 논설과는 크게 다르다는 점에 주목한다. 이 글에 나타난 이광수의 사상은 과거와 이론적 기반이 전혀 다른 사회심리학 내지 군중심리학에 기초하고 있기 때문이다. 여기서 사용되는 선전, 전염, 민족, 여론, 이지, 정의 등은 일반적 개념과 다른 의미를 갖는 사회심리학적 개념들이라는 것이다. 그런데 이런 용어들은 이미 상해 시절부터 그의 글에 나타났다고 보며, 그 뿌리는 그의 2차 유학 시절인 와세다 대 수학과정에 있다고 본다. 김현주가 제시하는 가장 중요한 변화는 '민족'이 실제로 '군중'으로 상상되고 있다는 점이다. 개개인들은 개별 주체로서가 아니라 그러한 군중 속의 인간으로서 분석된다. 김현주에 따르면 군중심리학의 목표는 '다수' 대중의 등장이라는 사태를 분석, 설명, 대응하는 것이다. 특히 이는 프롤레타리아트의 비이성적 행태를 보수적 시각에서 분석하고자 하는 것이며, 계급갈등에 대한 부르주아지의 공포와 여성권의 신장에 대한 가부장적 거부감에 기반하고 있다. 개인들이 일단 집단을 이루게 되면 이지적 능력을 상실하고 '감정'에 좌우되고, '모방'과 '전염'에 의해 움직이게 된다고 보기 때문이다.[44]

　이광수는 「민족개조론」에서 군중심리학의 연구대상인 '군중'을 '민중'으로 번역하고 있는데, 그에 따라 민중은 선전의 목표물이자 개조의

44_ 군중심리에 대한 이러한 부정적 인식은 당시 상당히 일반화된 것이 아닌가 생각된다. 예를 들어 1940년에 간행된 조선총독부의 지원병훈련소의 교육 책자에 적힌 내용을 보면 "엄격한 규율은 사소한 것도 소홀히 하지 않는다. 특히 그 통폐라 할 수 있는 변명과 거짓말, 무책임과 허영, 그리고 우는 소리와 군중심리에 대해서는 엄하게 다스려서, 반 내의 생활과 근무에서도 이것을 허락하지 않는 예의범절을 가지고 임했다"라고 되어 있다. 홍성태, 「식민지체제와 일상의 군사화」, 김진균·정근식 편저, 『근대주체와 식민지 규율권력』, 문화과학사, 1997, 380쪽.

대상이 된다. 또 민족개조의 수행 주체인 '동맹'은 개인 간의 평등한 결합체가 아니라, 지도자(중심인물), 전문가, 일반 회원으로 나뉘어 지도자를 중심으로 수직적인 결합체를 구성한다. 여기서는 여론 또한 토론을 통해 형성되는 것이 아니라 외부의 사상에 의해 지도되어야 할 대상이 된다. 김현주는 이광수의 목표가 "민족개조주의가 '토의권을 초월하여' '전염'되고, '이지의 역을 탈하여' '정의적 습관의 역'에 들어가도록 하는 것"이라 규정한다.

4) 「민족개조론」에 대한 사회주의자들의 비판과 이광수의 입장

1920년대의 식민지정책과 관련하여 마이클 신은 3 · 1운동 이후 문화정치 정책의 성격을 '통치성'(governmentality) 증대로 파악한다. 식민지국가는 규율권력과 생체권력 같은 미시-정치학적 권력을 통해 식민지 사회에 대한 개입을 증대시킴으로써, 그리고 문화라는 새로운 영역에 대한 개입을 증대시킴으로써 통치성을 한층 더 발전시킬 수 있었다는 것이다. 이를테면 이광수가 「대구에서」에서 '사회'가 청년들, 나아가 조선인들에게 제공해야 한다고 제안한 것, 즉 학교와 청년단체, 신문과 잡지, 강연과 연설 등을 식민지 '국가'가 만들고 관리하고 발전시키고자 했다는 것이다. 이러한 한계 안에서 문화정치는 조선인들에게도 그 활동의 공간을 어느 정도 열어주게 된다. 그러나 이 공간은 곧 새로운 사회주의 정치세력들에게 침투당하고, 이광수 등의 문화적 민족주의자들은 이들과 경쟁관계에 서게 된다.[45]

김현주는 이광수의 「민족개조론」을 당시 그가 처한 이러한 상황과 연계하여 보고자 한다. 김현주는 1920년대 초 민족주의, 사회주의 운동

45_ 김현주, 『사회의 발견』, 320, 340-354쪽.

조직이 분화하는 양상을 살펴보면서, 그것을 보여주는 대표적 사건으로
'김윤식 사회장 반대운동'을 제시한다. 사회장 반대파는 김윤식이 사회
를 위해 공헌한 바가 없다는 점, 『동아일보』와 귀족층 등 소수가 모여
'사회'장을 치르는 것은 사회라는 어구를 남용하고 무시한 처사라는
점 등을 제시하며 그에 대한 비판을 가했다. 사회장 반대파는 사회라는
개념 자체를 분열시켜 일반사회와 귀족사회로, 혹은 민중 대 귀족계급·
자본계급·기타 간악한 지식매매계급 등으로 구분하고자 하였다.

그러한 맹공격 아래 계몽적 민족주의자들 내부에 중요한 변화가 발생
하기 시작한다. 가장 중요한 것은 그들이 '사회'라는 용어의 사용 자체를
회피하는 경향이 발생했다는 점이다. 그 결과 '사회'라는 용어는 '민족'
이나 '단체'라는 용어로 대체되기 시작했다. 여론에 대한 개념 인식에
있어서도 계몽주의 지식인들은 자신들 간의 비판과 토론을 통해 여론이
조성되고, '교육'과 '언론'을 통해 이 여론이 민중에게 보급되는 것으로
보았다면, 사회장 반대파는 여론은 자유로운 다수의 의견이 형성되는
과정의 결과로 보고자 했다. 결국 이들 계몽주의 지식인들은 사회장
반대파들의 비판을 '폭언'과 '망동'('사회장 책임자를 사회에서 장송하
자' 등)으로 규정하고, 여론이 변덕스럽고 지나치다는 점, 감정에 휘둘린
다는 점, 편견에 치우친다는 점 등을 비판하게 된다.[46]

이러한 사정은 이광수의 「민족개조론」의 내용에 잘 나타나 있다.
이광수는 「민족개조론」에서 조선의 지식계급으로부터 해내외 독립운동
가나 사회운동가들까지 싸잡아 비판하고 있다.[47] 「민족개조론」 자체가

46_ 위의 책, 386-398쪽.
47_ "현재 조선인의 지식계급이란 자들의 행동을 보면 어떠합니까. 실업계면
    미두취인이나, 주식취인이나, 그렇지 아니하면 광산 기타에도 각 방면으로
    요행을 바라는 협잡적 釣名, 漁利的 사업에 종사하고, 그렇지 아니하면 누워

이러한 대립의 와중에서 계몽주의 지식인들의 입장을 총체적으로 제시하는 역할을 하였기 때문이다.

이런 저간의 사정 속에서 제출된 「민족개조론」은 이광수가 민중에 대한 기대와 지지를 포기한 선언으로도 읽힐 수 있다. 「대구에서」를 전후한 논설들과 『무정』이 "기존의 인륜도덕은 죽었다"를 외친 선언이라면, 「민족개조론」은 "민중은 죽었다"라는 선언으로 읽힐 수 있다. 그때의 민중은 올바른 뜻을 확고히 세우고(무실), 그것을 끊임없이 실천에 옮기는(역행) 공중이 아니라, 감정적인 선전에 휘둘리는 군중에 불과하다. 이제 민중은 『무정』에 환호하고 그에게 존경을 보내던 그 민중이

서 천도 떨어지기를 기다리는 부랑자적 인물이 많지 아니합니까", "근년의 다수의 자칭 애국지사, 망명객배가 중국의 고관과 부호에게 애걸하여 사기적으로 금품을 얻는 자가 점점 증가하여 민족의 신용을 아주 떨어뜨리고만 것은 실로 개탄할 일이다."(22쪽) 이어서 그는 "우리는 수십 인의 명망 높은 애국자들을 가졌거니와…… 대부분이 허명입니다. 그네의 명망의 유일한 기초는 떠드는 것과 감옥에 들어갔다가 나오는 것과 해외에 표박하는 것인 듯합니다. 지금 사회에 명사라는 칭호를 듣는 이들로 보더라도 우리 명사의 일대 특징이 일정한 직업을 안 가진 것임을 보아 알 것이외다. 그러므로 뜻이 좋고 생각이 좋은 것은 그것이 일로 실현되어 나오기 전에 아무 소용도 없는 것이외다"라고 말한다. 과거 조선시대도 비판의 대상이 된다. "민족적으로 보더라도 조선민족은 적어도 과거 5백년간은 공상과 공론의 민족이었습니다. 과학을 남겼나, 부를 남겼나, 철학, 문학, 예술을 남겼나, 무슨 자랑될만한 건축을 남겼나, 또 영토를 남겼나, 그네의 생활의 결과에는 남은 것이 하나도 없고, 오직 송충이 모양으로 산의 삼림을 말짱 벗겨 먹고, 하천의 물을 말끔 들이마시고, 탕자 모양으로 선대의 정신적, 물질적 유산을 다 팔아 먹었을 뿐이외다." 이어서 현재에 대한 비판도 등장한다. "과거에만 그러한 것이 아니라 현재의 조선인도 그러합니다. 우리가 보는 전등, 수도, 전신, 철도, 윤선, 도로, 학교 같은 것 중에 조선인이 손수 한 것이 무엇 무엇입니까"(이광수, 『민족개조론(ebook)』, 23-24쪽). 이광수의 이러한 비판들은 일제에 대한 찬양으로 해석될 수 있는 여지를 갖는다.

더 이상 아니며, 그들이 만들어내는 여론은 선전에 휘둘리는 감정적이며 편견적인 것으로 읽혔다.

이것은 『무정』시대와는 달리 이광수가 더 이상 민중의 시선을 의식하지 않게 되었다는 것, 민중의 응시 지점을 상징적 동일시의 대상으로 삼지 않게 되었다는 것을 의미한다. 그의 응시 지점은 이제 자신과 동일한 계층, 부르주아 지식인 및 중간계층의 것으로 협소화될 수밖에 없었다.

여기서 주목할 부분은 앞서 말한 것처럼 사회장 문제를 둘러싼 논쟁과정을 통해 당시 핵심 개념이 되어버린 '사회'라는 용어가 '민족'이나 '단체'라는 용어로 대체되는 경향을 보였다는 점이다. 그것은 '사회'와 '민족'이라는 핵심 개념이 그 의미상 커다란 변화를 겪게 되었다는 것을 말해준다. 사회주의자들은 사회가 적대적인 계급으로 분열되었다고 보기 때문에, 부르주아 지식인들이 마치 자신들이 사회의 대표자인 양 행동하고, 마치 단일 사회가 존재하는 것처럼 '사회' 개념을 사용하는 것에 대해 비판의 화살을 쏟아부었다. 그 결과 계몽주의 지식인들은 '조선 사회'라는 개념, 즉 단일 성격을 갖는 집단을 지칭하기 위하여 조선 사회라는 용어를 쓴다는 것이 더 이상 어려워지게 되었다. 이제 사회와 민족은 더 이상 동일한 대상 집단을 지칭할 수 없게 된 것이다. 이러한 배경으로 인해 「민족개조론」에서도 '사회'라는 용어가 회피되고 '민족' 혹은 '단체'라는 용어가 이를 대신하게 된다.[48] 사회가 서로 동질적이지 않은 집단으로 분열되어 있다면, 사회 구성원 전체를 호명하고 호출할 수 있는 새로운 용어와 담론이 도출되어야 했는데, 이때 사회

48_ 김현주, 『사회의 발견』, 388-392쪽. 이광수는 '우리사회', '조선사회'라는 표현 대신 '우리민족', '조선민족'이라는 표현을 쓰기 시작한다.

전체를 호명할 수 있는 대체 용어로서 선택된 것이 '민족'과 '단체'라는 개념이었다. 민족의 이름 앞에서는 모든 구성원이 동질적인 민족 구성원으로 호출될 수 있었고, 식민지민으로서 강렬한 동질 의식을 느끼고 있는 상황에서는 더욱 그러하였다. 단체 역시 그 단체 구성원으로서의 동질성을 기초로 전체 구성원을 호출할 수 있다.[49]

「민족개조론」의 민족개조라는 용어 조합 자체도 그러한 영향 속에서 형성되었다고 할 수 있다. 1차대전은 서구 문명이 막다른 골목에 처했다는 반성과 더불어, 인본주의 사상을 전면에 부활시켰으며, 당대 세계개조론의 흐름을 주도한 버트런트 러셀의 사상은 그의 책『사회개조의 원리』를 통해 아시아에도 큰 반향을 불러일으켰다.[50] 사회주의 내지 사회주의혁명의 주장들 역시 당시 널리 유행하던 사회개조론 중의 하나라는 성격을 갖기도 했다. 그런데 그러한 세계적 사조를 거슬러 이광수는 당시 유행하던 '사회개조' 대신 '민족(성)개조'를 들여왔던 것이다.[51] 그렇다면 이광수의 「민족개조론」은 '사회개조론'의 시각에서 다시 검토

49_ 그래서 「민족개조론」에서는 사회생활을 잘해야 한다는 것을 말하기 위해, 단체생활을 잘해야 한다는 식의 표현이 제시되고 있다.

50_ 최주한, 『이광수와 식민지 문학의 윤리』, 294쪽.

51_ 김현주, 『사회의 발견』, 391쪽. 이와 관련하여, 조선의 발전을 위해 사회를 개조해야 한다고 주장하며 '사회'라는 용어를 지속적으로 사용했던 사회주의자들, 민족을 개조해야 한다고 말하면서 사회 대신 '민족'이라는 용어를 더 많이 쓰게 된 민족주의자들, 이 양자가 대립했기에, 보수적 계몽주의 지식인들을 '민족주의자'라는 용어로 지칭하게 된 것은 아닐까? 물론 사회주의, 민족주의라는 용어는 일본으로부터 들여와 널리 사용되었지만, 이광수 등의 보수적 지식인들을 '민족주의자'라고 명명했던 것에 한하여 말한다면 그렇다는 것이다. 왜냐하면 일제에 타협적인 그들을 '민족주의자'라고 불렀다는 것이 대단히 어색하게 느껴지기 때문이다. 이 문제는 뒤에서 서영채의 '민족 없는 민족주의' 논의에서 다시 다루게 될 것이다.

할 필요가 있고, 그 글에서 등장하는 '민족'이라는 용어를 '사회'로 바꾸어 놓고 재검토해 볼 필요가 있다.

그렇지만 새로운 용어, 기표는 다른 기표들과 새로운 연쇄 고리들을 재형성하면서 사고의 틀을 바꾸는 데 기여한다. 이제 이광수가 사회 대신 민족이라는 용어를 더 자주 그리고 더 중요하게 사용하게 됨에 따라 그에게 사회를 통해 형성되었던 환상은 민족을 통해 새롭게 형성된다. 그때의 민족은 현실적으로 존재하는 이천만 민족이 아니라, 개조동맹을 통해 미래에 형성될 민족, 지도자가 제시하는 단체의 이상에 '멸사봉공'하는 실천을 통해 형성될 미래의 민족이 된다. 당시 이광수는 사회주의와 대립되는 것은 수양동우회이며, 그것은 한마디로 민족주의라고 말하며, 민족주의란 '조선 또는 조선의 것이라면 본능적 애착을 견디지 못하는' 것으로 규정한다.[52] 김윤식은 이광수에게 민족주의는 논리도 사상도 아니며 생리적 차원이며 또한 종교와 가까운 신념의 일종이라고 말한다.

그렇기 때문에 「민족개조론」이 발표된 이후 이광수는 사회주의 측으로부터 대대적인 비판을 받게 된다. 「민족개조론」에 대한 사회주의자들의 비판의 초점은 「민족개조론」을 지배하는 패러다임 자체를 극복하자는 것으로 모아진다. 그 비판은 '사회'에 대한 문화적 계몽주의를 해체하기 위해 '인성개조론' 즉 유심론에 대한 비판으로 이어졌다. 사회주의자들은 유물론 테제에 입각하여 '인성개조'에 대하여 '사회개조'를 주창하면서, 사회문제의 원인을 개인과 그의 심성에서 찾는 태도를 비판하게 된다.[53]

52_ 이는 1926년 5월 간행된 수양동우회의 기관지 『동광』 창간호 사설에 게재된 내용이다. 김윤식, 『이광수와 그의 시대 2』, 162쪽.

더욱이 당시 사회주의는 젊은 청년들을 중심으로 대중의 큰 지지를 얻고 있었고, 그렇기 때문에 이러한 비판은 그 심각성을 더하였다. 1920년에 이미 사회주의는 서점에서 인기 상품이 되었고, 가령 윤치호가 코뮤니즘을 비난하자 청년들은 거부반응을 보였다. 사회주의를 수용한 급진적 청년세력의 부상에 직면하여, 『개벽』의 주도자들은 '가짜 지사', '가짜 주의자들'로부터 '우매한' 민중이나 '호기심 많은' 학생들을 떼어놓기 위해 특별호를 제작하는 등 담론 정치를 펼치고자 했다. 그러나 그런 지 한 달 만에 '민중이어 자중하라'고 꾸짖던 입장에서 '일반 민중'에게 '논의'할 권한을 주고 '사회'의 '의견'에 '공적' 지위를 부여해야 한다는 등 정반대의 입장으로 선회하게 된다.

5) 「민족개조론」과 근대적 규율화

「민족개조론」에서 이광수가 제시하고 있는, 미래의 민족을 생산하는 도덕이란 바로 근대 주체의 규율성이었다는 점에 주목할 필요가 있다. 푸코가 말하는 근대적 규율화를 통해 생산되는 근대 주체는 '유용하고 순종적인' 노동자의 모습을 갖는다. 그러한 주체를 만들어내는 규율화의 장치는 감시와 처벌이라는 권력 장치의 작동 아래 개개인을 시간(촘촘히 짜여진 시간표)과 공간(엄밀히 구획된 공간)에 가두고, 단계적으로 훈련시키는 메커니즘을 갖는다. 근대적 신체를 생산하는 이러한 방식은 처벌보다는 감시에 의존한다. 개개인들은 검사(시험)와 기록을 통해 분류되고 그 지식을 통해 감시되며, 그 감시는 내부의 위계적 질서에 의한 일상적 상호 감시로, 궁극적으로는 자기 감시의 형태로 완성된다.[54] 그

53_ 김현주, 『사회의 발견』, 446-448, 473-478쪽.

54_ 양운덕, 『미셸 푸코』, 2003, 살림. 이것은 앤서니 기든스가 근대 주체의

결과로서 '유용하고 순종적인 신체'가 생산되는데, 양운덕은 이를 '몸 둘 바를 알게 되는 주체'라고 적절히 표현하고 있으며, 차승기는 이를 '삼가는 신체'라는 용어로 표현한다.[55]

푸코가 말하듯이 자본주의 사회는 명시적으로 평등한 사회이지만, 실질적으로 불평등한 사회이다. 근대사회는 공식적 법으로써 평등한 사회이지만, 온갖 규율화의 장치를 통해 실질적으로 불평등한 사회를 만들어내기 때문이다. 그것이야말로 지젝이 말하는 '불문율'이다. 지젝은 권력이 공식적 명문법과 외설적 초자아의 불문율로 분열되어 있다고 말한다. 공식적 법으로서의 자아 이상과 그것을 보완하는 외설적 초자아

특징으로 제시하는, 자신을 끊임없이 되돌아보는 '성찰성'에 해당된다(앤서니 기든스, 배은경·황정미 옮김, 『현대사회의 성·사랑·에로티시즘: 친밀성의 구조변동』, 새물결, 1996, 126-129쪽). 또 이것은 서영채가 근대 소설의 특징으로 제시하는 것으로서, 고전소설과 신소설의 '이원적 인식틀'이 해체되면서, 분열과 갈등이 주체 속으로 내면화된 근대적 인식 틀에 해당된다. 근대 소설로 들어오면서 갈등과 분열 속에서 끊임없이 자신의 내면을 돌이켜보는 성찰적 주체가 등장하며 동시에 서사 구조 역시 '모색적'인 특징을 갖는다(서영채, 『아침의 영웅주의』, 389-404쪽). 그래서 서영채에 의하면 "근대 소설은 '이원적 인식틀'에 의해 선험적으로 [소설 외부에서] 주어진 의미를 재생산해내는 단순한 재현 장치일 수는 없으며, 그 자체로 주체와 세계의 의미를 모색하고 생산해내는 인식적 장치"이며, 인물들은 단순한 기호가 아니라 반성하는 주체가 된다.

55_ 차승기에게 있어서 '삼가는 신체'는 '예의작법'이라는 규율화 기제를 통해 만들어진다. 차승기에 의하면, 이광수가 상상하고 있는 문화적 질서를 인격적 관계 속에서 만들어내는 장치를 '예의작법'이라 명명할 수 있는데, 이는 개인을 무절제 상태로 빠지게 만드는 감정들을 억제하고 순치하는 자기수양(self-discipline)에 해당되며, 그 목적은 '정다운 공동체'[조화로운 사회]를 만드는 것이다. 차승기, 「고귀한 엄숙, 고요한 충성──이광수의 예의작법과 감성적인 것의 나눔」, 박헌호 편저, 『센티멘탈 이광수: 감성과 이데올로기』, 소명출판, 2013, 132-139쪽.

의 이면으로서 비공식적 불문율 간의 분열이다. 공식적 법의 영역에서는 개인들 간의 평등이 보장되지만, 그 법의 이면에서 일상생활의 수준에서 (이광수가 말하는 '사회'의 수준에서) 공식적으로는 인정되지 않는 불문율을 통해 법의 불비한 부분을 법을 위반하면서까지 보완하면서 불평등한 권력의 현실을 재생산하고 있다. 그러한 불문율을 만들어내는 장치야말로 푸코가 말하는 규율화의 장치들이다.

그러한 점에서 이광수가 「대구에서」에서 총독부를 법의 영역으로 한정시키고, 그 외의 '사회' 영역에서 '불문율'이라는 '사회적 도덕'을 통해 '감화'시켜 사회 질서를 유지하고자 했던 것은 근대사회의 운영 원리에 대한 뛰어난 통찰이라 할 만하다. 이를 「민족개조론」과 수미일관하게 연결시킨다면, 불문율 혹은 도덕에 의한 '감화'란 "그 사상이 이지(理知)의 영역을 넘어 정의적(情意的) 습관의 영역으로 들어가 민족개조가 완성된다"고 말할 때의 '정의적 습관의 영역으로 들어가는 것'에 해당된다고 할 수 있다. 이것은 이광수가 올바른 뜻을 세우는 무실과 그 뜻을 오랜 시간을 두고 실천에 옮기는 역행(力行)을 말할 때, 역행에 해당된다.

「민족개조론」에서 이광수는 "사상이란 理智的이외다. 성격이란 情意的이외다. 사상은 이지적인 고로 일순간에 이해할 수 있지마는, 성격이란 정의적 습관인 고로 그것을 조성함에는 서서한 축적작용을 요구하는 것이외다"라고 말한다. 이어서 그는 "성격의 조성은 지식에서 실행, 반복 실행을 통하여 습관을 [형]성하는 경로를 밟아야 되는 것"임을 강조하며, "그러므로 국민교육의 중심인, 성격조성의 교육과 훈련은 일언이폐지하면 선량한 습관을 조성하는 것이지, 도덕적 지식을 주입하는 것이 아니외다"라고 단언한다. 다시 말해 개조동맹을 통한 국민교육이란 교육과 훈련의 일상적인 반복 실행, 그것을 통해 머리로 아는 것이 아니라 몸, 신체에 각인되는 습관의 조성에 의해 이루어진다는 것이다.[56]

　　따라서 「민족개조론」은 「대구에서」부터 주장했던 사회적 도덕으로
서의 불문율에 대해, 그것이 실제 현실에서 어떻게 생성될 수 있을 것인
가라는 문제의식 아래 그 기제나 '작법'을 구체적으로 규정한 실천적
방법론이라 할 수 있다. 여기서 말하는 '정의적 습관'이야말로 근대적
규율화를 통해 생산되는 것으로서 근대사회의 불문율이자 사회적 도덕
에 해당되는 것이다. 차승기는 이를 '예의작법'이라 말하는데, 일제 교육
제도에서는 이를 '작법' 내지 '심득'이라 불렀다.[57] 이광수가 말하는 불문
율 내지 정의적 습관은 (아동작법 등) 다양한 '작법(作法)'에 의해 '심득(心
得)'된 것, 줄여서 심득이라 할 수 있다.[58]

56_ 이광수, 『민족개조론(ebook)』, 18-19쪽. 「민족개조론」에서 이광수는 자신의
　　계산법에 의거하여 30년 정도의 시간을 두고 이러한 근대 주체를 대략 만
　　명 정도 훈육한다면 기초적인 요건이 충족된다고 본다. 30년 후 조선의
　　인구가 대략 2천만이 된다면, 전문지식층은 천 명 중 한 명의 비율로 계산하
　　여 2만 명, 그 과반에 해당하는 만 명이면 여론을 주도할 수 있다고 보기
　　때문이다.

57_ 김진균·정근식·강이수, 「보통학교체제와 학교 규율」, 김진균·정근식
　　편저, 『근대주체와 식민지 규율권력』, 문화과학사, 1997 참조. 이 글에 따르
　　면 일제하에서 교육이념과 방식은 기본적으로 '훈육'과 '연성'이라는 시각
　　에서 이루어졌다. 1920년대 초반 보통학교에서 아동들을 훈육하는 자세한
　　규정을 '아동작법'이라 불렀고, 아동작법은 10개 항의 '심득'으로 구성된다.
　　그 10개 항은 경례, 신체의복, 언어동작, 학교왕래, 등교, 교실 내 행동,
　　식사, 운동장, 변소, 하교 등 학교생활뿐 아니라 학교 밖의 일상생활 전반을
　　포괄하고 있다.

58_ 김진균·정근식에 따르면 일제는 일상생활의 모든 영역에서 새로운 내용의
　　규율을 제정하였는데, 일제는 이런 규율들을 '심득'이라는 이름을 붙였고,
　　그것은 일상적 내면화를 의미했다. 김진균·정근식, 「서장: 식민지체제와
　　근대적 규율」, 김진균·정근식 편저, 『근대주체와 식민지 규율권력』, 문화
　　과학사, 1997, 24쪽. 다른 한편 일제는 1934년경부터 농촌진흥운동을 전개하
　　면서, 농촌 주민을 대상으로 한 종합적 사회교육을 보통학교가 중심이 되어
　　끌어가고자 했는데, 이는 사회의 학교화, 학교의 사회화를 의미했다. 이

이광수가 제안하는 개조동맹은 위에서 푸코가 말하는 근대 주체를 생산해내는 규율화 장치에 해당된다. 이렇게 생산된 근대 주체는 그 내용은 텅 비어 있는, 형식으로만 존재하는 주체의 모습이다. '유용하고 순종적인' 주체라면, 그에게 어떤 일을 시켜도 잘하게 되어 있다. 그 내용은 그 주체들을 끌고 가는 '지도자'에 달려 있을 뿐이다. 그 중심인물이 사회주의를 실현시키려고 하든, 일본과의 동화를 실현시키려고 하든 관계없다. 그래서 이광수는 결론 부분에서 "세계 각국에서 쓴 문화운동의 방법에다가 조선의 사정에 응할 만한 독특하고 근본적이요, 조직적인 일 방법을 첨가한 것이니 곧 개조동맹과 그 단체로서 하는 가장 조직적이요, 포괄적인 문화운동이외다. 아아 이야말로 조선민족을 살리는 유일한 길이외다. 최후에 한 가지 미리 변명할 것은 이 개조운동이 정치적이나, 종교적의 어느 주의와도 상관이 없다 함이니 곧 자본주의, 사회주의, 제국주의, 민족주의, 또는 독립주의, 자치주의, 동화주의, 어느 것에나 속한 것이 아니외다"라고 말한다. '개조동맹의 문화운동을 통해 형성되는 정의적 습관'은 사회주의든, 민족주의든, 동화주의든 그 내용과는 무관하게 조선을 살리는 가치중립적 수단으로 사용될 수 있음을 가리키는 말이다.[59]

무렵의 교육사조는 전인교육에 강조점을 두며 "과거의 교육을 주지주의 교육으로 보고, 감정과 의지를 강조하기 시작했다"(김진균·정근식·강이수, 「보통학교체제와 학교 규율」, 87쪽). 이는 이광수가 말하는 "사상이란 理智的이외다. 성격이란 情意的이외다"와 정확히 일치한다.

59_ 따라서 여기서 이광수가 말하는 '도덕'이란 윤리와는 무관한 것이다. 이광수가 말하는 도덕은 근대 주체가 갖추어야 할 기본적인 요건, 즉 '몸 둘 바를 아는 주체'이자 '유용하고 순종적인 신체'를 갖는 주체, 그러한 불문율을 지키는 주체가 되는 것을 말한다. 그렇게 볼 때 이광수의 도덕은 일종의 '공중도덕'에 해당하는 것으로서, 근대인이 지켜야 할 '생활규범'을 말하는

그렇다면 여기서 민족(성)개조란 근대사회에 어울리는 근대 주체를 생산해내는 것을 가리킨다고 할 수 있다. 다시 말해 민족개조는 조선 민족에게 특정하게 어울리는 주체, 제국주의로부터 독립하고자 하는 식민지민에게 어울리는 그러한 주체를 생산하고자 하는 것이 아니다. 다시 말해 민족개조는 그 스스로 밝힌 바와 같이 민족주의와는 아무런 관련이 없는 말이다.[60] 따라서 민족개조에서 민족이라는 단어는 2천만 민족이라는 총체로서의 민족을 가리키는 것이 아니라, 민족을 구성하는 개개인을 가리키는 말이다. 만약 그렇다면 그때 가리키는 개개인은 민족을 구성하는 개개인이 아니라 사회를 구성하는 개개인에 더 가깝다. 따라서 「민족개조론」이라는 어법보다는 '사회구성원 개조론'이라는 어법이 이광수가 의도했던 바를 더 정확히 표현할 수 있다고 생각된다. 「민족개조론」이란 사회의 구성원들을 대상으로, 특히 선전에 휩쓸리기 쉬운 대중들을 대상으로 근대사회가 필요로 하는 '도덕성', 즉 근대사회의 규율을 갖춘 근대 주체로 생산해내는 것, 즉 '사회구성원을 규율화된 근대 주체로 생산하는 것', '사회구성원 규율화론'을 말하고 있다. 사회구성원 규율화론을 민족개조론으로 표현하다 보니 많은 사람들에게 오해를 샀고, 본인 역시 혼란을 겪었다고 생각된다.[61] 당시의 정세, 앞서 말한 바처럼 계몽주의 지식인들이 '사회'라는 용어를 회피하고 그를

정도라고 할 수 있다.

60_ 다시 풀어 말한다면 정의적 습관의 형성이 민족주의와 아무런 관련이 없다고 한 그의 말은, 일제의 탄압을 피하기 위해 집어넣은 말이 아니라 본래의 진정한 의도를 표현한 말이라는 것이다.

61_ 민족개조론이라는 표현으로 인해서 많은 사람들에게 이 문건이 민족주의적 인 문건이라는 오해를 불러일으켰고, 이광수 본인 스스로도 자신이 민족주의자인 양 부지불식간에 생각하도록 만들었다는 것이다.

대신하여 '민족'이라는 용어를 사용하기 시작하면서, 용어와 용어간의 새로운 관계와 그에 의거해 형성되는 안정된 의미가 정착되지 않아서 발생한 혼란이라고 생각된다.[62]

따라서 이광수가 『무정』 이래 갖고 있던 문제의식, 문명개화의 결과로 고작 '타락한 근대인'이 될 수밖에 없다는 현실적 문제를 해소하기 위해 '민족'과 '도덕'을 들여오고자 했을 때, 그때의 도덕이란 무엇이 되어야 하는지, 민족이란 누구를 가리키는지가 이 글을 통해 분명히 제시되었다고 할 수 있다. 그때의 도덕은 성리학적 윤리관으로 되돌아가는 것이 아니라, 근대 주체의 윤리이자 도덕인 규율화된 근대 주체로의 거듭남이며, 민족은 '사회 구성원' 개개인을 지칭하고 있다.[63]

62_ 하나의 기표가 다른 기표에 의해 [강제에 의해] 은유적으로 대체되어, 주체를 새로이 지배하게 될 때, 그 기표는 당분간 주체에게 주인 기표가 된다. 즉 다른 모든 기표에 대하여 주체를 대표한다. 주체는 그 새로운 기표에 완전히 빠져 있게 된다. 왜냐하면 그 무의미한 기표가 자신에게 무엇을 의미하는지를 알지 못하면 그는 자신의 언어 체계에서 어떠한 의미도 발생시키지 못하기 때문이다. 마치 군대에 갓 들어온 신병이 군대의 질서, 언어적 상징 질서를 몰라 '몸 둘 바를 몰라' 하는 것처럼. 따라서 그 기표는 다른 기표들과 연쇄를 이루면서 새로운 의미를 발생시키는 지속적 변증화의 과정을 밟지 않을 수 없게 된다.

63_ 도덕의 문제는 재일유학생들이 고심했던 개인과 사회의 관계에 대한 것으로서, 어떻게 개인이 사회의 정당한 일원이 될 수 있는가의 문제와 관련되었다. 이들은 기본적으로 사회진화론의 입장에서 생존경쟁의 단위를 개인이 아닌 사회로 보기 때문에, 사회가 개인에 우선하며, 개인의 완성은 사회에 대한 봉공(奉公)을 통해 이루어진다고 보았다. 그 경우 이기적 개인주의나 반목질시, 시기투쟁은 단합결속의 도덕성이 결여되어 있다고 보고, 사회개조는 도덕적 품성과 정신적 수양, 즉 인격의 발전을 목표로 해야 한다고 보았다. 인격의 핵심을 가령 자아를 연장, 확대하는 '동정(同情)'의 능력으로 보기도 하고, '사회성'이 이러한 도덕 감정의 원천인 것으로 이해되기도 하였다(김현주, 『사회의 발견』, 344-345쪽). 이광수가 이러한 추상적인 논의들을 넘어서

그러나 이광수가 제안하는 개조동맹을 통한 규율화의 실천은 이미 식민지 국가에 의해 다양한 규율화 장치와 법령을 통해 조선 민중의 일상생활에 깊이 침투해 있었다.[64] 예를 들어 근대적 주체 형성의 중요한 장으로서 보통학교 교육은 1910년대에는 조선 민중들의 배척을 받았으나, 1920년대부터 교육의 중요한 경로로 받아들여졌고 1930년대에는 '당연한' 일이 되었다.[65] 따라서 이광수가 제안한 개조동맹의 영역은 그가 1910년대에 주장했던 '사회' 영역만큼이나 덧없게 되었다. 이광수가 자신들의 실천을 통해 불문율 형태의 사회적 도덕을 생성하여 '사회' 영역 속에서 헤게모니적 주도권을 획득하고자 하였으나 그 '사회' 영역에 이미 식민지국가가 경찰이나 언론 기구, 공식적 법령 등을 통해 세세한 부분까지 침투해 들어갔던 것과 마찬가지로, 그 불문율을 만들어내는 기제로서 개조동맹과 같은 규율화 장치는 이미 ('심득'이라는 형태의 불문율을 만들어내고자) 학교 등 식민지국가가 도입한 여러 제도를 통해 조선 민중의 일상생활에 침투해 있거나 진행 과정에 있었던 것이다. 따라서 그가 제안한 개조동맹과 같이 당시로서 일반 민중에게 생소하기 그지없는 '자발적 결사체'는 극히 협소한 영역에 한정될 수밖에 없었다. 개조동맹으로서 동우회의 활동이 확장성을 갖지 못했던 이유가 바로 거기에 있었다. 조선총독부가 보통학교 교육을 확산시키기 위해 서당이나 각종

서 규율화의 구체적 방법 및 내용에 해당하는 '정의적 습관'의 형성을 근대사회의 도덕성의 핵심으로 제시한 것은 한 차원 뛰어넘는 논의라 할 만하다.

64_ 김진균·정근식 편저, 『근대주체와 식민지 규율권력』, 문화과학사, 1997 참조. 이 책은 근대적 주체 형성의 핵심적 장을 가족, 학교, 공장으로 파악하고 식민지시기에 이 장들에서 규율적 인간들이 어떻게 만들어졌는지를 검토한다.

65_ 김진균·정근식·강이수, 「보통학교체제와 학교 규율」, 77, 81-82쪽; 홍일표, 「주체형성의 장의 변화: 가족에서 학교로」, 298-300쪽 참조.

사립학교를 정리했다는 걸 생각한다면, 동우회의 조직과 활동이 그나마 가능할 수 있었던 것조차 총독부의 묵인을 떠나서는 생각할 수 없다. 그것은 사회주의 세력의 확장에 대한 공동 대응의 성격을 갖기 때문이든지, 혹은 보다 반체제적인 사회주의 세력이 확대해놓은 이념적 스펙트럼 속에서 안전한 자리를 차지할 수 있었기 때문이라고 할 수 있다.

제1부 제1장에서 살펴본 것처럼, 네그리와 하트는 1960년대 무렵 비유럽 사회에서 규율화가 급속하게 확산되면서, 대중들은 '[정치적] 해방을 위한 동원'에서 '생산을 위한 동원'의 대상으로 변형되었다고 보는데, 그 과정은 1920년대 조선에 대한 일본의 식민통치에서 그 '원형'을 발견할 수 있다. 또 그렇기 때문에 1960년대에 이광수는 박정희 개발 독채체제라는 훈육체제에 의해 재호출되었다고 할 수 있다.

6) 이광수의 소설들: 『재생』(1925), 군상 3부작(1930-31), 『흙』(1932-33)

『재생』이 사회주의자들의 거센 비판 과정에서 쓰여진 소설이라면, 『흙』은 브나로드 운동의 전개 과정 속에서 새로운 희망을 갖고 쓰여진 소설이다. 권보드래는 『재생』이 3·1운동 이후 청년 심리의 타락을 그린 소설이라고 말하며, 1920~30년대 이광수 장편소설의 중요한 축은 배신에 배신을, 전락에 전락을 겹쳐 쓰는 '타락의 서사'였다고 말한다. 특히 이광수는 여주인공들에게 허영과 나약이라는 성격을 부여하고, 오랫동안 여성 타락의 서사 그 자체를 묘사하는 데 골몰했다고 평가한다.[66]

66_ 권보드래, 「저개발의 멜로, 저개발의 숭고」, 319-32쪽. 권보드래에 따르면 '타락의 서사'로서 『재생』 외에 「그 여자의 일생」(1934-5), 「사랑의 다각형」, 『흙』의 전반부 등이 있으며, 여성 타락의 서사는 「사랑의 다각형」(1930)이 대표적이고, 『흙』(1932)에서부터 타락의 서사가 구원의 서사에 의해 보충되기 시작하며, 「애욕의 피안」(1936), 『사랑』(1938)은 구원의 서

　김윤식 역시『재생』에 대해 3·1운동 이후 한국사회가 얼마나 타락했
는지, 정확히는 3·1운동에 참가했던 한국 젊은이들의 패배한 모습을
쓰고자 했다고 보며, 이형식, 박영채, 김병욱, 신우선, 김선형 등『무
정』의 주인공들이『재생』속에서 은밀히 타락한 모습으로 등장하고
있다고 말한다. 그 결과 '훼손된 가치의 세계'가 작품 전체를 휩싸고
있는 음울한 분위기를 만들어내고 있다는 것이다. 이광수는 3·1운동
이후 국내 젊은이들의 부패상에 분개하여 이 작품에서 등장인물 모두에
게 거침없이 조소를 보내고 야유하고 병신스럽게 느끼게 만들고 있는데,
이광수의 본 의도는 3·1운동 이후 한국사회가 이렇게 썩었는데도 상하
이 임시정부를 배반한 '변절자'로 자기를 비난하는 사회를 아니꼽게
여겨 그걸 등장인물의 입을 빌려 마음껏 비꼬아주고자 했다는 것이다.[67]
　이광수는 이 작품들을 통해 한편으로 3·1운동 이후 사회주의 세력들
이 대중의 지지를 업고 계몽주의 지식인들을 비판하는 변화된 조선의
상황을 사회의 타락, 젊은이들의 부패와 연결하여 보고자 했다고 할
수 있다. 다른 한편 그는 근대적 욕망의 세계가 갈 수 있는 끝이 무엇인지,
그리고 그것은 욕망할 만한 것인지, 과연 그를 통해 자기 존재의 의미를
획득할 수 있을 것인지를 탐색하여 보고자 하는 의도가 또한 중요하게
작용했다고 판단된다. 그래서 이광수는 작가의 말에서 "내 소설은 어떤
것이 될는지 미리 알지 못한다"고 사전에 밝힌 바 있다.
　서영채에 따르면『재생』의 신봉구는 돈 때문에 순영으로부터 배신당
하고 돈을 통해 복수하기 위해 미두점에 취직하여 많은 돈을 모으지만,
『재생』의 저본인 금색야차의 주인공 강이치만큼 고리대금업자로서의

―――――
　　사 그 자체가 초점이 된다.
　67_ 김윤식,『이광수와 그의 시대 2』, 138-141쪽.

소명의식을 갖지 못한다. 다시 말해 이광수는 자본주의적 물신주의에 사로잡힌 강이치, 실업가의 정신은 오로지 돈이라며, 돈 모으는 재미로 살아가는 강이치라는 근대 주체의 모습으로 신봉구를 그려내고자 하지만, 이광수와 신봉구는 결코 자신과 강이치를 동일시할 수 없다는 사실을 깨닫게 되었다고 할 수 있다.

그러나 여기서 복수심으로 돈을 모으는 신봉구나 복수를 넘어서서 돈을 물신으로 섬기는 강이치가 더 이상 '타락한' 근대 주체의 모습으로만 그려지지 않는 데 주목할 필요가 있다. 그것은 이광수가 근대 주체의 형상을 상상하는 데 있어서 『무정』의 시기처럼 전근대의 성리학적 윤리성에 더 이상 얽매이지 않는다는 사실을, 신파적 주체로부터 벗어나고 있음을 보여주는 것이다. 그리고 그것은 3 · 1운동 이후 '군중'들은 왜 '타락한' 군중이 되었는가, 그들을 타락하게 만드는 것은 무엇인가, 타락의 모습은 무엇인가 등등의 질문에 대한 답, 그리고 더 나아가 동우회 활동은 왜 성공하지 못하는가에 대한 탐색이기도 하다. 그러한 맥락에서 「민족개조론」에서 논하는 도덕성은 전근대적 윤리성을 말하는 것이 아니라, 근대사회의 도덕성, 즉 스스로를 근대사회가 필요로 하는 인간상(이광수의 표현으로는 사회성이 있는 인간상)으로 만들어내야 한다는 의미의 도덕성을 말하고 있다. 그러한 점에서 『재생』이 자본제적 서사의 보편성에 초점을 맞추고 있다고 보는 서영채의 평가는 대단히 적절하다.

서영채는 『무정』의 한계를 근대성보다 식민지라는 현실이 더 근본적 규정이라는 점을 무시한 데 있다고 말한다. 『재생』에서 신봉구가 주인공이 된 것은 근대인이라는 생각이 식민지 유학생들의 순간적 착각에 불과하며 냉정한 현실은 근대의 자유시민이 아니라 제국의 포로이자 노예라는 점을 깨닫게 된 결과라는 것이다. 그래서 신봉구가 가해자가 아닌 피해자의 자리에 놓인 것은 당연하며, 1919년의 분기점을 넘으면서, 근대

주의자 이형식은 식민지인 신봉구가 된 셈이라고 말한다.[68]

더 나아가 조선 사회 내에서 사회주의자들이 대중적 지지를 얻게
됨에 따라, 민족주의자들은 사회주의자들과 대결해야 하는 국면이 형성
되었고, 심지어는 민족주의자들이 오히려 수세적 상황에 처하는 국면이
형성되었다. 1920년대 중반기부터 사회주의 운동은 민족주의 운동을
에워싼 형국이었고, 이는 문단의 경우도 마찬가지였으며 청소년층의
인기도 마찬가지였다. 민족주의는 사면초가인 셈이었다. 수양동우회 내
부에서조차 이광수에 이어 2인자의 역할을 하던 주요한이 그 영향을
받아 혁명론을 제기하는 상황까지 벌어지게 되었다는 점은 이를 잘 말해
주고 있다.[69]

이 시기에 이광수가 사회주의자와 대결 국면에 있음을 보여주는 소설
로는 「거룩한 죽음」(1923), 「혁명가의 아내」(1930) 등이 대표적이다.[70]
이기영 등의 문인들은 이 작품이 계급문학에 대한 악의적인 중상모략이
라고 비판했으며, 이기영은 이 작품에 대한 비판적 패러디로 '민족'이라
는 이름을 가진 인물을 주인공으로 하는 「변절자의 안해」를 발표했다.
김현주는 수운 최제우의 최후를 다룬 소설 「거룩한 죽음」은 「민족개조

68_ 서영채, 「자기희생의 구조」, 108, 114-115쪽.

69_ 김윤식, 『이광수와 그의 시대 2』, 165-166쪽. 이 사태에 결국 안창호까지
   개입하게 되고, 안창호는 주요한을 소환하여 설득함으로써 일단락시킨 바
   있다.

70_ 「혁명가의 아내」에서 혁명가 공산(孔産)은 폐병에 걸려 공산(共産) 이념을
   실천해 보지도 못하고 앓아누워 있다. 한때 그의 진취적 성격에 이끌려
   옛 애인을 버리고 그와 결혼한 정희는 그런 남편을 혁명가답지 못하다고
   구박하고, 남편의 치료를 맡은 의사 오성과 불륜의 관계에 빠진다. 그녀는
   정조를 지키는 것은 봉건적인 사상이고, 부르주아 근성이라 여기며 자신의
   불륜을 혁명가다운 용기로 합리화한다.『한국현대장편소설사전 1917-1950』,
   고려대학교출판부, 2013, <네이버 지식백과>에서 재인용.

론』에서 표현했던 '다수'에 대한 공포와 불안의 연장선상에 있다고 말한다. 여기서 이광수는 최제우의 입을 빌려 "'때가 왔다 때가 왔다'라고 인민을 선동하는 자가 많이 나려니와 그래도 혼들리지 마라"고 말하는데, 김현주는 이것이 이광수가 군중심리학을 재료로 해서 고안한 민중통치술을 계속 사용하는 것이라 본다.[71]

『재생』의 신봉구는 살인사건의 우여곡절을 겪은 이후 다시 '민족'을 위해 농촌 운동에 투신한다. 차승기는 이광수에게 도시/농촌, 경성/살여울의 대립이 나타난다고 말하며, 그것은 『흙』에서 본격적으로 표출된다고 본다.[72] 그런 의미에서 이광수는 좌익들이 장악한 도시적 부패를 벗어나 1930년대 초반 농촌 운동으로서 브나로드 운동을 펼치게 된다.[73]

71_ 김현주, 『사회의 발견』, 477쪽.

72_ 차승기, 「고귀한 엄숙, 고요한 충성」, 133쪽.

73_ 『재생』을 포함하여 이 시기의 이광수 소설 속에서는 근대 주체의 욕망의 대상으로서 여자와 돈의 문제가 진지하게 제기되며, 이것은 농촌과 대비되는 도시적 부패의 핵심 내용이 된다. 『무정』에서 여자가 신분상승의 수단이라는 측면이 주를 이루었다면, 이 시기의 소설들에서는 여주인공들이 애욕적 욕망의 대상, 근대 주체를 '부패'시키는 대상으로서 보다 본격적으로 탐색된다. 여주인공들은 권보드래가 말했듯 배신에 배신을, 전략에 전락이 겹쳐지며 대개 파국적 결말을 맞는다. 그것은 가부장적 남성 지배사회에서, 그리고 상대적으로 전통적 도덕의식의 족쇄가 더 강하게 요구되는 여성에게 자율적 욕망의 근대 주체로 거듭나는 것이 극히 어려움을 보여준다. 그러한 점에서 당시 사회에서 여자는 주체가 아니라 대상으로, 남성 주체의 욕망의 대상으로 재현되고 있다고 말해야 할 것 같다. 『재생』이나 『흙』, 더 나아가 「그 여자의 일생」, 「혁명가의 아내」 등 많은 작품에서 어떻게 보면 여성은 이광수가 보는 부패 순환의 담지자로서, 사회적 연대를 생성시키는 대상이 되었다고까지 말하고 싶다. 브루스 핑크는 제1부 제1장에서 살펴본 것처럼 라캉의 거세·남근 개념에 의거하여 먼저 어떤 결여 내지 상실이 발생하고, 그것이 타자 내부에서 순환하며 사회적 결속을 이루어내면서 우리가 사는 상징적 현실, 상징계를 형성한다고 말한다. 핑크, 『라캉의 주체』, 185-188쪽.

『흙』은 김윤식에 의하면 다른 장편과 뚜렷이 구분되는 목적을 갖는다. 그것은 브나로드 운동, 정확히는 동우회 운동의 방편으로 씌어진 것이며, 『흙』만큼 큰 반향을 불러일으키고 많은 독자를 획득한 작품이 달리 없었다고 말한다. 『흙』의 연재 직전 이광수는 『동광』에 「조선 민족 운동의 3기초 사업」이라는 글에서 마르크스주의의 조국 없음을 공격한 다음, 민족운동의 정당한 인식을 수양동우회의 이론에 연결시켜 인텔리겐치아 결성, 농민·노동자의 계몽과 생산 향상, 협동조합 운동의 세 가지를 제시하였는데, 김윤식은 『흙』이 그중 두 번째와 관련된다고 보았다. 김윤식은 『흙』이 법치주의의 울타리 안에서, 법치주의의 승인을 받는 가장 높은 수준의 조직물인 변호사 허숭을 내세워, 동우회의 합법적 운동의 가능성과 한계를 동시에 보이고자 한 것이었다고 평가한다. 그러나 김윤식은 『흙』이 문학을 통해 동우회의 메시지를 전달하고자 했다는 한계를 갖는데 그것을 위해 고안한 것이 설교형 지도자 한민교 선생이라고 말하며, 결국 농민 자신의 삶을 그리지 못함으로써 시혜적 농촌 운동으로 토착민의 계층 방어 의식을 극복할 수 없었다고 평가한다.[74]

권보드래는 『흙』의 전반부가 『무정』의 후일담이라면, 후반부는 『재생』의 후일담이라 말한다. 그는 허숭이 민족이라는 숭고한 대상에 헌신함으로써 숭고와 같은 계열로 끌어올려지지만, 스스로가 숭고한 대상이 되려 함으로써 유사-숭고에 그치고 말았다고 비판한다. 『흙』이 이전의 소설과 다른 점은 자신이 헌신해온 대상에게서 오해받고 멸시받는 배신의 경험에 대해, 이전 소설들이 분노나 혐오, 자기멸시의 정을 표현했다

74_ 위의 책, 189-201쪽. 그것을 어느 정도 극복한 것이 이기영의 「고향」으로서 농민소설론은 늘 이광수의 『흙』과 이기영의 「고향」을 비교 검토하는 일로 시작되고 끝난다고 김윤식은 평가한다(202쪽).

면, 『흙』은 그것을 수난자로서의 운명으로 받아들이는 점이라 말한다.
그러나 이러한 인내에는 대중과 인간에 대한 혐오, 그들의 무지와 천박성
에 대한 절망이 짙게 배어 있어서, 이것과 대일협력과는 너무 가깝다고
평가한다.[75]

지금까지 1920년대의 이광수에 대한 논의를 통해 이광수가 말하는
민족이란 개념은 통상적 의미의 민족주의가 갖는 민족 개념과 다르다는
점이 분명해졌다고 생각한다. 그것이 민족주의와 다소간의 연계를 갖는
다면, 그것은 안창호의 준비론과의 연결고리로 인한 것일 뿐이다. 그러한
의미에서 이광수에게 안창호는 민족주의를 이광수 대신 '믿는다고 가정
된 주체'로 작동하고 있다.[76] 어떻게 보면 이광수 등 문화적 민족개량주
의자들은 사회주의자들과의 대결 국면에서 안창호를 끌어들여 민족이
라는 이름으로 자신들의 입장을 정당화하고자 하였다고도 볼 수 있다.[77]
그렇기 때문에 1932년 안창호의 체포와 1938년 안창호의 죽음은 민족주

75_ 권보드래, 「저개발의 멜로, 저개발의 숭고」, 325-329쪽.

76_ 슬라보예 지젝은 '믿음의 전치' 현상에 대해 말하고 있는데, 이것은 우리가
의식적으로 믿지 않는다고 말하면서도 내 대신 누군가가 믿고 있다는 것에
의지하여 '무의식적으로' 자신의 믿음을 견지하는 현상을 말한다(『How To
Read 라캉』, 49-50쪽). 그 누군가는 상징적 현실을 대표하는 '큰 타자'이다.
이광수 스스로는 동우회가 민족주의 단체임을 의심하고 있다 하더라도 안창
호의 믿음에 의지하여 동우회가 민족주의 단체라는 믿음을 견지하고 있었다
고 말할 수 있는데, 그러한 점에서 이광수에게 안창호는 '큰 타자'의 역할을
하고 있었다. 또 앞서 말한 바와 같이 '사회'를 '민족'으로 대체함으로써
스스로를 민족주의자로 오인할 수 있듯이, 언어적 질서로서의 타자가 자신
이 민족이라는 기표로 대표되는 한에서 민족주의자로 믿어주고 있었다고
말할 수도 있다.

77_ 이것은 해방 이후 한국민주당 등 보수세력이 좌익과의 싸움에서 열세를
만회하기 위하여 이승만, 김구 등 해외 우익지도자들의 조기 귀국을 미군정
에 건의하였던 것을 연상시킨다.

의에 대한 대리 믿음과 민족주의라는 외양 모두의 측면에서 이광수에게 커다란 타격을 주었다.

4. 1930년대 후반 이후의 이광수: '민족을 위한 친일'이라는 증상

1) 동우회 사건과 친일에 이르는 길: 김윤식의 정리를 중심으로

김윤식에 따르면, 이광수가 변절자라는 비난 속에서, 도산의 만류를 뿌리치고 귀국할 때에 그의 인생 목표는 두 가지였다. 하나는 그의 청춘을 건 허영숙과의 사랑문제의 해결이고, 다른 하나는 흥사단을 국내에 심고 그 우두머리가 되는 일이었다. 동우회 운동은 도산의 후광도 있었지만, 춘원의 탁월하고 초인적인 문필력에 힘입었다. 천도교 기관지『개벽』, 이른바 민족지로 자부한『동아일보』는 거의 무제한으로 춘원의 글을 실었다. 그러나 춘원의 이러한 삶의 균형은 1932년 도산의 체포로 말미암아 일단 깨어진다.[78]

김윤식에 따르면『무정』이 억울한 이광수 자신의 어린 시절 이야기라면, 이광수 스스로 말했듯 귀국 후에는 논설이 본기(本技)이고 문학은 여기(餘技)에 불과했으며,『유정』(1933)을 고비로 여기를 본기로 삼는 방향 전환이 이루어졌다. 이때부터 이광수는 자신의 심정을 거짓 없이 그리기 시작했다는 것이다. 그래서 이광수가「육장기」(1939)에서 "민족주의 운동이라는 것이 어떻게 피상적인 것도 알았고, 십수 년 계속해왔다는 도덕적 인격 개조 운동[수양동우회, 즉 흥사단]이란 것이 어떻게 무력한 것임을 깨달았다"고 말할 때 그것은 그의 진심을 토로한 것이라고

78_ 김윤식,『이광수와 그의 시대 2』, 215-216쪽.

본다.[79]

『사랑』(1938)은 동우회 사건의 예심 결정을 앞두고 전전긍긍하던 상태에서 집필되었다. 그때 김동인이 방문하여 동우회 4, 50명 회원들의 생명이 이광수에게 달려 있다고 말하며 그가 어떻게 할 것인지를 확인하고자 하였다. 김동인에 따르면 "이광수는 온 책임을 자기가 뒤집어쓰고 자기는 자기의 잘못을 통절히 느낀다는 성명을 하고, 자기가 그렇게 사랑하는 이 이천만 동포를 진정한 천황의 적자가 되도록 하기에 여생을 바치겠노라고 서약을 하여, 오개 년 간 끌던 동우회 사건은, 모두 무죄의 판결을 받았다."[80] 김윤식은 이광수의 변절 동기를 표면적으로는 동지들 구하기, 민족 전체의 탄압 완화, 개인 건강 문제 등을 들고 있으나, 이 전체를 꿰뚫어 흐르는 것은 보살행이라는 가짜 사상, 주관적 생각인 '영원한 인류의 진리'였다고 말한다. 그래서 이광수가 『사랑』을 '내 인생을 솔직히 고백한 것'이라 말한 것은 음미될 필요가 있다고 말한다. 또 『사랑』에 이어 쓴 「원효대사」(1942년, 『매일신보』 연재)를 통해 이광수는 친일 행위에 뛰어든 자신을 파계승으로 자처하며 검은 누더기를 걸치고 호리병을 들고 춤추는 거렁뱅이 미친 중 원효에 비유했다고 본다. 김윤식은 이광수가 법화경 행자가 되고 싶고, 원효대사가 되고 싶었던

79_ 위의 책, 224-226쪽.

80_ 위의 책, 283-288쪽에서 재인용. 동우회 사건은 1937년 6월부터 38년 3월에 걸쳐 일제가 수양동우회에 관련된 180여 명의 지식인들을 검거한 사건을 말한다. 이들에 대한 예심이 1938년 8월에 끝나고, 1939년 12월 경성지방법원에서 전원 무죄를 선고받았으나, 검사의 공소로 1940년 8월 이광수 징역 5년, 김종덕 등 4명 징역 4년, 김동원 등 4명 징역 3년, 조병옥(趙炳玉) 징역 2년 6월, 오봉빈(吳鳳彬) 등 7명 징역 2년, 나머지는 징역 2년에 집행유예 3년을 각각 선고받았다. 그런데 다음해인 1941년 11월 경성고등법원 상고심에서는 전원 무죄 판결을 받았다. 위의 책, 314-318쪽.

것은, 그 불교의 세계, 선의 세계, 불립문자의 세계에서는 모든 말 즉 민족혼을 지키는 말이나 친일의 글이나 모두 까마귀 소리에 지나지 않고 따라서 친일도 민족정신도 없기에 불교와 선을 통해 차별을 넘어서고 싶었기 때문이라고 말한다.[81]

이 와중에 안창호가 죽음에 이른다(1938년 3월). 김윤식에 의하면, "도산의 죽음은 기실 춘원 자신의 죽음"이어서, 그의 죽음은 폭풍우와 같이 그의 위축된 의식을 날려버렸고, 이제 제1인자로 군림해야 했다. 그 방식은 법화경 행자로서의 보살의 길이었으며, '무명과 광명의 틈에 스스로를 밀고 들어가는 행위'였으며, 이 속에 춘원의 친일 행위의 본질이 담겨 있다고 김윤식은 말한다. 이후 이광수는 "누가 보아도 제정신일 수 없을 만큼의 열성으로 친일 행위에 임하였다." 이광수는 창씨개명부터 학병 권유 등 적극적 친일로 나서는데, 그는 창씨개명을 하면서 다음과 같이 말한다(1940년 3월).[82]

　　이제 우리는 일본 제국의 신민이다……. 그러므로 나는 일본인이 되는 결심으로 씨를 가야마라고 하고 명을 미츠오라고 하였다……. 일본식 씨를 조선인 전부가 달았다고 하면 그것은 조선 2천4백만이 진실로 황민화 각오에 철저하였다는 중대한 추리 자료가 될 것이 다……. 그러므로 일본적인 씨를 창설하는 것은 일종의 정치적 운동이 라고 나는 믿는다.

서영채는 이광수가 '내선일체', '황국신민화', '대동아공영권'의 이데

81_ 위의 책, 293, 310-311쪽.
82_ 위의 책, 335-337, 342쪽.

올로기에 관한 한, 일본인보다 더 일본적이었고, 그 어떤 이데올로그보다 더 이데올로기적이었다고 평한다. 김붕구는 일본에서 학병 권유 연설을 하는 이광수를 보고(1943년 11월) 다음과 같이 회고한다.[83]

> 학도병입대를 권유하는 그의 태도는 동지들을 구하기 위한 위악이 아니라 완전한 '신자'의 언동이었다. 같이 있었던 육당은 어디까지나 이론적이어서, 태연스레 '일본에 대한 충성을 하라는 것이 아니라 한민족의 실력을 기르라', '총 쏘는 법을 배워라' 하고 일인 동석 상에서 공언했다……. 그렇게까지 신앙에 가까운 황실에 대한 경모의 언동, 내선일체의 신앙고백은 대체 무엇이며 어째서 그럴 필요가 있었던가? 이미 동지 구출과는 까마득히 먼 거리에 있다. 여기서 '민족을 위해 친일 했소'라는 단호한 신념은 문자 그대로 민족을 위한 '신념'인 것이다. 아니 차라리 춘원으로 하여금 '끝까지' 신념의 사람이 되게 하라. 위악이나 그 밖의 어떤 계략 혹은 일시적 수단으로 그런 어리석은 과오를 범했다면 차라리 작가 춘원은 그 이상으로 교활하고 비겁함으로 하여 역사적 죄과를 지는 것이 되리라.

앞서 말했듯 김윤식은 이러한 '변절' 과정을 이해하는 데 『사랑』은 음미할 바가 많다고 말한다. 『무정』에서 『재생』, 『흙』을 거쳐 마침내 『사랑』에 이르렀다고 볼 때, 『무정』으로부터 일관된 것은 자신을 주인공의 모델로 설정하여 자전적이며 자기완성의 길을 그리고자 했다는 것이고, 새로운 것은 춘원 자신의 성자에 대한 꿈을 안빈에게 투영했다는 점이라는 것이다. 『사랑』의 안빈은 완숙된 주인공인데, 이광수의 보살

83_ 서영채, 『아첨의 영웅주의』, 102-103쪽.

행, 불교의 실천 행위가 안빈이라는 원숙한 주인공을 낳았고, 도산의 죽음으로 이제 어른이 될 수밖에 없었던 이광수를 반영한다. 그 이광수는 자기 혼자 친일을 선택하고, 자기를 희생하여 동우회 동지를 구하는 길을 선택했고 그토록 민족을 외치던 그가 반민족적 똥물을 뒤집어써야만 했던 이광수이다.

그러나 김윤식은 이광수의 납득하기 어려운 친일 행위를, 첫째 좋게 말해 동우회 활동처럼 '거짓말 안하기'라는 행동 원칙에 입각한 것으로 볼 수 있고, 둘째 더 깊은 이유는 자기 황홀증의 발현으로 볼 수 있다고 말한다. 이광수의 친일 문학이 정작 소설에서 뚜렷하지 못한 이유를, 소설은 역사의 전망을 포함한 사회와 시대의 반영이기 때문에 관념적 조작으로 만들어지기 어렵기 때문이라고 말한다. 김윤식은 최종적으로 이광수의 친일 행위로 드러난 비극의 참모습은 논리가 전혀 쓸모없는 곳까지 논리를 전개한 점이라고 본다. '학도지원병 권유'는 노력동원이나 일본어 상용, 공출, 창씨개명과 달리 '피'를 요구하는 것이기에 내선일체 사상과 같은 논리는 전혀 무력한 것이었기 때문이라는 것이다.[84]

권보드래는 『사랑』을 주체성의 환상이 지배하는 세계로 본다. 『사랑』에서 안빈과 석순옥은 서로를 섬긴다. '너무 사랑하기 때문에' 혼인할 수 없다고 안빈은 말하며, 석순옥은 '연애라든지 혼인이라든지보다 훨씬 높은 사랑'이라고 자부한다. 『사랑』에서 이광수의 세계는 고요해진다. 꼭 필요한 주인공만 등장하며, 소설의 육체를 이루는 부차적 인물, 장소 등이 제거되며, 이는 『무정』의 세계, 『흙』의 세계와 대조된다. 『사랑』은 주체성의 환상이 지배하는 세계로서 시대와 사회가 지워지고, 도시와 문명도 소거되고, 타인도 없고 오직 자기 생에 대한 전적인 결정권을

84_ 김윤식, 『이광수와 그의 시대 2』, 292-293, 353-354, 372쪽.

쥐고 있는 유아론적 주체만이 있다.[85]

권보드래에 따르면 현실은 초라하고 약속만이 무성했던 1960년대, 현실에서의 금욕이 미래로 연기된 욕망과 짝지어 장려되었던 때, 『사랑』은 숭고한 명분을 견딜 만한 것으로 만들어주는 동시에, 자기연민의 카타르시스를 맛보게 하는 이중적 기능을 충족시켰다. 그러나 강남개발과 중화학공업의 시대인 1970년대에 대중 감성은 1960년대 초·중반과 달라져서 에로티즘이 순애에도 개입하게 되어 더 이상 대중적 호응을 얻지 못하게 된다.

2) 서영채의 이광수 해석: 대동아공영권과 '민족 없는 민족주의'

이광수는 『재생』의 피해자에서 『사랑』의 자기희생자로 나아가는데 그 계기는 김윤식이 말하듯 동우회 사건이다. 이를 「민족개조론」과 연결하여 생각한다면, 이광수는 개조동맹인 동우회가 훈육을 통해 만들어내고자 했던 근대 주체들을 살려내기 위해 자신을 희생하고자 한 것이라 할 수 있다. 그 근대 주체는 이광수가 더 이상 믿을 수 없게 된 군중들을 대신하여 그 무지몽매한 군중을 올바로 이끌어갈 전문가 지식인층, 즉 수양을 통해 규율화된 개조동맹 회원들을 말한다. 이광수는 이들을 위해 자신을 희생하고자 했고, 그래서 그는 법정에서 죄 없는 죄를 인정하고 황국신민화에 앞장설 것을 약속한다. 그런 의미에서 「민족개조론」 이후의 이광수에게 중요했던 집단은 '사회'를 대신한 '민족'에서 '군중'을 공제하고 남는 중간계층이었다고 할 수 있다. 이 계층이야말로 당시 조선 사회에서 실제로 이광수가 속해 있고, 그가 대변하고자 했던 계층이다. 김윤식은 이광수에게 있어 계층 소속의식이 중요했다는 점, 심지어

85_ 권보드래, 「저개발의 멜로, 저개발의 숭고」, 336-344쪽.

동우회 조직보다 중요했다는 점을 강조한다.[86]

이 상황은 어떻게 보면 제2부 제1장에서 살펴보았듯이 니콜라이 부하린이 스탈린에 의해 회부된 법정에서 자신의 신념에 반하여 자신의 죄를 고백해야 하는 상황과 대단히 유사하다. 부하린은 자신이 잘못을 인정하지 않는다면 그것이 소비에트의 혁명적 발전을 저해할 수 있다는 객관적 현실에 맞닥뜨려, 결국 자신의 '죄'를 인정하는 길을 택한다.[87] 이는 서영채가 최남선과 이광수의 대일 협력을 윤리적 영웅주의 내지 아첨의 영웅

86_ 김윤식에 의하면 "잡다한 국내의 삶에서는 그의 일상적 뿌리(소위 계층 의식)가 제1차적으로 중요해진다. 귀국 후의 춘원의 계층 소속은 지식인이요 신문 기자였다. 열린 계층이요 시대에 민감한 지식층이지만 처음엔 생활의 뿌리가 강하지 못했다. 『동광』을 내고 동우회를 조직한 것은 이 때문이다……. 그러나 지식인으로서 점차 생활에 뿌리가 내리자 동우회는 조직으로서, 기댈 곳으로서의 기능을 잃는다. 삶의 뿌리가 튼튼해져 거기에 기댐으로써 족하기 때문이다." 김윤식, 『이광수와 그의 시대 1』, 732쪽.

87_ '죄 없이 죄를 짓는다'는 주제는 '신파적 주체'와 같은 과도기적 주체에게 전형적으로 나타나는 현상이기도 하며, 알프레드 히치콕이 자신의 영화에서 즐겨 다루는 주제이기도 하다. 근대 초기 상징적 현실이 급속히 바뀜에 따라 과거에 죄가 아니던 것이 죄가 되는 현상, 누명을 쓴 것 같은 느낌을 갖는 기괴한 현상들이 발생한다. 히치콕의 <나는 결백하다>(1955), <누명 쓴 사나이>(1956) 등이나, 오인에 의해 스파이로 몰리는 <북북서로 진로를 돌려라>(1960) 등이 그에 해당된다. 보다 근본적으로는 선택권 없이 주어진 관습이나 규범에 따라 행동할 수 있었던 전통 사회와 달리, 끊임없이 자신의 '라이프스타일'을 선택해야 하는 근대 주체에게 그 선택에 따른 책임과 죄의 부여가 일상적으로 발생한다는 점이 '죄 없이 죄를 짓는' 현상의 배경이 된다. 그렇기 때문에 근대 주체에게는 지속적인 자기 성찰과 자기 규율(self-discipline)의 짐이 부과된다(기든스, 『현대사회의 성·사랑·에로티시즘: 친밀성의 구조변동』, 126-129쪽). 라캉 정신분석에서는 자신에게 강제적으로 부여된 것을 자신이 선택한 걸로 해야 하는 '강제된 선택'의 상황, 따라서 거기에 대해 책임을 져야 하는 상황이 여기에 해당되며, 이것은 상징적 질서로 들어가기 위한 필수적인 조건이다.

주의로 보고자 하는 것과 같은 기반 위에 서 있다. 서영채는 이광수의 대일 협력행위를 자신의 명예를 희생하는 대가로 보다 많은 사람들을 살려내고자 하는 윤리적 영웅주의로, 그리고 자신의 비윤리(민족에 대한 배신)를 대가로 많은 사람을 구한다(민족에 대한 봉사)는 윤리를 성취한 것, 즉 '비윤리의 윤리'로 보고자 한다.[88]

서영채는 '민족을 위한 친일'을 했다고 할 때 그때의 민족은 어떤 민족인지, 어떤 위함인지를 묻는다. 그는 이에 대해 민족의 명예를 지키기 위한 행위, 현재의 수모를 참음으로써 민족의 훗날을 도모하는 행위, 민족 자체를 지움으로써 민족 구성원 개개인의 행복에 기여하는 행위라는 셋으로 나눈다. 이에 따르면 동우회 사건에서 이광수의 희생 행위가 두 번째에 해당된다면, 대동아공영권에 전면 투신하는 것은 세 번째에 해당된다고 할 수 있다.

이광수는 대동아공영권을 만들기 위한 성스러운 전쟁에 '천황의 적자'로서, 반드시 참여해야 한다고 말하면서 '내선일체'의 이상을 내걸었다. 민족 구성원이 공정한 대접을 받을 이상적 세계를 건설하기 위해서라면, 민족 정체성까지 희생할 수 있다는 것이 그 안에 숨겨진 논리이다. 서영채는 이를 민족에 대한 배신을 통해 완성되는 민족주의라는 역설적 형상, '민족 없는 민족주의'라는 기이한 논리라고 말한다.

그렇다면 이광수라는 주체에게 '대동아공영권'은 무엇을 의미하는가? 그것은 환상 속에서 형성되는 욕망의 대상인가, 아니면 증상적 동일시의 대상이었는가? 만약 그것이 욕망의 대상이라면, 대동아공영의 우주

88_ 서영채, 『아첨의 영웅주의』, 17-26쪽. 서영채에 의하면 이때 이광수는 『사랑』의 안빈처럼 윤리와 당위의 언어로 말하면서, 규범적 절대성을 실천하는 '성자'와 같은 모습으로 나타난다.

는 모든 구성원들의 분열이 사라지는 조화로운 우주라는 환상, 이데올로기적 환상의 세계라 할 것이다. 당시 이광수의 용어법으로 그것은 계급적으로 분열된 '사회'가 아니라, 그러한 분열이 없는 '민족' 혹은 확대된 민족의 우주, 민족을 포괄하는 더 큰 '단체'의 세계가 될 것이다.

서영채의 설명을 보다 자세히 들어보기로 한다. 서영채는 이광수의 사유에는 두 번의 전회가 있다고 본다. 1910년대 20대의 이광수는 힘의 모럴을 부르짖는 사회진화론자였고, 1920년대 이래 3, 40대의 이광수는 도덕적 민족주의자로 변화되고, 1930년대 후반부터 불교적 인과응보론자가 된다. 20대의 이광수는 "사람이 되기 전에 먼저 짐승이 되라"고 주장하며, 고식적 윤리 도덕을 따지기 전에 삶의 에너지를 고도화시키는 것이 중요하다고 보았으며, 30대의 이광수는 그와 정반대로 생존투쟁하는 세계를 벗어나, 서로 사랑하는 세계로 들어가야 한다고 주장하며 개인의 도덕심을 함양하는 것이 가장 중요한 문제라고 주장했고, 마지막에는 도덕과 수양 운동의 명확한 한계를 인식하고, 종국적으로 종교의 차원으로 수렴되어야 할 것이라 주장했다.

서영채에 의하면 그 두 번의 변화 밑바닥에는 근대적 도덕주의자라는 일관된 모습이 있으며, 바뀐 것은 주장의 내용일 뿐, 민족의식과 결합된 도덕주의라는 점은 수미일관했다는 것이다. 서영채는 이광수가 부딪힌 가장 큰 딜레마가 칸트적인 근대 윤리가 갖는 내용상의 무정부상태였다고 본다.[89] 이광수는 윤리적인 절대선을 추구하지만, 그것은 내용이 없는 텅 빈 형식으로만 존재할 뿐이기에, 도달할 수 없으면서도 부단히 접근하

89_ 위의 책, 88-100쪽 참조. 실천이성의 세계에서 칸트가 논증한 단 하나의 법칙은 "네 의지의 준칙이 보편적 법칙 수립이라는 원리로 타당할 수 있도록 행위하라"라는 준칙밖에 없다는 것이다.

도록 하는 열망을 불러일으키는 욕망의 원인에 해당한다는 것이다. 서영채에 의하면 이광수는 그 절대선이라는 결여의 자리에 민족을 놓는다.

1940년대에 들어 본격적으로 드러나게 되는 내선일체론자 이광수의 모습은 민족의 적에 투항하는 걸 넘어서서, '민족 배신자'의 수준에 이른다. 서영채에 의하면 민족을 배신하는 것이 민족주의가 최후로 도달하게 된 역설적 모습이며, 윤리적 형식주의의 한계 지점에서 탄생하는 윤리적 괴물, 즉 급진화한 윤리적 주체의 모습이다. 그래서 그는 이광수를 정치적으로 단죄하는 것은 가능해도, 윤리적으로 단죄하는 것은 옳지 않다고 본다. 그가 개인의 이익을 위해 민족을 파는 짓을 하지 않았기 때문이다.

그렇다면 이광수가 대일 협력을 통해 얻고자 하는 이익은 무엇인가? 서영채는 그것이 '주는 위치'를 고수함으로써 얻을 수 있는 도덕적 우위였다고 본다. 포틀래치에 임하는 추장처럼 자신이 가장 소중하게 여기는 자신의 민족적 정체성까지 포기하면서까지 지키고자 했던 것, 바로 그것이 '주는 위치'였다는 것이다. 이광수가 일본인들보다 일본적인 지위에서 발언하고자 한 것은 바로 그 '주는 위치'를 차지함을 통해 도덕적 우위를 얻고자 했기 때문이다.[90]

그러나 서영채는 최종적으로 이광수는 실패했다고 평가하며, 그 실패의 이유는 종국적으로 민족주의라는 몰윤리와 칸트식 도덕주의의 불행한 만남 때문이라고 말한다. 칸트의 윤리학이 갖는 내용상의 공백을

90_ 서영채, 『아침의 영웅주의』, 112-115쪽. 이광수 본인은 해방 이후에 쓴 『나의 고백』에서 친일행위를 통해 얻고자 했던 것은 일제가 제거하기로 계획된 3만여 명의 민족주의 지식인층을 구원하려 한 것이었다고 말한다. 이광수는 1942년 일본에서 열린 대동아문학자 대회에서 대동아공영권의 이상을 그 어느 일본인보다 충실하게 역설하여, 대회 주역인 일본인까지 감동시켰으며, 이광수는 그에게 "그대는 아직 일본인이 아니다"라는 말까지 하였다고 한다(위의 책, 107쪽).

민족주의로 채운 결과, 극한으로 치달은 민족주의가 마주치게 되는 기괴함, 그것이 바로 이광수의 모습이었다는 것이다. 서영채는 이 문제가 여전히 현재의 문제라는 것을 강조한다. 왜냐하면 우리는 여전히 민족국가 체제 속에 살고 있고, 윤리 역시 공허한 형식주의와 맹목적 신념 사이를 부동하고 있기 때문이다.

서영채의 주장을 받아들인다 하더라도 이때 이광수의 '민족주의'는 조선 민족의 민족의식에 대한 '과소평가'와 확대된 민족, 대동아공영권에 대한 '과대평가'에 기초해 있다. 그러한 과소평가와 과대평가가 이광수에게 가능했던 것은, 그의 '민족주의'가 '민족'에 대한 독특한 이해에 기초해 있었기 때문이다. 지금까지 말해온 바와 같이, 이광수의 민족은 조선 민족 총체로서의 민족이 아니라, 구성원 개개인으로서의 민족, 민족 구성원이라기보다는 사회구성원 개개인에 가까운 개념이다. 그러한 이해가 서영채가 말하는 '민족 없는 민족주의'의 역설을 이해하는 데 보다 가깝게 다가갈 것이다. 또 그것이 서영채 자신이 말하는 "민족 자체를 지움으로써 민족 구성원 개개인의 행복에 기여하는 행위"에 일치한다고 생각된다.

이러한 결론은 「민족개조론」 분석에서 나타나는 민족 개념의 이해에 근거한 것이다. 근대의 몰윤리성으로 인해 그 공백을 민족주의가 채운 극단적인 결과가 이광수의 대동아공영이었다는 서영채의 입론에서 이를 검토해보기로 하자. 1920년대에 서영채가 말하는 근대의 몰윤리성은 이광수에 의해 그와 등가적인 '정의적 습관'의 형성이라는 몰가치적 규율화의 도덕성으로 채워졌고 그것은 민족주의와는 아무런 연계가 없었다. 1940년대에 대동아공영에 대한 몰입은 바로 그 연장선상에 있다. 서영채가 말하듯 대동아공영론에 대한 이광수의 몰입은 "민족 구성원이 공정한 대접을 받을 이상적 세계를 건설하기 위해서라면, 민족 정체성까지 희생할 수 있다"는 새로운 이데올로기적 환상이다. 이광수는 스스로 그 이데올로기적 환상에 대한 믿음을 '정의적 습관'에 이르기까지 자기 훈육을 하고자 했는데, 그것이 바로 국민복을 입고 집안에 일장기를 걸고 요배를 하는 등의 개인적 실천행위들이었다.[91]

이광수는 실력양성을 통해 민족의 아름다운 미래가 올 것이라는 환상을 만들어내는데, 안창호는 바로 그 환상을 보증하는 존재, 아버지나 스승과 같은 존재였다. 다시 말해 민족이라는 절대선은 결여 그 자체를 가리키는 사물화된 숭고한 대상에 해당되며, 실력양성론적 민족주의 이데올로기는 그 숭고한 대상이 갖는 결여를 덮어 가리는 기능을 한다. 그러나 이광수를 대신하여 민족주의를 '믿는다고 가정된 주체'로서 안창호가 죽으면서 환상이 무너지게 되고, 다시 그 절대선이라는 결여의 텅 빈 자리가 드러나게 되면서 이광수는 당혹과 불안에 빠진다. 『사랑』에서 나타나듯이 그러한 상황에서 이광수는 인과응보의 주재자로서 불교적 절대자와 하느님까지 불러오게 된다. 그가 그토록 열렬히 '대동아공영권'의 환상을 받아들였던 것도 그 때문이다. 이광수에게 대동아공영권이라는 새로운 이데올로기적 환상은 실력양성론적 민족주의를 대체해주는 것이었다.

1930년대 중반 이래 일제의 전체주의적 총동원체제 아래 이광수는 식민지국가보다 더 앞장서서 조선 민중을 동원하고자 노력했으며, 전체

91_ 김윤식, 『이광수와 그의 시대 2』, 314쪽. 그러나 김윤식은 "무턱대고 신념으로 친일하는 것처럼 서재에 일본 국기를 걸고, 집에서 일본 말을 하고, 길 가다가도 정오 사이렌이 불면 멈추어 합장 예배하고 국민모와 국민복을 입는 것처럼 소설은 씌어지지 않는다"라고 말하는데, 이는 그의 자기 규율적 실천 행위들이 '심득'의 수준, 이광수 자신의 표현으로는 '정의적 습관'의 수준에 이르지 못했다는 걸 의미한다.

주의적 총동원체제야말로 가장 극단에 이른 규율 사회, 규율 체제라 할 수 있다. 논리적으로만 본다면 이러한 이광수의 활동은 1910년대 이래 조선 민중의 문명개화, 조선 민중의 근대 주체화를 위한 일관된 노력의 연장선상에 있다. 이광수는 대동아공영권을 만들기 위한 성스러운 전쟁에 일본 민족의 일원으로서 참여해야 한다고 '내선일체'의 이상을 신앙처럼 고백했다. 그에 비해 최남선은 일본이 아니라 조선 민족의 장래를 위해 참전해야 한다고 주장하면서 그 근거로 청년들이 새 세계를 이끌려면 참전을 통해 군사 기술과 군대조직을 익혀야 한다는 것과 세계대전으로 확전되는 데 조선 민족만 빠져서는 안 된다는 현실주의적 입장에 서 있었다.

이광수와 최남선 모두 공통적으로 제시했던 참전의 근거는 조선 민족이 세계의 다른 민족에 뒤떨어지지 않기 위해 전쟁에 참여해야 한다는 것이었다. 이 두 사람이 주장한 참전 근거가 의미하는 바는 무엇인가? 그것은 전시 총동원체제의 선두이자 핵심이라 할 군대라는 장치에 뛰어들어 군사적으로 규율화된 주체로 거듭나야 새로운 시대의 주역이 될 수 있다는 것이었다. 양자 간에 차이가 있다면 이광수가 전쟁 참여를 통한 대동아공영과 내선일체의 실현이 마치 자신의 진정한 신념인 것처럼 말했다면, 최남선은 전쟁 참여가 조선 민족에 이익이 된다는 현실주의적 계산법을 제시하였다는 것이다.[92]

3) 서영채의 재해석: 환상 가로지르기와 증상과의 동일시

서영채는 가장 최근의 글에서 이광수를 증상(증환)과의 동일시를 수행하는 주체로 보고자 했다.[93] 서영채는 소설 『재생』을 그 중요한 계기로

92_ 서영채, 『아첨의 영웅주의』, 25쪽.

본다. 그는 『재생』이 그 이후 이광수 소설의 핵심적 에토스로 정착하는 '자기희생'이라는 틀이 형성되는 지점으로 본다. 그는 『재생』에서 자기희생으로 귀결되는 자기처벌에의 의지는 증상(증환)에 해당된다고 보며, 『재생』 이후 등장하는 주요 인물들은 스스로를 희생의 제물이 되는 자리에 놓기를 열망했다고 말한다. "이광수의 중심인물들은 그 어떤 대의를 위해서라면 자기 목숨 정도는 언제든 내놓을 준비가 되어 있는 사람들이다. 그들이 결코 포기하려 하지 않는 것은 목숨이 아니라 희생자의 지위이다." 이는 『사랑』의 여주인공 석순옥이 대표적이며, 그것은 금욕적 이상을 실천하는 수도승의 형상을 갖는다고 말한다.

서영채는 『재생』의 증상이 지니고 있는 특성 즉 자기희생의 문제는, 후기 이광수의 사유 구조뿐 아니라 식민지 근대 지식인의 사유체계 일반의 문제로까지 연결된다고 주장한다. 『무정』에서 상처받은 박영채를 위로했던 방법은 민족의 미래와 그 안에서 자기가 할 일의 비전을 보여주는 것이었다. 즉 집단의 문제를 통해 개인의 아픔을 승화시킬 수 있다는 것이다. 그러나 『재생』에서는 더 이상 그런 이상주의가 통용되기 어려웠다. 『재생』에서 미국 유학에서 돌아온 김박사(『무정』 주인공들의 이후 모습)는 '스위트 홈'을 꾸리고자 하는 개인주의적 욕망에 사로잡힌 '타락한 근대인'일 뿐이었고, 신봉구는 이형식처럼 삼각관계의 나머지 두 항을 선택하는 자리가 아니라 자신이 선택 대상이 되는 수동적 자리, 여자로부터 배신당하는 자리에 있다. '자기희생이라는 난데없는 드라마'가 출현한 것은 이런 자리에서이다. 신봉구는 스스로 자신과 무관한 살인사건의 범인 지위를 희생적으로 떠맡는 의외의 모습을 보인다. 이

93_ 서영채, 「자기희생의 구조―이광수의 『재생』과 오자키 고요의 『금색야차』」, 박헌호 편저, 『센티멘탈 이광수: 감성과 이데올로기』, 소명출판, 2013.

자기희생의 제의를 통해 수동적일 수밖에 없는 피해자가 능동적 주체로 탄생하게 되고, 그를 통해 오히려 가해자가 되며 더 나아가 그럼으로써 양심의 가책이나 죄의식을 토로할 수 있게 되었다는 것이다. 다시 말해, 피해자가 능동적이고 자발적인 피해자로, 즉 자기희생자로 변신함으로써 가해자와 동등하거나 우월한 위치에 서고자 했다는 것이다.

서영채는 그것을 제대로 애도되지 않은 박영채의 죽음(상징적 죽음), 근대화라는 대의 아래 억압되어야 했던 전통적 질서의 원한이 신봉구라는 자발적 희생자라는 특이한 모습(위악적인 자기희생의 괴물적 모습)으로 귀환한 것이라고 본다. 또 그것은 텍스트 외부에 있는 작가 이광수라는 외설적 초자아의 충동적 의지이기도 하다는 것이다. 서영채에 의하면, 이광수의 장편소설 속 남성 주체의 모습은 가해자(『무정』)에서 피해자(『재생』)로, 그리고 자기희생자(『유정』, 『사랑』, 「원효대사」)로 변화해 갔다. 이것은 가해자, 배신자 남성이라는 근대적 주체 틀이 환상이었음을 보여주며, 결국 여성적 원한(국권 상실의 분노와 식민지라는 현실)의 에너지를 남성 주체의 허약한 죄의식이 견디지 못한 탓이었다고 보는 것이다. 그래서 이광수의 후기 소설로 갈수록 남성 주인공들에게서 뿜어져 나오는 것은 자기 처벌을 향한 기이한 의지라는 것이다.

서영채의 논지를 받아들인다고 할 때, 이광수에게 『무정』의 박영채는 상실된 조선의 두 가지 모습을 상징하는데, 그것은 무능하고 부패한 전근대적 질서이기도 하면서 제국주의에 희생되는 민족의 모습이기도 하다. 사회진화론적 문명개화주의자로서 전근대 질서를 살해하는 데 앞장 선 이광수 자신은, 그 살해 행위를 통해 결국 자신이 민족까지 살해하게 된 것이고 그것은 제국주의 일본의 조력자가 되었음을 의미하는 것이기도 하다. 그렇기 때문에 그가 문명개화를 주장하고 그것이 실현되면 될수록, 민족에 대한 죄책감은 그만큼 더욱 커질 수밖에 없다.

이때 민족에 대한 죄책감의 밑바닥에는 앞에서 언급했듯이 자신의 부모에 대한 트라우마적 죄책감이 중첩적으로 자리 잡고 있다. 3·1운동이후 『재생』의 세계 속에는 문명개화의 물결이 더욱 거세게 불어닥쳐 개인주의적 욕망에 사로잡힌 근대 주체들이 넘쳐난다. 그와 더불어 이제 그들은 더 이상 '타락한 근대인'으로 비난의 대상이 아니라 점차 정상적 근대인의 형상으로 받아들여진다. 이광수 자신이 추구한 '자본제적 서사의 보편성'이 만들어낸 달갑지 않은 타락의 모습, 그에 대한 비판이 결국 자신에게 겨누어진다는 것, 더 나아가 조선인들은 그 자본제적 서사의 주인공(가해자)이 아니라 타락한 자본주의 즉 제국주의의 피해자라는 사실이 점차 분명해진다. 이러한 모습들이 『재생』의 주제이며 이광수가 느끼는 죄책감의 본질이다. 이러한 죄책감이 서영채의 표현대로 자기처벌에의 [무의식적] 의지로 작동하여, 자기희생이라는 증상의 형태로 표출된 것이라 볼 수 있다.

서영채의 논지를 1930년대와 40년대까지 이어간다면, 동우회 사건에서 죄를 뒤집어쓴다든지, 대동아공영의 이데올로기를 주장하며 자신을 희생시키는 것은 더 이상 작품 속에서만 나타나는 것이 아니라 현실의 이광수에게도 나타나는 증상에 해당된다. 더 나아가 결코 사라지지 않고 좀비처럼 들러붙어 끊임없이 회귀하는 자기희생이라는 증상을 우리는 증환이라 부를 수 있을 것이다. 이 떨쳐버릴 수 없는 증상과 이광수가 자신을 동일시할 수밖에 없는 상황은 어떻게 나타나는가? 그것은 모든 환상이 무너져버리고 더 이상 공백을 채워줄 그 어떤 환상도 가동될 수 없는 극한적 상황에서 나타난다. 라캉에 의하면 그것은 세계와 타자에 대한 믿음이 사라지고, 극단적 궁핍 상태에 떨어진 주체의 경우에 나타난다.

이광수는 1910년대의 시기에 총독부를 법 집행의 협소한 테두리에 한정하고, 그 바깥에 있는 '사회'와 그와 동일시되는 '민족'에 대한 믿음과 환상을 견지했다. 당시 이광수는 사회진화론의 논리에 따라 조선인들도 문명개화되면, 낙후된 조선 사회가 구원될 수 있다는 환상을 가질 수 있었다. 그러나 1920년대에 들어서 그는 다수 '민중'에 대한 믿음과 기대를 거두고, 중간계층에 의지하는 '민족개조' 즉 사회적 엘리트들이 주도하는 '사회구성원 개조'라는 새로운 환상을 갖게 된다. 그것은 사회주의 세력과의 대립 속에서, 그리고 그렇기 때문에 조선총독부와의 타협 내지 공동 대응의 자세 속에서 형성되었다. 1930년대에 들어서 동우회 사건으로 검거되고 친일 행위를 강요당하면서 이제 그는 조선총독부에 대한 소극적 믿음조차 버리게 된다. 더 충격적인 결과는 동우회 회원들을 구원하기 위한 자기희생, 즉 대일 협력이 그가 구원하고자 했던 사람들로부터도 비판과 조소의 대상이 되었던 것이다. 이제 이광수는 식민지 사회 내에서 그 누구도 신뢰할 수 없는 상황에 처하게 되고, 그에게 남은 것은 친일파라는 오명뿐이다. 타자에 대한 전이가 해소되고, 주체의 극단적 궁핍 상태에 처하게 된 것이다.

그는 여기서 빠져나올 방법이 없다. 그는 이 시기 불교에 귀의하는가 하면, 자신의 작품 제목이기도 한 '난제오'(亂啼烏, 어지럽게 우짖는 까마귀)(1940년 2월)와 동일시하고자 하기도 한다.[94] 그는 조화로운 사회를 꿈꾼다든지, 자신의 행복을 그려낸다든지 그 어떤 환상도 작동되기 어려운 극한 상황에 처한 것이다. 결국 그는 이 상황에서 유일하게 자신을 대표할 수 있는 사물, 난제오와 같은 비천한 사물, 자신을 집요하게 따라

94_ 김윤식, 『이광수와 그의 시대 2』, 306-309쪽. 김윤식은 이광수가 난제오와 자신을 동일시하면서 자신의 친일 행위의 허망함을 암시하고 있었다고 말한다.

다니며 그의 존재가 완전히 해체되는 것을 막아주는 그 어떤 사물과 동일시하는 도리 이외에 없게 된다. 그것이 대동아공영의 이데올로기이다. 따라서 이광수가 대동아공영의 이데올로기를 주장했던 것은 그것이 이광수에게 어떤 이상적 사회를 가져다줄 이데올로기적 환상이었기 때문인 것이 아니며, 그가 일본 제국주의에 대한 믿음을 갖고 있기 때문에 주장된 것도 아니었다. 그것은 이광수를 좀비처럼 따라다니는, 자기 의지로 떨쳐버릴 수 없는 음울한 증상(증환)에 해당된다.

4) 대동아공영의 길은 도착적 신념인가, 자기희생의 길인가

서영채는 이광수가 최종적으로 실패했다고 말한다. 앞서 말했듯 그는 그 실패의 이유를 종국적으로 민족주의라는 몰윤리와 칸트식 도덕주의의 불행한 만남 때문이라고 말한다. 그 결과 자가당착적인 이데올로기적 환상, 즉 '민족 없는 민족주의'라는 기이한 민족주의에 도달했다는 것이다. 그러나 서영채는 이광수 개인적으로는, 그리고 윤리의 차원에서는 자신을 희생함으로써 보다 많은 사람들을 구하고자 한 '비윤리의 윤리'를 달성한 '윤리적 영웅'으로 볼 수도 있다는 시각을 제공한다. 그러나 객관적이고 정치적인 차원에서는 대동아공영이라는 이데올로기적 환상에 사로잡혀 결과적으로 친일 행위를 한 책임을 면할 수는 없다고 말한다. 서영채는 다른 한편 민족을 배신했다는 무의식적 죄책감과, 거기서 연유하는 자기처벌의 의지가 이광수에게 집요하게 들러붙어 자기희생이라는 증상으로 나타났다고 본다. 그 증상적 자기희생의 한 형태가 자신을 희생하여 민족을 살리기 위해 대동아공영의 이데올로그라는 고난의 십자가를 메게 되었다는 것이다.[95]

95_ 서영채, 『아첨의 영웅주의』, 114쪽. 제2부 제1장에서 김산과 조봉암에 대해

그런데 이 지점에서 우리는 이광수에게 내선일체가 구체적으로 무엇을 의미했는지에 대해 차승기의 해석에 주목할 필요가 있다. 차승기는 이광수에게 '내선(內鮮)' 즉 일본과 조선이 하나가 되는 궁극의 상태를 함께 밥 먹고 자고 '예절작법'을 바로잡는 데서 찾는다. 이광수의 대표적 친일 소설 『진정 마음이 만나서야말로』(1940)에서 부상당한 타케오는 자신을 구원해 간호하는 석란을 보고 "그 말투건, 예의건 무엇 하나 다른 점이 없지 않은가" 하며, 조선인이 일본인과 다르지 않음을 새삼 발견한다. 차승기에 따르면 '내선일체' 슬로건의 반복이나 '황민화' 실천 강령의 세부 조정보다, 조선인과 일본인이 함께 공동의 질서를 경험하며 내면화하는 것이 바로 예의작법이라는 것이다. 이광수는 사적 관계건 공적 관계건 사랑의 경우에도 자기 수행 내지 자기 규율(self-discipline)이 필요하다고 보았다. 타인과의 관계에서 일정한 절제, 일정한 거리가 두어지지 않을 때, 본능과 욕구에 휩쓸려 이광수가 타파의 대상으로 삼는 전근대적 나태와 방탕으로 되돌아갈 수 있기에, 『사랑』의 석순옥과 안빈은 '완전한 사랑'을 위해 수도승과 같은 자기 수행의 과정을 걷는다. 이광수에게 개인을 무절제 상태로 빠지게 만드는 감정들을 억제하고 순치하는 자기 수양의 목적은 '우리 정다운 공동체'를 만드는 것이며, 이를 위해 억제되어야 하는 것은 내면적 차원에서는 동물적 본능과 욕구, 공동체 차원에서는 사리사욕에 지배되는 이기주의적 개인으로서, 이광수적 공동체는 처음부터 '멸사봉공적' 실천에 의해 기획되었다는 것이다.[96]

말했듯이 그것은 세계에 절망하고 자신의 주체마저 지탱할 수 없게 된 상황, 환상을 가로지른 상황에서 존재를 지키기 위해 마지막으로 택할 수 있는 유일한 길, 즉 증상과의 동일시이기도 하다. 그리고 이때 이광수에게 민족은 물론 앞서 말했듯이 '민중을 공제한 부르주아 중간계층'에 한정된다.

　우리가 차승기의 해석을 받아들인다면, 이광수가 말하는 내선일체나 대동아공영권은 그의 「민족개조론」의 연장선상에 서 있다고 파악할 수 있다. 내선일체, 즉 일본인과 조선인이 하나가 될 수 있는 길은 근대사회가 요구하는 도덕, 다시 말해 근대적 규율을 몸에 익혀 보편적 근대 주체, 일본인과 조선인이 서로 다르지 않은 보편적 주체로서 거듭나는 것이다. 차승기는 그것을 예의작법 내지 (이광수의 표현법으로) 예절작법이라 말하고 있고, 식민지국가의 교육체계에서는 마음으로 얻는 것, '심득'이라는 용어로 표현하고 있다. 「민족개조론」의 표현법대로라면 근대 주체에게 요구되는 '정의적 습관'의 형성이라 할 수 있으며, 그것을 통하는 것이야말로 그의 소설 제목처럼 '진정 마음이 만나서야말로'에 해당되는 내선일체에 이를 수 있는 것이다.

　문제는 진정 마음이 만나는 상태, 조선인이 일본인과 동등한 보편적 근대 주체가 되어 있는 상태가 언제인지는 소설 속 타케오의 경우처럼 일본 제국주의 국가가 판단한다는 점이다. 1910년대에 이광수는 실현가능성은 없었지만 조선총독부와 경쟁하듯 '사회'의 영역 전반에 걸쳐 도덕적 불문율을 조선인 스스로 형성하고자 하는 입장을 취했다. 1920년대에는 사회주의자들과의 대립 속에서 중간계급 지식인층을 중심으로 동우회라는 조직을 통해 근대적 규율을 수립하고자 했다. 1930년대 후반 이후로 이광수는 식민지국가의 정책 프로그램을 충실히 따라가면서 대동아공영과 내선일체적인 규율화를 주장했다.

　서영채가 말하듯 이광수는 최종적으로 실패했다. 그것은 대동아공영에 대한 도착적 믿음 때문이 아니라 그 믿음이 이광수 자신이 생각했던

96_ 차승기, 「고귀한 엄숙, 고요한 충성—이광수의 예의작법과 감성적인 것의 나눔」, 139쪽.

것만큼, 그리고 자신이 학도병입대를 권하던 언동만큼 굳건하지 않았기 때문이다.[97] 또 증상과의 동일시라는 환상 가로지르기 역시 성공적이지 않았기 때문이다. 대동아공영에 대한 그의 믿음이 확고하지 않았다는 것, 그것이 그를 좀비처럼 따라다니는 자기희생의 증환 수준이 아니었음은 해방 이후 그의 행적이 잘 말해준다. 다시 말해 해방 이후에도 대동아공영에 대한 그의 믿음을 버리지 않았다면, 혹은 그게 좀비처럼 계속해서 달라붙어 있었다면 그렇게 말할 수 있겠지만, 대동아공영은 이데올로기적 환상도 아니었고 증상도 아니었음을 그의 해방 이후 행적이 잘 보여주기 때문이다.

앞서 인용한 김붕구의 회고는 이에 대해 정곡을 찌른다고 생각된다. 김붕구는 "학도병입대를 권유하는 그의 태도는 동지들을 구하기 위한 위악이 아니라 완전한 '신자'의 언동이었다……. 여기서 '민족을 위해 친일했소'라는 단호한 신념은 문자 그대로 민족을 위한 '신념'인 것이다"라고 말하면서, 이어서 "아니 차라리 춘원으로 하여금 '끝까지' 신념의 사람이 되게 하라. 위악이나 그 밖의 어떤 계략 혹은 일시적 수단으로 그런 어리석은 과오를 범했다면 차라리 작가 춘원은 그 이상으로 교활하고 비겁함으로 하여 역사적 죄과를 치는 것이 되리라"라고 말한다. 다시 말해 김붕구는 학도병 입대를 권유하는 신자의 언동이 결국 위악적인 것이거나 혹은 일시적 수단에 그쳤다는 것을 이광수를 위해 애석해하며 통탄해하고 있는 것이다.

그러나 우리가 이광수의 그러한 한계를 인정한다 하더라도, 이광수의

<hr>

97_ 앞에서 말한 "그대는 아직 일본인이 아니다"라는 이광수의 말을 참으로 즐겁게 받아들인 그 일본인은 그때의 이광수를 "어떤 상처 입은 듯한 어두움을 씨의 표정에서 읽고 마음이 언짢았다"고 덧붙인다. 김윤식, 『이광수와 그의 시대 2』, 364쪽.

삶은 제국주의의 지배 아래 식민지의 한 지식인이 근대 주체로 자신을 정립하고자 하는 것이 얼마나 험난한 길이었는지를 잘 보여주고 있다. 보편적 근대인으로서 사회진화론적 문명개화를 주장하며 구질서를 타파하는 영웅으로 자신을 오인하는 과정을 거쳐, 식민지민이라는 자각과 부르주아적 정체성 위에서 식민지의 구성원들을 자본주의의 불문율이자 도덕인 근대적 규율로 각인된 근대 주체로 개조하고자 하였고, 자신을 지탱하던 세계와 자기 자신에 대한 믿음마저 위기에 처한 상황에서 최종적으로 제국주의의 이데올로그가 되는 비극을 맞는다. 이 모든 것의 밑바닥에는 자신을 근대사회의 교사로 설정하는 나르시시즘이, 그리고 그와 동시에 언제라도 11살의 고아라는 비천한 존재로 굴러 떨어질 수 있다는 위기의식이 자리 잡고 있었다. 스스로 주인도 될 수 있고 노예도 될 수 있는 상황, 근대 주체에게 설정된 문제 상황이다. 이 상황 속에서, 누구나 중세적 신을 대신하는 주인이 되고자 하지만, 최종적으로는 규율화된 근대 주체로 귀결될 수밖에 없다는 점을 이광수라는 주체가 잘 보여준다. 교사가 되고 싶지만 규율화의 대상이 되는 학생이 될 수밖에 없는 것은 식민지라는 특수성 때문이 아니라, 근대 주체가 직면한 보편적 모습이자 근대가 낳은 곤경이다.

맺는말

이광수는 평생 조선 민중의 문명개화를 위하여 노력했다. 이광수에게 조선 민중의 문명개화란 조선 민중의 근대적 주체화를 의미하는데, 이광수와 식민지국가는 앞서거니 뒤서거니 하면서 식민지 주민들을 근대 주체로 규율화하기 위해 경쟁했다. 1910년대에는 이광수 등 일본유학생 출신 지식인들과 조선총독부 간에, 누가 규율화의 주체가 될 것인가를 놓고 '사회' 영역을 둘러싼 담론 정치적 갈등이 전개되었다. 1920년대에는 이광수가 규율화 기구로서 동우회와 같은 자발적 결사체의 영역을 확보하기 위해 일제와 일면 타협, 일면 경쟁을 벌였다. 사회주의 세력이 민중의 지지를 얻는 그만큼, 그리고 식민지 국가기구가 규율화의 실행 기구로서 식민지 사회에 뿌리를 내리는 그만큼 이광수의 영역은 협소해졌다. 1930년대 후반 이래 일제의 총동원체제 아래 이광수는 경쟁적 협조의 위치를 넘어서서 식민지국가보다 더 앞장서서 조선 민중을 동원하고자 노력했는데, 전체주의적 총동원체제야말로 극단에 이른 규율 사회, 규율 체제라 할 수 있다.

이광수는 김현주가 밝힌 바와 같이 논설 「대구에서」를 통해 총독부를 법에 의한 통치라는 협소한 영역에 제한하고 그 테두리 바깥에 조선 민족의 '사회'를 구성해내어, 불문율이 지배하는 사회의 영역에서 자신과 같은 유학생 출신 지식층이 사회를 이끄는 교사로서 도덕적 헤게모니를 행사하고자 하였다. 그러한 자신감은 사회진화론의 입장에서 구세계의 질서가 무능, 부패하고, 무력한 것으로서 필연적으로 도태될 운명에 처해 있다는 인식에 근거하고 있었다. 그러한 점에서 이 시기의 이광수는 최주한이 말한 바처럼 총독부와 '전략적 타협'의 입장에 서 있었다고 말할 수 있다. 물론 이광수의 주장은 당시 조선총독부의 식민지 정책과 어긋났기에 그 실현가능성은 희박했으며, 식민지라는 장 속에서 그 담론은 전근대적 잔재를 청산하는 왜소화된 형태로 실현될 수밖에 없었다.

그것이 표출된 작품이 『무정』이다. 당시의 그는 냉혹한 사회진화론에 기반하여, 문명개화 즉 근대화야말로 뒤떨어진 조선이 살아날 길이라고 생각했다. 그러나 『무정』을 써나가는 마지막 시점에서 민족이라는 존재, 박영채로 상징되듯이 제국주의에 의해 무참히 짓밟힌 민족이라는 존재와 마주친다. 이때 그는 보편적 근대 주체가 아니라 식민지 민족의 한 성원으로서의 자기 정체성과 조우하며, 문명개화를 통해 최종적으로 도달하는 근대 주체의 '타락한' 모습에 직면한다. 이러한 도덕적 감각은 『무정』의 독자층, 근대에 노출되었지만 아직 근대 주체에 이르지 못한 과도기적인 '신파적 주체'들, 그들의 시선으로 자신을 돌아본, 그 시선과 자신을 동일시한 결과이다. 그러나 이 시기의 이광수에게 민족이라는 존재는 외부에서 들어온, 먼저 형성된 사회진화론적 세계관, 문명개화 지상주의와는 화학적-상징적 결합이 이루어지지 못한 상태였다. 문명개화를 통해 형성된 근대사회와 근대 주체의 모습이 아직 탈피하지 못한 전근대의 성리학적 윤리감의 시선에서 만족스럽지 않기 때문에, 그것을 만족으로 고양시키기 위해 도입된 가치였기 때문이다.

이광수는 2·8독립선언과 임시정부 활동을 통해 『무정』에서 기대했던 해소방법, 즉 근대 주체에 필연적으로 수반되는 도덕적 결함을 민족과 민족주의를 통해 해소하고자 하는 방법이 그렇게 만족스러운 결과를 가져다주지 못한다는 경험을 하게 된다. 그것이 안창호의 만류를 뿌리치고 또 총독부와 타협하여 변절했다는 비난을 무릅쓰고 귀국하게 된 배경이기도 하다. 다시 민족이나 민족주의보다 근대 주체라는 가치가 보다 우위에 이르게 된 것이다. 3·1운동 이후의 조선 사회는 민족주의자들과 사회주의자들로 양분된 상황, 이전과는 다른 상황이 조성되었다. 이 상황에서 발표된 「민족개조론」은 김현주가 정밀하게 독해했듯이 사회주의자들에 의해 장악되었다고 생각되는 우매한 민중들을 의식하면서 민족주의자들이 사회개조의 과정에서 떠맡아야 할 과제를 제시한 글이다. 그는 르봉의 군중심리학에 근거하여 조선 민족 가운데 다수를 차지하는 대중, 사회주의자들의 선전에 쉽게 휘둘리는 '군중'에 대한 기대를 버리고, 자신이 속한 중간 계층에 의존하여 그들을 중심으로 사회를 조직하고 규율화해야 한다고 생각했다. 김윤식은 이광수에게 가장 중요한 것이 자신이 속한 중간계층 지식층에 대한 소속감이었다고 적절하게 평한 바 있다.

이광수는 근대적 규율화를 근대사회의 불문율이자 사회적 도덕이라고 생각했다. 이광수에게 민족개조란 근대사회에 어울리는 규율화된 주체, '정의적(情意的) 습관'이 몸에 밴 주체를 만들어내는 것을 의미했다. 이광수에게는 민족 개념 역시 사회 구성원 개개인을 가리키는 독특한 의미를 갖고 있었다. 따라서 민족 개조란 사회구성원을 개개인적으로 규율화하는 것을 의미했다. 이광수는 근대적 규율화를 근대사회의 도덕이라 파악했는데, 이것은 『무정』의 시기에 성리학적 윤리성의 차원에서 파악한 도덕과는 질적으로 다른 도덕 감각이라 할 수 있다. 이 새로운 도덕 감각은 근대와 근대 주체에 대한 이광수의 탁월한 통찰의 결과임이 분명하지만, 식민지적 상황의 근대 주체와는 거리가 있는 감각이었다.

1930년대 만주사변 이후 총동원체제로 나아가는 국면은 이제 더 이상 이광수가 독자적으로 조선 민중을 근대적 주체로 규율화할 영역을 남겨놓지 않았다. 이때 안창호가 체포되고 동우회 구성원 전체가 검거되는 상황이 벌어지는데, 이 상황에서 그는 검거된 지식층을 위해 자신을 희생하고자 한다. 일제에 '아첨'하여 친일파라는 오명을 뒤집어쓰는 자기희생을 통해 자신이 근거하고 있는 계층을 살리고자 했다는 점에서 서영채가 말했듯이 '아첨의 영웅주의'라고 부를 수도 있다. 그는 '죄 없이 죄를 짓는' 근대 주체로서 전도된 형태로 되돌아온 자신의 메시지를 정면으로 껴안는 라캉적 영웅의 자세를 취하고자 했다. 그러나 그 결과는 참담했다. 그가 자신의 모든 것을 희생하면서 지키고자 했던 중간 계층의 지식인들, 그 계층으로부터 그가 되돌려 받은 것은 차가운 조소뿐이었다. 이때 그가 처한 지점, 즉 주체적 궁핍화의 지점에서, 더 이상 그 어떤

환상도 그려낼 수 없는 지점에서 그가 할 수 있는 것은 증상과의 동일시,
철저히 일제의 이데올로그가 되는 길뿐이었다.

논리적으로만 본다면 이광수가 앞장서 온 조선 민중의 문명개화, 근대
적 주체화는 분명 일본의 총동원체제, 그 선두에 선 규율화 장치로서
일본군대의 경험 속에서 가장 철저하게 획득될 수 있는 것이다. 그러나
그것은 명백한 친일 행위이기에 이광수에게 전쟁 참여의 독려는 '민족을
위한 친일'이라는 모순된 형상으로서 그에게 증상과도 같은 것이 된다.
다시 말해 대동아공영, 내선일체에 앞장서는 친일 행위는 문명개화주의
자로서의 자신의 존재를 지키기 위해서 그것이 설사 비천한 것이라 할지
라도 그에게 남아 있는 유일한 동일시의 대상이 된다. 그러나 그 증상과
의 동일시를 통한 환상 가로지르기가 철저하지 못했다는 것이 이광수의
비극이기도 하다.

그렇지만 이광수의 생애는 식민지 체제 아래에서 한 보수주의 지식인
이 근대 주체로 자신을 정립하고자 하는 길이 얼마나 험난한 도정을
밟아야 하는지를 잘 보여주고 있다. 또 그 길을 모색하는 데 있어서
그는 자신의 소설과 논설들을 통해 동시대인들과 같이 호흡하고자 했으
며, 그것이 때로 열광적 지지를 불러일으키기도 했고 때로 격렬한 비판을
낳기도 했지만 그 자체로 당대의 과도기적 주체들이 근대로 나아가는
데 긴요한 나침반의 구실을 했다고 생각한다.[98] 또한 그의 생이 최종적으

─────

98_ 근대 국민의 형성에 근대 문학, 특히 근대 소설이 갖는 역할에 대해서는
가라타니 고진이 힘주어 강조한 바 있다. 가라타니는 정치적, 경제적 제도의
근대화가 진전되었다 하더라도, 국민(nation)을 형성하는 무엇인가가 빠져
있었는데, 그 빠진 것을 보충했던 것이 근대 소설이었다고 말한다. 가라타니
에 의하면 근대 소설이 제공했던 것은 언문일치였는데, 그것이야말로 내적
주체를 창출해냄과 동시에 객관적 대상을 창출해내는 장치였다. 가라타니
고진, 박유하 옮김, 『일본 근대문학의 기원』, 도서출판 b, 2010, 262-263쪽.

로 실패했는지의 문제와는 별개로, 이광수는 자신을 둘러싼 상징적 현실의 우주 속에서 자신의 애초 의도와 전혀 다른 모습으로 자신이 실현되는 것에 개의치 않고 과감하게 자신의 길을 걸어갔다는 점은 충분히 인정받을 만하다고 생각한다.

제3부 **권력과 주체**

제1장
권력이란 무엇인가

1. 권력론과 정신분석

권력이란 무엇인가? 미국에서 1950년대와 60년대에 권력을 둘러싼 논쟁이 학계에서 치열하게 전개되었다. 단순한 이론적 논쟁이라기보다는 미국사회의 정체성을 둘러싼 논쟁이었다. 통치엘리트론자들은 미국사회가 폐쇄적 통치엘리트 집단에 의해 지배되고 있다고 본 반면, 다원론자들은 그에 대해 반박하여 미국을 다원적 민주주의 사회로 보고자 하였고 이에 대해 재반박이 나오는 등 격렬한 양상으로 논쟁이 전개되었다. 이러한 논쟁 과정을 통해 권력에 대한 개념이 보다 정교하게 다듬어졌다. 권력, 영향력, 권위 그리고 폭력, 조작 등의 개념들이 엄밀히 구분되고 정의되었다.

다른 한편 1970년대에 프랑스에서 특히 푸코의 연구에 의해 권력에 대한 관심이 재점화되었다. 그람시로부터 알튀세르에 이르는 자본주의 지배 권력에 대한 연구가 푸코에 의해 일종의 전환점 내지 도약점을 찾았다고 할 수 있다. 일망감시체제로 대표되는 얼굴 없는 권력의 기술적 메커니즘, 그것이 어떻게 개인들을 특정한 정체성을 갖는 주체로 생산해 내는가에 대한 연구, 생체권력에 대한 연구가 그것이다.

미국에서의 논쟁과 푸코의 작업에는 커다란 단층이 존재한다. 인간 주체에 대한 기본적 가정의 차이가 그것이다. 이는 주체와 대상 사이의 근대적 문제 설정과 관련된 것이다. 행태주의적 가정 위에 서 있는 미국의 논쟁은 자신의 자유선택에 의해 자신의 행동을 결정하는 합리적 주체가 먼저 전제되고 그들 간에 권력이 작동한다고 보고 있음에 비해, 푸코 등의 구조주의 권력론자들은 합리적 주체가 사전에 전제된다는 근본 가정을 부정하고, 주체란 권력에 의해 만들어지는 어떤 것이라는 입장 위에 서 있다. 즉 주체의 권력 행사보다는 권력에 의한 주체화의 과정을 문제 삼고 있다.

라캉 정신분석의 경우 기본적으로 푸코적 입장에 서 있다. 오히려 푸코가 라캉 정신분석에 영향을 받았다고 보는 게 옳을 것이다. 주체화의 과정, 자아 형성의 과정, 상상계와 상징계의 중첩결정 과정이 그것이다. 다른 한편 지젝은 라캉 정신분석의 입장에서 공식적 법을 대표하는 자아 이상과 공식적 법 이면에서 작동하는 초자아의 상호 대립과 보완 관계에 주목하고 있다. 지젝이 주목하는 이러한 측면은 미국 내에서 권력을 둘러싼 논쟁과 상응된다는 점에서 우리의 관심을 불러일으킨다. 미국 내의 권력 논쟁은 최종적으로 공식적 결정과 비공식적 '무결정'의 대립 으로 귀착되었는데, 이 양자는 지젝이 말하는 공식적 법과 법의 비공식적 이면과 상당 부분 일치한다고 보는 것이 이 글의 기본 입장이다.

2. 권력 논쟁: 권력, 영향력, 권위

1) 미국의 권력 논쟁: 결정과 무결정

1950년대에 미국에서는 사회학자들을 중심으로 지역사회의 권력구조를 실증적으로 확인하고자 하는 작업들이 진행되었다. 플로이드 헌터는 애틀랜타 지역을 지배하는 경제적 지배집단을 확인하고자 하였고, 밀즈는 미국 사회 전체를 대상으로 지배엘리트 집단의 존재와 그 작동 메커니즘을 밝히고자 하였다. 밀즈는 미국 사회가 점차적으로 사회적 이동성이 약해지면서 엘리트 지배층 내에 폐쇄성과 동질성, 자의성이 증가하고 있음을 지적하였는데, 이는 그 자체로 미국 사회의 반민주성에 대한 고발이었다.[1]

1960년대에 접어들면서 정치학자들을 중심으로 이에 대한 비판적 연구들이 제시되었다. 미국사회가 단일 지배엘리트 집단에 의해 움직여지는 것이 아니라, 다양한 다원적 집단들 간에 경쟁이 존재하고 이를 통한 타협과 합의에 의해 미국 사회가 움직여진다고 보는 것이 이들의 기본 입장이다. 이들은 이러한 다원주의적 민주주의가 미국 사회의 핵심 특징이라고 주장한다.[2]

로버트 달을 중심으로 하는 다원론자들은 사회학자들과 마찬가지로 지역사회에 대한 실증적 연구를 통해 자신들의 주장을 입증하고자 하였다. 이들의 방법론적 입장은 사회학자들에 비해 다소 정교하다. 이들은 사회학자들이 지배집단의 속성으로 제시하는 명성이나 지위 등은 권력

1_ Floyd Hunter, *Community Power Structure: A Study of Decision Makers*, University of North Carolina Press, 1953; C. W. Mills, *The Power Elite*, New York: Oxford University Press, 1956.

2_ Robert A. Dahl, *Who Governs?*, New Haven: Yale University Press, 1961.

이 아니라 단지 권력화할 수 있는 잠재적인 권력자원 내지 권력수단에 불과한 것이라고 비판하였다. 다원론자들은 권력이란 이러한 권력수단들을 이용하여 지역사회의 중요한 정책이 형성되는 과정에 직접 참여하여 자신의 이익과 의도를 정책 내용에 반영해야 하는 것이라고 주장하였다. 이들이 실제로 지역사회의 주요 정책결정 과정을 조사해보니 그에 대해 지배적 권력을 행사하는 단일한 지배엘리트 집단은 존재하지 않는다는 것이 확인되었다. 각 정책 분야마다 그 분야에서 권력을 행사하는 서로 다른 엘리트들이 존재하였으며, 그리고 이들 엘리트들의 관계 역시 서로 경쟁적이었다는 것이다.

그런데 상당한 설득력을 가졌던 이들 다원론자들에 대하여 이들을 재비판하는 새로운 입장이 등장하면서 논쟁은 더욱 치열해졌다. 이들 재비판론자들은 사회학자들의 통치엘리트론에 대한 다원론자들의 비판을 일단 받아들이면서도, 다원론자들이 놓치고 있는 권력의 또 다른 한 측면을 설득력 있게 제시하였다. 이들은 권력이 정책결정 과정에서 행사된다는 점에 대해서는 다원론자들의 입장을 수용하면서도, 다원론자들이 결정 과정 이전의 과정에서 행사되는 권력의 측면을 놓치고 있다고 맹공격을 퍼부었다.[3]

정책결정이 이루어지기 위해서는 먼저 그 정책결정 과정의 전 단계 즉 의제 설정 단계를 거쳐야 하는데, 바로 이 단계에서 은밀히 권력이 행사된다는 것이 이들 주장의 핵심이다. 이른바 권력의 양면성(two faces of power)에 대한 이론이다. 다원론자들이 주장하는 것이 정책의 '결

3_ Peter Bachrach and Morton Baratz, "Two Faces of Power" 1962, *American Political Science Review*, reprinted in *Political Power*, New York: Free Press, 1969.

정'(decision) 과정에서 행사되는 권력이라면, 이들이 강조하는 측면은 의제설정 단계에서 정책결정도 없이 행사되는 권력, '무결정'(non-decision)의 권력이다. 무결정의 권력이란 어떤 특정 의제는 그것이 어떻게 결정되더라도 지배엘리트 집단의 이익에 부합하지 않기 때문에 의제 자체로도 성립되지 못하도록 애초에 싹을 잘라버리는 권력을 말한다. 결정과정의 권력이 공식적 정책결정 메커니즘을 통해 행사되는 권력이라면, 무결정 과정의 권력은 비공식적인, 공식적 과정의 이면에서 행사되는 권력이다.

이러한 논쟁 과정을 통해 권력 개념은 상당히 정교하게 다듬어졌다. 우선 사회학자들의 지역사회 권력구조 연구에 대한 비판 과정을 통해 권력과 권력수단의 구분이 이루어졌다. 권력이란 권력수단의 소유만을 의미하는 게 아니라, 그것을 제재수단 내지 처벌수단으로 사용하여 중요 정책의 결정과정에 직접 참여하여 자신의 이익과 가치를 관철시키는 힘으로 재정의되었다.

이러한 다원론자들의 권력 개념에 대해, 또 다른 측면의 권력 즉 무결정의 권력이 제기되면서, 권력과 영향력, 권위에 대한 정교한 구분이 이루어졌다. 결정 과정에서 제재수단을 행사하며 구체적으로 행사되는 힘을 권력이라 한다면, 무결정의 과정에서 은밀히 행사되는 권력은 영향력 내지 권위로 구분되어 정의되었다. 권력과 달리 제재수단 없이 상대를 움직인다면 그것은 영향력으로 정의된다. 이때 영향력의 수단으로서는 설득이나 타협 등이 제재수단을 대신하여 동원된다. 그에 비해 권위는 권력이나 영향력을 행사하는 행위자의 측면이 아닌, 권력의 대상이 되는 상대방의 입장에서 파악되는 힘으로 정의된다. 다시 말해 권위는 상대에 의해 자발적으로 인정되는 것, 상대방 스스로 자율적 판단에 의해 따르도록 하는 힘을 의미한다.[4] 이러한 논쟁 과정을 통해 다듬어진 권력, 영향력,

권위의 개념을 다음과 같이 재정리해볼 수 있다.

2) 권력, 영향력, 권위

권력이란 다른 사람을 지배하는 힘이다. 따라서 권력은 양적인 개념이라기보다는 지배하는 사람과 지배받는 사람 사이의 관계, 지배–피지배 관계 속에서 파악될 수 있는 관계적 개념이다. 다른 사람을 지배한다는 것은 다른 사람의 마음과 행동을 움직인다는 것, 통제한다는 것을 의미한다. 보다 정확하게 표현하자면, 권력을 행사하지 않았다면 하지 않았을 행동을 권력을 행사했기 때문에(원인) 그 행동을 하게 하는(결과) 힘을 의미한다.[5] 그에 비해 폭력은 관계적 권력이 아닌 비관계적 권력이라 할 수 있으며, 상대방과의 관계와 무관하게 일방적으로 행사되는 권력,

---

4_ Peter Bachrach and Morton Baratz, "Decisions and Non-decisions: An Analytical Framework," 1963, *American Political Science Review*, reprinted in *Political Power*, New York: Free Press, 1969. 권위가 권력행사자의 쪽이 아니라 주체의 쪽에서 정당한 것으로 받아들여 자발적으로 복종하는 것이라고 보는 주장은 주목할 필요가 있다. 예를 들어 바쿠닌과 같은 아나키스트는 외부에서 강요되는 권위는 부정하지만, 주체가 자유롭게 인정하는 권위는 받아들일 수 있다고 말한다(이성민, 「주체의 진리와 자리」, 『라깡과 문화』, 한국라깡과현대정신분석학회 후기 정기학술대회 자료집, 2008). 외부에서 강요되는 권위란 사실상 권력에 해당하고, 주체가 인정하는 것은 권위에 해당한다. 뒤에서 다시 말하겠지만 푸코의 관점에서는 이 모두가 개인화와 전체화라는 이중 구속이라 말할 수 있다. 조르조 아감벤, 박진우 옮김, 『호모 사케르: 주권 권력과 벌거벗은 생명』, 새물결, 2008, 40쪽.

5_ 그러한 의미에서 예측력과 권력은 다르다. 다른 사람이 어떻게 행동할지를 미리 예측하여 그렇게 하도록 하였다고 하여 그것이 권력이 되는 것이 아니라는 뜻이다. 물론 다른 사람이 어떻게 행동할지에 대해 잘 아는 것, 즉 다른 사람에 관한 정보를 수집하여 그의 의도나 성향을 잘 파악하는 능력은 권력의 중요한 한 원천이기는 하다.

예외적 권력이라 할 수 있다.

권력은 '좁은 의미에서의 권력', '영향력', '권위' 등으로 나눌 수 있다. 좁은 의미의 권력이란 일정한 처벌수단, 가치박탈 수단이라는 권력수단을 가지고 다른 사람의 행위를 강제하는 힘이다. 그에 비해 영향력이란 그러한 제재수단 없이 특정 행위를 하도록 하는 힘이다. 이때 설득과 타협이 영향력의 행사 수단으로 사용되며 이를 통해 상대방의 동의를 획득하고자 한다. 다른 한편 권위란 설득, 타협의 과정조차 거치지 않고 상대방으로 하여금 특정한 행위를 하도록 하는 힘이다.

예를 들어 군대나 공무원 사회, 기업 조직 내에서 구성원 간의 관계는 권력관계라 할 수 있는데, 이는 이 조직 내에는 특정 행동을 하지 않았을 경우 받게 될 처벌 수단 내지 제재 수단—형벌, 구금, 인사상·경제적 불이익 등—이 존재하기 때문이다. 이 경우는 좁은 의미의 권력, 다시 말해 처벌 수단, 권력 수단으로 상대방을 위협하여 특정 행동을 하도록 강제하는 경우에 해당한다. 그에 비해 영향력의 사례는 가령 문익환 목사나 대중 스타들이 합리적 이성이나 특정 정서에 호소하여 사람들을 움직이게끔 하였을 경우에 해당된다. 이 경우 그 어떤 강제적 처벌 수단도 없이 강연 등을 통해 합리적으로 설득하거나, 드라마의 전개 혹은 음악을 통해 정서적으로 설득하여 그 사람들이 특정 행위를 하도록 힘이 행사되었기 때문이다. 한편 권위는 예를 들어 백범 김구 선생이나 마르틴 루터 킹 목사에 대해 사람들이 자발적으로 그들의 가르침과 노선에 따라 행동하게 되는 경우라 할 수 있다. 김구 선생이나 킹 목사가 어떤 제재수단을 갖고 있는 것도 아니고, 특정 상황마다 어떤 설득을 통해 대중들을 움직이는 것도 아니기 때문이다. 김구 선생이나 킹 목사라면 이런 상황에서 이렇게 행동했을 것이라고 그 추종자들이 스스로 판단하여 '알아서 하는', 자율적으로 선택하여 그들의 가르침이나 노선을 따르게 되는 경우라고 할 수 있다.

　권력을 외부적 강제력이라 한다면, 영향력은 내적인 강제력, 심리적 강제력이라 할 수 있으며, 권위는 강제 없는 자발적 복종이라 할 수 있다. 세 가지 권력 유형 가운데 가장 '효율적인' 권력은 권위이다. 가장 비용이 많이 드는 것이 권력이다. 상황 상황마다 제재수단을 휘두르며 상대방을 강제해야 하기 때문이다. 따라서 모든 권력은 권위의 형태가 되고자 한다.

　권력·영향력·권위 이 셋을 두부모 자르듯이 엄격히 구분 짓는 것은 사실 힘들다. 권력과 영향력의 구분에 있어서 상대방이 설득에 의해 그 행위를 하게 된 것인지 혹은 처벌이 두려워 설득의 언설을 받아들이는 것인지, 실제로 구분하기가 쉽지 않기 때문이다. 또한 권위와 영향력 간의 구분, 더 나아가 권위와 권력 간의 구분 역시 분명하지 않을 수 있다. 사람들은 권력 행사가 반복되면 처벌 수단을 의식하지 않고도 복종하게 된다. 일종의 조건반사 현상이라고 할 수 있다. 개에게 음식을 줄 때마다 종을 치는 행위를 반복하면 개는 음식을 보지 않고 종소리만 듣고도 침을 흘리게 된다. 이처럼 권력행사가 반복되면 처벌수단을 제시하지 않아도 권력행사자의 말만 듣고도 복종하게 된다. 이 경우 겉으로 보기에는 영향력이 행사된 것으로 보인다. 즉 상대방이 동의하거나 설득된 것으로 보인다. 그러나 이는 실질적인 영향력과는 다르며, 따라서 이를 '사이비(似而非) 영향력'이라고 이름 붙일 수 있다. 그런데 문제는 실제 상황에서 실질적 영향력과 사이비 영향력을 구분하기가 쉽지 않다는 점이다.

　한편 영향력 행사가 반복되면 즉 순리에 의해 상대방을 반복적으로 설득하게 되면, 추종자는 상대방의 말이나 판단이 그릇되지 않다는 생각을 일상적으로 갖게 된다. 이 경우 영향력은 권위로 변화될 수 있다.

역시 조건반사와 유사한 현상이 나타나기 때문이다. 이 경우 추종자는 특정 상황에 부딪히게 될 때 상대방의 설득 없이도 상대방이 어떠한 판단을 내릴지를 미리 예측하고 그에 따라 행동하게 된다. 물론 그 예측은 맞을 수도 있고 틀릴 수도 있다. 이 경우 추종자는 권위 있는 인물을 자신의 판단과 행위의 모범으로 삼게 되는데, 그 인물은 '준거 집단'(reference group) 혹은 '준거 인물'이 된다고 할 수 있다. 이는 정신분석에서 말하는 상징적 동일시의 과정에 해당된다.[6]

그런데 이 경우에도 추종자가 반복된 설득에 의해 그러한 행위를 하는 것인지, 상대방의 처벌수단을 두려워하여 그렇게 하는 것인지 분명하지 않을 수 있다. 후자의 경우는 '알아서 하는' 게 아니라 '알아서 기는' 경우라 할 수 있다. 이 경우는 실질적 권위와 구분하여 '위협적 권위'라고 이름 붙일 수 있다. 그러나 여기서도 문제는 실제 상황에서 실질적 권위와 위협적 권위를 구분하는 것이 쉽지 않다는 점이다.[7]

6_ 에반스, 『라깡 정신분석 사전』, 112-114쪽. 상징적 동일시는 제2부 제1장 3절에서 자세한 설명을 볼 수 있다.

7_ '알아서 기는' 단계와 '알아서 하는' 단계는 상징적 동일시의 완성에 해당된다. '알아서 하는' 단계는 상징적 동일시가 상상적 동일시에 의해 덧씌워지는, 중첩되는 단계에 해당된다. 이 점은 상징적 동일시가 2차적 동일시이기는 하지만 늘 1차적 동일시인 상상적 동일시와 중첩된다는 것, 상징적 동일시는 상상적 동일시를 모델로 하며 상상적 동일시의 형태를 띠고 나타난다는 점과 관련이 있다. 상징적 동일시가 타자의 응시 지점 내지 타자의 기표와의 동일시라고 할 때, 그것은 타자에 의해 주어지는 '강제된 선택'의 성격을 갖는다. 그렇지만 주체는 그 응시 지점, 기표와의 동일시라는 상징적 동일시를 상상적 동일시를 통하여 완성한다. 다시 말해 주체는 그 응시 지점, 기표와의 동일시를 만족시킨다고 생각되는 특정한 행위들을 자아의 수준에서 상상적으로 구성해낸다. 이는 타자가 승인하는 거울상을 이상적 자아로 삼아 동일시하며 자신이 그 이상적 자아상에 이를 수 있음을 예기(豫期)하고 환희에 빠지는 상상적 동일시의 과정과 유사하다.

단계적 발전이라는 관점에서 권력의 형태 간의 관계를 정리해보기로 한다. 일단 주체는 처벌수단의 위협에 의해 일일이 명령받고 행동하는 권력의 단계에서 출발하여, 이후 상대의 말만으로 설득되어(된 듯이) 행동하는 영향력의 단계를 거쳐, 처벌수단에 의해 강제되기는 하지만 자신의 구조 내 역할을 깨달으면서 '알아서 기는' 단계에 이르게 된다. 이후 주체가 상징적 지배 질서를 정당하며 자연스러운 것으로 받아들이게 될 때, 더 이상 처벌수단을 의식함이 없이 자신의 구조 내 역할에 요청되는 행위들을 '알아서 하는' 단계로 넘어가게 된다.

그런데 그렇게 된 연후에 주체는 개구리가 올챙이 적 시절을 망각하듯이 자신이 처음부터 자신의 일을 알아서 했다고 생각하게 된다. 이는 제2부 제1장에서 말하는 '명명행위의 근본적 우연성과 명명행위 자체의 소급적 효과'에 해당된다. 제1부 제1장에서 살펴본 바와 같이, 군대를 회피하다 끌려온 신병이 일정한 단계를 거쳐 자신이 그렇게도 증오하던 고참의 형상에 이르게 되었을 때, 자신이 요리조리 피하다 군대에 끌려온 것이 아니라 처음부터 국방의 의무를 다하기 위해 자신의 선택에 의해 자원입대한 애국 국민이었다고 생각하는 것과 맥을 같이 한다.

권력이 권위의 형태를 취하게 될 때, 우리는 권력이 제도화되었다고 말할 수 있다. 근대국가의 성립사에서 원초적 폭력의 형태로 자신을 성립시킨 국가권력이 점차 자신의 권력을 사회계약론 등 합리적 설득 수단을 통해 정당화하고, 자신의 모습을 권력, 영향력의 형태를 거쳐 최종적으로 권위의 모습으로 변화시켜 나가는 제도화의 과정을 볼 수 있다.[8] 이러한 변화를 가능하게 한 것이 처벌을 대체하는 감시체제의

8_ 이는 정신분석에서 말하는 두 아버지, 즉 원초적이고 외설적 아버지와 법을 상징하는 죽은 아버지에 해당한다고 할 수 있다. 두 아버지에 대해서는 호머를

강화인데, 감시가 처벌을 대체하여 강화되어나간 유럽 근대사회의 변화 과정을 면밀히 추적하는 작업은 미셸 푸코의 연구에 의해 이루어졌다. 이 과정은 제1부 제1장에서 말한 바 있듯이 주인 담론이 대학 담론으로 변화하는 과정에 해당한다고 말할 수 있다.

3. 주체와 권력: 푸코의 권력론

미국의 논쟁은 행태주의적 가정 위에서 전개되었는데, 개인들 간에 이익과 가치를 둘러싸고 갈등이 발생할 때 어떤 행위를 선택할 것인가를 둘러싸고 권력이 작용한다는 것이 그것이다.[9] 이 경우 개인들은 자신의 선호와 이익에 대해 잘 알고 있을 뿐 아니라, 그에 입각하여 행동을 결정하는 주체로 가정된다. 합리적 존재로서의 인간, 자신의 행동을 합리적 계산에 의거하여 자율적으로 선택하는 존재로서의 인간, 데카르트 이래의 합리적 근대 주체가 전제되고 있다.

그러나 뒤르켐에서 기원하여 소쉬르의 '언어학적 전환'을 경유하여 레비스트로스, 푸코로 이어지는 프랑스의 구조주의적 전통 속에서 근대 주체에 대한 이러한 가정은 근본적으로 전복된다.[10] 주체가 표상, 지식, 권력을 소유하며 이를 이용하고 행사할 수 있다는 근대적 가정은 여기서

참조할 수 있다. 호머, 『라캉 읽기』, 111-112쪽.

9_ Bachrach and Baratz "Decisions and Non-decisions: An Analytical Framework" 참조.

10_ 이진경, 「푸코의 담론이론: 표상으로부터의 탈주」, 『철학의 외부』, 그린비, 2002, 90-95쪽; 양운덕, 「푸코의 권력 계보학: 서구의 근대적 주체는 어떻게 만들어지는가?」, 『경제와 사회』, 35호, 1997, 109쪽.

무너지게 되고, 거꾸로 표상과 지식과 권력이 어떻게 주체를 만들어내는
지가 관심의 초점이 된다.

　푸코는 칸트처럼 보편적 존재로서의 인간, 인간의 보편적 본질을 문제
삼는 것이 아니라, 근대적 주체를 문제로 삼아, 그것이 어떻게 역사적으
로 형성되었는가에 대해 질문한다. 이러한 흐름을 '주체의 탈중심화'라
할 수 있는데 이는 라캉의 정신분석에서 절정에 이른다. 주체는 주체
바깥에서 객관적으로 실재하는 언어나 지식, 권력이 통과하는 하나의
위치, 자리에 불과할 뿐이다.[11] 따라서 나라고 하는 것은 사실은 타자일
뿐이다. 다시 말해 데카르트에 있어서 존재의 근거가 되는 '생각하는
나'(res cogitans)라는 것은 단지 타자일 뿐이다. 그래서 라캉은 "나는
존재하지 않는 곳에서 생각하고, 생각하지 않는 곳에서 존재한다"라고
말한다. 즉 라캉은 데카르트의 근대 주체를 근본적으로 전복하고 있다.[12]

　푸코는 이른바 '고고학'과 '계보학'이라는 방법론에 입각하여 방대한
실증적인 자료를 동원하여 이를 설득력 있게 제시하고 있다. "우선 푸코
는 특정한 담론 안에서 주체의 자리가 정의되는 방식을, 그리고 그 담론
이 개인들로 하여금 말할 수 있는 것과 말할 수 없는 것을 정의해주는
방식을 분석하며, 그에 따라 특정한 방식으로 사고하도록 제약하는 규칙
을 분석한다. 나아가 그는 특정한 형태로 사람들을 길들이고 특정한
방식으로 행동하게끔 만드는 권력의 행사방식을 분석하며, 그 결과 개개

11_ 라캉은 "하나의 기표는 다른 기표에 대하여 주체를 대표한다"라고 기표를
　　정의하는데, 이를 통해 주체란 능동적인 어떤 것이 아니라, 기표에 의해
　　대표되는 수동적인 어떤 것으로 규정된다. 이에 대해서는 제1부 제1장에서
　　살펴본 바 있다.

12_ 이진경, 『맑스주의와 근대성──주체 생산의 역사이론을 위하여』, 문화과학
　　사, 1997, 12쪽.

인의 사람들이 어떻게 '주체'로 만들어지는지를 연구한다."[13] 이는 근대적 주체가 주체(subject)가 갖는 서로 모순되는 두 가지 뜻, 즉 주체이자 신민으로 어떻게 나타나게 되는지를 밝히는 작업이다. 다시 말해 푸코의 작업은 지식, 권력, 윤리적 실천에 의해 어떻게 주체로 되면서, 동시에 예속화되는지를 밝히는 작업인 것이다.

이때 작동하는 권력은 일망감시체제처럼 권력은 작동하되 권력의 소재는 불분명한 권력의 형태, '지배자 없는 지배'의 형태이며, 이것이 근대 권력의 특징이라고 푸코는 말한다. 이것이 바로 감시가 폭력과 처벌을 대신하는 과정이라 할 수 있다.

주체에 의해 소유되는 권력이 아니라, 주체를 형성하는 권력으로서의 근대 권력의 작동 양식은 세 가지로 구분된다.[14] 첫째 정신병원, 수용소, 감옥처럼 광인, 부랑자, 범죄자 등을 사회적 해충, 허용할 수 없는 타자로 정의하고, 그럼으로써 정상적인 '주체'를 정의하는 장치이다. 둘째 개개인을 정상적 인간, 주체로 만들어내는 장치들, 규율화의 장치들이다. 이것은 감옥의 '교정', 정신병원의 '치료', 수용소의 '노동' 등 정상적 주체의 외부적 세계뿐 아니라, 학교의 교육, 공장의 노동, 집의 가정교육 등 내부적 세계에서 공히 이루어진다. 셋째 그러한 훈육적 활동을 자신의 필요에 의해 스스로 행하는 것이라는 동일시의 기제이다. 교육 등의 훈육이 정상적 인간이 되는 데 필요해서 내가 선택한 것이라고 받아들이는 것이다.[15]

13_ 이진경, 「권력의 미시정치학과 계급투쟁」, 『철학의 외부』, 그린비, 2002, 135쪽.

14_ 이진경, 「탈근대적 사유의 정치학: 근대정치 전복의 꿈」, 『철학의 외부』, 그린비, 2002, 368쪽.

15_ 푸코는 순종하는 신체를 만드는 근대적 훈육, 규율화의 기술을 네 가지로

아감벤에 따르면 말년의 푸코의 연구는 전체화와 주체화라는 두 가지
의 서로 다른 방향을 향하고 있었다. 한편으로 경찰학과 같은 정치기술들
에 대한 연구, 즉 국가가 개개인의 물리적 생명을 보살피는 임무를 떠맡
고, 개개인들을 국가 내로 통합시키는 수단들에 대한 연구들, 전체화에
대한 연구들이 하나이다. 다른 한편 여러 가지 자아에 대한 테크놀로지에
대한 연구, 즉 개인을 각자에 고유한 정체성과 고유한 의식에 결박시키는
동시에 외부의 통제 권력에 순종하도록 만드는 주체화 과정에 대한 연구
쪽이 다른 하나이다. 개인화 내지 주체화 그리고 이와 동시에 진행되는
근대 권력구조들의 전체화라는 정치적인 이중 구속이 바로 그것이다.
전체화를 통해 국가에 의해 개인에게 요구되는 것을, 개인화를 통해
개개인들이 스스로 원해서 하게 되는 정체성과 의식을 갖도록 만드는
것이라 할 수 있다.[16]

여기서 개인화와 전체화는 라캉이 말하는 거울 이미지와의 상상적
동일시에 의한 자아의 형성과 기표와의 상징적 동일시에 의한 (분열된)
주체의 형성 과정에 해당된다. 라캉 정신분석에서 상상적 자아 내지

나눈다. 첫째 공간적 분할의 기술(과 위계서열화), 둘째 시간별 활동의 통제
(와 시간표), 셋째 발생의 조직화를 통한 단계별 통제(와 시험), 넷째 힘들의
조립(과 명령체계의 조직) 등이 그것이다(이진경, 『맑스주의와 근대성』,
163-165쪽). 푸코가 말하는 생명정치(biopolitics)는 살아 있는 생명에 대한
권력이라기보다는 개인의 '신체'(아감벤의 '벌거벗은 생명')에 가해지는 권
력의 메커니즘을 가리킨다. 『감시와 처벌』에서 푸코는 중세의 신체형에서
근대의 감금형으로 변화과정을 살피고, 신체에 가해지는 권력작용이 '유용
하고 순종하는 신체'를 어떻게 산출해내는지를 중세의 수도원에서 출발하여
감옥, 병원, 군대, 학교, 공장 등에서 어떠한 기술적 장치들을 통해 이루어지
는지 면밀하게 살피고 있다. 따라서 생명정치라는 번역보다는 '생체정치'가
더 적절하지 않을까 생각한다.

16_ 아감벤, 『호모 사케르: 주권 권력과 벌거벗은 생명』, 40쪽.

이상적 자아의 형성은 상징적 질서, 대타자에 의한 승인을 필요로 한다. 아이가 거울을 보면서 그 거울 이미지가 자신이라는 것을 알게 되는 것은, 어머니가 뒤에서 고개를 끄덕이며 승인을 해주기 때문이다. 알튀세르 식으로 표현하자면 상상적 자아의 형성은 상징적 질서의 승인에 의해 중첩결정되는 것이라고 할 수 있으며, 주체는 호명과 응답의 과정을 통해 형성된다고 말할 수 있다. 이는 또한 앞서 지젝이 말한 '강제된 선택', 강제된 것을 '자유롭게' 선택하는 것에 해당된다. 권력 개념으로 보자면 권위의 개념, 자신이 해야 할 일을 '알아서 하는', '알아서 기는' 현상, '자발적 복종'에 해당된다고 할 수 있다.

흥미로운 점은 미국의 권력 논쟁이 합리적 개인을 전제로 하여 전개되었음에도, 논쟁의 말미에 그 전제가 부정되고 탈중심화된 주체 개념이 등장하였다는 것이다. 무결정, 즉 의제설정 단계에서 권력이 행사되어 지배층에게 불리한 이슈가 의제화되는 것이 사전 차단되는 측면을 설명하는 과정에서 합리적 개인이라는 전제가 부정될 수밖에 없다는 것이다. 대중들은 지배엘리트들의 이데올로기 조작에 의해 자기 이익에 부합된다 하더라도 지배엘리트들의 이익을 저해하는 의제에 대해서는 문제제기조차 하게 되지 못하는 것, 다시 말해 객관적인 자기 이익에 반한다고 생각되는 행위를 할 수도 있으며, 자신의 이익을 잘못 판단할 수도 있다는 주장이 그것이다.[17] 대중들이 이데올로기적으로 세뇌되어 자신의 객관적 이익을 오인한다는 마르크스적인 이데올로기 개념이 무결정의 원인을 설명하는 데 동원되고 있는 것이다. 무결정의 시각에서는 개인을 이데올로기적 조작의 대상으로 본다는 점에서 권력을 합리적, 자율적 개인 간의 관계로 보는 관계적 개념의 틀을 벗어나고 있다.

17_ 구영록 외, 『정치학 개론』, 박영사, 1986, 60-61쪽.

이렇게 되면서 사실상 권력 논쟁은 종지부를 찍게 되었다. 동일한 패러다임 내지 담론의 공간 속에서만 논쟁이 가능하고 지식으로 승인될 수 있다는 것을 이 결말이 잘 보여준다. 주체의 합리성이 부정될 때, 즉 주체의 차원에서 자기 행위의 합리적 근거, 자신의 객관적 이익에 대한 판단 능력이 의심될 때, "그렇다면 그의 객관적 이익은 도대체 무엇인가?"라는 실증적으로 관찰 가능하지 않은 논점이 논쟁의 중심 대상으로 떠오르게 되었고, 그럼으로써 권력 논쟁은 행태주의적 담론 공간을 벗어나게 되었다.

4. 라캉 정신분석과 권력

결정과 무결정의 개념은 라캉 정신분석에서 말하는 '자아 이상'과 '초자아'의 개념과 일맥상통하는 부분이 많다. 공식적 정책형성 과정을 거쳐 정책을 만들어내는 과정이 '자아 이상', 상징적 법에 해당한다면, 공식적 과정을 거치지 않고 공식적 과정의 이면에서 무언가를 결정하지 않기로 [비공식적으로] '결정'하는 무결정의 과정은 초자아적 이면에 해당한다고 할 수 있다. 그러나 정신분석에서 나타나는 권력의 가장 근본적인 모습은 기표를 통해 행사되는 권력이다.

1) '무조건 명령과 무조건 복종'의 권력: 주인 담론과 동일시의 과정
정신분석에서 나타나는 가장 두드러진 권력의 모습은 제1부 제1장에서 살펴본 바와 같이 주체화, 즉 상징계로의 진입과 관련된다. '돈이냐, 목숨이냐'라는 소외의 vel에 해당하는 상황에서, 상징계로 진입해 주체가 되기 위해 즉 살아남기 위해서는 목숨이 아닌 돈을 희생해야 한다.

기표로 자신을 대표하며 상징계로 진입하여 주체로서 탄생하기 위해서는, 자신의 향유를 희생하는 대가를 치러야 한다. 목숨을 앗아간다는 처벌수단 앞에 선 개인은, 상징계로 진입하여 분열된 주체가 되는 길 이외에 다른 선택을 할 수 없다. 이렇게 강제에 의해 특정 기표 즉 주인 기표로 대표되도록 만드는 담론이 제1부 제1장과 제2장에서 살펴본 주인 담론이다. 주인 담론은 무조건적인 명령의 성격, 즉 동어 반복적이고, 자기 참조적이고, 수행적 특성을 갖는다. 제1부 제2장의 경우처럼 주인 담론은 피고문자를 간첩이라는 주인 기표로 명명하기에 간첩이라는 점에서 동어 반복적이고, 간첩이 누군지는 그렇게 명명된 사람을 잘 살펴보면 알 수 있다는 점에서 자기 참조적이고, 간첩이라고 선언하기에 간첩이 된다는 점에서 수행적이다.

이렇게 주인 기표로 규정된 이후 그 기표와 스스로를 동일시하는 주체화의 구체적 과정이 앞에서 살펴본 상상적 동일시와 상징적 동일시의 과정이다.[18] 이 과정은 외면적으로는 '강제된 선택'의 형식을 띠지만, 그 내용에 있어서는 무조건 명령에 '무조건적으로 복종'하는 것에 해당한다. 시간적 순서에 따라 상상적 동일시를 거쳐 상징적 동일시의 완성에 이르는 이 과정은, 좁은 의미의 권력에서 영향력을 거쳐 최종적으로 권위에 이르는 권력의 변화과정과 유사하다.

소외의 vel이라는 상황은 권력론에서 말하는 좁은 의미의 권력 행사, 처벌수단으로 위협하면서 특정 행동을 강요하는 강제 상황에 해당된다

18_ 상상적 질서(상상계)로부터 상징적 질서(상징계)로 들어가는 통로, 즉 주체화의 통로는 동일시의 시각이 아닌 오이디푸스 콤플렉스의 시각에서 파악될 수도 있다. 라캉은 오이디푸스 콤플렉스를 세 '시기'(좌절, 박탈, 거세)로 설정하면서 상상적인 것으로부터 상징적인 것으로의 통과를 분석한다. 에반스, 『라캉 정신분석 사전』, 263-269쪽.

고 볼 수 있다. 여기서 '목숨'을 선택한 주체, 자신을 기표로 대표하여 상징계로 진입하는 길을 선택한 주체는, 그러나 자신을 규정하는 기표가 무엇을 의미하며 그 기표로 규정된 주체가 상징적 현실 속에서 어떠한 역할이나 기능을 해야 하는지 알지 못한다. 그렇기 때문에 그는 그걸 충족시킨다고 대타자가 승인한 거울상을 하나의 모델로 설정하고 일일이 그것을 따라 흉내 내고 모방하면서 자신의 몸 둘 바 역할을 배워나가기 시작한다. 이 상황은 처벌수단을 제시하며 일일이 특정 행위를 강요하는 좁은 의미의 권력이 행사되는 모습과 닮아 있다. 다시 말해 정신분석에서 말하는 상상적 동일시는 권력론에서 말하는 권력 행사의 모습에 해당한다.

영향력이 설득과 타협을 통해 특정 행위를 하도록 하는 심리적 강제력이고, 권위가 처벌수단이나 설득 없이도 자신이 행할 바를 알아서 하는 자발적 복종이라면, 이러한 권위야말로 정신분석에서 말하는 상징적 동일시에 해당한다고 말할 수 있다. 상징적 동일시는 대타자, 사회가 자신에게 부여한 기표와 동일시하는 것, 사회가 자신을 바라보는 응시 지점을 내면화하는 것에 해당하기 때문이다. 그는 그를 통해 대타자도 완전하지 못하며 결여와 욕망을 가진 존재라는 것을 깨닫게 되고, 더 나아가 타자가 무엇이 결여되었는지, 자신에게 무엇을 욕망하는지를 알게 되었다고 생각한다. 그렇게 되면 제2부 제1장에서 살펴본 대로 그는 이제 더 이상 이상적 거울상으로서의 타인을 일일이 모방하지 않고, 대타자가 자신에게 무엇을 원하는지 '알아서 할 수' 있게 된다. 그것은 타자가 부여한 자신의 역할과 기능을 파악하는 단계이자, 그를 통해 스스로 자신의 존재 이유가 무엇인지를 알게 되었다고 생각하는 단계이다. 그럼으로써 주체는 타자에게 완전히 종속되는 소외(좁은 의미의 권력과 복종)를 넘어 타자와 일정한 거리를 둘 수 있는 분리(스스로 알아서 하는 권위의 단계)에 이르게 된다. 물론 이것은 주체의 환상일 뿐이지만, 환상은 주체가 상징적 현실을 살아가기 위해 반드시 필요한 요소이며, 환상 자체가 주체의 상징적 현실의 일부를 구성한다.

영향력은 상상적 동일시에서 상징적 동일시의 완성으로 나아가는 매개적 과정이라고 할 수 있다. 상상적 동일시의 국면에서 그는 특정 거울상을 일일이 모방하며 자기 완결성에 이르고자 하는데, 이제 주체는 그 단계를 넘어서서 점차 자신에게 부여된 기표, 자신을 규정하는 기표가 무엇을 의미하는지를 배우고자 한다. 다시 말해 그는 자신을 규정하는 주인 기표와 다른 여타의 기표들이 등가적 관계 속으로 들어서서, 서로 사슬처럼 (은유와 환유의) 연쇄를 이루면서 발생시키게 되는 의미들을 체득해나간다. 그러한 기표의 변증화를 통해 그 기표와 다른 기표들과의 관계, 상징적 질서 속에서 자신의 자리가 형성되어나간다. 그것은 바로 주체가 속한 상징적 현실 속에서 자신이 행해야 할 역할과 기능에 관한 지식, 사회적 지식을 습득하는 과정이라고 할 수 있다. 이 상황은 설득과 타협을 통해 다른 사람의 행동을 지배하는 영향력 행사의 모습과 유사하다. 주체는 기표들 간의 연쇄와 그에 따라 발생하는 의미를 공유하는 상징적 지식의 공동체를 가정하고, 그것을 ('안다고 가정된 주체'로서) 받아들인다. 이는 공유된 사회적 지식을 통해 타자가 주체를 '설득'하는 상황, 영향력이 행사되는 상황이라고 볼 수 있으며, 이를 통해 주체는 상징적 동일시의 완성, 권위의 단계로 나아가게 된다.

권력론이 연구의 대상으로 삼는 것이 합리적이고 자율적인 개인들 간의 일상적인 사회적 관계라면, 권력의 관점에서 본 정신분석은 대타자와 주체와의 관계, 힘의 극단적 불균형 관계를 그 대상으로 한다. 그러나 권력론에서 말하는 권위의 경우에 있어서도 대개 사회의 지배엘리트 집단 대 개인, 구조 대 개인이라는 힘의 커다란 불균형 상태, 구조적

권력의 상태를 대상으로 한다. 권위의 형태가 존경과 숭배의 대상과
그를 추종하는 개인 간의 관계와 같은 그러한 모습을 띠는 경우는 오늘날
찾아보기 힘들기 때문이다. 정신분석에서 나타나는 중심적 권력관계는
주체가 새로운 대타자의 세계를 받아들이는 과정, 주체화의 과정이기
때문에 새로운 세계의 수용, 인간개조를 목표로 하는 군대생활 분석
등의 경우에 유용하다고 할 수 있다.

　이상적인 자아 내지 거울상과 동일시하는 상상적 동일시에서 출발하
여 타자의 응시 지점, 기표와 동일시하는 상징적 동일시의 완성에 이르는
과정은 이렇게 권력의 시각으로 해석이 가능하다. 그러나 여기서 상징적
동일시는 권위가 갖는 또 다른 모습, 즉 초자아의 외설적 이면을 포함하
고 있지 않다. 상징적 동일시는 자아 이상과 동일시하는 과정이기 때문이
다.[19] 그런데 권력 현상에는 자아 이상만큼이나 초자아의 측면이 중요한
역할을 하고 있다. 이 부분에 초점을 맞추어 살펴보기로 한다.

2) 자아 이상과 초자아의 분열

　프로이트가 자아 이상과 초자아를 상호 교환적으로 사용하였음에
비해 라캉은 이를 엄밀히 구분한다. 라캉에게 초자아는 상징계의 법과
밀접한 관련을 맺지만 그것은 역설적 관계이다. 법 자체는 주체성을
규정하는 상징적 구조를 갖지만, 초자아의 법은 무의미하고 맹목적인
성격, 절대명령과 순수 독재의 성격을 갖는다. 따라서 초자아는 법이면서
동시에 법의 파괴이다. 첫째 초자아는 법을 보완한다. 초자아는 법이

19_ "라캉은 내면화(introjection)되는 것은 항상 기표라고 주장한다. 내면화는
　　항상 타자의 말의 내면화이다. 내면화는 따라서 상징적 동일시의 과정, 오이
　　디푸스 콤플렉스 마지막에 자아 이상이 구성되는 과정에 관한 것이다."
　　에반스 『라깡 정신분석 사전』, 94쪽.

갖는 간극, 상징적 연쇄의 간극으로부터 발생하며 이 간극을 상상적 대체물로 메운다. 둘째 초자아는 칸트가 말하는 정언명령의 성격을 갖는데, 그 정언명령은 "즐겨라!"이다. 이때 초자아는 향락(주이상스) 의지의 표현이며 이는 주체 자신의 의지가 아니라 대타자의 의지이다. 대타자가 주체에게 즐기라고 명령하는 한에서만 초자아는 대타자이다.[20]

지젝은 라캉이 말하는 초자아의 개념을 더욱 구체화하고 있다. 지젝은 국가권력이 공식적 명문법 즉 상징계의 규칙과 외설적 초자아의 불문율로 분열되어 있다고 본다. 지젝은 푸코가 이러한 분열을 파악하지 못하고 있음을 비판한다. 이러한 분열은 그대로 자아 이상과 초자아의 대립에 상응한다. 자아 이상은 나를 감시하고 나로 하여금 최선을 다하도록 촉구하는 대타자이며, 내가 따르고 실현하고자 하는 이상이다. 자아 이상은 상징계로, 내 상징적 동일화의 지점, 그로부터 나를 관찰(판단)하는 대타자 내부의 지점이다. 그것은 사회의 상징적 규범망과 교육을 통해 내면화하는 이상이며, 도덕적 성숙으로 이끄는 자비로워 보이는 작인이다. 이것은 사회의 상징적 질서의 합리적 요구에 따라 '욕망의 법'을 배반하도록 강요한다.[21]

그에 비해 초자아는 대타자의 가혹하고 잔인하며 징벌하는 측면을 가리킨다. 초자아는 실재계로, 내게 불가능한 요구들을 퍼붓고 그것을 해내지 못하는 내 실패를 조롱하는 잔인하고 탐욕스러운 작인이자, 내 '죄스러운' 분투를 억누르고 그 요구들에 응하려 하면 할수록 그 시선 속에서 나는 점점 유죄가 되는 그런 작인이다. 또 초자아는 '욕망의

20_ 에반스, 『라캉 정신분석 사전』, 390-391쪽.

21_ 마이어스, 『누가 슬라보예 지젝을 미워하는가』, 220-221쪽; 지젝, 『How To Read 라캉』, 124-126쪽.

법'을 배반하는 데 따르는 과도한 죄책감에서 자아 이상의 필연적 이면일 따름이며, 욕망의 법을 배반한 것에 대해 우리에게 참을 수 없는 압박을 가한다. 초자아의 압박 아래 우리가 느끼는 죄책감은 환영적인 것이 아니라 현실적인 것이다. 초자아의 압박이 증명하는 것은 우리는 우리 욕망을 배반했다는 점에서 실제로 유죄라는 사실이다.

자아 이상과 초자아의 분열은 두 개의 영역으로 나누어 살펴볼 수 있다. 먼저 공식적 법으로서의 자아 이상과 그것을 보완하는 외설적 이면으로서 비공식적 불문율 간의 분열이다. 다른 하나는 향락 의지와 관련하여 욕망과 관련된 분열의 측면이다. '욕망의 법'을 배반하라고 명령하는 자아 이상과 그 욕망을 즐기라고 강요하는 초자아 간의 분열이 다. 욕망의 법을 배반하고 공식적 법을 지키면 자아 이상을 만족시킬 수 있지만 초자아가 퍼붓는 비난으로 인해 [무의식적] 죄책감에 시달리 게 된다. 공식적 법을 어기고 욕망의 법에 충실하면 초자아로 인한 죄책 감에 시달리지는 않지만 사회적 처벌이라는 현실적 고통에 시달린다. 그런데 욕망이란 그 정의에 있어 실현될 수 없는 것이기에, 욕망의 법에 따른다고 하여 욕망의 충족에 이를 수는 없다.[22] 또 즐기라고 명령하는 욕망의 법이 공식적 법이 되어 우리에게 강제될 때, 향락에 대한 자유가 향락에 대한 '의무'로 전도될 때, 그것은 더 이상 즐거울 수 없게 된다.

권력 논쟁과 관련하여 결정과 무결정의 대립에 대응되는 부분은 자아

22_ 공식적 법을 어겨가면서 욕망의 법에 충실하려 하였음에도 불구하고 욕망이 충족되지 않았을 때, 우리는 두 가지 서로 다른 길에 봉착할 수 있다. 욕망의 법이 아니라 현실의 법이 결국 올바른 것이라는 판단 아래 욕망의 법을 버리는 길이다. 다른 하나는 초자아의 정언명령을 충분히 따르지 못했기 때문에 욕망이 충족되지 않았다는 판단 아래 더욱더 욕망에 충실하기 위해 노력하는 길이다.

이상과 초자아의 첫 번째 분열 부분, 즉 공식적 법과 외설적 불문율 간의 대립이다. 초자아의 불문율은 자신의 위반적 성격을 통해 향락으로 법의 의미를 지탱한다는 점에서 두 번째 분열과 연결된다. 다음에서 첫 번째 분열 즉 공식적 법과 외설적 불문율 간의 분열을 중점적으로 검토해보도록 한다.

3) 명문법과 불문율 간의 분열

미국의 권력 논쟁에서 무결정론자들은 무결정의 원인으로 '편견의 동원'(mobilization of bias)을 제시한다. 편견이란 일종의 비공식적 이데올로기와 같은 개념으로서 이를 동원하여 지배층에 불리한 이슈를 억압하는 것을 말한다.[23] 그런데 이 경우 결정과 대비되는 무결정의 개념에는 다음과 같은 난점이 따르게 된다. 결정하지 않기로 하는 '결정'은 '무결정'이라는 개념에 포함될 수 없는 것이 아닌가라는 문제가 그것이다.

처음 무결정론자들은 무결정을 "지역사회의 가치관·신화·정치제도·정치과정 등을 조작함으로써 실제적인 의사결정을 안전한 이슈에 한정시키는 관행"이라고 정의하여, 무결정을 '결정하지 않기로 하는 결정'(deciding not to decide) 혹은 '행동을 취하지 않기로 하는 결정'(deciding not to act)과 구별하고자 하였다. 그러나 그렇다면 그런 것을 어떻게 실증적으로 확인할 수 있는가라는 비판에 부딪히게 되었다. 그 결과 무결정의 개념이 일정한 수정을 겪게 되어, "의사결정자의 가치 또는 이해에 대한 명시적 또는 잠재적인 도전을 억압하기로 하는 결정"으로

23_ 유훈은 그 예로서 공정거래법 제정의 지연을 들고 있다. 공정거래법은 대기업들에 의해 고도성장 및 수출증대 저해, 국제경쟁력 저하 등으로 낙인이 찍혀 16년간 그 제정이 지연되었다. 유훈, 『정책학원론, 제3판』, 법문사, 1999, 106쪽.

바뀌게 된다. 그리고 무결정의 수단으로서 편견의 동원 외에 그것의 강화·수정과 더불어 폭력, 권력까지 포괄하게 된다.[24]

다시 말해 무결정이란 결정하지 않음으로써 결정하는 것, 결정하지 않기로 결정하는 것, 권력행사를 하지 않음으로써 권력을 행사하는 것으로서, 공식적 결정의 이면에서 권력을 행사하는 것을 가리킨다. 그러한 측면에서 공식적 법의 이면에서 작동하는 외설적 초자아의 권력과 동일한 맥락에 서게 된다. 무결정은 또한 '편견의 동원'이라는 형식을 갖고 있을 뿐 아니라 오히려 '명문화되지 않은 결정', '명문화될 수 없는 결정' 즉 불문율과 같은 형태를 갖는다는 점에서도 초자아와 맥을 같이 한다. 또 공식적 결정의 이면에서 공식적 결정으로 얻어낼 수 없는 결과를 획득하기 위해, 권력, 영향력, 권위 그리고 폭력까지 모든 형태의 권력 형태를 취할 수 있도록 개념이 확대된 것이다.

결정과 무결정의 대립은 권력구조가 공식적 명문법과 외설적 초자아의 불문율로 분열되어 있다고 보는 지젝의 입장과 다음과 같이 연결된다. 지젝은 초자아의 불문율에 대한 예로서 영화 <어 퓨 굿 맨>(로브 라이너 감독, 1992)을 든다. 동료 사병을 살해한 두 미군 병사의 재판과정을 다룬 이 영화에서 중심 이슈는 '코드 레드'(code red)의 존재 여부이다. 코드 레드란 상급자가 병영의 위계서열적 관습을 어긴 병사에게 행하는 불법적 징벌을 묵인하는 것을 말한다. 공식적으로는 모든 사람이 코드 레드에 대해 아무것도 모르는 체하며, 실제로도 그 존재를 부인한다. 그것은 개인들로 하여금 집단정체성의 명령에 따르게끔 강력한 압박을

24_ 유훈, 『정책학원론』, 101-7쪽. 무결정론자들이 무결정에 이르는 폭력에 대한 예로서 KKK단을 들고 있는 것과, 초자아의 외설적 이면으로서 KKK단을 예로 들고 있다는 것이 우연의 일치는 아닐 것이다. 유훈, 『정책학원론』, 106쪽; 마이어스, 『누가 슬라보예 지젝을 미워하는가』, 244쪽 참조.

가함으로써 가장 순수한 형태의 공동체 정신을 보여준다. 하지만 그와 동시에 그것은 공동체 생활의 명시적 규칙을 위반한다.[25]

글로 써진 명시적 법과 대조적으로 초자아의 이런 외설적 규약은 본질적으로 말해진다. 명시적 법이 상징적 권위로서의 죽은 아버지(아버지의-이름)에 의해 지지된다면, 써지지 않은 규약은 아버지의-이름의 유령 같은 보충물인 '원초적 아버지'의 외설적 유령에 의해 지탱된다. 지젝은 이것이 외설적 초자아의 불문율이 갖는 헤겔적 성격이라고 본다. 이는 보편성의 핵심 요소이지만 보편성에서 제외되는 예외이며, 그것이야말로 법을 지탱하는 위반 행위라고 본다. 때문에 권력이란 항상 결코 통합되지 않는 과잉에 의해 교란된다고 주장한다. 지젝은 법은 주체들이 그 법 안에서 외설적이고 무조건적인 자기주장을 들을 때만 자기 권위를 유지할 수 있다고 말한다. 다시 말해, 주권은 언제나 (헤겔식으로, 바로 그것의 개념 안에서) 보편적인 것과 그것의 구성적 예외의 논리를 포함한다. 보편적인 것과 무조건적인 법의 지배는 제 자신을 위해 예외적인 상황을 선포할 수 있는 권리—법 자체를 위해 법의 지배를 중단시킬 수 있는 권리—를 지닌 주권에 의해서만 유지될 수 있다. 만약 우리가 법에서 법을 지탱하는 그 과잉을 박탈한다면, 우리는 법(의 지배) 자체를 잃고 만다는 것이다.

지젝은 이 지점에서 푸코에 비판적이다. 지젝은 권력에 대한 저항의 지점을 이러한 권력 자체의 내부 분열에서 찾는다. 푸코 권력론의 난점은

25_ 마이어스, 『누가 슬라보예 지젝을 미워하는가』, 220-221, 245-253쪽. 공동체의 생활 규칙을 위반하면서도 '가장 순수한 형태의 공동체 정신'을 보여주는 요소, 공식적 법을 위반하면서 그 법을 보완하는 '법의 이면', 써질 수는 없고 오직 말해질 수만 있는 규약, '공식적으로는 부인되는 의례들의 네트워크' 그것이 초자아의 비공식적 불문율이라는 역설적 요소이다.

저항의 지점이 불분명하다는 데에 있다. 권력이 주체를 생산한다면, 권력 없는 주체는 없고 따라서 권력은 영원하며 저항의 가능성을 찾는 것은 불가능하다. 여기서는 먼저 라캉 정신분석 내에서 나타나는 저항의 지점을 살펴보기로 한다. 라캉 정신분석에서 저항의 차원은 히스테리 내지 히스테리 담론에서 찾아볼 수 있다. "내게 원하는 게 뭐지?", "왜 나는 네가 나라고 하는 그 나이어야 하지?"라는 대타자에 대한 히스테리적 도발, 권력자 내지 권력구조에 대한 도발이 그것이다. 이를 통해 상징 질서를 꼭두각시처럼 충실히 따르는 주체는 욕망하는 주체로 되살아나게 된다. 더 나아가서 그 욕망하는 주체는 '환상 가로지르기'와 '증상과의 동일시'를 통해 기존 상징 질서를 넘어서는 주체, 그에 따라 '텅 빈 주체'에 가까운, 주체적 궁핍화를 견디는 주체로 거듭나게 될 수 있다.[26]

지젝은 자아 이상과 초자아 간의 분열 차원에 저항의 지점을 설정하고자 한다. 그것은 그가 자아 이상과 초자아 간의 모순적 상호보완을 권력구조의 본질로 보고 있기 때문이다. 따라서 이 양자의 분열을 이용하는 전략이야말로 지젝에게 있어서 저항의 핵심 지점이 된다. 불문율을 철저히 배격하고 곧이곧대로 명시적 법만을 따르는 것이 바로 그것이다. 명시적 법을 곧이곧대로 따름으로써 상징계의 권력을 지탱하는 초자아의 불법행위를 불가능하게 만들어, 권력을 떠받치는 모순적 이중구조를 붕괴시킨다는 것이다.

4) 푸코의 규율화와 초자아의 외설적 이면

그러나 푸코 역시 권력의 분열, 즉 공식적 법과 법의 이면 간의 분열에

---

26 지젝, 『삐딱하게 보기』, 272-277쪽. 이에 대해서는 제2부 제1장 6절에서 보다 자세히 살펴볼 수 있다.

대해 잘 알고 있었다면 어떨까? 푸코의 말을 들어보자. 근대사회가 말로
는 자유와 평등을 떠들지만, 실제에 있어서는 법 이면의 작동을 통해
그건 구호에 불과할 뿐이라는 것이다.

> 역사적으로 보았을 때, 부르주아지가 18세기를 통해 정치적으로
> 지배적인 계급이 된 그 과정은, 명시적이고 체계화되어 있으며 명문상
> 으로 평등한 법률적 범주의 설정과 의회제 및 대의제의 형식을 취한
> 체제의 조직화가 뒷받침된 것이다. 그러나 규율 장치의 발전과 일반화
> 는 이러한 과정의, 어두운 이면을 만들어 놓았다. 원칙적으로 평등주
> 의적인 권리 체계를 보증했던 일반적인 법률 형태는 이러한 사소하고
> 일상적이며 물리적인 메커니즘에 의해서, 그리고 규율로 형성된 본질
> 적으로 불평등주의적이고 불균형적인 권력의 모든 체계에 의해서,
> 그 바탕이 만들어진 것이다……. 현실적이고 신체중심적인 규율은
> 형식적이고 법률적인 자유의 기반을 마련하였다. 계약이 법과 정치권
> 력의 이상적 기초로 생각될 수 있다면, 일망 감시방식은 보편적으로
> 확산된, 강제권의 기술방법을 만들어 놓았다. 그 방법은 사회의 법률
> 적 구조 심층부에서 끊임없이 작용하면서 권력이 빠져 있는 법률
> 형식의 틀과는 반대로 실질적인 권력 메커니즘을 작동시키는 것이다.
> 인간이 자유를 발견한 '계몽주의 시대'는 또한 규율을 발명한 시대이
> 다.[27]

즉 평등과 자유의 외설적 이면은 바로 규율이며 평등과 자유는 규율이
라는 어두운 이면에 의해 보충되어야만 했던 것이다. 부르주아지가 형식

27_ 푸코, 『감시와 처벌』, 322-323쪽.

적 외관상으로는 노동자와 평등한 권리를 갖는 자유로운 주체이면서도 내용적 이면에서는 규율권력의 작동을 통해 실질적 지배자가 된다는 것이다. 푸코는 근대 이후 그런 규율의 유지·작동 장치의 기본 모형을 일망감시방법에서 찾았다. 일망감시방법은 라캉식 표현으로는 초자아적 외설적 이면의 작동장치이다. 일망감시방법은 법 집행의 감시라는 명분 아래 수립되었지만, 그 과잉으로서 규율권력을 행사하는 장치로 전화되어 사회 곳곳을 관통하는 일반 원리가 되었다. 그를 통해 만들고자 하는 근대적 개인상, 근대 주체의 모습은 법 앞에 형식적으로만 평등한 개인이며, 실제에 있어서는 규율 앞에 순종적이고 기계처럼 효율적인 노동자라는 모습이다.

푸코가 말하듯이 자본주의 사회는 명시적으로 평등한 사회이지만, 실질적으로 불평등한 사회이다. 공식적 법으로써 평등한 사회이지만, 온갖 규율화의 장치를 통해 실질적으로 불평등한 사회를 만들어낸다. 그것이야말로 근대사회의 '불문율'이다.[28] 푸코가 말하는 '비행'(delinquency) 개념 또한 법 이면에서 작동하는 불문율과 닿아 있다. 앤서니 기든스 역시 이와 유사하게 '일탈'(deviance) 개념을 제시한다. 기든스는 근대사회의 감시체제의 질적인 도약으로 일탈 개념의 등장을 들고 있다.

---

28 지젝은 민주주의에 관해 외관상 이와 유사한 논의를 하고 있는데, 그러나 그 논의는 다른 문제 틀 속에서 이루어지고 있다. 지젝에 의하면 민주주의에 있어서 형식과 내용의 분열은 불가피하며, 이는 공적인 것과 사적인 것 사이의 분열, 그리고 주체 내부의 분열에 상응한다고 본다(지젝, 『삐딱하게 보기』, 320-332쪽). 민주주의의 주체는 종교나 신념, 재산의 차이를 '막론한' 형식적이고 추상적인 공허한 주체이지만, 동시에 그 공백 속에 특정한 '병리적' 오염으로 더럽혀져 있으며, 그러한 추상적 시민과 특수한 '병리적' 이익의 담지자인 부르주아지 사이의 분열, 이 양자 간의 화해는 구조적으로 불가능하다는 것이다.

일탈에 대한 통제야말로 하루하루의 일상을 관통하는 국가의 효과적인 폭력독점이라는 것이 그의 주장이다. 그는 근대국가의 훈육권력을 두 가지 형태, 즉 작업장과 같이 격리된 공간, 그리고 그 바깥의 보다 느슨한 일상적 삶의 공간에서 이루어지는 감시와 통제의 형태로 나눈다. 후자의 경우 '일탈'의 영역을 설정하고 그를 통해 제재를 가하는 행정권력의 형태를 갖는데, 기든스는 바로 이 두 번째 부분의 훈육권력을 강조한다.[29]

다시 말해 명시적 법에 불가피하게 필요한 외설적 이면으로서의 규율화가 격리된 공간 속의 규율화로부터 더욱 영역을 확장하여 일상생활까지 확대되는 모습을 보게 되는 것이다. 이로써 권력은 한쪽 구멍에 연기를 피우고 반대편 구멍에서 몽둥이를 들고 기다리는 토끼몰이처럼, 모든 개인을 '유죄'로 만들고자 한다. 그 실행 수단으로서 정교한 감시체제를 수립하는 것이 근대사회가 갖는 특성이라는 것이다. 일탈과 비행의 영역을 설정하여 모든 개개인의 행위 영역이 규율의 그물망을 벗어나지 못하게 하는 것, 그럼으로써 모두가 이런저런 일탈을 하지 않을 수 없게 하는 것이 근대사회의 규율 '전략'이라는 것이다. 규범과 도덕의 영역, 전형적 불문율의 영역이 주체 서로 간의 상호 감시의 대상이 되었던 것이 근대에 들어서의 일은 물론 아니다. 근대에 들어서 특징적인 것은 사회 하층계급들이 저지르는 사소한 비행의 영역, 불가피하게 발생하는 일탈행위들을 때로는 묵인하고 때로는 '일제 단속'하면서 대중의 일상생활의 미세한 영역까지 감시의 눈 아래 두었다는 점이다.[30] 우리는 그러한

29_ 앤서니 기든스, 진덕규 옮김, 『민족국가와 폭력』, 삼지원, 1991, 218-221쪽; 신병식, 「박정희시대의 일상생활과 군사주의」 참조.
30_ 푸코, 『감시와 처벌』 참조. 도미야마는 2차대전 말 오키나와의 총동원체제가 일상생활을 어떻게 규율하였는지에 대해 주목하고 있다. 도미야마 이치로, 『전장의 기억』, 47-49쪽.

'불문율들'을 완벽히 지킬 수 없다. 그래서 우리는 모두 '죄인'이다. 기든스가 규율권력의 주체를 국가로 설정하는 데 비해, 푸코는 익명의 다수로 다시 말해 우리 개개인이 스스로 규율권력의 행사자이며 대상이 되는 그런 방식으로 설정한다. 그런 면에서 푸코의 익명의 다수는 라캉의 대타자, 상징 질서와 유사하다.

그런 의미에서 근대사회는 지킬 수 없는 불가능한 명령들을 퍼부으며 그걸 지키지 못해 쩔쩔매는 개인들의 모습을 보며 잔인하게 즐기고 있는 외설적 초자아의 측면이 강하게 드러나는 사회이다. 푸코 역시 감옥이 '범죄의 병영'으로서 재범을 양산한다는 점에서 실패작이지만, 비행의 영역을 설정하여 사소한 일상의 범죄에 위법행위를 고립시킴으로써 보다 위험한 정치적, 경제적 내란으로 발전하지 못하도록 예방하고 저지한다는 점에서 성공적이라고 말한다.[31] 다시 말해 지킬 수 없는 일상의 사소하고 세부적 영역을 규율과 감시의 대상으로 한다는 점이 근대 권력의 전략이라는 것이다. 이를 위해 '사람들이 묵인하고 싶어 하고 묵인해야 하는 것들' 즉 비행을 위법행위에 포함시킨다. 푸코가 말하는 비행의 영역은 지젝이 말하는 초자아적 감시의 영역으로 볼 수 있다. 그렇게 본다면, '공식적 법' 내부에 그 법을 부인하는 '법의 비공식적 이면'까지 규정된다는 법률체계 내부의 모순이 자리 잡고 있는 것이 된다. 푸코는 이러한 모순, 즉 자유와 평등의 원칙을 규정하는 공식적 법과 더불어, 법 체계 내부에서 이 원칙을 내용적으로 부인하는 계급 차별적 비행 영역을 설정하는 모순을 고발하고 있는 셈이다. 지젝 역시 최근의 저서에서 이러한 측면을 명백히 지적하고 있다. 지젝에 의하면 "오늘날 '포스트모던한' 세계에서 법과 그 내재적 위반 사이의 변증법은 또 한 번 뒤틀린

31_ 푸코, 『감시와 처벌』, 384-389, 399-402쪽.

다. 법 자체에 의해 위반이 직접적으로 강력하게 강요되는 것이다."[32]

법의 이면에서 명시적 법이 아닌 '욕망의 법'을 지키도록 은밀히 부추기는 초자아에게 있어서, 그 욕망이란 다름 아닌 '권력의 욕망', '타자의 욕망'이다.[33] 라캉이 말하는 "주체의 욕망은 타자의 욕망이다"라는 명제가 여기서 반복되어 나타난다. 다시 말해 근대사회의 권력은 극히 사적이라 여겨지는 욕망의 영역까지 장악하여 개개인들을 근대 주체, 즉 '일 잘하고 말 잘 듣는 노동자'로 만들어내고자 한다.

지젝은 이러한 측면을 '모성적 초자아'로 개념화하면서 보다 구체적으로 제시한다. 그는 모성적 초자아의 이미지에 대해 알프레드 히치콕 감독의 영화 <새>(1963)에 나오는 주인공의 어머니를 예로 든다. 그녀는 아들의 모든 행동을 새처럼 콕콕 쪼아대고 간섭한다. 지젝에 따르면 모성적 초자아는 상징적 법의 통합 대신 무수한 규칙들, 성공을 보장하는 적응의 규칙들, '게임의 규칙들'을 부과한다. 그리하여 이 영화는 도덕적 행위 코드 즉 자아 이상을 거부하는 사회가 더 가혹하고 응징적인 초자아에 의해 더욱 세세한 사회적 요구들이 부과된다는 것을 상징화하고 있다.

지젝에 의하면 모성적 초자아는 도덕적 자아 이상, 아버지의 권위를 거부하며 등장하는데, 그 자체로서 아버지의 권위의 쇠퇴를 상징한다. 모성적 초자아는 더 가혹하고 응징적인 사회적 요구를, 상징적 법 대신에 무수한 규칙들을 부과하며, 쾌락을 금지하지 않고 대신 이를 강요한다. 이때 주체는 이에 저항하는 듯하지만 결국 순응하는 '스스로를 무법자로

32_ 슬라보예 지젝, 박정수 옮김, 『잃어버린 대의를 옹호하며』, 그린비, 2009, 51쪽.

33_ 법의 이면에서 자본가계급은 다음과 같이 말할 수 있다. "우리는 노동자들을 착취하지 않아! 법을 지켜! 자유로운 계약에 의해 노동력을 구매할 뿐이야. 그 계약을 원한 것은 바로 노동자들 자신이야!"

체험하는 극단적 순응주의자'가 된다. 그는 모성적 초자아의 지배로 인해 [상징계로의 정상적 진입이 이루어지지 못하여] '정상적' 성관계로 접근하지 못하며, 상징계의 결여·타자의 결여 속에서 욕망의 대상-원인을 통해 그 공백을 채우고자 하는 [상징계적] '자율적 주체'가 아닌 '비자율적' [상상계적] 나르시스트이다. 또 지젝은 모성적 초자아를 전체주의적 권력의 특성과 연결시킨다. 지젝은 전체주의 권력이 여성적 속성을 가지며, 전체주의적 법은 형식적 중립성을 상실한 법, 향락이 스며들어 있는 외설적 법이라고 말한다.[34]

따라서 지젝은 이런 권력의 전략을 역이용하는 방법을 제안하고 있다. 근대 국가의 규율권력의 강점이면서 동시에 이른바 '약한 고리'가 되는 것이 바로 명시적 법의 외설적 이면에 대한 의존이기 때문이다. 권력의 바로 그 외설적 이면이 작동하지 못하도록 무력화시키는 것이 근대국가의 권력에 저항하는 효율적인 전략이라는 것이다. 그것은 한편으로 철저하게 명시적 법을 지킴으로써, 그 외설적 이면을 때로 묵인하고 때로는 단속하면서 바로 그 외설적 이면에 의존하여 개개인들을 장악하고자 하는 국가의 전략을 전복하고자 하는 방법이다. 실제로 이 전략은 사회주의 체제 붕괴 이전 슬로베니아 시민운동에서 적용된 바 있다.

다른 한편 국가권력이 갖는 외설적 이면을 폭로함으로써 그것이 더 이상 작동할 수 없도록 하는 방법이 있다.[35] 이 전략은 제2부 제2장에서

34_ 지젝, 『삐딱하게 보기』, 196-211쪽; 지젝, 『이데올로기의 숭고한 대상』, 139쪽.

35_ 그래서 지젝은 대타자가 주체들의 인정에 의존하는, 부서지기 쉬운 존재라는 점을 강조한다. 그가 드는 예는 '벌거벗은 임금님'인데, 모두가 다 아는 일종의 '공개된 비밀'을 어떤 아이가 발설하는 순간 파국적 상황이 도래한다. 왜냐하면 이제 그것을 더 이상 알지 못하는 척할 수 없게 되었기 때문이다. 그것 즉 '임금님이 벌거벗었다는 것'은 이제 더 이상 은밀한 불문율이 아니라

살펴본 이광수의 '전략적 타협'에서 그 일단을 볼 수 있으며, 제3부 제3장
에서 말하게 될 자크 랑시에르의 평등 실천의 과정, 해방의 과정으로서
민주주의적 전략과 유사하다. 이는 아우슈비츠의 고통을 묵묵히 감내하
며 그 외설적 측면에 저항하는 수형자들이라는 지젝의 역설적 해석과
연결된다. 외설적이고 폭력적인 고문과 혹독한 교도소의 규율을 감내하
면서 자신의 신념을 지키고자 했던 한국전쟁 이후의 장기수들의 경우나,
한국의 촛불집회 참자자들을 처벌하려는 국가권력에 대해 "나도 잡아가
라"고 말하는 네티즌의 경우도 마찬가지다. 또 이는 제2부 제1장에서
말한 바 있는 증상과의 동일시, 환상을 가로질러 증상과 동일시하는
정신분석의 끝(end of analysis)과도 닿아 있다. 다만 이 경우는 '사회적'
환상을 가로질러 '사회적' 증상과 동일시하는 경우가 될 것이다.[36]

아이의 공개적 발설을 통해 상징계에 기입되었기 때문에, 공식적 법의 영역
으로 옮아갔기 때문이다. 지젝, 『How To Read 라캉』, 43쪽.

36_ 에반스, 『라캉 정신분석 사전』, 183쪽. 제2부 제1장에서 말했지만 다시
한 번 반복한다면 지젝은 '증상과의 동일시'를 다음과 같이 말한다. 유태인
은 하나의 사회적 증상으로서 사회에 내재된 적대관계가 사회 표면 위로
돌출하는 지점이다. 환상의 틀 속에서 유태인은 사회적 적대의 원인으로
비쳐지며, 그들을 제거하면 사회가 정상적으로 작동할 것이라고 생각한다.
그러나 사회적 적대는 유태인이 아니라 사회 자체가 만들어내는 필연적인
과잉, 잉여일 뿐이다. 자본주의 체제의 정상적 작동을 파탄에 이르게 하는
것이 전쟁이나 경제 위기라고 우리는 환상 속에서 생각하지만, 사실은 그것
들이 체제가 만들어내는 필연적인 산물인 것과 마찬가지다. '증상과의 동일
시'는 사태의 '정상적인' 작동 방식의 파열과 과잉분이 실제로는 체제의
진정한 메커니즘의 필연적 결과라는 진실을 확인하는 것이다. 다시 말해
증상과의 동일시는 타자는 완전하지 않다는 점을 인정하고(전이의 해소)
그에 따라 우리 자신도 안정된 자리에 안주해 있을 수 없으며(주체적 궁핍
화), 타자의 결여로 인해 나타나는 사회적 증상들 역시 사회가 안고 있을
수밖에 없는 필연적 과잉이라는 점을 인정하는 것이다. 지젝, 『이데올로기
의 숭고한 대상』, 222-223쪽.

맺는말

근대 권력 앞에 주체가 처한 입장은 근본적 궁지의 상황이다. 권력론에서는 권력을 좁은 의미의 권력과 영향력 그리고 권위로 나누고 있는데, 권력은 영향력으로 그리고 최종적으로는 권위로 변화될 수 있다. 이 변화는 정신분석에서 말하는 상상적 동일시에서 상징적 동일시로 나아가는 과정과 비교될 수 있다. 라캉 정신분석에서 가장 핵심적인 권력의 모습은 주체를 기표로 대표하고자 하는 주인 담론에 의해 행사된다. 주인 담론은 무조건적인 명령의 성격, 즉 동어 반복적이고, 자기 참조적이고, 수행적 특성을 갖는다. 동일시의 과정은 주체가 그러한 무조건적 명령을 복종으로 옮기는 과정이다.

그러나 주체는 자아 이상과 초자아, 공식적 법과 법의 이면 모두를 만족시켜야 하는데, 법의 이면이 미세한 영역까지 세세하게 불문율과 같은 형태로 규율화되어 있어서 이를 지켜내기가 대단히 어렵다.[37] 최근 우리 사회에서 자기계발서가 범람하고 모든 개개인들은 자신의 소위 '스펙'을 높이려는 데 골몰하고 있다. 이러한 노력들은 누가 직접 시켜서 하는 것이 아니다. 스스로의 '자율적 선택'에 의해 알아서 해내야 하는 일들이다. 그러나 이는 지젝이 말하는 '강제된 선택'이라는 역설적 상황이다. 권력 개념으로 설명한다면, 좁은 의미의 권력이나 영향력보다는 권위 내지 '위협적 권위' 즉 '알아서 하는(기는)' 것, '자발적 복종'에 해당된다.

37_ 앞에서 언급한 바 있듯이 이런 이유로 우리가 비합리적 작인으로서 초자아가 주인 기표 S_1의 자리를 차지할 것으로 생각되지만, 자아 이상이 S_1의 자리를 차지하고, 초자아는 S_2 즉 지식의 자리를 차지한다고 지젝은 말한다. 지젝, 『삐딱하게 보기』, 300-301쪽.

이때 작동하는 권력은 푸코가 말하듯이 그 소재가 불분명하다. 근대 권력은 어떤 지배 전략의 효과로서 나타나는 것이며, 권력 행사자가 보이지 않는 비가시적 권력의 속성을 갖는다. 푸코는 이것이 근대권력의 특징이라고 말한다. 따라서 푸코에게 있어 권력이란 무엇인가, 라는 질문은 인간이란 무엇인가, 라는 질문과 마찬가지로 적절한 질문이 아니다. 보편적 인간이나 보편적 권력이 아니라 근대 주체는 어떻게 만들어지는가, 근대 권력은 어떻게 작동하는가, 라는 질문이 보다 정확한 질문이라는 것이다.[38]

라캉의 정신분석 역시 주체가 타자에 의해 만들어지고 있음을 강조한다. 지젝은 라캉의 논의를 더욱 세공하여 자아 이상과 초자아의 분열, 그리고 그 둘 간의 상호보완 관계를 이야기한다. 그렇게 볼 때 푸코가 말하는 근대 주체는 공식적으로는 근대 시민, 근대 부르주아지로 대표되지만, 그 이면에서는 근대 노동자, '일 잘하고 말 잘 듣는' 노동자로 규율화되는 과정을 거쳐 형성된다고 말할 수 있다. 이러한 분열은 미국의 권력 논쟁의 말미에 나타난 결정과 무결정의 대립과 맥을 같이 한다. 미국의 논쟁은 그것이 보다 생산적 논쟁으로 변화하여야 할 시점에서 돌연 중단되었다. 담론공간의 차이, 기본적 전제의 불일치가 논쟁의 지속을 사실상 불가능하게 했기 때문이다.[39]

그렇듯 담론이 불연속과 단절의 특징을 갖기에 서로 다른 담론 공간

38_ 양운덕, 「푸코의 권력 계보학」, 107쪽.

39_ 푸코가 말하듯 인식 이전에 존재하는 것으로서 인식할 수 있는 것과 없는 것을 사전에 분할하는 '인식의 질서'이며 사물을 특정한 방식으로 질서지우는 '사물의 질서'로서의 담론이 갖는 특징이자 한계이다. 푸코에 따르면 담론은 '특정한 방식으로 대상을 분절하여 표상하게 해주는 특정한 표상체계'로서, 인식 이전에 존재하는 어떤 무의식적 조건이다. 이진경, 「푸코의 담론이론: 표상으로부터의 탈주」, 98-99쪽.

내의 논의를 비교하고 연결짓고자 하는 노력은 일정한 한계를 가질 수밖에 없다. 푸코의 규율화와 비행에 관한 논의, 정신분석에서의 초자아 즉 법의 이면에 관한 논의, 그리고 권력 논쟁에서 '무결정'에 대한 논의는 서로 연결될 수 있는 측면이 분명히 있다. 그러나 각 개별 담론의 내부 질서, 즉 담론의 구성요소들 간 차이의 체계 내지 기표연쇄의 구조가 상이함으로 인해 발생하는 불일치의 문제 역시 간과할 수 없다. 그러한 의미에서 이 장은 본격적 논의를 위한 예비적 문제설정의 의미를 가질 뿐이며, 보다 본격적인 논의를 위해서는 담론 간 비교가 어떤 의의와 한계를 갖는지의 문제로부터 그렇기 때문에 대상이 되는 권력 개념들이 각기 어떠한 전제 위에 서 있는지 등의 메타이론적 문제가 논의되어야 할 과제로 남아 있다.

제2장
영화 〈똥파리〉에 나타난 권력의 모습

1. 리얼리즘 영화와 삶의 이면

영화 〈똥파리〉(양익준 감독, 2008)는 두 가지 전도된 동일시의 시점에서 그려지고 있다. 영화가 시작되면서 대로에서 한 여성에게 행사되는 무차별한 구타 장면, 등록금인상 반대 학생 집회를 폭력으로 진압하는 용역깡패들의 모습, 고리채 빚을 받아내는 데 동원되는 용역깡패들의 모습 등 무자비한 폭력적 장면들이 화면에 흘러넘친다. 이때 우리는 그 폭력에 희생당하는 사람들과 우리 자신을 동일시하게 된다. 즉 우리는 주인공 상훈으로 대표되는 용역깡패와 적대적 입장에 서게 된다. 그러다가 그런 폭력에 눈 하나 깜짝하지 않는 '무서운' 여고생 연희의 시선을 매개로 우리 관객들은 차츰 상훈과 동일시하는 입장에 서게 된다. 물론 여기서 결정적 역할을 하는 것은 느와르(noir) 영화에서 잘 볼 수 있는 상훈의 회상 장면이다. 이것이 왜 그가 그런 용역깡패가 되었는지를 설명하고 관객들을 설득하고자 한다. 어린 시절 자신의 어머니에 대한 아버지의 일상적 폭력, 절망 속에서 그걸 무력하게 지켜보아야만 했던 자신의 모습 등이 그것이다. 급기야 이를 말리는 어린 여동생이 아버지의 칼에 찔리고, 병원으로 옮기는 중 놀란 어머니가 자동차 사고로 목숨을 잃는 사건, 그것이 상훈의 정신적 외상으로서 그의 뇌리 속에 깊이 박혀, 살아남기 위한 방어물로서 폭력이란 불가피하다는 걸 삶의 좌우명처럼 삼고 살아간다는 것이다.[1]

영화 <똥파리>는 리얼리즘 영화인가? '현실' 그 자체를 그려내고자 하는 게 리얼리즘이라면, 그 그려내고자 하는 현실이 무엇인가가 문제가 된다. 통상적인 해석에 따라 그게 우리에게 보이는 대로의 현실이라고 한다면, 그건 라캉이 말하는 상징적 현실, 상징계를 재현하고자 하는 것이라고 할 수 있다. 어떤 상징적 '허구', 지젝이 말하는 이데올로기에 의해 구성된 현실이다. 만약 그게 우리 눈에 보이는 대로의 현실이 아니라, 있는 그대로의 현실이라면 그건 라캉의 '실재'이다.

달리 말해 우리는 있는 그대로의 현실을 보지 못하고, 항상 가공된 현실을 볼 수 있을 뿐이다. 칸트의 선험적 범주와 유사한 어떤 상징화의 틀을 통해서만 사물을 볼 수 있다. 그 틀이 우리에게 볼 수 있는 것과 볼 수 없는 것을 구분해준다. 어머니의 성욕을 우리는 볼 수 없다. 중세 일본의 세계, 영화 <라쇼몽>(구로사와 아키라 감독, 1950)이 그려내는 세계에서는 여성 일반의 성욕이 부정되어 우리 눈에 보이지 않는 것으로 치부된다. 반면 남성의 성욕은 과잉 가시화된다. 그걸 '저항할 수 없어서'

1_ 영화 상에 나타나는 정반대되는 동일시가 갖는 전복적 성격에 대해서는 지젝, 『당신의 징후를 즐겨라』, 120-121쪽 참조. 지젝은 이를 그때까지 불가능했던 어떤 대상에게 신체를 부여하고 실체 없는 사물에게 목소리를 주어 그것이 말하게 만드는, 즉 그것을 주체화하는 변화에 의해 나타난다고 본다.

어떤 위반행위를 했다고 말하면 그걸 인과적 설명으로 받아들여주는
게 오늘의 현실, 상징화된 현실이다. 해방 직후에는 일제강점기의 친일행
위를 어떤 '선택적인 것'(선택의 자유가 있는 것)으로 보았다면, 오늘날
에는 '저항할 수 없는 어떤 것'으로 보고자 하는 경향이 강하다. 공동체주
의로부터 개인주의, 이기주의 쪽으로 상징적 틀이 바뀌었기 때문이다.[2]
줄여 말해 우리는 상징적 틀을 통해서만 사물을(사물의 특정 측면만을
선별적으로) 보게 되고, 그렇게 보이는 게 '현실'이라고 생각한다.

보이는 대로의 현실을 그리고자 했던 리얼리즘 영화의 경우, 우리의
일상적, 공식적인 삶보다는 그것이 감추고 있는 이면을 파헤치고자 했던
영화들이 정치적 민주화 이후 봇물처럼 터져 나왔다.[3] 물론 1970년대에
있어서도 <영자의 전성시대>(김호선 감독, 1975) 등 금기된 성의 이면을
다루었던 영화들이 있지만, 그 영역이 보다 자유로워지고 이념적, 비이념
적 영역으로 확대된 것은 역시 1980년대 이후라 할 수 있다.

내가 주목하고자 하는 것은 공식적 현실의 이면에서 작동하며 그것을

───────

2_ 개별 주체의 변화와 현실을 지배하는 상징적 질서, 즉 라캉적 '대타자 the
Other'의 변화는 상관적이다. 정신분석에서 주체는 '타자의 장' 속에서 만들
어진다. (대)타자의 담론의 역사적 변화는 이 장의 뒷부분에서 다루어진다.

3_ 1950년대 후반 이래 정립된 한국영화의 리얼리즘에 대해 라캉주의적 영화평
론가 김소연은 "위기의 시대에 영화가 대중을 위무하는 오락거리의 하나로
전락하지 않기 위한 미학적 전략이었고, 이념적 억압의 시대에 영화가 있는
그대로의 현실을 고발할 수 있기 위한 정치적 전략이었고, 나운규의 <아리랑>
에서부터 비롯되는 한국영화의 정통성을 보장받기 위한 담론적 전략이었다"
라고 말한다(김소연, 『환상의 지도: 한국 영화, 그 결을 거슬러 길을 묻다』,
울력, 2008, 53쪽). 이 영화에서 가정폭력을 일삼는 한 채무자를 구타하면서
상훈이 내뱉는 "병신들 같은데 지 가족들한테는 김일성같이 굴려고 그래,
씨발……"이라는 대사는 21세기에 들어와서도 여전히 이념적 억압이 존재함
을 보여준다.

외설적으로 전복하고 그러면서도 그 공식 현실을 지탱해주는 이면적 현실을 파헤치고자 하는 리얼리즘 영화들이다. 특히 <넘버 3>(송능한 감독, 1997), <살인의 추억>(봉준호 감독, 2003), <추격자>(나홍진 감독, 2008) 등과 같은 느와르 영화들이 여기에 해당되며, 영화 <똥파리> 역시 넓게 볼 때 그러한 범주에 들어간다고 할 수 있다. 소급적으로 돌이켜 볼 때 70년대의 영화들의 경우, 공식적 삶과 그 삶의 이면을 명확히 구분하고자 하는 문제의식이 분명히 존재했다고 말하기는 어렵다. 유신 독재 아래의 정치적 상황이 작용했다고 할 수 있다. 민주화가 되고서야 비로소 공식적인 상징 질서의 이면에서 작동하는 외설성에 주목하여 그걸 재현해내고자 할 수 있었으리라.

2. 공식적 삶과 이면적 삶

공식적 삶과 그것을 위반하지만 여전히 그걸 떠받쳐주는 이면적 삶, 이 둘은 우리의 현실, 상징적 현실을 지탱하는 두 개의 기둥이며, 우리 삶의 다양한 영역에서 변주되고 있는 삶의 두 측면이다. 라캉의 표현으로는 자아 이상과 초자아 간에 일어나는 대립과 보완이며, 지젝은 이를 공식적 법과 불문율 간의 대립, 보완으로 제시하기도 한다(제3부 제1장 참조). 가정 내에서는 아버지의 권력과 그걸 위반하면서도 뒷받침하는 어머니의 권력으로 나타난다.[4]

이 영화를 보면서 머릿속을 떠나지 않는 의문은 과연 결말이 어떻게 될까이다. 해피엔딩이 과연 가능할까? 두 쌍의 커플, 상훈과 연희, 그리고

4_ 지젝, 『향락의 전이』, 116-117쪽.

상훈의 누나와 용역회사 사장은 행복하게 살 수 있을까? 영화는 앞 커플의 희생 위에서 뒤의 커플을 살려내고 있다. 주된 메시지는 살려내는 커플에 있는 게 아니라, 죽을 수밖에 없는 커플에 있다. 둘 다 공식적 법을 지키기 위한 외설적 이면에서 잔인한 폭력으로 빚을 대신 받아내고, 시위대를 해산시키고, 무허가 노점상을 박살내는 용역깡패를 생업으로 한다. 그러면서 자본주의의 기본원칙인 사유재산과 시장질서의 신성화에 봉사하고 있다. 상훈과 상훈의 친구이기도 한 사장, 둘 다 공식적 삶의 이면에서 일견 현실의 법을 위반하는 것 같지만 그 현실이 제대로 돌아가도록 외설적, 폭력적 방식으로 보완하고 있다.

그렇기 때문에 그들은 공식 영역의 '주요 타격 대상'(즉 '집중 단속 대상')에서 벗어나 있다. 아니 오히려 이들은 체제에 의해 이용되는 보호 대상이 되어야 한다. 물론 그 존재 자체로서 보호의 대상이 되는 것이지, 개별적 구체적 인물들로서 보호되는 게 아니다. 구체적 인물 개개인들은 체제에 실컷 이용당하고 결국 버림받는다. 그러나 누군가는 이들이 맡은 '용역 업무'를 하게 된다. 똥파리는 똥의 처리를 위해 반드시 필요한 존재, 없으면 안 될 존재이기 때문이다. 또 사람들이 똥을 안 누고 살 수는 없지 않은가. 삶에는 어떤 '과잉'이 반드시 존재하며, 그 과잉이란 현실 속에 반영되지 못하는, 상징화되지 못하는 '실재'의 잔여, 찌꺼기이다.[5]

상훈과 용역회사 사장, 그 둘의 차이점은 사장이 일상적 삶에 복귀할 수 있는 반면, 상훈은 그렇지 못하다는 점에 있다. 사장은 법의 이면에

5_ 라캉은 초자아에 대해, "초자아는 상징적 연쇄의 틈으로부터 발생하며 법을 왜곡하는 상상적 대체물로 이 틈을 메운다. 초자아는 법의 오해로부터 나온다"라고 말한다. 에반스, 『라캉 정신분석 사전』, 391쪽.

◀사진 12 영화 <똥파리>의 광고 포스터

있으면서도 법과 도덕에 대해 나름대로의 '죄책감'을 갖고, 그걸 벗어나려 노력한다. 그가 정성스럽게 화초에 물을 주고 그 잎들을 하나하나 닦아내고 있는 장면은 그걸 상징하고 있다.

이들 용역깡패들 스스로는 자신을 어떻게 주체화하고 있을까? 용역깡패 출신이며 상훈보다 네 살 위지만 상훈과 친구 '트기로' 한 용역회사 사장의 말을 빌려본다. 대학생 시위를 폭력진압하고 온 용역깡패들에 대해 그는 "안 그래도 불쌍한 애들, 다구리 넣고 돈 받아가며 기분 찝찝해 하는 애들인데……"라고 말한다. 가정사정이 불우하여—사장 역시 자신의 부모가 누군지도 모르는 고아 출신이다—용역깡패를 하기에 '불쌍하고', 폭력진압하지만 그들 역시 '기분이 찝찝하다'는 걸 보여준다.

먹고 살기 위해 어쩔 수 없이 이 일을 한다고 스스로를 정당화하고 있다
(그를 통해 일관된 자아정체성을 형성하고 있다). 다른 한편 그럼에도
이들은 자신의 행위에 죄책감 내지 죄의식을 갖고 있다.

지젝은 이러한 공유된 죄책감은 원시적 거짓 신념처럼 집단의 결속력
을 높여준다고 말한다. 공유된 죄책감은 물신적 부인에 의해 공유된
거짓말이 된다. "(우리가 죄를 짓는다는 걸) 잘 알고 있어. 그러나……
(먹고 살기 위한 건 죄가 아니라고 믿어)"라는, 알고는 있지만 진심으로
믿지는 않는다는 무의식적 물신적 부인 구조가 존재하며, 이러한 공유된
'거짓말'이 진실보다 훨씬 강력하게 집단의 결속을 가져다준다는 것이
다. 지젝에 따르면 1930년대 소련의 강제수용소, 나치의 홀로코스트 등으
로 인한 죄의식이 이들의 결속을 방해하기는커녕 그 결속을 오히려 강화
시킨다. 그래서 "주인(권력자)의 원칙적 기능은 집단연대를 지탱하는
거짓말을 정착시키는 것이다……. 내 나라는 어떤 핵심적 지점에서 그것
이 틀린 한에서 진정으로 나의 것이다."[6]

그런데 상훈은 이런 죄의식에서 벗어나 있는 인물로 그려진다는 점에
서 영화적 현실 속에서 독특한 존재가 된다. 죄의식을 공유한다는 것은

6_ 지젝, 『향락의 전이』, 120-122쪽. 제3부 제1장 4절에서 예를 든 영화 <어
퓨 굿 맨>에서 병영 내의 불문율을 어긴 병사에게 가하는 폭력인 '코드 레드'
역시 공식적 규칙을 위배하는 것이지만, 그를 통해 공유된 죄책감이 형성되어
집단결속력을 다져준다(지젝, 『How To Read 라캉』, 136-137쪽). 우리가 다른
사람과 자신을 동일시하는 데에는 반드시 어떤 바람직한 특징뿐 아니라 그의
결점, 약점, 죄의식도 중요하게 작용한다. 지젝은 우파이데올로기가 이러한
약점, 죄상과의 동일시를 조작하는 데 탁월하다는 점을 지적한다. 히틀러의
무기력한 분노의 히스테리성 발작과 그에 대한 대중의 동일시, 전후 오스트리
아 선거에서 우파 후보의 나치 전력에 대한 대중들의 동일시가 그 예들이다.
지젝, 『이데올로기의 숭고한 대상』, 185-186쪽.

용역깡패들의 공동체에 대한 소속감과 결속을 강화시키는 것, 즉 상징적 현실의 테두리 내에 자기 정체성의 거소를 확보하는 것이라 할 수 있다. 그러나 상훈은 동료 깡패들과 어울리지 못하고 홀로 게임방에서 시간을 때우는 등에서 드러나듯이 이 용역깡패들의 공동체 속에서조차 경계선 상에 서 있다고 말할 수 있다.[7]

　상훈이 죄의식에 사로잡히지 않는 것은 그의 폭력행위 자체가 자신의 죄의식에 대한 일종의 '속죄행위'에 해당되기 때문이다. 자신의 어머니에 대한 아버지의 폭력을 무력하게 지켜볼 수밖에 없었던 데에서 비롯된 그의 '죄의식', 바로 그것이 그를 극도로 잔인한 폭력으로 끌고 가는 힘이다. 그의 폭력은 자신의 억압된 정신적 외상으로부터 표출되는 증상으로서의 성격을 갖는다. 따라서 상훈에게 있어서 "나는 폭력을 휘두른다. 고로 존재한다"라는 명제가 성립한다. 무의식의 형성물로서 증상은 기표이며 은유이다. 라캉은 "(성적) 외상이라는 수수께끼의 기표와, 현재의 의미화 연쇄에서 그것을 대체한 용어 사이에, 하나의 불꽃 즉 증상 속에 의미작용을 고정시키는 불꽃이 튀어오른다"고 말한다. 브루스 핑크는 이에 대해 "증상은 은유이다. 왜냐하면 증상 속에서 어떤 것이 무의식의(주체의) 자리에 나타나고, 어떤 것이 주체 대신 자신을 드러내기 때문이다. 그 어떤 것은 안면경련이나 거미 공포증, 절뚝임 등의 모습으로 주체를 지배하는 고립된 기표(S_1)이다"라고 말한다. 즉 기표로서의 증상(S_1)은 다른 기표들(S_2)에 대하여 주체를 드러낸다.[8] 상훈의 경우 증상으

7_ 그러나 지젝은 베네딕트 앤더슨을 인용하면서 자본주의의 도래와 함께 상징적으로 구조화된 '공동체'가 '군중'으로 대체되었을 때, 공동체는 근본적인 의미에서 '상상된' 것이 되었다고 말한다. "공동체가 원자화된 현실적인 경제적 삶에 변증법적으로 대립된다는 의미에서 '상상된' 것이 된 것은 오직 자본주의와 함께였다." 지젝, 『당신의 징후를 즐겨라!』, 65-66쪽.

로서의 폭행은 하나의 기표로서 주체, 즉 무의식의 주체를 드러낸다.

그의 '화려한' 폭행 장면들은 누군가의 시선을 응시하는 과시적 성격, 연극적 상연의 성격을 갖는다. 다시 말해 그는 자신이 더 이상 무력한 아이가 아니라는 걸 누군가에게 보여주고자 하며 또 그 누군가로부터 끊임없이 확인받고자 한다. 그렇게 상연된 상훈의 폭력 장면들은 결국 대타자를 향한 일종의 메시지, 행동 표출(acting out, 행동화)로서의 증상에 해당된다고 할 수 있다.[9]

이 영화를 보면 우리는 용역깡패들의 업무 분야가 상당히 다양하고 광범위하다는 사실을 알게 된다. 그를 통해 이 영화는 용역깡패들이 체제 유지에 기여하는 바가 대단히 크다는 걸 우리에게 '계몽'시켜 주고 있으며, 또 그들의 존재가 체제유지에 필수불가결하다는 걸 다시금 느낄 수 있게 해준다. 그럼 지금까지 왜 이들이 눈에 잘 안 띄었을까, 가시화되지 않았던 것일까? 가만히 찾아보면 해방 이후 실업이 넘쳐나던 시절 이래 최근까지 정치적으로 동원되면서 이권을 얻어먹던 정치깡패들이 늘 있었다. 이들을 정치권력에 동원되고 그들을 위해 봉사하는 '봉건적 용역깡패'라 한다면, 오늘날에는 정치권력을 대신하여 등장한 새로운 '군주'인 자본 권력에 봉사하는 '자본주의적 용역깡패'라 이름붙일 수 있다. 물론 이들에 대한 마르크스의 명명법은 '룸펜 프롤레타리아트'이

8_ 핑크, 『에크리 읽기』, 195-196쪽; 에반스, 『라깡 정신분석 사전』, 96쪽.

9_ 행동 표출은 그래서 주체가 타자에게 전달하는 암호화된 메시지이다. 비록 주체 그 자신은 그 메시지의 내용을 의식하지도 못하고 그의 행동이 메시지를 표현하고 있다는 사실을 알지 못할지라도(에반스, 『라깡 정신분석 사전』, 424-427쪽). 데이빗 린치의 영화 <블루 벨벳>(1986)에 나오는 유명한 장면, 도로시와 프랭크 간의 기괴한 성행위 장면이 갖는 '노출증'적 성격과 상훈의 폭력 장면들은 그러한 의미에서 상동적이다. 지젝, 『향락의 전이』, 234-235쪽 참조.

며, 마르크스는 이들이 결국 부르주아지에 매수되어 반동적 음모의 도구로 봉사하게 된다고 날카롭게 지적한 바 있다.

그러나 이들의 본질상 이들이 가시화되는 일은 구조적으로 회피된다. 공식적 법, 공식적 생활의 이면에서만 작동해야 자신의 본연의 업무를 수행할 수 있기 때문이다. 그들이 양지에 드러나는 순간, 그들의 고유 업무는 공식적 법에 의해 제지되고 처벌받지 않을 수 없게 된다. 대타자가 더 이상 그들을 '못 본 체'할 수 없어지기 때문이다. 라캉적 표현으로 상징계, 대타자에 등록, 기입되어 더 이상 부인할 수 없게 되기 때문이다. 즉 '잘 알고 있어, 그러나…… 모르는 체할 테야', 라고 더 이상 말할 수 없게 되는 것이다. 정보기관의 모토가 '음지에서 일하며 양지를 지향한다'인 것처럼, 용역깡패들은 업무의 성격상 양지에서 일하면 업무를 수행할 수 없게 되는 것이다.

그렇다면 이들이 남의 눈을 피해 밤에만 일한다는 얘긴가? 그게 아님을 이 영화는 잘 보여주고 있다. 백주대로에서 포장마차를 들이부수고, 사람들을 개 패듯이 팬다. 그럼 이건 음지가 아니지 않는가? 이들이 일하는 무대가 음지, 공식적 삶의 이면이라고 했는데, 이들이 일하는 직장의 처소가 양지 아닌가? 그러나 음지, 양지는 문자 그대로 해석되어서는 안 된다. 이들이 양지에서 일해도, 음지에서 일한 걸로 사람들은 보아준다는 걸, 혹은 보아주어야 하는 걸로 해석해야 한다. 상징화의 틀이 그렇게 구조화되어 있다는 것이다. 다시 말해 이들이 업무를 수행하고 있다면, 그 장소가 바로 음지가 되는 것이다. 그리고 그 경우 마치 누군가가 이들이 일하는 업무 공간에 장막을 뒤집어씌워 사람들에게 안 보이게 하는 요술을 부리듯, 우리는 이들의 업무를 못 본 체하고 지나가지 않는가?

우리는 두 눈을 질끈 감으며, 혹은 마치 현실이 아닌 어떤 환영을

본 듯 무심을 가장하고 그 곁을 지나치지 않는가? 이들이 시위대를 폭력
으로 해산시키고, 무허가 포장마차를 때려 부숴도, 경찰들의 눈에도 역시
안 보이는 걸로 되어 있다. 경찰들이 더 이상 모른 체할 수 없는 순간에만,
상징계에 공식적으로 기입되는 순간에만 마지못해 이들의 '용역 업무'에
개입한다.[10]

3. 볼 수 없는 것들, 억압된 것들과 초자아의 기능

영화 도입부에 백주대로 상에서 한 직업여성에 대한 폭력배의 무자비
한 구타가 자행되지만, 주변에 서 있는 사람들은 아무도 말리지 않으며,
경찰에 신고하는 사람도 없다. 일종의 처세에 관한 베스트셀러 『설득의
심리학』을 보면 이와 유사한 사례가 나온다. 사람이 많이 다니는 백주대
로에 여자가 남자에게 무자비하게 살해당하고 있는데 그걸 구경하는
38명의 사람들이 아무런 도움을 주지 않았던 실제 사건이 사례로 제시된
다. 익명의 구경꾼들이 아니라 특정한 한 사람을 지목하여 눈을 맞추고
지속적으로 구원을 요청해야 도움을 받을 수 있다는 것이 이 책의 처세훈
이다. 익명의 구경꾼들 개개인은 눈에 보이는 상황이 실제 상황인지
아닌지 확신하지 못하며, 이들 간에 책임이 분산되어 "누군가 경찰에
연락했겠지" 등의 생각을 하고, 다른 많은 구경꾼들이 그냥 가만히 있다
는 사실이 그에 대한 '사회적 증거'로 작용하여 구경만 하는 '다수의
무지' 현상이 발생한다는 것이다.[11]

10_ 이에 대해서는 제2부 제1장 4절 '2. 카프카적 법정: 진실과 외설'을 참조할
수 있다.

왜 이러한 '이상한' 현상이 발생하는가? 상징적 질서로서 대타자의 수준에서뿐 아니라 개별 주체의 수준에서조차 눈에 보이는 살육행위를 환영인 듯 못 본 체하게 되는가? 다수의 무지 현상은 개개인이 익명의 다수 속으로, 대타자 속으로 함몰하는, 포섭되는 순간을 가리킨다. 이를 통해 '무지한 대타자', '무지를 가장한 대타자'가 결과적으로(수행적으로) 등장한다. 더 이상 무지를 가장할 수 없는 상황에 이르기까지. "임금님은 벌거벗었다"라고 외치는 아이가 나타나기까지 '무지한 대타자'라는 가장, 상징적 현실의 허구는 무너지지 않고 지탱된다. 이는 개별적 주체들이 모종의 어떤 권력에 복종하는 순간이라고 고쳐 말할 수 있다. 여기서 생략된 명령, 혹은 머릿속으로 들려오는 어떤 목소리, 담지자 없는 음성은 요즘 말로 "눈깔아!"이다.

'다수의 무지' 속에 빠져 있는 개별 주체들에게 그 광경은 안 보이는 게, 모르는 게 아니다. 보이지만 알지만, 안 본 걸로 모르는 걸로 하는 것이다. "잘 알고 있어, 그러나…… (나는 안 믿어)"라는 물신주의적 부인이 발생하는 순간이다. 우리의 행동, 실천은 지식이 아닌 믿음에 입각해 있다. 우리는 현실을 보는 틀인 상징적 질서, 타자의 담론을 믿음의 형태로 공유하고 있다. 우리는 항상-이미 보이는 게 다가 아니라는 믿음, 보이는 대로 믿지 않는 데 익숙해 있다. 믿음은 사회적 결속의 매개이자 주체가 이 결속에 참여하는 수단인 발화의 기본 요소이다.[12]

11_ 로버트 치알디니, 이현우 옮김, 『설득의 심리학』, 21세기북스, 2002, 205-6쪽.

12_ 지젝, 『잃어버린 대의를 옹호하며』, 55쪽. 지식은 늘 새로운 무언가로 가득차 있다(S_2). 그래서 인과적으로 연결된 지식은 나의 행동을 곧바로 끌어내지 못한다. 그래서 종종 의식적 인지와 무의식적 부인(의 믿음)이 동시에 발생하게 된다. 여기서 우리의 행동을 끌어내는 건 무의식적 믿음의 작용이다. 믿음은 행동을 통해 언표내용을 완성하는 수행문적인 성격을 갖기 때문이다. 믿음과 행동이 결합해야 나의 언표내용이 완성될 수 있다. "회의가 끝났습니

임금님뿐만 아니라 우리 모두는 벌거벗고 있다(그래서 스스로 부끄러움을 느끼고 있다). 다만 우리 모두는 상징적 현실이라는 옷 속에서 벌거벗고 있을 따름이다.[13] 그럼에도 불구하고, 아니 그렇기 때문에 더욱더 우리는 벌거벗고 있지 않다는 믿음, 상징적 약속을 통한 허구적 믿음을 공유하면서 서로가 서로를 결속하고 그를 통해 상징적 질서를 결과적으로 산출해내고 있다.

그러나 공식적 표면의 이면에서 이 모든 걸 잘 알고 있는 것은 바로 초자아이며, 초자아는 그 공인될 수 없는 지식을 통해 주체에게 어떤 죄의식을 유발시킨다. 자아 이상으로서의 대타자가 금지한 법과 질서가 주체에게 금지를 넘어서고자 하는 욕망을 만들어내고 있음을 잘 알고 있으며, 그렇기에 주체에게 '즐기라'고 강요하면서 그것을 이행하지 못하는 주체를 비웃으며 죄의식을 심화시킨다. 초자아는 이러한 향락 의지의 표현이며, 이것은 주체 자신의 의지가 아니라 대타자의 의지이다. 즉 초자아는 특정방식으로 즐길 것을 강요하는 어둠의 권력이다.[14]

임금님의 '옷'을 만든 사람은 그것이 옷이 아니라는 사실을 잘 알고 있을 것이지만, 그것을 옷이라고 명명하는 상징적 현실, 자아 이상으로서

다'라고 말할 때, 실제로 회의를 끝내야 하는 것이다. "저놈이 생사람을 죽이고 있어"라는 말이 내가 믿는 바라면, 나는 어떤 행동을 취해, 수행문을 술정문으로 완성시켜야만 하는 것이다. 그에 비해 (과학적) 지식의 언어는 주체적 참여의 언어가 아니라 탈주체화된 언어, 수행적 차원이 제거된 언어이다. 그러나 "당신은 나의 스승입니다" 같은 수행문적 진술의 경우 거기서는 직접적인 인과성이 말소되어 있기 때문에 우리는 스스로를 구속시켜야 한다. 슬라보예 지젝, 박정수 옮김, 『그들은 자신이 하는 일을 알지 못하나이다: 정치적 요인으로서의 향락』, 인간사랑, 2004, 13쪽.

13_ 지젝, 『그들은 자신이 하는 일을 알지 못하나이다』, 486쪽.
14_ 지젝, 『삐딱하게 보기』, 300-301쪽; 에반스, 『라캉 정신분석 사전』, 391쪽.

의 대타자는 주체에게 그것이 옷이 아님에도 불구하고 옷으로 받아들일 것을 강요한다. 이때 '허구'를 현실로 받아들이는 주체가 갖는 무의식적 죄의식을 초자아는 부추긴다. 즉 주체는 상징적 현실이라는 옷 안에서 부끄러워하고 있으며, 초자아는 이를 이용하여 주체로 하여금 항상 어떤 알 수 없는 죄의식에 시달리게 만든다. 푸코가 말하듯 항상 누군가가 보고 있음을 의식케 하는 감시사회가 주체의 죄의식을 부추겨 순종적인 주체를 형성하듯이.[15] 초자아 역시 카프카 소설의 주인공들처럼 그런 알 수 없는 죄의식을 이용하여 외설적 폭력을 행사하며 대타자의 법, 상징적 질서에 순응하도록 만들며, 그를 벗어나는 욕망의 탈주조차 특정한 방식으로 '즐길' 것을 명령함으로써 순치시키려 한다.

본 것을 안 본 걸로 아는 것을 모르는 걸로 하는 건, 그렇게 믿게 되는 건 권력이 작용한 결과라고 말해야 한다. 우리의 일상적인 인정과 믿음, 계약과 약속이 실개천처럼 모여들어 권력이라는 거대한 실정적 존재를 수행적으로 만들어내고 있기 때문이다.[16] 심지어 자신이 고문을 당해도 안 당한 걸로 법정에서 부인해야 했던 유신독재체제처럼. 왜? 본 걸로, 고문당한 걸로 했을 경우 그게 인정되지도 않을뿐더러, 더 큰 불이익을 당할 것이기 때문에. 김근태의 고문이 폭로되는 경우처럼, 1987년 6월 항쟁의 도화선이 되었던 박종철 고문치사의 경우처럼, 더 이상

15_ 양운덕, 「푸코의 권력 계보학」 참조. 그런 의미에서 푸코가 말하는 파놉티콘, 즉 누군가가 자신을 항상 감시하고 있다고 믿게 만드는 일망감시체제는 라캉 정신분석의 초자아에 해당된다고도 볼 수 있다.

16_ 지젝은 이를 '상징적 의례의 수행적 효과'라고 말하면서, 수행적 효과 발생의 필수적 조건은, 예를 들어 왕[권력]의 카리스마가 왕인 그 사람의 직접적 속성으로 경험되어야 하는 것이라고 말한다. 그 카리스마가 수행적 효과에 의해 발생한다는 사실이 주체들에게 인식되는 순간 그 효과 자체가 사라진다는 것이다. 지젝, 『삐딱하게 보기』, 73-74쪽.

없던 일로 할 수 없는 경우에만 마지못해 공식적으로 인정된다. 초자아의 외설적 이면은, 대타자의 무지 속에서 작동하는 것인데, 이 경우 대타자의 무지란 '알고도 모르는 체'하는 것에 다름 아니다.

초자아의 외설적 측면은 자아 이상, 점잖은 공식적 대타자의 입장에서 자신이 직접 나설 수는 없지만 반드시 필요한 폭력이기 때문에 끝까지 모르는 체하고, 강력히 부인하고, 억압해야 하는 측면이다. 초자아의 외설적 측면을 감추기 위해서는 모든 걸 해야 한다. 그를 보호하다 안되면 말소하는 행위, 처음부터 아예 존재하지 않았던 걸로 소멸시키는 것도 서슴지 않는다. 영화 <지옥의 묵시록>(프란시스 코폴라 감독, 1979)에서 주인공 커츠 대령을 소멸시키기 위해 윌러드 대위를 비밀리에 파견한 것처럼. 또 그걸 덮기 위해 필요하다면 커츠 암살 임무를 띤 윌러드 역시 비밀리에 소멸시켜야 하는 것처럼.[17]

4. 권력 앞에 무력한 주체

에드거 앨런 포의 소설 『도둑맞은 편지』에 관한 세미나에서 라캉은 왕과 왕비, 장관의 위치에 대해 설명한다. 그리고 이 3자관계가 장관, 뒤팽, 경찰의 위치에서 반복됨을 말한다. 그 첫 번째 3자관계는 편지를 바꿔치기하는 장관의 행위, 여왕의 무능력한 응시, 무지한 왕의 시선으로 나타난다. 숀 호머는 『라캉 읽기』에서 『도둑맞은 편지』의 세 위치를 아무것도 못 보는 왕의 시선, (편지를 숨길 수 있다고) 착각하는 여왕의 시선, (문제가 있는 편지라는 걸) 제대로 보는 장관의 시선이라고 말한다.

17_ 마이어스, 『누가 슬라보예 지젝을 미워하는가』, 246-247쪽.

왕은 현실 속의 상징적 질서, 대타자를 대리, 의인화한다. 상징적 질서는 법이나 익명의 다수 등으로도 나타날 수 있다. 무지한 대타자의 특성은 알프레드 히치콕의 영화에서 '무지한 군중'의 형상으로 잘 나타나는데, 히치콕 영화의 주인공들은 이러한 '무지한 군중 속의 고독'을 잘 보여준다.[18]

그런데 무지한 왕의 시선의 경우, 왕은 과연 진짜 그 편지가 무엇을 의미하는지, 편지를 바꿔치기하는 장관의 행위를 모르는 것인가? 아니면 모르는 체하는 것인가? 그걸 아는 체 하면 문제가 복잡해지기 때문에 모른 체하는 게 아닌가? 다시 말해 이때 '무지한 왕의 시선'은 '무지를 가장한 왕의 시선'이라 하여도 무방하다. 따라서 '법의 무지'가 아니라 '무지를 가장한 법'이라고 고쳐 말해야 한다. 그리고 이 아무것도 못 보는 시선은 법, 앞을 보지 못하는 법의 위치라고 말할 수 있으며, 이는 또한 못 본 체하는 법의 시선이라 말할 수 있다. 그렇다면 이때 장관의 행위는 초자아적인 외설적 폭력이라 말해야 한다. 공식적 법이 못 본 체하는 가운데, 범죄적 절도행위를 거리낌 없이 자행하는 초자아의 역할 수행자(agent)가 있고, 이를 무력하게 응시해야 하는 주체가 있다.[19]

영화 <똥파리>에서도 못 본 체하는 대타자, 경찰로 상징되는 국가의 위치가 있고, 그 이면에서 위반적 폭력행위를 통해 빚을 받아내고 포장마차를 부수는 용역깡패의 위치가 있고, 이를 무력하게 바라만 보고 있어야 하는 폭력의 희생자로서 무력한 주체의 위치가 있다.

무력한 주체는 느와르 영화의 중요한 한 특징을 이룬다. 지젝은 느와

18_ 지젝, 『삐딱하게 보기』, 148-151쪽; 호머, 『라캉 읽기』, 92-94쪽; 지젝, 『당신의 징후를 즐겨라!』, 243쪽 참조.
19_ 지젝은 보스니아 내전에서 이슬람교도의 딸에 대해 세르비아인의 보복적 강간에 대해 말하면서, 세 가지 시선을 말한다. 지젝, 『향락의 전이』, 150쪽.

르 영화의 특징을 프레드릭 제임슨의 이론화에 의거하여 다음과 같이 재정립한다. 먼저 느와르 우주의 영화적 현실을 규정하는 코드들, 즉 탐정, 요부, 부패한 사회 환경이 있다. 다음으로 이를 위한 영화 텍스트적 장치들, 즉 플래시백/보이스오버, 명암대조법적 촬영들이 있다. 다른 한 편 냉혹한 운명 속에서 자유를 찾고자 몸부림치는 실존적인 어두운(noir) 비전이 있다. 그리고 이것은 느와르 우주를 형성하는 역사적 경험, 즉 로스앤젤레스로 압축되는 미국 거대 도시들의 타락, 2차대전의 해체적인 사회적 충격 등에서 비롯된다.

　지젝은 느와르 영화의 특징이 고전적인 탐정소설에서 하드보일드 소설로 넘어가는 것과 상동적인 것으로 본다. 대타자의 영역에 있어 알프레드 히치콕의 영화들에서 나오는 '무지한 대타자'가 느와르 우주로 넘어오면서 그 '자애로운 순진무구함을 잃고 위협적인 편집증적 작인이라는 특징', 즉 무지한 대타자가 아닌 '잘 알고 있는' 대타자의 특징을 갖게 된다는 것이다. 무력한 응시로 특징지어지는 주체의 위치는 '무지한 대타자'가 '잘 알고 있는 대타자'로 변화되면서 그 대타자 앞에서 더욱 무력해지고 왜소하게 된다.[20]

20　지젝, 『당신의 징후를 즐겨라!』, 242-244, 258-259쪽. 다시 말해 여기서 지젝은 시대의 변화 속에서 '무지한 대타자'가 '잘 알고 있는 초자아로서의 대타자'로 점차 성격이 변화되고 있다는 점을 지적하고 있다. 지젝은 셜록 홈즈 류의 전통적 탐정소설이 더실 해밋, 레이몬 챈들러 등의 하드보일드 탐정소설로 변화하고, 그리고 느와르 영화가 출현하는 것을 현대 자본주의 세계의 변화를 통해 설명하고자 한다. "전통적인 아버지—법의 통치의 보증자, 즉 근본적으로 부재하는 자로서 자신의 권력을 행사하는, 권력의 공개적 과시가 아니라 잠재적 권력의 위협이 그의 근본적 특징인 아버지—대신, 우리는 상징적 기능의 담지자로 환원될 수 없는 과도하게 현전하는 아버지를 얻는다……. 그는 전능하며 극도로 잔인한, 아무런 한계가 없는 절대적 주인이다……. 알고 있는 아버지이다."

그러한 맥락에서 앞의 『도둑맞은 편지』의 세 위치에 있어서 똥파리의 하나인 상훈을 무력한 주체의 위치에 놓고 볼 때, 이 영화는 진정한 느와르 영화로서의 진면목이 드러난다고 할 수 있다. 무력하게 응시하는 주체의 위치에 상훈을 놓는다는 것은 어떤 의미일까? 지젝은 이에 대해 다음과 같이 말한다.[21]

> 느와르의 우주는 서사화의 가능성과 관련하여 근본적인 분열, 일종의 구조적 불균형에 의해 특징지어진다. 큰 타자의 장 속으로의 주체 위치의 통합, 그의 운명의 서사화는 오직 주체가, 비록 그가 여전히 살아 있다 하더라도 어떤 의미에서 이미 죽어 있을 때에만, 간단히 말해 '게임이 이미 끝났을' 때에만 가능해진다. 즉, 주체가 라캉에 의해 '두 죽음 사이'라고 세례 받은 장소에 있는 자신을 발견할 때.

지젝은 영화 <빅 클락>(존 패로우 감독, 1947)을 예로 든다. 주인공은 부패한 언론 재벌에 의해 범인을 찾도록 고용된다. 문제는 주인공만이 알고 있는 범인이 다름 아닌 자기 자신이라는 것이다. "느와르적 풍취는 명목상으로는 자신에 의해 가동되는 수사──즉 담론──기계에 의해 설치된 함정이 자신을 옥죄어오는 것을 무력하게 바라보고 있을 수밖에 없는 이러한 주체의 위치에 기인한다."

상훈에게 역설적이고 비극적인 운명은 자신에게 다가오는 죽음 그 자체가 자신의 똘마니들에게 상훈 스스로가 강조한 바 있는 담론에 의한 것이었다는 점이다. 빚을 진 사람들에게 일말의 동정심도 없이 폭력을 행사하면서, 상훈은 머뭇거리는 똘마니들에게 "우물쭈물 대지 말라고

그랬지……"라고 하며 폭력을 행사한다. 그러나 상훈 역시 마지막이 될 빚 독촉 업무에서 머뭇거리다가 오히려 부상을 당하고, 급기야는 자신의 똘마니의 손에 의해 죽게 된다.

"우물쭈물 대지 말라고 했지……"는 분명 상훈의 표현이지만, 그것이 갖는 담론적 논리 자체는 상훈의 것이 아니다. 또 그와 동일한 논리로 상훈을 죽이는 똘마니의 것도 아니다. 그것은 타자의 논리, 타자의 담론이다. 그러한 의미에서 주체의 담론은 타자의 담론이다. 주체들은 단지 그 담론이 부여하는 자리를 현실 속에서 잠시 맡고 있을 뿐이며, 주체란 언어가 통과하는 하나의 지점에 불과할 뿐이다. 이것이 『도둑맞은 편지』에 대해 라캉이 편지가 어디에 있는가에 따라 주체의 위치가 달라진다고 말하는 것의 의미이기도 하다.

여기서 우리가 이와 더불어 주목해야 할 점은 타자의 담론이 갖는 성격이다. 말하자면 여기서 발견되는 '(대)타자의 담론'은 히치콕 영화에서 나타나는 '무지한 대타자'의 특징과는 거리가 멀다. 그와는 반대로 편집증적인 작인, 잘 알고 있는 대타자, 즉 외설적인 초자아의 특징을 갖는 대타자이다. 그 초자아를 현실 속에서 대리하는 것이 어느 시점에서 상훈이었다가, 다른 시점에서는 상훈의 똘마니가 된다. 또 그 담론 기계가 부과하는 냉혹한 운명은 현재 상훈에게 떨어졌지만 잠시 후에는 상훈의 똘마니에게 떨어지게 될 것이다.

'무지한 대타자'의 위치는 용역회사 사장에게서 발견된다. 그는 용역 현장에서 벌어지는 피와 살이 튀는 잔인함을 잘 알고 있음에도 불구하고 아무것도 모르는 듯, "불쌍한 애들[똘마니 용역깡패들] 그만 때려라", "아버지 용돈 좀 드려라"는 등 '자애로운 대타자'의 모습을 연출한다. 물론 이것은 '무지한 대타자'가 아니라 '모르는 체하는 대타자'이다. 대타자가 모르는 체하고, 자애로운 모습을 보일 수 있는 것은, 사실 상훈

이라는 잔인하며 외설적인 초자아의 역할 수행자가 그 공백을 뒷받침하
고 보완해주고 있기 때문이다. 그래서 그는 상훈이 용역깡패 일을 그만두
려 하자 자신도 손 썼고 그동안 번 돈으로 '새 출발'하겠다고 말하지
않을 수 없게 된다.

사실 이 사장이라는 인물이야말로 이전까지의 소설이나 영화의 주인
공이었다. 찰리 채플린의 <살인광시대>(1947)처럼 자상한 남편이면서
연쇄살인범인 정반대되는 두 개의 캐릭터를 한 인물이 어떻게 동시에
소유할 수 있는지, 그것이 어떻게 상징적 현실에 통합될 수 있는지가
이 경우 서사의 중심 구조를 이룬다. 그리고 고문기술자가 어떻게 자상한
아버지가 될 수 있는지를 다룬 임철우의 단편 「붉은 방」(1988), 시고니
위버 주연의 영화 <진실>(1994) 등의 경우도 마찬가지다. 결론은 우리
보통사람들이야말로 그런 정반대되는 정체성을 하나의 일관된 자아로
봉합하면서 살아가고 있다는 것이다. 소설이든 영화든 그 주인공들이
과거에는 신이나 영웅이었다가, 보통사람을 거쳐 오늘날 '찌질이'(홍상
수 영화의 주인공들)로 변화되고 있다면, 이 영화의 주인공 역시 '보통사
람'으로서의 용역회사 사장이 아닌 말단 용역 실무인 용역깡패로 설정
되어 있다. 물론 우리는 상상계에서든 상징계에서든 때때로 영웅이었다
가 보통사람이었다가 찌질이가 되었다가 혹은 공시적으로 세 가지 모두
였다가 하면서 그 경계를 넘나들면서 그걸 무화시킬 수 있다. 특정 개인
이 원래부터 영웅, 보통사람, 찌질이인 것이 아니라, 상징적 현실 내지
그것의 변화에 따라 그 현실 속의 위치, 좌표축에 의해 자신이 누구인지
가 결정되기 때문이다.

영화적 현실 속에서 상훈의 죽음은 아무런 문제도 일으키지 않는
것으로 처리된다. 용역깡패의 죽음에 대해 '무지한 대타자', '모르는 체하
는' 사회의 시선, 위치가 있고, 그 시선 아래서 주체를 곤경에 빠뜨리는

동료 똥파리인 행위자의 위치가 있다. 그리고 자신에게 폭력을 되돌려주면서 죽음에 이르게 하는 똘마니를 무력하게 바라보아야만 하는 주체, 상훈의 위치가 있다. 라캉이 말하듯 메시지는 전도된 형태로 발신자인 주체에게 되돌아온다.[22]

그렇다면 무력한 주체가 '영웅'이 되는 것은 어느 순간인가? 라캉은 '영웅'이란 자신의 행위의 결과들을 회피하지 않고 완전히 떠맡는 주체, 자신이 쏜 화살이 완전한 원을 그리고 자신에게 되돌아올 때 옆으로 비켜서지 않는 주체, 예를 들어 오이디푸스 같은 주체로 정의한다. 이때 자신의 행위의 결과들이란 숨겨진 욕망의 발현이며, 주체 자신이 던지는 메시지란 결국 무의식적 욕망이 표출된 것이었음이 드러난다. 그 억압된 무의식적 욕망이 주체 자신도 모르는 채로 발신되어, 전도된 형태, 진실된 형태로 되돌아오는 것이 증상(그 외의 무의식의 형성물까지)이다. 그러한 의미에서 증상이란 자신의 욕망에 충실하지 않았다는 것, 그럼에도 불구하고 증상이라는 왜곡된 형태로나마 표출되도록 했다는 것을 보여주는 타협 형성물이다. 그러한 맥락에서 라캉이 말하는 '자신의 욕망에 대해 양보하지 않는' 주체의 의미는 그러한 전도된 형태로 되돌아온 자신의 메시지에 책임을 지는 '영웅적' 제스처를 말한다. 라캉은 죽음 충동의 참된 본성이 드러나는 마지막 순간까지 욕망을 관철시키는 태도야말로 정신분석의 윤리라고 본다.[23]

22_ 상훈이 똘마니에게 던진 메시지가 상훈에게 되돌아와 그를 죽음에 이르게 하는 것은, 제2부 제1장에서 김산이 한위건에게 던진 메시지가 자신에게 되돌아와 결국 죽음에 이르게 하는 것과 정확히 동일하다. 우리는 이러한 주체의 위치를 1979년 10월 궁정동에서 직면하게 되는 박정희라는 무력한 주체에게서 또한 발견할 수 있다.

23_ 지젝, 『당신의 징후를 즐겨라!』, 53-54쪽; 지젝, 『삐딱하게 보기』, 131쪽.

420 | 제3부 권력과 주체

5. 상징적 현실의 틈새: 돌아갈 곳이 없는 삶의 나그네

그런데 이 상징적 현실의 장막에 틈을 내고 교란시키는 '실재의 침입'
이 늘 존재한다. 왜냐하면 상징화란 늘 어떤 잔여를 남기지 않을 수
없기 때문이다. 아니 현실은 항상 이 '실재의 작은 조각', 상징화되지
않는, 상징화에 저항하는 실재의 파편을 중심으로 구조화되어 있기 때문
이다.[24]

이 영화 <똥파리> 역시 전형적인 느와르 영화의 하나로 보아야 할까?
그렇게 보기에는 뭔가 저항감이 느껴진다. 다른 느와르 영화와 유사한
배경과 소재를 가지면서도, 그걸로 분류하고자 할 때 저항감을 느끼는
이유는 무엇일까? 이 영화가 우리 눈에 보이는 대로의 현실을 그대로
그려내고 있지 않음은 분명하다. 공식적 삶이든, 그것의 이면이든. 이
영화는 그 현실을 넘어서 어떤 실재의 파편에 닿아 있다는 강력한 느낌이
든다. 마치 황석영의 『죽음을 넘어 시대의 어둠을 넘어』(1985)처럼.

이 영화가 이런 실재의 작은 조각과 같이 상징적 현실에 어떤 틈새
내지 구멍을 내고 있다고 느낀다면 그것은 무엇 때문일까? 대부분의
영화처럼 의자에 기대어 마음 편하게 보는 것을 방해하는 '이물질'적인
어떤 '불편함'을 지속적으로 느끼게 하는 것은 무엇일까? 이 영화가
다큐멘터리처럼 느껴지는, 어떤 '생생함' 때문일까? 표면의 매개, 피부막
을 통한 경계의 설정, 외부와 내부를 매개하고 번역하고 보호하는 어떤
스크린이 제거된 듯 느껴지는 것은 어떤 이유일까? 피가 튀고 살이 튀는
영화이어서일까?[25]

24_ 마이어스, 『누가 슬라보예 지젝을 미워하는가』, 60-63쪽.

25_ 지젝, 『향락의 전이』, 226-227쪽 참조.

이 영화의 독특한 점은 주인공이 환경이 잘못되어 나쁜 길로 빠져 결국 비극적 삶을 살아간다는, 그런 서사에 기대지 않는다는 점이다. 그렇다면 환경이 좋아지면 도덕적 삶을 살아갈 수 있다는 얘기다. 물이 없어 뻘 속에서 비참한 생을 살아가지만, 비가 와서 물이 차면 힘차게 물속을 헤엄치며 약동하는 붕어처럼. 그런데 이 영화는 그걸 거부하고 있다. 주인공 상훈은 마지막에 '용역회사'를 그만두려고 하다가, 같은 용역회사 후배에 의해 비극적 최후를 맞게 된다. 그러나 그렇게 삶을 마치지 않더라도 과연 그에게 대안적 삶, 일상적 삶이 가능할까, 이게 영화가 던지는 질문이라고 생각된다.

상훈이 정상적 삶에 복귀할 수 있으리라고 믿기에는, 상훈의 삶이 너무 멀리 나갔다. 공식적 삶에 결코 복귀할 수 없는 이면적 삶의 주인공들, 그들이 '똥파리'이다. 음식물이 없어서, 밥만 먹고 살 수 없어서 짜장면도 먹고 하는 그런 것처럼, 다른 음식물이 없어서 똥에 꼬여드는 파리가 아니라, 오직 똥만을 파먹을 수밖에 없는 파리, 똥파리. 상훈이 그렇고 연희의 남동생이자 상훈을 죽이게 되는 용역회사 똘마니 역시 그렇다.[26]

아니 똥파리들. 그들은 서로가 서로를 죽이고 죽임을 당한다. 이이제이(以夷制夷)와 같이 똥파리로서의 삶이 서로 서로 얽혀 있다. 자신의 어머니가 하는 포장마차를 용역깡패인 아들이 때려 부수고, 무능한 남자가 가정폭력을 휘두르고 그걸 무력하게 지켜보던 아이들이 성장하여 다시 가정폭력을 휘두르면서, 그러나 자신과 유사한 이웃이 (거울상이, 소타

26_ 물론 상훈은 연희나 상훈의 누나, 그리고 조카에게 자신의 일상적 모습과는 다른 부드러운 인간적 면모를 보여주기도 한다. 그럼으로써 상훈은 그를 통해 자신의 결여를 메워줄 수 있다고 (무의식적으로) 생각하면서 전 상징적인 모성적 2자관계에 기대고자 한다. 그러나 영화 속 현실에서 잘 나타나듯이 그는 그러면서도 그들과도 늘 일정한 거리를 둔다.

자가) 가정폭력을 휘두르는 걸 보면 꼭지가 돌아가 가차 없이 주먹을 안기는 그러한 삶들이 있다. 그 모양 그 꼴의 처지가 (소)타자로서의 아버지, 이웃에게 동일하게 존재한다고 느끼고 그들을 적대시하는 이이제이의 똥파리 같은 생활. 미셀 푸코는 근대 감옥이 이러한 '비행'의 영역을 '주요 타격 대상'으로 설정하여, 이 울타리 안에서 하층 계급의 범죄를 고립시켜, 체제 자체의 근본 질서를 부정하는 내란으로 폭발하는 걸 저지하고 예방한다고 보며, 그것이 근대권력의 주요 전략이라고 본다.[27]

다시 영화로 돌아가자면 사회적 현실이 주체의 인생행로를 결정하고 있지만, 그걸 받아들이는 주체로서 상훈 자신이 이미 그것을 거부하고 일상적 삶의 영역을 벗어나 있기 때문에 그 현실이 호의적으로 변한다 하더라도 그는 결코 다시 그 현실로 복귀할 수 없다. 삶의 나그네는 이미 길을 너무 많이 갔던 것이다. "돌아가고 싶어~"를 외치며, 달려오는 열차에 몸을 던지는 <박하사탕>(이창동 감독, 2000)의 설경구처럼. 라캉 식으로 말하면 '행위 이행'(passage to act)을 한 것, 상징적 현실을 넘어가 버린, 이행해버린 상태라 할 수 있다.

이 영화는 그러한 맥락에서 범인을 추적하다 보니 결국 자신이 범인이었다는 '무서운 진실'에 도달하게 되는 느와르 영화의 특징을 공유한다. 이 영화 서사의 골격은 결국 주인공 상훈이 상징적 현실로 되돌아갈 수 없다는 자신에 관한 무서운 진실을 깨닫게 되는 과정이라 할 수 있다. 도입부의 '외상적 충격'에 대해 탐정이 범인을 찾아냄으로써 그걸 다시 말이 되도록 상징적 현실에 포섭하는 것이 고전적 탐정소설의 서사인데, 이 영화는 서사의 순수 형식적 구조에 있어서는 이를 따르고 있다. 그러

27_ 푸코, 『감시와 처벌』 참조.

나 지젝은 고전적 탐정소설의 '해결'은 주변 사람들 모두가 용의자로서 살인자가 될 수 있다는 '내적' 진실(우리는 우리 욕망의 무의식 속에서 살인자들이다)을 폐기하는 것이며 이는 근본적 비진실, 탐정의 '해결'이 갖는 실존적 허위라고 말한다. 그에 비해 하드보일드 소설에서 탐정은 도입부부터 일련의 사건 속으로 얽혀 들어가, 풋내기처럼 농락당하며, 자신의 빈약한 추리력과 고투하고, 자신의 정체성 위협에 대해 윤리적으로 고투하며 그 과정에서 자신도 모르게 '죄'를 짓는다. 고통 받는 이는 범죄자가 아닌 탐정 자신이며, 그는 '현실'을 상실하고, 꿈같이 기괴한 상황에 처한다. 이는 주로 '요부'(femme fatale)의 농간 결과인데 그녀는 세계의 기만적 성격과 근본적 타락을 체현하고 있는 인물이다.[28]

이 영화 <똥파리>에서 주인공 상훈은 탐정과 범인의 위치를 동시에 점유하면서 자신의 진실을 알고자 하는 일련의 고투를 통해 자신에 관한 무서운 진실에 도달하게 된다는 점에서 하드보일드 소설 내지 느와르 영화와 그 특성을 공유한다. 다른 한편 이 영화에서 연희는 주인공을 파멸로 이끄는 팜파탈로 등장하기보다는 고전적 탐정소설의 홈즈에 대한 왓슨이나 뒤팽에 대한 서술자 '나', 포와로에 대한 헤이스팅스에 해당하는 인물, 즉 상식적인 인물, 독사(doxa)의 대표자로 등장한다. 지젝에 따르면 도입부의 외상적 충격으로 인해 모든 것이 의심스러워지는 실재의 범람 상태 속에서 '지나치게 많이 알게 된' 탐정은 이런 공포스런 상황을 벗어나기 위해 상징계의 자동성을 대표하는 인물(왓슨, 헤이스팅스 등) 다시 말해 '건전한 상식'으로 무장한 인물을 필요로 한다. 탐정은 그 인물에 의존하여 오점을 고립시키고 재상징화하여 사건을 '종결'시킨다. 아무것도 아닌 듯 보이는 것이 단서 즉 '기괴한 세부'가 되는 것은

28_ 지젝, 『삐딱하게 보기』, 123-124, 130-131, 137-138, 182-184쪽.

바로 이 '건전한 상식'에 의존해서이며, 그것이 재상징화되는 것도 건전한 상식이라는 설명의 틀 속에 포섭될 때이다. 그러한 의미에서 연희는 팜파탈이라기보다는 상징적 현실의 대표자로서 연희의 의도와는 관계없이 역설적이게도 상훈이 자신의 무서운 진실, 즉 상징적 현실로 돌아갈 수 없다는 진실에 도달하도록 돕는 '비극적' 역할을 맡고 있다.

정신분석에서 이러한 상태는 실재적 죽음과 구분되는 '상징적 죽음'으로 개념화된다. 상징적 죽음이란 상징적 현실, 우리가 현실이라 부르는 것으로부터 물러나는 것을 의미한다. 그렇게 될 때 주체는 "상상적 또는 상징적 동일시의 버팀대 없이 텅 빈 장소로 환원"된다. 그는 현실 속에서 자신이 사랑받거나 바람직하다고 생각되는 어떠한 동일시의 대상도 발견하지 못하며, 자기 스스로에게도 받아들여질 만한 자아상을 확보하지 못하게 된다.[29]

29_ 지젝, 『당신의 징후를 즐겨라!』, 82쪽. 행위 이행이 상징적 현실로부터 벗어남으로써 상징적 죽음을 가져오는 것이라면, 행동 표출은 상징적 현실을 벗어나지 않으며 그 속에서 자신의 메시지에 대한 의미를 추구하는 것으로서 예를 들어 실제적 자살행위가 이에 해당한다. 지젝은 행위 이행으로서의 행위에 큰 의미를 부여한다. 그것이 '행위'가 되는 것은 그것이 이루어지는 [상징계 내의] 장소가 어디냐에 달려 있다. 유고슬라비아의 지도자였던 티토의 '아니오'는 그것이 공산주의자에 의해 선언되었다는 이유 때문에, 단지 그가 공산주의자로서 스탈린에 저항했기 때문에 그러한 전복적 영향력을 가졌다는 것이다. 지젝은 계속해서 "그러므로 행위에 관해서, 엄격한 의미에서 우리는 그것의 결과, 즉 그것이 기존의 상징적 공간을 변형할 방식을 [사전에] 결코 완전히 예견할 수 없다. 그 뒤에는 '아무것도 똑같이 남아 있지 않은' 파열이다……. 새로운 것(행위의 결과로서 출현하는 상징적 현실)은 항상 '본질적으로 부산물인 상태'이지, 결코 선행 계획의 결과가 아니다. 페탱과 1940년 프랑스의 항복에 대한 드골의 '아니오', 1979년 라캉의 '파리 프로이트학교' 해산에서부터 위반 행위의 신비한 사례, 케사르의 루비콘 도강에 이르기까지"라고 말한다. 지젝, 『삐딱하게 보기』, 274-276쪽;

푸코의 논지를 정신분석적 용어로 말하자면 근대 권력의 전략이란 주체의 욕망, 히스테리적 저항을 대타자에 대한 호소로서 '행동 표출'의 영역으로 제한하고 주체의 욕망에 대해 환유적 해소 대상을 제공하는 '환상'을 끊임없이 유포·공급하면서, 다른 한편 현실의 질서 자체를 부정하고 넘어서는 '행위 이행'을 방지하고자 하는 것이다.

여기서 나타나는 것은 바로 지젝이 말하는 적대, 사회적 적대로서의 실재이다. 현실에 틈새를 내는 실재의 파편, 현실 속에 끌어안을 수 없는, 상징화되지 않는 적대이다. 영화 <똥파리>가 기존의 느와르 영화들과 다른 부분은 바로 이 지점이다. 일상적 삶의 이면에 있으면서도 늘 일상적이고 공식적인 삶과 공존하고 타협하고자 하는 여지를 지금까지의 영화들이 함축하고 있었다면, 이 영화는 그 가능성 자체가 배제되고 있다. 그것을 상징적으로 보여주는 것이 자신의 아버지에 대한 상훈의 무자비한 구타행위이다. 더 나아가 영화 말미에서 나타나듯 용역깡패로서 상훈의 폭력행위조차 그에게 더 이상 어떠한 '만족'도 제공하지 못하게 된다. 또 그는 자신 스스로를 'X같은 새끼'라고 자칭하면서 일관된 자아상을 봉합해내고자 하는 최소한도의 노력도 거부한다.

증상, 즉 상훈의 폭력행위가 반복되는 것은 그것이 그에게 어떤 만족을 주기 때문이다. 스스로는 이를 분명히 느끼지 못하며 오히려 그걸 고통으로 느끼며 불평하는 사례도 있지만. 환자들이 분석가를 찾는 것은 대체로 증상이 더 이상 만족을 주지 못함으로써 느끼는 위기 상황 속에서이다.[30] 상훈이 마지막 순간에 채무자에게 폭력을 행사하기를 주저하는 것은 다른 무엇보다 그에게 폭력이 더 이상 증상으로 작동하지 않기

지젝, 『당신의 징후를 즐겨라!』, 100-101쪽.
30_ 핑크, 『라캉과 정신의학』, 17-18, 26-27쪽.

때문이다. 다시 말해 자신의 무력함, 자신의 죄의식을 속죄하고 자신의
용기를 표출하는 메시지로서 폭력의 의미가 소멸했기 때문이다. 메시지
의 수신인으로서 아버지는 자살로서 생을 마감하고자 할 만큼 유약해졌
고, 용역회사 사장 역시 고깃집을 하겠다고 변심하게 된 마당에 더 이상
자신의 메시지를 수신할 대타자의 대리인이 존재하지 않는 상황, '자신
(의 폭력)을 알아줄 사람이 없게 된 상황'에 직면하게 된 것이다. 그가
마주친 상황은 폭력 세계에서 손을 씻어도 돌아갈 곳이 없게 된 막다름이
다.

다시 말해 상훈은 상징적·상상적 동일시의 버팀대 없이 텅 빈 장소로
환원된다. 이러한 상징적 죽음의 상태가 영화적 현실에 그려지면서, 상징
적 현실 자체가 자신도 어찌할 수 없는 잉여를 끌어안고 있음을 카프카나
바그너의 작품 속에 나타나는 쩍 벌어진 무시무시한 상처처럼 보여주고
있다.[31]

6. 정신분석적 권력 개념의 두 측면

정신분석에서 권력 개념은 타자의 장과 주체의 장이라는 두 측면에서
살펴볼 수 있다. 사회적 질서에 의해 부과되는 권력과 자기 주체화를
통해 작동하는 권력의 두 시각이라 할 수 있다. 다시 말해 특정 기표를
부과함으로써 주체로 만들어내는 주인 담론의 차원과 그 기표와 자신을
동일시하는 주체화의 차원으로 나누어 살펴볼 수 있다. 물론 이 둘이
서로 분리되어 있지 않다는 것이 정신분석의 핵심이지만, 단순히 도식적

31_ 지젝, 『이데올로기의 숭고한 대상』, 137-143쪽.

시각에서 구분이 가능하다는 것이다.

　타자의 장 내에서는 서로 상반되면서 보완하는 두 가지 권력의 근원이 존재한다. 앞 장에서 살펴보았듯이 공식적 법의 영역과 이를 위반하면서 보완하는 법의 이면, 자아 이상과 초자아의 대립과 보완이 그것이다. '무지한 법'이 미치지 못하는 공백의 영역을 지배적 질서를 위해 채워주는 법의 이면, 불문율의 영역은 반드시 법의 장 내에 위치하지만은 않으며, 그걸 넘어서고 있다. 푸코의 규율화 기제, 즉 원형감옥 모형에 의해 행사되는 미시적 권력의 그물망은 법 이면의 영역, 초자아의 영역이라 할 수 있다. 푸코에 따르면 부르주아지가 형식적 외관상으로는 노동자와 평등한 권리를 갖는 자유로운 주체이면서도 내용적 이면에서는 규율권력의 작동을 통해 실질적 지배자가 된다는 것이다.[32]

　이러한 법의 이면, 초자아의 영역, 푸코의 규율화 기제의 영역은 주체화의 기제이기도 하다. 주체가 형성되는 과정은 '무지한 법'보다는 세세한 영역까지 '잘 알고 있는' 불문율에 의해 길들여지는 과정이라 할 수 있다. 이것이 "대중들은 왜 스스로에 대한 억압을 욕망하는가?"라는 들뢰즈가 말하는 정치학의 근본문제에 답을 제시하는 영역이다. 그것은 자발적으로 복종하는 주체가 형성되는 과정이다. 따라서 초자아의 영역은, 자아 이상의 차원에서 발해지는 무지막지하면서도 엉성한 주인 담론이 주체의 수준에서 작동할 수 있도록 설득하면서 강제하여 그를 신체에 새기는 역할, 자아 이상과 주체 사이를 매개하는 역할을 한다.[33] 라캉은

32_ 과학혁명이 근대를 이루는 한 기둥의 역할을 했다고 한다면, 근대에 들어 무지막지한 주인 담론은 과학과 지식을 앞세워 설득하고자 하는 대학 담론의 외형을 띠며 작동하지 않을 수 없었다고 말할 수 있다.
33_ 비유하자면 아이에게 아버지의 말(명령)을 전달하고 실천에 옮기도록 도와주면서 강제하는 어머니의 역할이 초자아의 역할에 해당한다고 할 수 있다.

"주체의 욕망은 타자의 욕망이다" 혹은 "무의식은 타자의 담론이다"라는 명제를 통해 이러한 문제영역에 접근하는 실마리를 제공한다.

그런데 상징적 현실 속에서 특정 주체가 형성되면서 그로 인해 배제되는 것들, 억압된 것들이 있고, 이것이 증상으로 회귀한다는 것이 정신분석적 통찰이다. 우리는 이 증상을 통해 혁명에 대해 말할 수 있게 된다. 이 부분은 특히 지젝이 강조하는 바로서 그는 "당신의 증상을 즐겨라!"라는 말로 이를 대신한다. 지젝은 주체를 넘어서 사회 내지 상징적 현실의 차원으로 증상 개념을 확장하고자 한다. 상징적 현실 속에는 늘 그에 의해 포괄되지 못하는 잉여 내지 잔여의 부분이 존재하며, 이러한 어찌할 수 없는 현실의 틈새는 상징적 현실에 대한 적대적인 실재——지젝은 이를 계급적 적대라고 말한다——를 구성하며 현실 자체를 파국으로 몰고 간다.[34]

주체의 차원에서 사회적 현실의 질서를 거부하는 것은 '상징적 자살' 내지 '행위 이행'으로 개념화될 수 있다. 영화 <똥파리>의 주인공 상훈은

34_ 라캉은 욕망의 대상-원인, 즉 대상 a를 마르크스의 잉여 가치 개념과 등치시켜 말하고 있고, 증상 개념을 발견한 사람은 다름 아닌 칼 마르크스라고도 말한다. 라캉에 따르면 마르크스는 부르주아의 '권리와 의무'의 보편성과 모순되는 '병리적인' 불균형·비대칭·균열 등을 탐색함으로써 증상을 고안했다. 지젝은 자본주의 시장의 이상(理想)인 상품들 간의 등가적이고 공정한 교환 속에 노동력, 즉 노동자라는 상품이 포함되는 순간, 등가적 교환은 그 자신의 부정이 되어, 노동 착취 즉 잉여 가치 전유의 바로 그 형식이 된다. 노동과 자본 사이의 교환은 전적으로 등가적이며 공정한 것이지만, 그 안에 내재된 부정을 표상하는 새로운 상품, 프롤레타리아라는 증상이 필연적으로 출현하게 된다는 것이다. 지젝은 서구 사회의 유태인 역시 사회적 증상에 해당한다고 본다. 유태인은 사회에 내재된 적대관계가 어떤 구체적 형태를 띠고 사회 표면으로 돌출하는 지점이며, 사회가 고장났다는 사실이 분명해지는 지점이다. 지젝, 『이데올로기의 숭고한 대상』, 48-52쪽; 핑크, 『라캉의 주체』, 181쪽 참조.

바로 이 '행위'를 수행함으로써 상징적 현실을 벗어난 존재가 된다. 상훈은 주인 담론과 주체화 과정이 파열을 일으키는 지점, 규율화의 기제가 성공적으로 작동되지 못한 지점으로 기록될 수 있다. 상훈 자신이 주인 담론의 명령을 주체의 수준에서 실현토록 매개하는 초자아의 역할, 그 가운데서도 폭력이라는 외설적 수단으로 강제하는 역할을 담당했다는 점에서 이는 무척 공교롭기도 하다. 아니 그것은 초자아의 영역이 상징적 현실과 그것을 넘어서는 실재의 경계선에 자리 잡고 있다는 데에서 비롯되는 것이기도 하다. 그는 똘마니에게 살해되어 생을 마감하지 않았더라도 상징적 현실 속에서 자신의 자리를 찾지 못하고 극단적인 존재의 궁핍을 겪을 수밖에 없었던 주체로, 환상을 가로지르기는 했지만 현실을 파국으로 몰고 가는 증상과의 동일시에는 이르지 못한 주체로 기록될 수 있다.

제3장
정치란 무엇인가:
정치의 위기 문제를 중심으로

1. 정치의 몰락

오늘날 정치는 위기에 처해 있다. 그것은 세계적 현상이 되고 있다. 한 정치컨설턴트는 이제 더 이상 "정치에서 영웅이 나오지 않는다"고 단언하면서 오늘날 한국사회의 정치 위기를 정치 영역 자체의 몰락 현상으로 보고자 한다. 시대적 변화 속에서 이제 영웅은 경제나 문화, 스포츠 영역에서 나오고 있다는 것이다. 대중은 더 이상 정치에 열광하지 않으며, "정치인은 무르꽉 도사보다도 영향력이 없다." 칼 보그스는 미국에서 정치영역이 토크쇼, 시트콤, 네트워크 뉴스, 인터넷, 영화 등을 통해 신변잡기와 허튼 소리로 전락하고, 쇼 비즈니스화, 오락산업화 되어가고 있다고 쓰고 있다. 슬라보예 지젝은 문화가 우리 생활의 중심영역으로 등장한 것에 주목하면서, 오늘날 문화 전쟁은 전치된 양식의 계급 전쟁이라고 말한다.[1]

정치 위기의 한복판에는 정당의 몰락 현상이 자리 잡고 있다. 2011년 서울시장 보궐선거와 2012년 대통령 선거 국면에서 나타난 '안철수 현상'이 갖는 대표적 특징의 하나는 '비정치인' 안철수에 대한 높은 '정치적' 지지이다. 박성민은 이를 다음과 같이 인상적으로 표현한다. "1987년 민주화 이래 대통령에 당선된 인물이 다수당의 다수파(노태우)에서, 다수당의 소수파(김영삼)로 변화하더니, 다시 소수당의 다수파(김대중)로, 소수당의 소수파(노무현)로 변화하였고, '정말 놀라운 것'은 안철수는 그냥 '개인'일 뿐인데 정당과 정치를 뿌리째 흔들고 있다는 것이다."[2]

안토니오 그람시가 말하는 '현대의 군주'는 오늘날 역사의 무대에서 퇴장하는 듯하다. 정당 간의 구별을 어렵게 하는 정책적·이념적 수렴 현상, 정당의 기본 기능으로서 이익결집의 실패가 정당에 대한 실망과 비판의 초점이 되고 있다. 미국 클린턴 행정부에서 노동부장관을 역임한 로버트 라이시는 "대기업들이 양대 정당을 '소유하고' 있기 때문에 어느 정당이 집권하는가는 전혀 중요하지 않다. 어떤 경우에도 정당들은 기본적으로 동일한 정책을 수행하고 있기 때문이다. 공화당과 마찬가지로 민주당 역시 월스트리트의 분부를 따르고 있는 실정이다"라고 말한다.[3]

일반적으로 정치의 위기는 민주주의의 위기를 뜻한다. 왜 민주주의는 위기에 처하게 되었는가? 이에 대해서는 다양한 대답이 제시될 수 있다.

1_ 박성민, 『정치의 몰락』, 민음사, 2012, 5쪽; Carl Boggs, *The End of Politics, Corporate Power and the Decline of the Public Sphere*, New York and London, The Guilford Press, 2000, 2쪽; 슬라보예 지젝, 주성우 옮김, 『멈춰라, 생각하라』, 와이즈베리, 2012, 69쪽.

2_ 김만흠, 『정당정치, 안철수 현상과 정당 재편』, 한울아카데미, 2012, 21쪽; 박성민, 『정치의 몰락』, 5-7쪽.

3_ Boggs, *The End of Politics*, 3-4쪽.

먼저 절차적 민주주의가 계급 불평등과 같은 실질적 민주주의의 문제를 해결하지 못하기 때문이라고 보는 시각이 있는가 하면, 거대 기업이 개인의 삶과 문화까지 지배하고 식민화하고 있기 때문이라고 보는 시각, 문제는 민주주의가 아니라 자본주의라고 보는 시각, 사회문화적 삶의 현실 속에서 실질적 민주주의의 가치인 평등이 과잉보호되었기 때문이라고 보는 시각 등 그 스펙트럼이 매우 넓다.

   나는 여기서 먼저 몇 나라에 걸친 사례를 중심으로 정치의 위기 내지 정치의 종언 현상을 살펴볼 것이다. 여기에는 한국과 미국, 프랑스 등이 포함된다. 이어서 정치와 민주주의에 대해 급진적이고 독창적인 문제 제기를 하고 있는 두 사람의 논자, 자크 랑시에르와 슬라보예 지젝의 논지를 검토한 후, 전반적으로 논의를 정리해보고자 한다. 이 과정 속에서 정치의 위기라는 주제는 '정치란 무엇인가, 민주주의란 무엇인가?'라는 정치의 본질 문제로 다시 돌아가지 않을 수 없게 된다. 또 라캉주의 정신분석이 이 주제에 어떻게 접근할 수 있는가라는 문제와 관련하여 슬라보예 지젝과 자크 랑시에르의 논의를 통해 그 가능성이 탐색될 수 있으리라고 생각된다.

2. 민주주의의 위기, 정치 위기의 현상들

   먼저 대표적인 비판적 사회과학자들을 중심으로 정치의 위기 내지 민주주의의 위기를 서술하는 다양한 모습과 입장을 살펴보고자 한다. 여기에는 한국의 경우 최장집, 미국의 경우 칼 보그스, 프랑스의 경우 자크 랑시에르, 그리고 여러 나라를 아우르는 슬라보예 지젝이 포함된다.

1) 최장집과 한국정치, 한국 민주주의의 위기

최장집에 따르면 민주화 이후 한국사회는 질적으로 나빠졌다. 계급 불평등 구조의 심화, 사회이동 기회의 축소, 중산층 상층의 특권화 등의 현상이 그것이다. 정당이 중심이 되는 민주정치는 사회적 기대와는 거리가 먼 정치계급의 쟁투장이 되었으며, 정치인은 일종의 정치엘리트카르텔을 형성하여 자신들만의 이익 확보에 골몰하고 있다. 그 결과 국민들은 정치에 대해 냉소를 넘어 무관심에까지 이르게 되었다. 민주화를 통해 기대했던 것과 실제 결과 사이의 격차에 대해 실망과 환멸을 느꼈기 때문이기도 하다.[4]

최장집에게 민주주의는 정치체제이기보다 토크빌이 말했듯 '사회의 상태'이다. 민주주의의 '절차적 최소 요건'을 갖춤으로써 민주주의가 발전하는 것이 아니라, 민주주의의 발전은 그 사회의 지적, 도덕적, 문화적 토양의 발전에 달려 있다. 그는 정치에 대한 시민의 관심과 참여를 불러일으키려면 비판적 논의와 논쟁이 존재해야 한다고 주장한다. 이 역할은 지식인이 담당해야 하지만, 그 자리를 주류 언론의 지배적 담론과 기득 이익을 위한 수구적 논리가 대신하고 있다. 민주화 이후 언론은 사회여론을 주도할 뿐 아니라, 지식인 사회와 정치의 세계를 지배하는 담론의 생산자가 되었다. 그런데 언론이 생산하는 담론은 정치를 공격하고 부정하는 데 집중되고 있다. 그것도 냉전 반공주의와 권위주의의 역사 속에서, 지극히 협소한 보수적 정치 언어만을 조합하고 있을 뿐이며, 대안적 논의가 없는 정치비판은 민주주의의 말할 공간을 축소시킬 뿐이다.

4_ 최장집 지음, 박상훈 개정, 『민주화 이후의 민주주의: 한국 민주주의의 보수적 기원』, 후마니타스, 2010, 8-12쪽.

최장집에게 정치는 절차적 민주주의를 의미하며, 정치의 위기, 절차적 민주주의의 위기는 정당의 무능과 보수 언론의 지배에 기인한다. 그런데 그에게 민주주의는 '사회 상태'를 동시에 의미하기에, 민주주의의 위기는 계급 불평등 심화, 보수언론의 담론 공간 지배 등 실질적 민주주의의 위기를 의미하기도 한다. 정치의 위기는 그러한 사회문제를 해결해야 할 정당의 무능과 무책임, 그에 따른 시민의 참여 부재, 냉소, 무관심을 의미한다. 다시 말해 절차적 민주주의가 실질적 민주주의의 성취를 보장하는 것은 아니며, 이것이 정치 위기의 핵심적인 한 부분을 구성한다는 것이다. 그것은 한국의 '민주화 이후의 민주주의'가 오히려 실질적 민주주의의 퇴보와 정치의 위기를 불러왔다는 데에서 잘 드러난다. 최장집은 한국사회의 최대 균열은 대표된 정당체계와 대표되지 않은 사회 사이의 균열이라고 보는데, 정당체계를 통해 사회적 균열을 온당하게 대표하는 길만이 이러한 정치의 위기와 실질적 민주주의의 위기를 동시에 바로잡을 수 있다고 본다.[5]

_____

5_ 최장집, 『민주화 이후의 민주주의』, 38-41쪽. 공적 영역과 사적 영역의 엄격한 분리를 요구하는 개인주의적 자유주의의 시각에서 이 문제를 보면 다음과 같이 정리될 수 있다. 사회 영역의 내용, 실질적 민주주의가 사적 영역이라면 (A라 하자), 정치 영역의 절차적 민주주의는 공적 영역(B라 하자)에 해당된다. 이때 B는 A의 문제를 해결하기 위해 존재하는 것이 아니다. 공사 분리와 그에 따른 공적 영역의 탄생은 사적 영역을 보호하기 위해 출현했을 뿐이다. 사적 영역인 경제 활동, 가정생활, 종교 활동은 국가나 사회의 공적 행위에 의해 간섭받아서는 안 된다는 것이다. 이러한 자유주의의 공사 구분의 원리는 단적으로 정치 행위의 과잉을 방지하기 위한 것이었다(조승래, 「근대 공사 구분의 지적 계보」, 『서양사론』, 110호, 2011, 14-18쪽). 최장집 역시 공·사의 분리와 자유주의를 자세히 논하면서 "국가의 공적 권력의 확대를 부정적으로 보는 자유주의가 서구 시민사회의 출발"이라고 보면서도(최장집, 『민주화 이후의 민주주의』, 221쪽), 개인주의적 자유주의의 입장과 달리 B는 A에서 발생하는 문제를 해결하기 위해 존재하며 그것을 통해 진정한 민주주의의

　　최장집은 계급 불평등의 심화에 대한 원인으로서 '삼성공화국'으로
상징되는 재벌 지배의 심화, 언론의 거대 기업화를 중요하게 거론하고
있으면서도, 그것을 (절차적) 민주주의에 대한 '직접적' 위기 요인으로
보지는 않는 듯하다. 국가와 시민사회 사이에 '정치사회'를 설정하고
있는 그의 이론 체계 내에서, 사회 영역의 문제는 정치사회의 매개를
통해서만 간접적으로 국가(의 정책)에 작용하기 때문이다. 그는 이를
'국가와 시민사회의 정치적 매개로서의 정당체계'라고 표현한다. 로크에
게 자연 상태와 구분되는 (시민)사회상태 개념에는 자율적 결사체, 의회,
국가 모두가 포함된다. 최장집은 이를 다시 구분하여, 시민사회를 '국가
와 개인을 매개하는 자율적 결사체의 영역'(이익집단, NGO, 운동)으로
규정하고, (서구의 시민사회가 국가권력의 사적 영역 침해에 대한 저항
을 정당화하는 개념이었음에 비해) 한국에서는 '[권위주의] 국가에 반하
는 시민사회'가 강조되었다고 보며, 또 이 시민사회와 국가를 매개하는
것으로서 정치사회의 층위를 설정하고 있다.[6]

　　다시 말해 재벌 지배의 폐해 등으로 야기된 사회 속 실질적 민주주의
의 위기는, 사회균열을 대표하는 제대로 된 정당체계의 매개를 통해
바로잡을 수 있다는 전망, 절차적 민주주의에 대한 낙관과 기대가 그의
이론 체계 내에서 작동하고 있다. 재벌과 보수언론은 정당이라는 스크린
을 통하지 않고 곧바로 사회에 영향력을 행사하고 있는데, 재벌·보수언
론이 야기하는 계급 불평등의 문제는 정당체계를 통해 간접적인 방식으
로만 해결될 수 있다고 보는 이론체계 내적인 모순이 여기에 존재한다.

　　실현이 가능하다고 본다.
　6_ 최장집, 『민주화 이후의 민주주의』, 27-36, 220-231쪽.

2) 칼 보그스와 미국 정치, 미국 민주주의의 위기

칼 보그스에 따르면 지난 20년간 미국에서는 정치의 질적 저하 현상이 나타났는데, 그 내용은 미국사회의 탈정치화로 요약될 수 있다. 시민의 정치 참여 부재, 공적 의무감의 결여가 그것의 주요내용을 이룬다. 정치는 부패하고 권위주의화 되어갔으며, 사회의 중요 문제와는 무관하게 움직였고, 그 결과 대다수 미국 시민들은 정치체계로부터 소외되었다. 그 사이 사회 문제들은 더욱 심각해졌다. 환경오염, 도시적 삶의 악화, 공공 서비스의 질 저하, 광범한 시민 폭력, 사생활 침해 등등의 현실이 그것이다.[7]

위기 중의 위기는 공적 영역의 질적 저하인데, 이것이 위기를 더욱 파괴적 결과로 만들고 있다. 문제를 해결해야 할 양대 정당의 차이는 점점 작아져 정치체계는 위축되었고 시민의식은 저하되어 이는 낮은 투표율, 정치적 효능감 상실, 정치사회적 지식 및 관심 저하 등의 결과로 나타났다.

보그스에 의하면 시대정신이라 할 이러한 반정치(antipolitics)의 원인은, 단순히 정당이나 운동의 실패 내지 제도적 차원에 있는 것이 아니라, 보다 깊은 역사적 과정 즉 기업에 의한 사회의 식민화, 경제적 세계화에 뿌리를 두고 있다. 그것이 개개인의 일상생활 모든 부면과 정치문화 형성에 직접적 영향을 미치고 있다. 거대 정부의 시대는 끝나고 거대 기업이 무대의 중심을 차지하게 되었다. 그것은 사회적 관계의 사유화, 비판의 위축, 민주적 참여 영역의 축소 등으로 나타났는데, 시민들의 탈정치화는 이러한 과정의 불가피한 결과이기도 하다. 개인주의적 경쟁과 사회적 자율이라는 고전적인 로크적 이상은 허울에 불과할 뿐, 기업

7_ Boggs, *The End of Politics*, vii, 1-23쪽.

식민화의 현실은 혼돈과 고립화라는 홉스적 전쟁상태를 야기하고 있다.

보그스는 클린턴 행정부의 전 노동부장관의 말을 인용하면서, 정부의 모든 영역과 수준에서 대기업의 식민적 영향력이 작용한 결과, 최소한의 공적 이익조차 대변되지 못하는 '경제적 아파르트헤이트' 현상이 심화되어 미국정치의 민주화를 위협하고 있다고 본다. 대기업이 양대 정당을 '소유하고' 있기 때문에 누가 집권하는가는 중요하지 않다는 것이다. 대기업의 지배 아래 있는 대중매체들이 떠들어대는 엘리트들의 문제들(성추문 사건들, 유명인 재판, 외국의 악마들)은 훨씬 중요한 사회적 문제에 대한 논의를 차단하고 있다. 또 마약과의 전쟁, 정부지출 감축, 법질서 유지 등등의 문제에 관해 떠들썩한 논쟁들이 벌어지고 있지만, 이는 마치 공적 논쟁이 건재하는 듯 연막을 치고 있는 것에 불과하다. 왜냐하면 그 사이 정부 지출 등의 문제가 누구를 위한 것인지 등 정작 중요한 문제들에 대한 실질적 논쟁은 사라지고 있기 때문이다.

보그스에 따르면 클린턴 성추문 사건은 오 제이 심슨 사건이나 여타 대중매체의 떠들썩한 소동들과 같이, 기업들의 약탈을 지속시켜 주면서 주요 사회문제들이 공적 담론으로부터 효과적으로 차단되는 결과를 가져왔다. 진짜 중요한 사회적 이슈들은 무시되거나 주변화되면서 대중의 관심은 매체가 만들어낸 '논란들', 부자나 권력자의 범죄, 지도자들의 개인적인 기벽에 고착된다. 클린턴 섹스 스캔들을 둘러싼 '소동'은 일반 대중들 눈에는 자신의 생활과 무관한, 여야의 헐뜯기 경쟁일 뿐인 것으로 비쳐진다. 1998년 내내 클린턴 스캔들이 방송을 지배하고 있을 때, 2,200억 달러 규모의 발전산업이 그 어떤 공적 논의도 없이 민영화되고 말았다. 법인기업과 공기업 로비스트들이 부당한 통제력을 행사할 수 있었기 때문이다. 소련 및 동구권 붕괴 이후, 소련의 군사력 증강에 대비하여 수립된 미국의 핵전략이 수정되어야 했음에도 불구하고 아무런 변화도 없을뿐더러 그에 대한 논의 비슷한 것도 없었다. 더 심각한 것은 생태위기의 다양한 측면들이 주요 정치담론 차원에서 은폐되고 무시되고 있다는 점이다.

사회문제들을 해결해줄 유토피아적 꿈으로 각광받았던 정보혁명은 수익 위주의 대기업 지배로 인해 탈정치화의 수단으로 전락하였다. 세계화와 더불어 미국에서의 공공영역의 약화 문제는 전 지구적으로 확산되고 있다. 성격상 범역적인 이슈들 또한 국지적이고 개별적인 전망 내지 '해법'들로 대응되면서 소위 '지속적 발전'을 가로막고 있다. 이러한 시대적 문제들은 그야말로 정치에 대한 근본적 재창조를 요구한다. 다시 말해 낡은 실용주의적 '현실주의', 선거 전술에의 매몰, 국정운영에 있어서의 권모술수, 그 순간을 모면하려는 고식적 문제해결 노력 등등을 넘어서야 한다는 것, 다시 말해 모더니즘적 국면, 산업주의적 통제방식에 기반한 모더니즘적 국면을 넘어서야 한다는 것이다.

보그스는 정치의 본령을 최장집의 경우처럼 사회문제 해결의 역할에 두지만, 최장집과 달리 정치가 제 역할을 하지 못하게 된 원인을 정당의 무능이나 제도에서 찾는 것이 아니라, 사회에 대한 기업의 과도한 지배에서 찾고 있다. 그러나 보그스 역시 정치 위기에 대한 해법을 다시 정치에 대한 근본적 재창조, 시민의식의 재활성화에서 찾고자 한다는 문제를 안고 있다.[8] 다시 말해 그는 정치 위기의 근본적 원인이 기업 식민화에 있다고 보면서도, 그 해법은 정치의 영역에서 찾고 있다. 최장집과 달리 보그스는 기업에 의한 식민화를 민주주의에 대한 직접적 위협 요인으로 제시하고 있지만, 자세히 살펴보면 최장집의 이론체계와 유사하게 제대

8_ Boggs, *The End of Politics*, 20쪽; Tim Duvall, "Review Article: How Can We End the End of Politics? A Review of *The End of Politics*," 208쪽.

로 된 정당체계의 수립을 통해 이 문제가 해결 가능하리라는 낙관적
기대와 믿음을 갖고 있다.[9]

3) 랑시에르와 프랑스 민주주의의 위기

자크 랑시에르는 프랑스 민주주의의 위기가 민주주의에 대한 광범위
한 증오에서 비롯된다고 본다. 그는 민주주의에 대한 증오 현상이 이른바
'민주주의의 과잉' 즉 민주적 삶의 심화와 관련된 것으로 파악한다. 민주
주의 비판론자들에 따르면 그것은 두 가지 형태로 나타난다. 1960년대와
70년대에 서구국가들에서 나타난 대중 시위와 같이 국민 주권을 확인하
고자 하는 무정부주의 현상이 하나이고, 이러한 정치적 에너지가 사적이
고 사회적 영역으로 전환되어 나타난 사회적 욕망과 욕구의 폭발적 증대
현상이 다른 하나이다.[10]

프랑스에서 민주주의 비판자들에 따르면, 민주주의의 평등 원칙이
사적 영역에 과잉 관철된 결과, '탐욕적 소비자로서 민주주의적 인간'이
등장한다. 이때 민주주의란 다양한 선거적 선택처럼, 자신의 내적 쾌락을
다양하게 선택하는 자아도취적 소비자의 지배를 의미하게 된다. 그 결과
"생활양식의 '대형 슈퍼마켓화', 생활세계의 '유흥화', 삶 전체의 소비
영역 진입"이라는 문화의 종말을 초래했다는 것이다. 교사와 학생, 의사
와 환자, 변호사와 의뢰인, 성당 사제와 신도, 일반 근로자와 기초수급자

9_ 보그스는 다양한 사회 운동들을 정치화하여 이익을 결집하는 제3의 정당이
    등장한다면, 정치에 의미 있는 변화를 가져올 수 있다고 보는데, 문제는 미국
    사회의 주된 흐름상 그럴 가능성이 전혀 없다는 데에 있다. Duvall, "Review
    Article", 208쪽.

10_ 자크 랑시에르, 허경 옮김, 『민주주의는 왜 증오의 대상인가』, 인간사랑,
    2011.

등 모든 관계가 평등한 관계 모델로서 '용역 공급자와 고객의 관계'로
변화되어, 고객을 왕이라고 여기는 슈퍼마켓처럼 평등권을 주장하는
시민들은 무제한적 욕망과 욕구에 사로잡힌 탐욕적 소비자가 되었다는
것이다.

이로 인해 시민들은 공공선에 대해 무관심하게 되었고, 정부는 그러한
사회적 요구 대응에 급급하게 되어 정부 자신의 권위를 추락시키는 결과
가 나타났다는 것이다. 결국 이들 민주주의 비판자들은 "민주주의는
대항하여 싸워야 하는 어떤 것이다. 왜냐하면 민주주의는 전체주의이기
때문이다"라는 극단적 주장을 하기에 이르렀으며, 따라서 이들은 '올바
른 민주주의'란 이러한 과잉을 제대로 제어할 수 있는 정치형태이자
사회형태여야 한다고 주장한다. 이들은 집단적 행동의 지나침을 제어하
고, 참여 부재로 인한 과도한 정치적 무관심을 제어하는 올바른 민주주의
가 유일한 해결책이라고 본다. 이들 민주주의 증오자들은 이러한 문제들
을 해결할 수 있는 길은 사회적 최적 균형을 만들어낼 수 있는 통치자
및 전문가들에 의한 '순수 정치'로 복귀하는 것이라고 보며, 이것만이
유일한 '선한 민주주의'라고 본다.

랑시에르가 1988년 프랑스 대통령선거를 관찰하면서 '약속의 종언과
분할의 종언'이 정치 종언의 내용을 이루고 있다고 본 것도 같은 맥락이
다. 랑시에르에 따르면 프랑수아 미테랑은 여기서 미래에 도달해야 할
그 어떤 유토피아적 목적지도 제시하고 있지 않는데, 이는 정치가 목적지
도 없이 단순히 배를 모는(steering) 전문가적 기술로 환원되었음을 의미
한다.[11]

11_ 자크 랑시에르, 양창렬 옮김, 『정치적인 것의 가장자리에서』, 도서출판 길,
2013, 41-46쪽.

랑시에르는 민주주의를 사회형태로 환원하여 보고자 하는 입장, 그리고 사회 영역에서 나타나는 무제한성의 추구(무제한적 욕망 추구), 이두 가지가 민주주의 비판자들이 갖는 민주주의에 대한 증오의 근간을이룬다고 본다. 랑시에르는 이 두 가지가 냉전 해체 이후 전체주의에대한 공격의 화살이 민주주의로 방향을 전환한 결과이자, 자본주의의고유 속성인 무제한 성장 추구를 '대중적 개인주의 사회' 탓으로 전가한결과라고 진단한다.[12] 랑시에르에 따르면 "마르크스주의[와]의 단절로인해 사회 비판이 자신의 임무를 수행하지 못하게 된 결과 사회 비판의방향이 뒤바뀌게 된다. 다시 말해 지배체제의 희생자들은 [이제 더 이상]개인이 아니라, 오히려…… 개인들이 소비지향적인 '민주주의적 폭정'의 지배를 유발시킨 장본인이 되어버린다." '민주주의'라는 용어는 과거의 '지배체제'라는 용어를 대신하게 되었으며, 과거의 '이중적 주체'(지배체제를 감수하면서 고발하는 개인)를 대신하여 등장한 자기 욕망만을추구하는 '사악한 주체'의 대명사가 되었다. "민주적 인간은 다름 아닌팝콘, 리얼리티 쇼, 안전 섹스, 사회보장, 차별화의 권리, 반자본주의환상 또는 대안적 세계화의 환상 등을 추종하는 얼빠진 젊은 소비자이다."[13]

12_ 랑시에르, 『민주주의는 왜 증오의 대상인가』, 45쪽.

13_ 랑시에르, 『민주주의는 왜 증오의 대상인가』, 181-183쪽. 여기서 그려지고 있는 이들 탐욕적 소비자, 사악한 주체로서의 민주주의적 인간이라는 형상은, 슬라보예 지젝에 따르면 미국에서는 포퓰리즘적 우익 보수주의자들이 공격하는 자유주의 좌파 내지 데카당스 자유주의자의 모습과 닮아 있다. 미국에서 자유주의 좌파는 포퓰리즘적 우익 보수주의자들의 주된 공격 대상이다. 우익 보수주의자들에 따르면 이들 자유주의 좌파들은 "카페라테를 마시며 외제차를 몰고 낙태와 동성애를 옹호하며 애국적 희생과 시골의 소박한 생활방식을 무시하는" 자들, "학교에서 다윈의 진화론과 도착적

랑시에르에 따르면 민주주의 증오의 배경에는 자본과 지식의 과두적 동맹에 의한 권력독점 현상이 자리 잡고 있다. 정치를 사멸시키고자 하는 두 개의 의지의 결합, 부의 자본주의적 무한 추구 의지와 국민국가의 과두적 운영 의지의 결합이 작동하고 있다는 것이다.[14] 랑시에르에 의하면 자본과 지식 간의 이 과두적 동맹이야말로 민주주의라는 용어를 하나의 '이데올로기적 장치'로 만들어내고 있다. 그 과두적 동맹이 공적 생활 차원의 문제를 탐욕적 소비문화 같은 '사회현상'의 문제로 환원하여 그것을 탈정치화시키고, 그러한 정치적 문제들의 존재 자체가 보이지 않도록 호도하는 '감성의 분할'을 만들어내고 있다는 것이다.[15] 이 과두적 동맹은 민주주의를 하나의 사회형태로 간주하여 국가 과두제의 지배를 은폐하고, '민주주의적 개인'의 입맛에 맞는 것은 바로 이 과두제 제국이라고 분칠하면서 경제 과두제를 은폐하고자 한다는 것이다.[16]

<hr/>

성행위를 가르쳐야 한다고 주장하는" 자들이며 "진정한 미국인의 생활방식을 해치려는" 자들이라는 것이다. 지젝, 『멈춰라, 생각하라』, 67쪽.

14_ 랑시에르, 『민주주의는 왜 증오의 대상인가』, 165-168쪽. 랑시에르는 장-클로드 밀네르의 『민주주의 유럽의 범죄적 성향』이라는 책이 갖는 광범한 영향력에 초점을 맞추어, 이 책이 전체주의에 부여된 사회적 균질성의 측면과 자본의 논리가 갖는 자기 확장의 무제한성을 민주주의의 모습으로 전환시킨, 프랑스식 민주주의 재해석의 마지막 결론이라고 요약한다(같은 책, 73-74쪽).

15_ 지젝은 이를 '문화 전쟁은 곧 전치된 양식의 계급 전쟁'이라고 개념 규정한다(지젝, 『멈춰라, 생각하라』, 69쪽). 후술하듯이 지젝에게 정치는 곧 계급투쟁에 해당되는데, '전문지식'에 의한 지배가 정치를 대체함에 따라 탈정치화되고 억압된 계급투쟁은 문화의 영역에서 전치된 방식으로 회귀하고 있다는 것이다.

16_ 랑시에르, 『민주주의는 왜 증오의 대상인가』, 189쪽. 랑시에르가 1988년 프랑스 대선에서 나타난 정치의 종언을 약속의 종언과 더불어 분할의 종언이라고 말할 때, 약속의 종언이란 유토피아를 통해 미래를 현재와 분할하는

4) 지젝이 보는 민주주의의 위기

지젝은 민주주의의 위기를 행정부의 권한 강화와 의회의 수동화에서 찾는다. 민주주의 위협의 주된 요인은 위기나 비상사태, 예외상황을 빙자하여 민주적 절차를 건너뛰어 행사되는 행정부 수장의 권한 강화에 있다는 것이다. 이 경우 국가안보 문제는 군사전문가의 몫이며, 경제위기는 경제전문가의 몫이지, 투표를 통한 민주주의적 의사 결정의 몫이 아니게 된다. 그럴 경우 투표를 통해 결정할 사안이 남아날 게 과연 있냐고 지젝은 반문한다. 그는 그리스 경제위기의 극복책으로 유럽연합이 내놓은 해법이 대표적 예에 해당한다고 보며, 그는 그 해법의 본질적 성격을 '탈정치화된 테크노크라시 모델'이라고 규정한다. 지젝에 따르면 이 모델은 단지 그리스에 국한된 것이 아니라 오늘날 보편적인 신사회경제 모델로 떠오르고 있다. 그리스는 유럽의 단독적 보편자이자 결절점이라는 것이다.[17]

지젝은 자본주의와 민주주의의 상호의존 관계, 즉 자본주의의 성장은 자연스레 민주주의의 확대로 귀결될 것이라는 전문가들의 '지식'을 거부하며, 오늘날 자유민주주의의 기본 특징들(노동조합, 보통선거, 무상 의무교육, 언론 자유 등)조차 19세기 하층계급의 길고도 어려운 투쟁을 통해 쟁취한 것이지 자본주의의 '자연스러운' 결과가 결코 아님을 강조

것이 아니라 미래를 단지 현재의 단순한 연장으로 환원함으로써 시간적 분할이 종언을 고하였음을 가리키고자 하는 것이고, 그리고 정치공간의 중심이 자본 과두제와 국가 과두제 간의 합의로 전락하여 공간적 분할이 종언되었음을 가리키고자 함이었다. 랑시에르, 『정치적인 것의 가장자리에서』, 41-43쪽.

17_ 슬라보예 지젝, 「민주주의에서 신의 폭력으로」, 아감벤 외, 김상운 외 옮김, 『민주주의는 죽었는가?』, 난장, 2010, 168-169쪽; 지젝, 『멈춰라, 생각하라』, 38-41, 149-150쪽.

한다. 그는 중국의 사례를 들면서 중국이 공산당의 권위주의적 지배를 통해 자본주의 발전을 성취하였지만, 그 발전이 민주주의의 확대를 가져올 것이라는 전문가들의 전망을 부인한다. 오히려 지젝은 권위주의와 자본주의의 결합은 유럽 초기 자본주의의 망각된 과거의 반복일 뿐이라고 비판한다. 지젝에 따르면 자본주의와 공산당의 지배라는 '괴상한' 중국의 사례는 '불행을 가장한 축복'으로서, 중국이 권위주의적 공산당 지배에도 불구하고 조속히 발전한 것이 아니라, 바로 그 지배 때문에 발전한 것이다. 그는 더 나아가 중국의 권위주의적 자본주의야말로 우리 모두의 미래의 징후라고 예견한다.[18]

지젝에 의하면 테크노크라시 모델은 부르주아 계급 없는 자본주의의 새로운 이상형이다. 그것은 스톡옵션이라는 새로운 형태로 잉여 가치를 전유하는 전문경영인이 주도하는 자본주의, 혹은 새로운 부르주아 계급, 봉급 부르주아지라 할 수 있는 전문경영인이 주도하는 자본주의를 핵심 내용으로 한다. 중국은 이러한 부르주아 계급 없는 관리자 체계와 완벽히 부합한다는 것이다.[19]

지젝은 이 테크노크라시 모델의 지지층을 '중간 계급'에서 찾는다. 중간계급은 오늘날 전문경영인이 상위층을 이루는 '봉급 부르주아지' 내에서 하위층을 차지한다. 이들이 잉여급여를 받는 것은 실제 능력과는 무관하게 권력과 이데올로기에 의해 자의적으로 결정된다. 그것은 경제적 의미보다는 정치적 의미, 즉 사회적 안정을 위해 '중간 계급'을 유지하기 위한 것이다. 지젝에 따르면 이들 중간 계급은 서구 사회 '반자본주의' 시위의 많은 부분을 주도하고 있다. 그것은 이들이 봉급 부르주아지의

18_ 지젝, 『민주주의에서 신의 폭력으로』, 171-176쪽.
19_ 지젝, 『멈춰라, 생각하라』, 34-37, 58, 73-75쪽.

하위계급으로서 이들의 잉여급여가 경제적 기능을 갖지 않기에 경제
위기 시 '허리띠를 조를 수 있는' 확실한 후보이기 때문에, 이들 중간계급
이 프롤레타리아 계급으로 전락할 위기를 막을 유일한 방법은 정치적
저항뿐이기 때문이라는 것이다. 이들은 명목상 잔인한 시장논리를 겨냥
하여 비판하지만, 실제는 정치적 특권이 보장된 경제적 지위의 침해에
항의하고 있을 따름이다. 즉 이들 중간 계급의 시위는 프롤레타리아적
시위가 아니라 프롤레타리아 계급으로 전락할 위험에 저항하는 시위이
다. 봉급 부르주아 하위계급이 프롤레타리아로 전락하는 동안, 최고 경영
자와 은행가들은 과도하게 높은 보수를 누리고 있다.

　지젝은 이들 중간계급이 과거 프랑스 나폴레옹 3세의 보나파르트
체제의 지지계급인 소농과 유사한 역할을 한다고 본다. '살아있는 모순'
으로서 중간계급의 모호성은 정치와의 관계 방식에서 드러난다. 그것은
한편으로 '정치화' 즉 사회의 광적 동원에 반대하며 자신의 안정된 생활
방식을 유지하기를 원하는 것이고, 다른 한편 프랑스의 르 펜 지지, 미국
의 티파티 운동 등과 같은 우익 풀뿌리 포퓰리즘 운동의 주된 선동자가
된다는 것이다. 다시 말해 중간계급은 좌와 우에 걸쳐 넓게 분포하고
있는데, 한편으로 반인종차별주의, 반성차별주의, 다문화주의 등 자유주
의 좌파의 입장으로부터, 다른 한편으로 적대의 논리를 고수하는 포퓰리
즘적 근본주의의 분파에 이르기 까지 모순된 형태로 존재한다는 것이다.

　요약하자면 지젝은 오늘날 민주주의의 위기가 전문지식을 앞세워
민주적 절차를 무시하는 신사회경제 모델, 즉 탈정치화된 테크노크라시
모델에 의해 초래된다고 본다. 이 테크노크라시 체제는 전문경영인과
전문관료들이 주도하며, '중간 계급'의 지지를 확보하고 있다. 지젝은
이것이야말로 근대성을 대학 담론의 출현으로 보고자 하는 라캉의 통찰
이 올바름을 보여주는 사례라고 말한다.[20]

3. 랑시에르와 지젝에게 있어서 정치와 민주주의

정치와 민주주의의 위기에 대한 인식 차이는 각기 정치와 민주주의를 어떻게 규정하는가에 따른 차이에서 비롯된다. 랑시에르와 지젝은 정치와 민주주의에 대해 각기 나름대로 독특한 입장을 취하고 있다. 정치를 (절차적, 다원적, 대의, 형식) 민주주의와 동일시하는 일반적 관념과 달리 이들은 보다 근본적이고 급진적 입장에서 정치와 민주주의를 규정한다. 정치에 대한 양자의 독특한 규정에 입각할 때, (절차적) 민주주의는 정치를 부인하는 탈정치화의 한 양식, 혹은 '민주주의의 환상'에 불과할 뿐이다. 랑시에르와 지젝의 논의를 살펴보기로 한다.

1) 랑시에르에게 있어서 정치와 민주주의

랑시에르는 정치를 평등을 실현하는 해방의 과정으로 본다. 사람들 간의 평등을 전제하고 그 전제를 입증하려는 실천 과정을 정치로 본다. 랑시에르는 정치에 대해 치안을 대립시킨다. 치안은 통치의 과정에 해당되며, 이는 자리와 일의 위계적 배분에 기초하여 공동체를 결집하고 합의를 형성하는 과정이다. 이 두 과정이 마주치면서 정치적인 것이 등장한다. 랑시에르는 평등 실현 과정인 해방의 과정으로서의 정치를 민주주의로 파악한다.[21]

민주주의는 통치할 자격이 없는 자들에게 통치할 자격을 부여하는 것으로서, 처음 출발한 고대 그리스 시기부터 비웃음과 증오의 대상으로 출현하였다('정치에 관한 테제 4'). 따라서 랑시에르에 의하면 오늘날

20_ 지젝, 「민주주의에서 신의 폭력으로」, 169-170쪽.
21_ 랑시에르, 『정치적인 것의 가장자리에서』, 112-115, 214-229쪽.

프랑스에서 나타나는 민주주의에 대한 증오 현상은 전혀 새롭지 않으며 결코 이상하지도 않다는 것이다. 랑시에르에 따르면 데모스, 인민이란 자기 몫이 없는 자들로서, 자신의 몫 즉 자신의 자리와 일을 갖는 주민들에 대한 보충으로 존재한다. 그 보충이란 '몫이 없는 자들의 몫'을 공동체 전체와 동일시하는 것을 가능하게 해준다는 것이다('정치에 관한 테제 5'). 랑시에르의 견해 가운데 가장 독특한 부분이자 우리에게 익숙하지 않은 부분이 바로 이 지점이다. 말하자면 자신의 몫을 가진 주민들은 자신의 자리와 일에 매몰되어 공동체 전체를 바라볼 수 없다면, 그 몫이 없는 것으로서의 몫을 가진 인민은 그걸 볼 수 있다는 것이다.

랑시에르가 재해석하는 민주주의, 즉 '텅 빈 보충적 부분'을 공동체 전체와 동일시할 경우 그 공백과 잉여를 어떻게 해석할 것인가? 민주주의 비판자들은 이를 탐욕스러운 대중이나 무지한 하층민의 과잉적 소란으로 환원시켜 폄하하여 왔다. 그러나 랑시에르에 따르면 그것은 왕의 두 신체 가운데 불멸하는 초월적 신체와 같은 것으로서 말하자면 '인민(People)의 영광스러운 신체'에 비견될 수 있다.[22] 그것은 치안의 질서 속에서 은폐되었기 때문에 보이지 않는 공백으로 존재했을 뿐이지, 정치를 구성하는 본질적 구성 요소로서 원래부터 주어져 있던 것이다. 치안이란 바로 이 공백과 보충을 부정하고 제거하는 것, 그것을 보이지 않고

22_ 랑시에르, 『정치적인 것의 가장자리에서』, 218쪽. 지젝 역시 이와 유사하게 영화 <마농의 샘>(클로드 베리 감독, 1992)을 인용하면서, 마농을 "폐쇄적인 마을 공동체로부터 모든 권리를 박탈당하고 추방된 후에 생명의 신비[생의 실체로서의 실재]에 접근할 수 있게 된 미녀"에 비견하고 있으며, "우리[마을 사람들]의 잘못으로 네 가족이 입은 피해 때문에 우리 공동체를 미워할 권리를 얻게 된 사람"으로 보고자 한다(슬라보예 지젝, 한보희 옮김, 『전체주의가 어쨌다구?』, 새물결, 2008, 45-46쪽). 이러한 지젝의 주장은 랑시에르가 말하는 '몫 없는 몫'을 잘 설명해줄 수 있는 해석이라고 생각된다.

들리지 않게 하는 어떤 나눔, 즉 감성적인 것의 분할이다('정치에 관한 테제 7'). 정치는 그 감성적 공간을 [새로이] 짜는 것이며, 정치 주체들의 세계, 정치가 작동하는 세계를 보이게 만드는 것이다('정치에 관한 테제 8').

우리에게는 익숙하지 않은 정치와 민주주의에 대한 자신의 견해를 설명하기 위해, 랑시에르는 1830년대 프랑스 노동자들의 투쟁, 소위 '해방의 삼단논법'이라는 사례를 제시하고 있다. 1830년 당시 프랑스 7월 혁명의 헌장은 "모든 프랑스인들은 법 앞에 평등하다"라고 규정하고 있는데, 이는 일종의 대전제에 해당한다고 할 수 있다. 여기에 대해 파리의 양복점 사장들은 파리 재단사들의 임금인상 요구를 근거 없는 것으로, 몫이 없는 것으로, 말이 아니라 단순한 소리로서, 들리지 않는 것으로 치부하고자 했다. 이것은 앞의 대전제에 대해 소전제로서 대립된다. 즉 법 앞의 평등이라는 대전제에 대하여 노동자와 주인 간의 경제적 의존관계에 따르는 불평등한 '사회 현실'이라는 소전제가 대립하고 있다. 이 대전제와 소전제로부터 두 가지 대립된 결론이 도출될 수 있다. 우리에게 익숙한 방식은, 대전제는 단지 법-정치적 문자의 환영에 불과하며, 그 평등은 불평등한 현실을 가리기 위해 존재하는 외양에 불과하다는 결론이다.[23] 그러나 당시 노동자들이 추론한 결론은, 대전제와 소전제를

23_ 이러한 랑시에르의 비판은 명백히 지젝의 권력론——공식적 법과 그것의 외설적 위반을 포함하는 초자아적 폭력의 보충——에 대한 비판을 의미한다. 지젝이 공식적 법에 대해 그것이 갖는 초자아적 이면의 외설성을 폭로함으로써 그 위선적 모순성을 비판하고 있지만, 지젝의 이러한 입장은 초자아의 외설적 이면을 가리기 위해 공식적 법이라는 외양이 존재한다, 라는 방식, 다시 말해 현상옹호적 함축을 갖는 설명 방식으로도 읽힐 수 있다. "권력자들이 늘 말로는 그럴듯하게 떠들지만 하나라도 제대로 하는 게 있어?"라는 식의 체념적 태도 혹은 냉소적 태도, 랑시에르는 이것이야말로 우리가 경계

일치시켜야 한다는 것이었다. 만약 대전제가 잘못되었다면 평등하다고
한 헌장을 삭제해야 하며, 헌장을 유지하려면 양복점 사장들이 다르게
말하고 행동해야 한다는 것이다. 그들은 '절이 싫으면 중이 떠나야 한다'
는 식으로 다른 지역으로 이주하거나 하는 단순한 노동거부에서 벗어나,
파업이라는 적극적이면서 결정적인 전환을 통해 자신의 작업장을 관리
하며 쟁론의 근거를 제시하고자 하였다. 다시 말해 당시 파리의 양복
재단 노동자들은 법-정치적 기입 속에 잠재적 상태로 남아 있는 평등이
일상생활 속에 번역되고 자리를 옮기고 극대화되도록 적극적으로 행동
하였다.[24]

　랑시에르는 이처럼 해방이란 스스로의 힘에 의해 소수파에서 탈출하
는 것이며, 단순한 욕구·불평·항의의 존재들이 아니라, 근거와 담론의
존재임을 증명하는 것, 근거와 근거를 대립시켜 자신들의 행위를 하나의
증명으로 구성할 수 있음을 실천으로 증명하는 것이라고 말한다. 민주주

해야 할 패배주의적 태도라는 것이다.

24_ 랑시에르, 『정치적인 것의 가장자리에서』, 88-98쪽. 지젝은 이러한 랑시에르
의 구분을 "시뮬라크르는 상상적이며(환영), 반면에 외양은 상징적이다(허
구)"라는 라캉적 용어로 표현한다. 지젝은 이를 다음과 같이 세공한다. 이
평등자유라는 외양과, 경제적, 문화적 등등의 차이들이 존재하는 사회적
현실 간의 이 틈새는 ① 표준적인 '증상적' 방식으로 읽거나 (보편적 권리,
평등, 자유, 민주주의의 형식은 착취와 계급지배의 우주라는 그것의 내용에
대한 필연적이지만 환영적 표현 형식에 불과하다), ② 보다 더 전복적 의미
로, 즉 하나의 긴장으로 읽을 수 있는데, 그 긴장 속에서 평등자유의 '외양은
정확히 '한낱 외양'에 불과한 것이 아니라 그 자체의 유효성을 드러낸다.
즉 그 외양은 현실적 사회-경제적 관계들의 과정을 작동시키는 역할을
할 수 있게 된다(지젝, 『까다로운 주체』, 317-319쪽). 지젝은 이에 덧붙여
"그런데 오늘날의 시뮬라크르의 우주에 대한 열쇠는 '상징적 유효성'의
후퇴에 있다"고 말한다. 이는 아버지 상, 오이디푸스의 후퇴와 상징적 수행력
의 약화와 관련되어 있다.

의는 이중의 의미에서 나눔의 공동체인데, 그것은 논쟁을 통해서만 말해질 수 있는 같은 세계에 속한다는 것, 싸움을 통해서만 이룰 수 있는 결집이라는 것을 의미한다. 노동자 해방이란 삶의 방식 변화와 삶의 감성화를 거치는 것이며, 그것은 근본적으로 말하는 존재이기에 다른 모든 이들과 평등하다는 전제에 입각한 것이다.[25] 해방의 과정은 지적 평등의 관점에서 출발하여, 그것을 긍정하고, 그것이 산출하는 힘을 보며, 그것을 극대화하는 감성화의 과정, 즉 일상적 지각 방식에서 벗어나, 지각방식의 틀 혹은 나눔 자체를 재편성하는 과정이다. 반대로 대부분의 사회과학자들의 경우처럼 불신과 불평등의 원인이 무엇인가를 찾는 관점에서 출발하는 것은 결국 불평등을 위계화하고 우선권과 지적 능력을 위계화하여 불평등을 무한정 재생산하게 되는 결과를 낳는다고 랑시에르는 경고한다.[26]

　랑시에르에게 있어서 치안은 정치를 끊임없이 탈정치화하고자 하는 어떤 것이다. 가령 프랑스에서 민주주의의 위기를 '탐욕적 소비자로서의 민주주의적 인간'에 의해 초래되는 민주주의의 과잉으로 보고자 하는 입장은 정치를 사회의 영역으로 환원하여 탈정치화하는 것, 해방의 과정

───────

25_ 랑시에르, 『정치적인 것의 가장자리에서』, 92-98쪽. 이는 법-정치적 공적 공간과, 그와 무관한 경제적 사회현실이라는 사적 현실의 대립, 즉 자유주의적 개인주의의 공과 사의 엄격한 분리 속에서, 작업장 속의 사적 공간에 공적 공간의 원리가 적용되도록 하는 과정이며, 그것을 통해 사적 공간 자체를 공적 공간으로 바꾸는 분할의 과정이기도 하다.

26_ 이는 앞서 말한 바와 같이 사회과학 내지 과학이 현실을 단지 해석만 하게 될 때, 현상응호적 지식만을 양산할 뿐이라는 비판으로서, 마르크스의 '포이어바흐에 관한 테제 11' 즉 "이제까지 철학자들은 다양하게 세계를 해석해 왔을 뿐이다. 그러나 문제는 세계를 변화시키는 데 있다"를 가리키는 것으로 보인다.

인 정치를 보지 못하게 하려는 탈정치화의 시도이다. 랑시에르에 따르면
탈정치화의 억압에 대해 실재로부터의 침입에 해당하는 것이 바로 르
펜 등의 우익 포퓰리즘이다.[27] 또한 이것은 정치의 종언론과 정치 회귀론
이 출현하는 배경이기도 하다('정치에 관한 테제 10').

　　랑시에르는 정치를 민주주의와 동일시한다. 즉 '몫 없는 자들의 몫'이
공동체 전체와 동일시되는 과정, 몫 없는 자들의 실천 과정, 유일하게
보편적 가치인 평등을 실현하고자 하는 그들의 실천 과정과 동일시한다.
그는 이를 플라톤, 아리스토텔레스 등 그리스 철학자들에 대한 세밀한
논의 위에 기초 짓는다. 랑시에르에게 민주주의는 사유화에 반대하는
투쟁이자 공공영역의 확대과정이기도 하다. 또 랑시에르에게 평등은
경제적 평등이 아니다. 말하는 자로서의 보편적 평등, 내용은 텅 빈 평등
이다. 그 내용은 우연적으로 결정된다. 이 민주주의, 해방의 과정으로서
정치는 우연성과 간헐성이 지배하는 불안정한 공간이다. 그 순간이 지나
면 그것은 다시 치안에 의해 만들어진 충만한 실정적 질서, 볼 수 있는
것, 말할 수 있는 것, 들을 수 있는 것이 아무런 틈새, 공백 없이 설정된
질서, 과두적 지배로 채워진다. 랑시에르는 "어제의 사회와 마찬가지로
오늘의 사회도 과두제의 게임에 의해 운영되는 것이 사실이다. 그리고
정확히 말해 민주적 통치는 존재하지 않는다고 말할 수 있다"고 쓰고
있다.[28] 랑시에르는 '정치에 관한 테제 10'을 논의하며, 정치의 종언은

27_ 랑시에르, 『정치적인 것의 가장자리에서』, 64-65쪽.

28_ 그러나 이 공공영역의 확대는 자유주의자들의 주장처럼 사회에 대한 국가의
　　잠식을 의미하지 않는다. "그것은 오히려 국가 내부와 사회에 대한 과두제적
　　이중 지배를 보장해주는 '공·사 영역의 분리'에 저항하는 투쟁을 의미하는
　　것이라고 할 수 있다." 랑시에르는 공공영역의 확대가 역사적으로 두 가지
　　의미를 갖는다고 본다. 하나는 국가의 법이 포기했던 자들로 하여금 평등의
　　가치와 자신이 정치적으로 주체라는 사실을 인식하도록 만드는 것이고,

언제나 일시적이고 잠정적인 활동인 정치에 붙어 있는 가장자리라고
말한다.[29]

2) 지젝에게 있어서 정치와 민주주의

지젝은 정치를 '경제가 자기 자신과 취하는 거리에 대한 이름'이라고
규정한다. 정치공간은 '부재 원인'으로서의 경제 그리고 전체 사회의
요소 중 하나인 경제, 이 둘을 분리시키는 간극에 의해 탄생한다. 경제가
'전부는 아니기' 때문에 정치가 존재한다. 다시 말해 경제적인 것은 두
가지 형태로 나뉘는데, 사회적 장의 절대적 참조점으로서의 경제적인
것과 실제 사회적 총체의 한 요소('하위체계')로서 현실화된 경제적인
것이 그것이다.[30]

지젝은 들뢰즈를 따라 경제적인 것이 '최종 심급에서' 사회체제를
결정하는 역할을 한다고 할 때, 경제적인 것이 결코 실질적인 작인으로
직접 나타나지 않는다고 본다. 그 존재는 순전히 가상적이고 사회적인

다른 하나는 이들에게 부자들에게만 한정되었던 정치공간과 사회적 관계가
공공의 성격을 띤다는 점을 이해시키는 것이다. 랑시에르가 드는 역사적
사례는 선거권 확대 투쟁과 임금투쟁이다. 랑시에르, 『민주주의는 왜 증오의
대상인가』, 116-125쪽.

29_ 랑시에르, 『정치적인 것의 가장자리에서』, 233쪽. 한편 정반대의 입장에
서 있는 일부 정치종언론자들은 우리가 해방과 종말론적 기다림이라는 유토
피아의 약속에서 자유로워졌으며, 경영의 본성에 도달하였다고 주장한다
(랑시에르, 『정치적인 것의 가장자리에서』, 11-12쪽). 왜냐하면 이들에 따르
면 유토피아가 이미 실현되었기 때문에(정치가 자기 역할을 전혀 못하기
때문이 아니라) 정치는 종언을 고하였다는 것이다. 다시 말해 이들 종언론자
내지 해방론자들은 오늘날 [전문지식에 의거하여] 이해관계의 평형을 계산
하고 그 평형에 대한 다수의 합의를 끌어내는 경영['순수 정치'로의 회귀]에
의해 평등과 해방의 문제가 해결되는 시대가 되었다고 주장한다.

30_ 지젝, 『멈춰라, 생각하라』, 60-64쪽.

'유사 원인'이지만, 바로 그런 점에서 절대적이고 비관계적이며 결코 '고유의 자리가 없는' 부재 원인이다. 부재하는 X, '부재 원인'은 다양한 연쇄적 사회적 장(경제적, 정치적, 이데올로기적, 법적……) 사이를 순환하며 그것들을 각기 특정한 분절에 배분한다. 지젝은 이를 꿈과 비교하여 다음과 같이 설명한다.

> 꿈의 잠재적 사유와 무의식적 욕망은 다른 것이다. 꿈의 잠재적 사유가 원칙적으로 성적일 필요는 없다. 하지만 무의식적 욕망은 성적이다. 프로이트는 이 둘을 구분한다. 마르크스는 이러한 구분에 있어서 프로이트와 공명하고 있다. 사회적 삶의 여러 작인들 가운데서 우세한 것으로 나타나는 작인이 항상 경제적일 필요는 없다. 하지만 '최종 심급에서' 사회적 삶을 결정하는 것은 언제나 경제적인 힘이다. 마르크스는 이 둘을 서로 다른 차원의 문제로 구분한다. 따라서 성/경제의 '결정인자로서의 역할'과 특정한 시점에서 우세한 것으로 나타나는 어떤 작인들 사이에는 아무런 긴장도 존재하지 않는다. 성/경제가 끊임없이 이동하는 작인들을 직접적으로 중층결정하는 것이다.[31]

지젝은 이어서 그렇다면 이때 '경제의 규정적 역할'은 어떻게 기능하는가, 라고 묻는다. 가령 미국에서 컨트리 음악은 보수세력이 압도적이고, 록 음악은 좌파 진보세력이 압도적이다. 이 경우 '경제의 규정적 역할'은, 모든 일의 실체는 경제 투쟁인 것이기에 경제적인 것이 한 다리 건너 정치적인 것을 매개로 문화적 영역에 규정적 영향을 미쳤다는 것을 의미하지 않는다. 오히려 경제적인 것은 정치적 투쟁이 대중 문화적

31_ 지젝, 『전체주의가 어쨌다구?』, 295-296쪽.

투쟁으로 번역 및 변환되는 과정, 결코 직접적이지 않고 언제나 전치되고 비대칭적인 변환 과정에 새겨진다.[32]

여기서 지젝은 계급투쟁이 경제의 중심부에 놓인 정치라고 규정한다.[33] 즉 정치는 부재 원인으로서의 경제와 현실 경제 사이의 간극을 이어주는 것으로서, 그것은 바로 계급투쟁이라고 보는 것이다. 경제적인 것이 '제거된' '순수한' 정치는 이데올로기와 다름없다. 우리는 모든 정치적·법적·문화적 내용을 '경제적 토대'로 환원하여, 그것의 '표현'으로 해독할 수 있지만, 여기에는 '경제 자체 내의 정치인 계급투쟁만을 제외하고'라는 단서가 붙는다.

지젝은 계급투쟁으로서의 정치를 진정한 정치로 보고 있는 듯하다. 부재 원인으로서, 먼 원인으로서 경제적인 것이 실정적 경제 내지 사회를 규정하게 될 때, 그 규정이 어떠한 형태와 결과를 갖게 될지를 결정하는 정치적 계기를 계급투쟁으로 본다고 할 수 있다. 부재 원인으로서의 경제와 현실 경제의 거리, 간극을 이어주는 유일한 매개항이 계급투쟁이다. 지젝은 이 지점에서 '경제적인 것'은 라캉적 실재의 두 가지 측면, "다른 투쟁들 속에서 전치와 왜곡을 통해 '표현되는' 단단한 중핵, 그리고 그

32_ 지젝, 『멈춰라, 생각하라』, 62-65쪽. "여기서 밑바탕에 깔려 있는 논리는 헤겔의 '대립적인 것에 의한 규정'의 논리다. 경제가 유(類)이면서 동시에 그에 속한 하나의 종(種)인 것은, 프로이트에게 성이 하나의 '유'임과 동시에 그에 속한 '종'인 것과 마찬가지다(성적인 소망을 직접적으로 드러내는 꿈들도 있다). 그리고 여기서 우리는 마르크스와 프로이트 모두 (성 그리고/혹은 경제가 궁극적인 결정 요인이라고 주장한다는 점에서) 유물론적이면서 동시에 (성 그리고/혹은 경제가 직접적인 결정요인으로 물신화되는 것을 거부한다는 점에서) 변증법적인 방법을 취하고 있음을 보게 되는 것이 아닐까?" 지젝, 『전체주의가 어쨌다구?』, 296쪽.

33_ 지젝, 『멈춰라, 생각하라』, 65쪽.

왜곡을 구조화하는 원리 자체"라고 말하고 있는데, 그 두 측면이 무엇을 가리키는지는 명확히 말하고 있지 않다. 필자가 보기에 부재 원인으로서 경제적인 것이 왜곡과 전치를 통해 표현되는 실재의 단단한 중핵에 해당 된다면, 계급투쟁은 그 왜곡을 구조화하는 원리에 해당되는 것이 아닌가 생각된다.[34] 따라서 지젝에게 있어서 부재 원인으로서의 경제가 실정적 경제로 혹은 대중 문화적 투쟁 등등으로 어떻게 나타나는지를 결정하는 것이 바로 계급투쟁이자 정치라는 매개 항이라고 볼 수 있다.

지젝은 "마르크스주의의 도박은 다른 모든 것을 중층결정하고 그 자체로 전체 장의 '구체적 보편성'이 되는 하나의 적대(계급투쟁)를 상정 하는 것에 있다"는 데 동의한다. 여기서 지젝은 계급적대가 다른 모든 것을 '중층결정'한다는 것이 알튀세르적 의미, 즉 계급투쟁이 다른 모든 투쟁의 궁극적 참조점이자 의미의 지평이라는 뜻이 아니라, 다른 적대를 '등가 연쇄'로 접합할 수 있는 매우 '모순적인' 수많은 방식들을 설명해주 는 구조적 원리라는 뜻이라고 덧붙이고 있다.[35]

그는 월가 점령 시위에 깔려있는 두 가지 통찰을 말하는데, 현재 대중의 불만은 자본주의라는 시스템 그 자체에 대한 것이라는 점과 더불

34_ 지젝은 '이르마의 꿈'에서 [실재와의] 외상적 만남이 '이르마의 목구멍 안쪽 의 빨간 생살'로 나타나는데, 이 꿈에서 '끔찍한 공포가 전문적인 의학 용어 를 들먹이며 변명을 해대는 공허한 장면에 의해 전치된다'고 말한다(지젝, 『전체주의가 어쨌다구?』, 300쪽). 지젝은 전자를 '실재적인 실재'(the "real Real"), 후자를 '상징적 실재'(the "symbolic Real")로 구분한다(지젝, 『그들 은 자신이 하는 일을 알지 못하나이다』, 12쪽). 그렇게 본다면 '부재 원인으 로서의 경제적인 것'이 실재적 실재에 해당된다면, 계급투쟁은 그 경제적인 것이 전치, 왜곡되는 메커니즘 내지 구조화 원리로서 '상징적 실재'에 해당된 다고 할 수 있다.

35_ 지젝, 『멈춰라, 생각하라』, 72-73쪽. 스스로는 의미 없는, 기의 없는 기표로서 다른 기표들과 등가 연쇄할 수 있는 기표는 주인 기표에 해당된다.

어 현재와 같은 다당제 형태의 대의민주주의는 자본주의 병폐를 해결할
수 없다는 점이라고 꼽는다. 민주주의는 재발명되어야 하는데 그것의
이름은 바로 프롤레타리아 독재라고 지젝은 단언한다. 다시 말해 지젝은
정치라는 것이 민주주의와 직접적으로 연관을 맺는다고 보지 않는다.
그래서 "오늘날의 적은 제국이나 자본이 아니라 민주주의라고 불린다"
는 알랭 바디우의 주장에 동의하며, 자본주의의 근본적 변화를 가로막는
주범은 민주주의적 절차 내에서만 모든 변화가 가능하다고 믿는 '민주주
의적 환상'이라고 질타한다.[36]

지젝에게 있어서 부재 원인으로서의 경제를 구조화하는 원리로 제시
되는 계급투쟁 내지 정치의 개념은 과거 신좌파들의 국가론 논쟁이 갖는
함의와 일정한 관련을 갖는다. 토대결정론에 반대하여 상부구조 특히
국가의 상대적 자율성을 둘러싼 논쟁에 있어서, 랄프 밀리반드의 자본의
도구적 지배와 니코스 풀란차스의 구조적 지배 논쟁이 그것이다. 국가는
자본의 직접적 통제 아래 자본의 단기 경제적 이익에 봉사하는 것(밀리반
드)이 아니라, 그것을 넘어선 자본의 장기 구조적 이익을 대변하기 위해
국가의 상대적 자율성이 요청된다는 것(풀란차스)이다. 그렇기 때문에
국가가 단지 '자본주의 사회에서의 국가'(The State in Capitalist Society)
(밀리반드의 책 제목)로서 모든 계급이 자기 입맛대로 사용할 수 있는

36_ 지젝, 『멈춰라, 생각하라』, 162-164쪽. 지젝은 '민주적' 투표 참여에 반대하
는 알랭 바디우의 다음과 같은 주장에 동의한다. "설사 진정한 '자유' 선거라
해도, 한 후보자가 명백히 다른 후보자보다 바람직하다 해도, 국가가 조직한
다당제 선거라는 형태 그 자체가 초월적이고 형식적인 층위에서 부패해
있으므로 투표에서 스스로를 빼내야(subtract) 한다." 지젝은 이에 덧붙여
민주주의 사회의 자유 투표를 떠받치는 '순환론적 역설'은 우리가 옳은
선택을 한다는 조건에서만 자유로운 선택을 할 수 있다는 것이다, 라고
말한다.

중립적 도구가 아니라, '자본주의 국가'(The Capitalist State)(밥 제숍의 책 제목), 즉 자본가계급의 이익이 구조 속에 각인된 국가라는 것이 풀란차스의 주장이다.[37]

4. 지젝과 랑시에르 간의 논쟁 : 계급투쟁과 해방의 과정

지젝은 자본주의를 사나운 짐승에 비유하는데 이 짐승을 길들이려는 역사적 시도들이 결국 실패하고 말았다고 본다.[38] 그래서 지젝은 자본주의의 근본적 변화를 꿈꾸게 되는데 그 방안이 '급진적 민주주의', '재발명된 민주주의'로서 다시금 계급투쟁과 혁명이다. 그것은 어떻게 보면 평등을 실현하는 '해방의 과정'을 정치와 민주주의로 보는 랑시에르의 입장과 크게 다르지 않은 듯 보인다. 그러나 그 해방의 과정, 혁명의 과정이 어느 지점까지 가야 하는가를 둘러싸고 지젝은 랑시에르와 날카롭게 대립한다.

1) 랑시에르에 대한 지젝의 비판

지젝은 랑시에르를 비판한다. 그 비판은 감성적인 것의 분할과 초자아

37_ 손호철, 『한국정치학의 새 구상』, 풀빛, 1991, 36-40쪽 참조. 지젝이 로자 룩셈부르크가 말하는 "[프롤레타리아] 독재란 민주주의의 철폐가 아니라 민주주의를 사용하는 방식이다"라는 명제를, 민주주의가 서로 다른 정치 주체에 의해 활용될 수 있는 텅 빈 틀이라는 것을 강조하려 했던 것이 아니라, 이 텅 빈 (절차적) 틀 자체에 '계급적 편향이 기입되어 있다는 점을 강조하고 싶었던 것이라고 말할 때(지젝, 『민주주의에서 신의 폭력으로』, 195쪽), 풀란차스의 이러한 논지를 따르는 듯하다.

38_ 지젝, 『멈춰라, 생각하라』, 41-43쪽.

의 과잉이라는 주제를 둘러싸고 전개된다. 지젝은 랑시에르에게 있어서 치안의 질서와 정치 사이에 어떤 '애매함'이 있음을 문제로 삼는다. 다시 말해 배제된/보이지 않는 '몫 없는 몫'이 스스로 전체를 대리하는 것으로 단언하고 새로운 가시성을 요구할 때, 그럼으로써 치안 질서를 교란시킬 때, 치안 권력과 그것의 [초자아적] '외설적 분신' 간에 애매함이 있다는 것이다. 지젝은 치안 권력과 인민의 요구 간의 대립만이 유일한 가시적 대립의 영역이 아니라는 것이다.

> 권력이 '보기를 거부하는' 것은 치안공간에서 배제된 '인민'이라는 (비-)부분이라기보다는 오히려 권력 자체의 공적 치안 기구에 대한 보이지 않는 지탱물이다……. 진정으로 '전복적인' 정치적 개입이 공적 공간 속으로 끌어들이려고 분투해야만 하는 것은 무엇보다도 권력/치안 그 자체가 의지하고 있는 이 외설적 보충물이다……. 외설적 초자아 보충물은 공적 이데올로기적 텍스트의 지탱물로서, 그 보충물이 작동하기 위해서는 공적으로 부인된 상태로 남아 있어야 한다: 그것에 대한 공적 자인은 자기-파멸적이다. 그러한 부인은 랑시에르가 '치안'의 질서라 부르는 것에 대해 구성적이라는 것이다.[39]

지젝은 공식 권력으로서 치안 권력의 이면, 즉 초자아적 외설적 이면을 랑시에르가 제대로 보지 못하고 있다고 비판한다. 지젝은 "법률은

39_ 지젝, 『까다로운 주체』, 383-386쪽. 지젝은 이어서 "치안의 질서는 결코 단순히 실정적인 질서에 불과한 것이 아니다: 도대체 기능하기 위해서라면, 그것은 속여야 하고, 오명명 해야 하며 등등이다——요컨대 정치에 관여해야 하고, 자신의 전복적 반대자들이 할 것으로 가정되는 것을 해야 한다"라고 말한다.

진정 나[국가권력]를 구속하지 못한다. 나는 내가 원하는 무엇이든 너에게 할 수 있다. 내가 결정하면 너는 죄인 취급을 받고 파괴될 수 있다'라는 초자아적 외설적 과잉은 주권 개념의 필연적인 구성요소라고 말한다.[40] 그러나 치안 권력을 보완하는 이 외설적 이면은 치안 권력이 공식적으로는 결코 인정할 수 없는 부분이다. 지젝은 랑시에르가 말하는 치안 권력과 인민의 요구 간의 대립 이외에, 랑시에르가 보지 못하는 치안 권력의 외설적 보충물과 치안 권력 간의 관계, 그리고 그 외설적 보충물과 인민의 요구 간의 대립이 또한 엄연히 존재한다는 것이다.

이는 '자유주의 좌파'의 무책임에 대한 지젝의 신랄한 비판으로 이어진다. 그들은 연대, 자유 등 거대 기획들을 지지하지만, 구체적이고 종종 '잔혹한' 정치적 조치들의 형태로 그 기획에 대한 대가를 치러야 할 때 그것을 회피한다는 것이다. 그에 반해 진정한 혁명가는 '행위로의 이행'을, 자신의 정치적 기획을 실현하는 것의 모든 결과들을 아무리 불유쾌하더라도 받아들이는 것을 두려워하지 않는다. 인민의 편에서도 역시 자의적이고 폭력적이며 불법적으로 행사되는 치안 권력의 외설적 보충물에 대해 동일하게 '잔혹한' 조처로 대응하는 것이 필요하다는 것이다.

랑시에르나 바디우가 정치를 치안으로서 기각할 때, 그들이 고려하지 않은 것은 체계 생존을 보증하기 위한 타협, 법의 자의를 깨뜨리는 등의 일을 가차 없이 기꺼이 이행하는 것을 포함하여, 궁극적 책임을 떠맡는 하나가 있어야만 한다는 것이다. 이를 권력을 잃지 않으려는 무원칙적 독단으로 보는 것은 완전히 잘못된 것이며, 치안에 대립되는 것으로서

40_ 지젝, 「민주주의에서 신의 폭력으로」, 190쪽. 공식 권력의 이면에서 작동하는 초자아적 과잉에 대해서는 앞의 두 장에서 자세히 살펴본 바 있다.

정치적인 것을 옹호하는 자들은 공적 치안 기구 그 자체를 지탱하고 있는 주인의 이 과잉을 고려하지 못하고 있다. 요컨대 그들, 자유주의 좌파들이 알고 있지 못한 것은 그들의 무조건적 요구가 주인의 한계를 테스트하면서 주인에게 겨냥된 히스테리적 도발이라는 한계에 머물고 있다는 사실이다. 히스테리적 도발에 대립되는 바로서의 '진정한 혁명가'는 기존 체계의 전복적 침식을 이 부정성을 체현하는 새로운 실정적 질서의 원리로 전환하는 일을 영웅적으로 기꺼이 견뎌낼 준비가 된 자이며, 고유한 정치적 행위의 임박한 '존재론화'에 대한 두려움은 일종의 원근법적 환영에서 비롯된 거짓 두려움에 불과하다. 지젝은 공식 권력의 외설적 보충물에 대항하여 인민이 행사하는 이 폭력을 '신의 폭력'이라고까지 격상시킨다. 지젝은 "민중이 행사하는 '신의 폭력'은 이런 권력 과잉의 상관항이자 동전의 다른 면이다. 신의 폭력은 이 [초자아의] 과잉을 겨냥하고 그 기초를 위협한다"고 말한다.[41]

2) 초자아 문제에 대해 랑시에르와 지젝이 공유하는 부분

그러나 랑시에르가 초자아의 외설적 보충을 온전히 간과했다는 지젝의 비판은 지나친 것이라고 생각된다. 랑시에르가 '정치에 관한 테제 8'에서 "정치의 주요 작업은 정치의 주체들의 세계 그리고 정치가 작동하는 세계를 보이게 만드는 데 있다"고 말할 때, 그가 보이게 만드는 것이 치안 권력에 대한 '인민'의 요구만을 의미하는 것은 아니다. 랑시에르는 공적 공간에 치안이 개입하는 것은 "그냥 지나가시오! 여기에 볼 것은 아무것도 없어!"라는 형태를 갖는다고 말한다.[42] 이 명령은 공적인 것의

41_ 지젝, 『까다로운 주체』, 388-390쪽; 지젝, 「민주주의에서 신의 폭력으로」, 190쪽.

이면에 아무것도 없음을 주장하는 것인데, 여기서 말하는 이 '볼 것'이야 말로 바로 지젝이 말하는 초자아의 외설적 보충이 아닌가, 라는 것이다. 랑시에르는 여기서 치안권력이 하는 일이 알튀세르의 "어이! 거기 당신" 이라는 호명이 아니라는 점을 분명히 밝히고 있다. 알튀세르가 말하는 호명이 공식적 정체성의 부여, 자리와 일의 위계적 질서의 부여라는 점에서 치안 질서의 형성을 말하고 있는 것이라면, 랑시에르는 치안 권력이 치안 질서의 형성과 유지뿐 아니라 그 공적인 치안 질서 이면에서 작동하는 권력을 보지 못하게 만드는 것이라는 점을 말하고 있다. 그 공식적인 것의 이면을 보지 못하게 하는 치안권력의 행사가 평등에 관한 '인민'의 요구에 국한된 것은 아니라는 것이다.

이 점은 랑시에르가 해방의 삼단논법을 말하는 부분에서 보다 명확히 드러난다. 양복점 재단사들의 임금인상 요구를 근거 없는 것, 들리지 않는 소리로 치부하려는 양복점 사장들의 행위는 법 앞의 평등에 어긋나 는 것이다. 이 부분이 지젝이 말하는 첫 번째 대립, 치안권력 대 '인민'의 요구 사이의 대립의 영역이다. 그런데 이러한 양복점 사장들의 행위는 "노동자와 주인 간의 경제적 의존 관계에 따르는 불평등한 '사회현실'이 있음"에 의존하고 있는 것이다. 바로 이것이 지젝이 말하는 두 번째 대립의 영역, 공적 권력과 초자아적 권력 간 대립의 영역이다. 랑시에르 가 말하는 불평등한 '사회현실'은 지젝이 말하는 초자아적 보충, 법을 위반하는 외설성을 마다하지 않으면서까지 법을 보완하는 초자아의 영 역이라는 것이다.

해방의 삼단논법이란 양복점 주인과 재단사 간의 불평등한 현실이라 는 '사적 영역'에 공적 논리를 적용하고자 하는 투쟁이며, 그것을 통해

42_ 랑시에르, 『정치적인 것의 가장자리에서』, 223-225쪽.

그 사적 영역을 공적 영역으로 변화시키고자 하는 투쟁이기도 하다. 사적 영역은 공적 영역의 침범으로부터 보호되어야 할 '자연권'의 영역이라는 것이 자본주의를 뒷받침하는 개인주의적 자유주의의 기본 원칙이다.[43] "사적인 것이 공적인 것에 대해 도덕적으로나 정치적으로나 우위에 있으며 공적 영역이라는 것도 단지 사적인 개인들이 원할 때만 구성될 수 있다"는 로크의 정치철학은 "사적 영역이 자연권을 소유한 개인들이 자기소유권과 자기결정권을 행사하면서 자신의 행복과 안전을 추구하는 장이라면, 공적 영역은 그것을 더 안전하게 보장받기 위해 개인들이 동의를 통해 인위적으로 구성한 장일 뿐"이라는 사회계약론에 입각해 있다. 신자유주의의 주창자 마가렛 대처는 "애초에 공동체나 사회 같은 것은 없었다. 오로지 개인들과 그 가족들이 있었을 뿐이다"라고 노골적으로 말하고 있다.

이러한 개인주의적 자유주의의 공사 구분에 반대하여 지젝은 실제 자유의 핵심은 오히려 시장에서 가족에 이르는 사회적 관계의 그물망에 있고, 이 영역을 진정으로 개선하는 데 필요한 것은 정치적 개혁이 아니라 '비정치적' 사회적 생산관계의 변혁이라는 마르크스의 통찰이야말로 핵심적이라고 강조한다. 이어서 그는 "우리가 소유구조나 직장 내 관계 등을 투표로 결정하지 않는 것은 그 문제들이 정치적 영역을 벗어났다고 여기기 때문이다"라고 말한다.[44] 지젝은 그러한 '사적 영역'에서 불문율의 형태로 작동하는 권력이 바로 법을 위반하면서까지 법을 보완하고자 하는 초자아의 외설적 권력이라고 보는 것이다. 그러한 점에서 해방의 과정, 즉 랑시에르가 말하는 정치는 외설적 초자아가 지배하는 영역을

43_ 조승래, 「근대 공사 구분의 지적 계보」, 14-25쪽.
44_ 지젝, 『멈춰라, 생각하라』, 161-162쪽.

공적인 정치의 영역으로 전환시키는 투쟁이다. 다시 말해 '보아도 못
본 척하고 지나가야만' 하는 음지의 영역을, 즉 정치의 영역에서 벗어나
있다고 생각되는 이른바 '사적 영역'에서 발생하는 불평등한 사회 현실
을 공적 햇살 아래 노출시키는 투쟁이다.[45]

3) 지젝과 랑시에르가 갈라서는 지점

그렇지만 지젝이 진정으로 초점을 맞추는 부분은 해방의 과정을 넘어
서서, 혁명을 공고화하는 국면에 대한 것이라고 판단된다. 지젝에 따르면
혁명정권이 수립된 이후 새로운 질서를 수립하는 과정에는 공식적 법의
영역과 더불어 그것을 지키기 위해 법을 위반하면서까지 그것을 지탱해
줄 외설적 초자아의 측면이 반드시 필요하다.[46] 그것이 바로 위에서
지젝이 "'잔혹한' 정치적 조치, 결과들을 아무리 불유쾌하더라도 받아들
이는 것, 반혁명과 싸울 비밀경찰, 체계 생존을 보증하기 위한 타협,
법의 자의를 깨뜨리는 등의 일을 가차 없이 기꺼이 이행하는 것, 사람들
이 오믈렛을 요구할 때 달걀을 깨뜨려야 하는 책임" 등등의 다양한 표현
으로 제시하고 있는 것이다.[47]

45_ 이에 대해서는 이 책의 제3부 제2장 2절을 참조할 수 있다.

46_ 지젝에 따르면, 레닌의 『국가와 혁명』이 주는 교훈은 혁명적 폭력의 목표는
국가권력을 장악하는 데 있는 것이 아니라 국가권력을 변형시키고 그 기능
방식과 토대와의 관계 등을 근본적으로 바꾸는 데 있다. 지젝, 「민주주의에
서 신의 폭력으로」, 190쪽.

47_ 지젝은 월가 점령 시위의 의미를 논하는 가운데, 탈정치적 전문가 통치에
대한 거부만으로 부족하다고 말하면서 "공산주의는 단순히 시스템을 멈춰
세우는 대중 시위의 카니발에 그치는 것이 아니다. 공산주의 역시 무엇보다
도 새로운 형태의 조직, 규율, 고된 노력을 의미한다"고 말한다. 지젝,『멈춰
라, 생각하라』, 153쪽.

이 부분에 대해서 랑시에르는 분명히 지젝과 대립되는 입장을 취한다. 랑시에르는 '정치에 관한 테제 8'을 논의하면서 이를 다음과 같이 분명히 밝히고 있다.

정치에는 이처럼 고유한 장소도 자연적인 주체도 없다……. 정치적 주체는 어떤 이해관계나 관념을 가진 집단이 아니다. 그것은 정치를 존재하게 만드는 계쟁의 특수한 주체화 장치를 작동시키는 자이다. 정치적 현시는 이처럼 늘 일시적이며, 그것의 주체들은 늘 불안정하다. 정치적 차이는 언제나 그 소멸의 가장자리에 있다. 인민은 주민이나 인종의 심연으로 떨어지기 직전이고, 프롤레타리아들은 그들의 이해관계에 집착하는 노동자들과 혼동되기 직전이며, 인민의 공적 현시 공간은 상인들의 아고라와 혼동되기 직전이다. 등등.

정치에는 어떤 고정된, 자연적 주체도 없으며, 어떤 혁명적 순간, 해방의 과정에 주체로서 등장하였다가 자신의 자리와 일을 차지하는 순간, 이해관계를 갖는 순간 치안의 질서 속으로 함몰되어 사라지는 불안정한 존재이다. 따라서 혁명을 공고히 하고자 하는 작업, 그것은 이미 치안의 질서에 속하는 일이며, 해방의 과정을 벗어나는 일이 된다. 그때 정치적 주체는 사라지고 이미 '몫 있는 자', 이해관계에 묶인 자가 된다.

지젝이 랑시에르나 바디우, 발리바르를 싸잡아 비판하는 것이 바로 이 지점이다. 지젝은 혁명의 실정화 작업이 권력을 잃지 않으려는 '무원칙적 독단'이 아니라고 강변하며, 치안에 대립되는 것으로서 정치적인 것을 옹호하는 자들은 '히스테리적 도발'에 머물고 있을 뿐이라고 비판한다.[48] 이들은 현실적 대가를 치르는 일은 회피하며 따라서 아름다운 영혼의 태도를 취하고 자신들의 손을 더럽히지 않으려 하며, 자신의

학원적 특권이 위협받는 일을 원치 않는다는 것이다. 그러나 '진정한 혁명가'는 "기존 체계의 전복적 침식을 이 부정성을 체현하는 새로운 실정적 질서의 원리로 전환하는 일을 영웅적으로 기꺼이 견뎌낼 준비가 된 자"라고 말한다.

> [진정한 혁명가는] 보수주의자와 마찬가지로, 자신의 선택이 가져오는 결과들을 온전히 떠맡는다는 의미에서, 권력이 차지하고 행사한다는 것이 현실적으로 무엇을 의미하는지를 온전히 알고 있다…….
> 그는 사람들이 오믈렛을 요구할 때 달걀을 깨뜨려야 하는 책임을 회피하지 않는다: 주인은 일이 잘못될 때 "하지만 나는 이걸 원하지 않았다!"라고 주장할 권리를 영원히 포기하는 자이다.[49]

로자 룩셈부르크가 말하는 '텅 빈 틀로서의 절차적 민주주의'가 누구나 활용할 수 있는 텅 빈 틀이 아니라 '계급적 편향'이 기입되어 있는

48_ 지젝, 『까다로운 주체』, 388-389쪽. 또 지젝은 동일한 맥락에서 이들이 주체를 주체화와 동일시하고 있다고 비판한다. "주체를 이처럼 주체화로 환원시키는 것과, 이 저자들의 이론적 체계가 두 가지 논리(랑시에르의 경우 치안과 정치, 바디우의 존재와 진리 사건, 발리바르의 상상적 보편적 질서 대 평등자유)의 기본적 대립에 의존하고 있는 방식 사이에 연결고리를 지각하는 것이 핵심적이다." 지젝, 『까다로운 주체』, 381쪽.

49_ 지젝, 『까다로운 주체』, 385-388쪽. 앞서도 말했지만 지젝은 라캉적 영웅에 대해 다음과 같이 말한다. "라캉은 '영웅'을 (카렐과 달리, 예를 들면 오이디푸스처럼) 자기 행위의 결과들을 완전히 떠맡는 주체, 말하자면 자신이 쏜 화살이 완전한 원을 그리고 자신에게 되돌아올 때 옆으로 비켜서지 않는 주체로 정의한다. 대가를 지불하지 않고 우리의 욕망을 실현하려 애쓰는 나머지 우리들, 혁명(그것의 유혈적 역전) 없이 대문자 혁명을 원하는 혁명가들과 다르게 말이다." 지젝, 『당신의 징후를 즐겨라!』, 53-54쪽.

틀이라면, 혁명을 통해 수립된 새 정권이 그 편향을 새롭게 바꿔야 하는
것은 당연한 것이며, 그것은 초자아의 외설적 폭력이 불가피하게 요청되
는 지점이라고 지젝은 말한다. 그것은 독재 내지 전체주의적 방식, 지젝
의 표현으로는 '무원칙적 독단'의 방식일 수도 있다. 그래서 지젝은 다음
과 같이 말한다.

> 권력의 궁극적 문제가 '권력이 민주적으로 정당성을 갖느냐의 여
> 부'가 아니라, "그 성격의 (비)민주성 여부와 무관하게, 주권 권력
> 자체와 관련된 '전체주의적 과잉'의 특정한 성격('사회적 내용')이
> 무엇이냐?"라는 점을 보여준다. '프롤레타리아 독재'라는 개념은 바
> 로 이 수준에서 작동한다.[50]

5. 민주주의와 정치: 최장집, 보그스, 랑시에르, 지젝

오늘날 널리 말해지고 있는 정치의 위기나 정치의 종언이라는 명제는
결국 무엇을 정치로 볼 것인가에 따라 그 의미가 크게 달라진다고 할
수 있다. 그것은 절차적 민주주의 내지 그것의 주인공인 정당인가, 평등
의 실현을 위한 해방의 과정인가, 자본주의의 대안을 실현할 계급투쟁인

50_ 지젝, 「민주주의에서 신의 폭력으로」, 194-195쪽. 이는 공식적으로 규정된
　　법체계의 측면보다, 국가기구와 사회관계 속에 깊숙이 새겨져 있는 초자아
　　적 권력의 부분, 즉 권력의 '내용'이 사회를 작동시키는 데 더욱 중요한
　　측면이라고 보는 것이다. 이는 부르주아 민주주의가 부르주아지에게는 민주
　　주의이지만 프롤레타리아 계급에게는 독재이며, 반대로 프롤레타리아 독재
　　는 부르주아지에게는 독재이지만, 프롤레타리아 계급에게는 민주주의라는
　　레닌의 말과 맥을 같이 한다.

가? 최장집과 칼 보그스에게 정치의 위기는 절차적 민주주의의 위기를 의미한다. 대표와 참여의 위기, 다시 말해 정당체계의 대표 기능 위기와 그로 인한 시민 참여 부재의 위기이다.

랑시에르의 경우, 정치의 종언은 해방 과정 즉 평등 실천 과정으로서의 민주주의—사적 공간을 공적 공간으로 전환하는 감성적인 것의 나눔—의 종언을 의미한다. 랑시에르에게 정치와 민주주의는 그러한 평등 실천 과정의 순간에 잠시 존재할 수 있을 뿐, 자리와 일, 즉 자기 몫의 분배가 제도화되면 정치는 다시 정치의 가장자리, 치안의 질서로 전락하게 된다. 랑시에르에 의하면 오늘날의 시대에 치안의 질서는 자본과 국가의 과두적 지배, 즉 부의 자본주의적 무한 추구 의지와 국민국가의 과두적 운영 의지의 결합에 의해 작동하고 있다. 이 과두적 동맹이 공적 생활 차원의 문제를 탐욕적 소비문화 같은 사회현상의 문제로 환원하여 그것을 탈정치화 시키고, 그러한 정치적 문제들 자체가 보이지 않도록 하는 감성의 분할을 만들어내고 있다. 지젝에게 정치의 위기는 계급투쟁으로서의 정치의 위기를 의미한다. 지젝에게 정치 즉 계급투쟁은 혁명 과정과 혁명 후 권력수립 과정 모두를 포함한다. 그 과정에서 계급투쟁은 초자아의 과잉, 초자아의 폭력을 겨냥하고 또 그것을 이용해야 한다. 지젝은 오늘날 전문지식을 앞세워 민주적 절차를 무시하는 탈정치화된 테크노크라시 모델이 정치의 위기 내지 종언을 초래하고 있다고 본다.

칼 보그스와 더불어 최장집의 경우, (절차적) 민주주의를 지켜내고자 할 때 그것을 통해 궁극적으로 획득하고자 하는 가치가 무엇인지 불명료한 부분이 있다. 그것이 절차적 민주주의 자체의 가치인지, 절차적 민주주의를 통해 성취하고자 하는 실질적 민주주의라는 가치인지의 문제이다. 최장집이 '민주화 이후의 민주주의'가 민주주의의 저질화를 초래했다고 말할 때, 그는 절차적 민주주의가 실질적 민주주의라는 가치를 실현시키지 못했고 그것이 정치의 위기를 불러왔음을 비판한다. 다시 말해 절차적 민주주의의 궁극적 목표는 토크빌이 말하는 사회 상태로서의 민주주의, 실질적 민주주의의 실현이다. 칼 보그스의 경우도 크게 다르지 않다.

그런데 계급 불평등의 심화와 같은 실질적 민주주의의 문제는 절차적 민주주의라는 공적 영역에서 비롯된 것이 아니라, 기업 활동과 같은 사적 영역에서 비롯된 것이다. 그럼에도 불구하고 최장집과 칼 보그스는 이 문제의 해결 방안을 절차적 민주주의의 '순조로운 작동'에서 찾고자 한다.[51] 즉 두 사람은 마치 절차적 민주주의의 위기야말로 실질적 민주주의의 위기를 불러일으킨 주된 원인이라고 보는 듯하다. 절차적 민주주의의 위기는 정당 대표의 위기와 시민 참여의 위기를 의미하는데, 정당 대표의 위기를 잘 고쳐나가면 참여의 위기와 더불어 실질적 민주주의의 위기도 해결 가능하다고 보는 것이다.

그런데 오늘날의 시점에 이르러 이 절차적 민주주의가 왜 제대로 작동하지 않는가, 왜 정치의 위기와 정치의 종언이라는 문제가 본격적으로 부상하게 되었는가에 대한 진단에 이르게 될 때 비로소 기업의 문제라

51_ 여기에는 다음과 같은 전제가 작동하고 있다. 과거의 경우 사적 영역의 문제, 자유로운 기업 활동에 따르는 계급 불평등의 문제는 공적 영역(절차적 민주주의로서의 정치)의 개입과 제어를 통해 상당한 정도로 완화될 수 있었다는 암묵적 전제가 작동하고 있다는 것이다. 일견 당연한 듯도 해 보이는 이 전제에는 두 가지 반론이 제기될 수 있다. 역사적으로 볼 때 계급 불평등 문제의 완화라는 실질적 민주주의의 과제는 사회운동, 노동운동을 통해 직접 성취되었다고 보는 입장이 그 하나이다(다시 말해 절차적 민주주의의 개입 없이, 혹은 개입되었다 하더라도 순수히 '절차적'으로만 개입되어). 또 이와 밀접히 관련된 것으로서, 그러한 자본의 '양보'가 가능했던 것은 노예나 식민지, 종속국의 대체 착취가 있었기 때문이라는 입장이 다른 하나이다.

는 영역이 시야에 들어오기 시작한다. 최장집의 경우 다소 애매한 형태로, 그리고 칼 보그스의 경우 보다 분명한 형태로, 절차적 민주주의 위기의 배경을 '거대기업의 과잉 지배' 즉 사적 생활세계 영역뿐 아니라 공적 영역 깊숙이까지 침투한 자본의 지배에서 찾는다. 물론 그 배경에 신자유주의적 세계화가 작동하고 있음을 양자 모두 인정한다. 그것이 정당 대표의 위기와 참여의 위기를 발생시키는 주요 진앙지라는 것이다.

실질적 민주주의의 영역('사적 영역')뿐 아니라 절차적 민주주의라는 공적 영역까지 지배하는 기업의 과잉 권력이 문제의 근원이 되고 있다는 것을 인정하면서도, 최장집과 칼 보그스는 정치 위기의 원인을 절차적 민주주의의 차원에서만 찾고자 한다. 절차적 민주주의가 문제여서 실질적 민주주의의 위기가 발생하였고, 실질적 민주주의가 문제여서 절차적 민주주의의 위기가 발생하였다는 설명 논리이다. 양자 간에는 일종의 '순환적 인과관계'가 형성되어 있는데, 그렇다면 이런 악순환의 고리를 끊을 수 있는 전략적 지점은 어디인가?[52] 최장집과 칼 보그스 모두 '정당의 대표 기능 회복'에서 찾는다. 다시 말해 두 사람 모두 악순환의 고리를 끊는 지점을 실질적 민주주의의 영역에서 찾고 있지 않다. 두 사람의 틀 내에서는 계급 불평등의 심화와 같은 실질적 민주주의의 위기가 발생할 경우, 그 위기의 해결 방식이 문제 발생 현장에서 모색되지 않는다. 문제의 해결은 간접적이고 긴 우회과정을 통해서만 가능하다. 그 위기의

52_ 물론 이들은 공과 사의 영역을 구분하기 시작하게 된 개인주의적 자유주의의 배경을 잘 알고 있고, 따라서 공적 영역은 사적 영역을 위하여 존재한다는 점을 인정하고 있기에, 공적 영역이라는 절차적 민주주의는 사적 영역의 병폐를 보완하기 위해 존재한다는 기본 시각을 공유하고 있다. 그러나 이들의 이론 체계는 공적 영역과 사적 영역이 서로에게 '균등한' 영향을 미칠 수 있다는 순환적 인과관계를 갖는다는 식으로 구성되어 있다.

해소는 '정당 대표 기능 회복과 시민 참여 확대'가 우선 이루어져야 하고, 그것을 통해 국가 정책에 시민의 이익이 반영되어, 마지막으로 그 국가의 정책을 통해 문제가 되는 대기업에 대한 규제가 가해져야 한다.[53] 경제적 강자와 경제적 약자가 자유롭게 경쟁하는 자본주의의 현실 속에서, 강자에 의한 약자의 침탈은 몇 개의 절차적 관문과 시간적 간격을 거쳐 방어될 수 있으며, 그 경우도 절차적 과정이 모두에게 개방되어 있기 때문에 약자의 이익만이 반영된다고 결코 말할 수 없다.

요약하자면 최장집과 칼 보그스는 거대기업의 과도한 지배가 절차적 민주주의와 실질적 민주주의 모두를 위기로 몰아가고 있다는 것을 인정하면서도, 그 해결책을 절차적 민주주의에 대해서만 초점을 맞추어 그 원인을 찾고 있다는 데에 문제의 소재가 있다. 거대 기업의 과도한 지배로 인해 사적 영역에서 삶의 질이 저하되고, 공적 영역에서까지 정당의 기능이 마비되어 정당 및 정치 불신이 발생하고 있음을 인정하면서도, 정당 대표 기능의 회복을 문제 해결의 처방으로 제시하는 것은 두 사람의 논리 체계 자체 내에서도 모순이 된다.[54]

그에 비해 랑시에르와 지젝은 이러한 우회의 과정을 거부하며 계급 불평등이 발생하는 현장에서 문제에 직접 대응해야 한다는 입장을 취한

53_ 우리의 옛말, "법은 멀고 주먹은 가깝다"는 말이 실감나는 대목이다.

54_ 김정한 역시 최장집을 비판하면서 '민주주의의 민주화'보다 '민주주의의 탈민주화' 즉 "기업권력과 시장논리가 제도정치의 운용과 관리를 주도하면서 민주주의 원리를 구현하는 제도들이 무력해지는 현상"을 더 본질적인 문제로 보고자 한다. 또 그는 사회운동이 정당의 매개를 통해 정치과정에 투입되어야 한다는 최장집의 입장에 대해서도 비판적 입장을 갖는다. 김정한, 「최장집의 민주화 기획 비판—정당정치와 사회운동의 새로운 결합을 위하여」, 김정한 편저, 『최장집의 한국민주주의론』, 소명출판, 2013, 376-377, 384쪽.

다. 그것은 랑시에르에게 '해방의 삼단논법'이며, 지젝에게는 '계급투쟁'
에 해당된다. 랑시에르와 지젝에게 절차적 민주주의, 대의 민주주의란
'유사-정치'(para-politics)에 불과한 것으로서 그 자체가 정치종언의 한
형태일 뿐인 것으로 거부된다.[55] 그것은 해방의 과정과 계급투쟁을 억압
하고 봉쇄하기 위해 거기에 존재한다. 그것이 민주주의로 보이는 것은
하나의 환영, 민주주의 내지 정치가 존재한다는 환영일 뿐이며, 그것의
본질은 과두제 즉 자본과 지식의 과두적 동맹(랑시에르), 탈정치적 테크
노크라시(지젝)이다. 억압된 정치(계급투쟁과 해방의 과정)는 문화의
영역에서 전치된 양식으로 등장하거나, 극우 포퓰리즘 등 실재로 회귀한
다.[56]

55_ 지젝, 『까다로운 주체』, 308쪽. 그러나 지젝은 근대 초기에 '민주주의의
창안'은 출현 당시 사회의 근본적인 구조적 원리를 바꾸었다고 긍정적으로
평가한다. "'민주주의의 창안'의 근본적 단절은 다름 아닌 이전의 '정상적'
권력 작용의 장애물로 여겨졌던 것(권력의 '비어 있는 자리', 이 자리와
실질적으로 권력을 행사하는 자 사이의 간극, 권력의 궁극적 비결정성)이
이제는 그것의 긍정적 조건이 된다는 사실…… 이전에 위협으로서 경험되
었던 것(권력의 자리를 채우기 위한 더 많은 주체-행위자들 사이의 투쟁)은
이제 권력의 합법적 적용을 위한 바로 그 조건이 된다. 따라서 '민주주의의
창안'이 지닌 특이한 성격은…… 권력의 우연성, 자리로서의 권력과 그것을
점유하는 자 사이의 간극이…… 다름 아닌 권력 구조 속에 반영됨으로써
'그 자체로서' 명시적으로 승인된다는 사실에 놓여 있다. 이것이 의미하는
바는…… 권력 작용의 불가능성의 조건이 그것의 가능성의 조건이 된다는
것이다'라고 말하며 '민주주의의 창안'은 '제1의 근대성'의 단절로서 그
사례를 프랑스 혁명, 인민주권·민주주의·인권 등의 개념의 도입으로 본
다. 슬라보예 지젝, 주디스 버틀러, 에르네스토 라클라우, 박대진·박미선
옮김, 『우연성, 헤게모니, 보편성』, 도서출판 b, 2009, 136-137쪽.
56_ 지젝은 이를 정신병적 실재의 범람으로까지 보고자 한다. 지젝은 포스트모던
적 후-정치(post-politics)는 "단지 정치적인 것의 봉쇄를 위해 그것을 억누르
고 '억압된 것의 회귀'를 진정시키려 하는 것이 아니라, 훨씬 더 효과적으로

그렇다면 랑시에르와 지젝은 정치와 민주주의의 관계를 어떻게 보고 있는가? 랑시에르는 진정한 민주주의를 '몫 없는 자들의 몫'이 공동체 전체와 동일시되는 과정, 몫 없는 자들이 유일하게 보편적인 가치인 평등을 실현시키고자 하는 실천의 과정으로 규정하고, 그것을 정치와 동일시하면서 정치와 민주주의의 관계를 지속시키고자 한다. 그에 비해 지젝의 경우 정치를 계급투쟁과 동일시하면서 정치와 민주주의를 동일 시하는 데에는 일단 부정적 입장을 취하고 있다. 그러나 그러면서도 지젝은 이 문제에 대해 다소 유보적 태도를 보이고 있다. 문제는 민주주 의가 아니라 자본주의라는 기본적 통찰 아래 대의 민주주의가 자본주의 의 문제를 해결할 수 없다는 입장에서 이를 기각하면서도, 재발명 혹은 재창안된 민주주의로서 프롤레타리아 독재를 해결책으로 제시하기도 한다. 근대 민주주의의 창안을 당시 사회의 근본적인 구조적 원리를 바꾸는 것으로 보듯이 지젝은 프롤레타리아 독재 역시 그와 동일한 논리 에서 오늘날 사회의 근본적 원리를 바꾸는 민주주의의 재발명으로 보고 자 한다. 지젝이 정치적 행위를 기존 관계의 구조 틀 속에서 작동하는 어떤 것으로 보는 것을 거부하고, "사물들이 어떻게 작동하는가를 결정 하는 구조 틀 그 자체를 변화시키는 것"으로 보고자 하는 것과 같은 맥락이다.[57]

최장집과 칼 보그스에게 정치의 위기가 민주주의의 위기를 의미한다 고 한다면, 랑시에르와 지젝에게는 그들이 말하는 [대의] 민주주의 그 자체가 정치 위기 및 정치 종언의 징표이다. 그러한 점에서 라캉 정신분

———
그것을 '폐제'한다. 그리하여 '비합리적' 과잉적 특성을 갖는 인종적 폭력의 후근대적 형태들은…… 라캉의 말대로 실재 속에서 회귀하는 (상징계로부 터) 폐제된 것의 사례를 나타낸다"고 말한다. 지젝, 『까다로운 주체』, 323쪽.
57_ 지젝, 『멈춰라, 생각하라』, 163쪽; 지젝, 『까다로운 주체』, 324쪽.

석은 '보기보다' 급진적이다. 라캉과 알튀세르의 모순적 동맹 이래로
더욱 그렇다.[58] 앞에서 살펴보았듯이 그 모순적 동맹은 라캉을 이어받고
있다고 주장하는 지젝과, 알튀세르를 계승하면서 그 한계를 극복하고
있다고 생각하는 랑시에르나 알랭 바디우 등과의 입장 차이로 이어지기
도 한다. 그러면서도 양 진영 모두 라캉 정신분석의 가르침에 젖줄을
대고 있음은 마찬가지이다. 그러한 점은 바디우가 라캉 정신분석을 해방
의 매개체로 단정하는 다음의 말 속에서 잘 드러난다.

> 라캉에게 정신분석의 관건은 훨씬 더 근원적인 겁니다. 비록 정치와
> 전혀 상관없는 치장을 하고 나타날지언정, 정신분석은 해방의 매개체
> 입니다. 치료에 대한 그의 시각으로 인해 라캉은, 설사 자신은 사태를
> 전혀 그렇게 바라보지 않는다고 해도, 68혁명과 1980년대 사이에 우리
> 젊은이들을 총궐기하게 만들었던 추동적 요인들 중 하나였어요. 68혁
> 명 때 저는 이미 그렇게 분석하고 있었어요. 치료에서 실재를 대면하
> 듯, 68혁명에서 저는 구체적 상황 속에서 새로운 자유의 재구성을
> 가능케 하던 하나의 사건을, 불평등에 근거한 자본주의자들의 장치에
> 맞서서 국지적 해방에 전력을 기울이는 급진 좌파를 잘 보았습니다.[59]

58_ 알튀세르는 정신분석을 통해 마르크시즘의 돌파구를 찾고자 하였고, 라캉은
    알튀세르의 주선으로 파리 고등사범학교에서 자신의 세미나를 개최하여
    라캉 정신분석의 우군을 얻고자 하였다. 엘리자베드 루디네스코, 양녕자
    옮김, 『자크 라캉 2』, 새물결, 2000, 99-105쪽.
59_ 알랭 바디우, 엘리자베드 루디네스코 지음, 현성환 옮김, 『라캉, 끝나지
    않은 혁명』, 문학동네, 2013, 44쪽.

맺는말

　'정치의 위기, 정치의 종언'이라는 명제에 대한 대답은 결국 무엇을 정치로 볼 것인가에 달려 있다. 그것은 절차적 민주주의 내지 그 주인공인 정당인가, 평등의 실현을 위한 해방의 과정인가, 자본주의의 대안을 실현할 계급투쟁인가. 근대 유럽에서 민주주의가 재창안된 이래, 민주주의의 문제는 여전히 정치의 본질 문제의 한가운데에 있다.

　오늘날 민주주의에 대한 태도는 유럽과 한국이 크게 다르다. 유럽의 경우 민주주의에 대한 비판과 비관론이 팽배하며 그것이 일상화된 담론인 반면,[60] 한국의 경우 민주주의에 대한 기대는 여전히 강력하다. 프랑스의 경우 냉소를 넘어서 민주주의에 대한 적대적 증오로까지 발전하고 있으며, 그 증오의 범람은 '탐욕적 소비자로서 민주주의적 인간'을 넘어서 외국인에 대한 적대적 증오로 확산되고 있다. 냉전의 최일선에 섰던 미국과 여전히 냉전체제에서 벗어나지 못한 한국은 '전체주의 체제'로서의 사회주의 국가에 대한 대척점이라 여겨지는 민주주의를 쉽게 던져버릴 수가 없다.[61]

　그러한 점에서 민주주의를 해방 과정으로서의 정치라고 독특하게 규정하고 있기는 하지만, 랑시에르의 민주주의 옹호는 예외적이다. 랑시에르는 민주주의를 증오의 대상으로 만들고자 하는 자본-지식의 과두적 동맹에 대항하여, 다시 말해 민주주의가 '이데올로기적 장치'로 되어버린 상황에 대항하여 민주주의라는 용어를 결코 포기하지 않고 끝까지

60_ 허경, 「역자 서문」, 자크 랑시에르 지음, 『민주주의는 죽었는가?』, 난장, 2011 참조.

61_ 사실 전체주의의 대척점은 민주주의라기보다는 자유주의적 개인주의라고 할 수 있다.

지켜내려 하고 있다.

자본주의와 민주주의 간의 동반관계는 가능한가? 그것이 가능하다면 어떠한 형태의 동반관계가 바람직할 것인가? 아니면 자본주의는 정치 내지 민주주의의 진정한 적인가? 오늘날 이 문제야말로 정치의 본질과 정치의 종언에 대한 논의의 핵심이 되고 있다. 많은 논자들은 여전히 지젝의 표현대로 자본주의라는 짐승을 잘 길들여 민주주의와 긍정적 동반관계를 유지하고자 하는 틀을 벗어나지 않으려 한다. 물론 랑시에르나 지젝과 같은 급진적 논자를 제외하고 말이다. 지젝은 이를 다음과 같이 말한다.

[자본주의를 순치하려는 수많은] 시도의 배후에는 다음과 같은 추론이 존재한다. 자본주의가 현재로서는 부를 창출하는 최선의 방법이라는 사실이 역사적으로 입증되었지만, 동시에 이대로 방치될 경우 자본주의의 재생산 과정에서 착취, 천연자원의 파괴, 집단 고통, 불의, 전쟁 등이 수반된다는 사실도 인정해야 한다. 그러므로 우리의 목표는 이윤을 추구하는 재생산이라는 자본주의의 기본 틀은 유지하되, 글로벌 복지와 사회 정의를 확대하는 방향으로 자본주의를 조정하고 규제해나가는 것이다. 또 시장에는 나름의 수요가 있음을 존중하고, 시장 메커니즘을 직접적으로 교란시키면 대재앙으로 이어진다는 사실을 받아들여 자본주의라는 짐승이 제 기능을 다하도록 내버려두어야 한다. 결국 우리가 기대할 수 있는 것이라곤 이 짐승을 길들이는 일뿐이다……. [그러나] 자본주의라는 짐승이 자애로운 사회적 규제로부터 도망치는 일이 거듭 반복되는 것이다. 그러므로 어느 시점엔가 우리는 숙명적인 질문과 마주하게 될 것이다. 정말로 자본주의라는 짐승과 함께 가는 것만이 우리가 생각할 수 있는 유일한 최선의 방법

일까? 아무리 자본주의가 생산적이라고 해도, 이 체제를 유지하기
위해 치러야 할 대가가 너무 커진다면 어떻게 해야 할까?[62]

한국에서 정치의 위기, 민주주의의 위기는 민주주의를 제대로 실현하
지 못하는 현실 정치, 현실 정당의 문제에서 비롯된다는 생각이 강하다.
그러나 이 (절차적) 민주주의가 실질적 민주주의를 보장하지 못하는
일이 지속된다면, 정치에 대한 냉소주의는 민주주의에 대한 냉소로까지
발전할 수 있다. 한국의 보수파 역시 프랑스와 강도는 다르지만 '다수의
전제', '포퓰리즘', '대중 영합주의'라는 표현으로 민주주의의 과잉을
문제 삼고 있기 때문이다.[63] 오늘날의 민주주의, 민주주의와 동일시되는
한에서 오늘날의 정치는 두 가지 방향에서 위협받고 있다. 한 방향은
민주주의의 과잉을 문제 삼는 보수주의자들의 공격이고, 다른 하나는
자본주의라는 짐승을 길들이기에 민주주의가 너무 무력하다는 진보주
의자들의 공격이다.

62_ 지젝, 『멈춰라, 생각하라』, 43-44쪽. 지젝의 다음과 같은 말도 음미할 만하다.
  "오늘날 반자본주의적 정서는 부족하지 않다. 그러기는커녕 오히려 자본주
  의의 공포에 대한 비판에 파묻힐 정도다. 무자비한 환경을 오염시키는 기업,
  공적자금으로 구제받아야 할 은행에서 여전히 두둑한 보너스를 챙기는 부패
  한 은행가, 아이들에게 과중한 노동을 시키는 노동착취 공장 등을 규탄하는
  서적, 신문의 심층 취재, 방송보도 등이 사방에서 넘친다. 그러나 여기에
  함정이 있다. 이렇게 도를 넘는 행위에 맞서 싸울 방법이 민주적 자유주의의
  틀이라는 원칙만은 가차 없다 싶을 정도로 당연시 된다"(같은 책, 161쪽).
63_ 최장집, 『민주화 이후의 민주주의』, 272-273쪽.

참고 문헌

50동우회 편, 『국군의 뿌리, 창군·참전 용사들』, 삼우사, 1998.

가라타니 고진, 박유하 옮김, 『일본 근대문학의 기원』, 도서출판 b, 2010.

강민, 「관료적 권위주의의 한국적 생성」, 『한국정치학회보』 제17집, 1983.

강응섭, 『자크 라캉과 성서 해석』, 새물결플러스, 2014.

강이수, 「공장체제와 노동규율」, 김진균·정근식 편저, 『근대주체와 식민지 규율권력』, 문화과학사, 1997.

강준만, 『한국현대사 산책, 1960년대편 1권』, 인물과사상사, 2004.

────, 『한국현대사 산책, 1960년대편 2권』, 인물과사상사, 2004.

고문 등 정치폭력 피해자를 돕는 모임(KRCT), 『고문, 인권의 무덤』, 한겨레신문사, 2004.

공지영, 「광기의 시대」, 『존재는 눈물을 흘린다』, 창작과비평사, 1999.

구영록 외, 『정치학 개론』, 박영사, 1986.

구해근 지음, 신광영 옮김, 『한국 노동계급의 형성』, 창비, 2002.

국가기록원 소장 청와대 문서.

480

국방부, 『국방백서』, 1967.

권보드래, 「저개발의 멜로, 저개발의 숭고—이광수, 『흙』과 『사랑』의 1960년 대」, 박헌호 편저, 『센티멘탈 이광수: 감성과 이데올로기』, 소명출판, 2013.

권인숙, 『대한민국은 군대다』, 청년사, 2005.

권해영, 『군대생활 사용설명서』, 플래닛미디어, 2014.

앤서니 기든스, 진덕규 옮김, 『민족국가와 폭력』, 삼지원, 1991.

─── , 배은경·황정미 옮김, 『현대사회의 성·사랑·에로티시즘: 친밀성의 구조변동』, 새물결, 1996.

김근태, 『남영동』(5판 개정판), 도서출판 중원문화, 2007.

김남국, 『부하린: 혁명과 반혁명 사이에서』, 문학과지성사, 1993.

김만흠, 『정당정치, 안철수 현상과 정당 재편』, 한울아카데미, 2012.

김병진, 『보안사, 어느 조작간첩의 보안사 근무기』, 이매진, 2013.

김보통, 『디피: 탈영병 헌병 체포조』, 시네21북스, 2015.

김삼석, 『반갑다, 군대야!』, 살림터, 2001.

김석, 『에크리—라캉으로 이끄는 마법의 문자들』, 살림, 2007.

─── , 『프로이트&라캉: 무의식에로의 초대』, 김영사, 2010.

김석수, 『현실 속의 철학, 철학 속의 현실: 박종홍 철학에 대한 또 하나의 해석』, 책세상, 2001.

─── , 「국민교육헌장의 사상적 배경과 참여철학자들의 역할」, 역사문제연구소 정기심포지엄(2005. 11. 24) 『국민교육헌장 연구 자료집』, 2005.

김성수 저, 이규철 편집, 『상이군인 김성수의 전쟁』, 금하출판사, 1999.

김성윤 엮음, 『코민테른과 세계혁명 I』, 거름, 1986.

김소연, 『실재의 죽음: 코리안 뉴 웨이브 영화의 이행기적 성찰성에 관하여』, 도서출판 b, 2008.

─── , 『환상의 지도: 한국 영화, 그 결을 거슬러 길을 묻다』, 울력, 2008.

김수용 외, 『쫄병수칙』, 글사랑, 1988.

김영선, 「성 노동 논쟁」, 『현장에서 미래를』(2005년 12월), 114호.

김윤식, 『이광수와 그의 시대 1』, 개정 증보, 솔, 1999.

───, 『이광수와 그의 시대 2』, 개정 증보, 솔, 1999.

김정규, 『장교수첩』, 고글, 1992.

김정렴, 『아, 박정희』, 중앙 M&B, 1997.

김정한, 「최장집의 민주화 기획 비판──정당정치와 사회운동의 새로운 결합을 위하여」, 김정한 편저, 『최장집의 한국민주주의론』, 소명출판, 2013.

김종률, 『수사심리학』, 학지사, 2002.

김종화, 『지휘관 일기』, 아이올리브, 2004.

김준, 「1970년대 조선산업의 노동자 형성: 울산 현대조선을 중심으로」, 『1960-1970년대 한국의 산업화와 노동자 정체성』, 한울아카데미, 2005.

김진균·정근식, 「서장 식민지체제와 근대적 규율」, 김진균·정근식 편저, 『근대주체와 식민지 규율권력』, 문화과학사, 1997.

김진균·정근식·강이수, 「보통학교체제와 학교 규율」, 김진균·정근식 편저, 『근대주체와 식민지 규율권력』, 문화과학사, 1997.

김충남, 『경찰수사론』, 박영사, 2008.

김학준, 『두산 이동화 평전』 수정증보판, 단국대학교출판부, 2012.

김현영, 「병역의무와 근대적 국민정체성의 성별정치학」, 이화여대 여성학과 석사학위논문, 2002.

김현주, 『사회의 발견──식민지기 '사회'에 대한 이론과 상상, 그리고 실천 (1910~1925)』, 소명출판, 2013.

김현주·박헌호, 「이광수와 근대 한국사회의 감성──이데올로기의 동역학」, 박헌호 편저, 『센티멘탈 이광수: 감성과 이데올로기』, 소명출판, 2013.

김형아, 『박정희의 양날의 선택, 유신과 중화학공업』, 일조각, 2005.

김호운 외, 『쫄병수칙 3』, 글사랑, 1990.

내무부, 『주민등록법연혁집』, 1972.

───, 『새마을운동 10년사』, 내무부, 1980.

───, 『민방위 20년사』, 내무부, 1996.

482

안토니오 네그리·마이클 하트, 윤수종 옮김, 『제국』, 이학사, 2002.

더파란하늘, 『군대 바로 알기』, 좋은땅, 2014.

도미야마 이치로, 임성모 옮김, 『전장의 기억』, 이산, 2002.

도베 료이치, 이현수·권태환 옮김, 『근대 일본의 군대』, 육군사관학교, 2003.

디그레스 편, 『코민테른과 중국혁명』, 논장, 1988.

자크 라캉, 자크-알랭 밀레 편, 맹정현·이수련 옮김, 『세미나 11: 정신분석의
　　　　네 가지 근본 개념』, 새물결, 2008.

자크 랑시에르, 양창렬 옮김, 『정치적인 것의 가장자리에서』, 도서출판 길,
　　　　2013.

――, 허경 옮김, 『민주주의는 왜 증오의 대상인가』, 인간사랑, 2011.

러셀 그리그, 「제3장 정신병의 메커니즘에서 증상의 보편적 조건으로」, 대니
　　　　노부스 엮음, 문심정연 옮김, 『라캉 정신분석의 핵심 개념들』, 문학과지
　　　　성사, 2013.

엘리자베드 루디네스코, 양녕자 옮김, 『자크 라캉 1, 2』, 새물결, 2000.

스티븐 룩스, 서규환 옮김, 『3차원적 권력론』, 나남, 1992.

다리안 리더, 배성민 옮김, 『광기』, 까치, 2012.

토니 마이어스, 박정수 옮김, 『누가 슬라보예 지젝을 미워하는가』, 앨피, 2005.

케빈 맥더모트·제레미 애그뉴, 황동하 옮김, 『코민테른』, 서해문집, 2009.

맹정현, 『리비돌로지: 라캉 정신분석의 쟁점들』, 문학과지성사, 2009.

――, 『멜랑꼴리의 검은 마술―애도와 멜랑꼴리의 정신분석』, 책담, 2015.

――, 『프로이트 패러다임』, SPF-위고, 2015.

――, 『트라우마 이후의 삶, 잠든 상처를 찾아가는 정신분석 이야기』, 책담,
　　　　2015.

문학과사상연구회, 『이광수 문학의 재인식』, 소명출판, 2009.

알랭 바디우·엘리자베드 루디네스코, 현성환 옮김, 『라캉, 끝나지 않은 혁명』,
　　　　문학동네, 2013.

박노자, 『당신들의 대한민국』, 한겨레신문사, 2001.

박상섭, 『국가와 폭력』, 서울대학교출판부, 2002.

―――, 『근대국가와 전쟁: 근대국가의 군사적 기초, 1500-1900』, 나남출판, 1996.

박성민, 『정치의 몰락』, 민음사, 2012.

박성준, 「병역특례근로자 차라리 군대가겠다」, 『시사저널』, 288호(1995. 5. 4).

박찬승, 『한국근대정치사상사 연구―민족주의 우파의 실력양성운동―』, 역사비평사, 1992.

박태균, 『조봉암 연구』, 창작과비평사, 1995.

―――, 「1960년대 초 미국의 후진국 정책변화: 후진국 사회변화의 필요성」, 공제욱·조석곤 공편, 『1950-60년대 한국형 발전모델의 원형과 그 변용과정: 내부동원형 성장모델의 후퇴와 외부의존형 성장모델의 형성』, 한울아카데미, 2005.

박헌호 편저, 『센티멘탈 이광수―감성과 이데올로기』, 소명출판, 2013.

에티엔 발리바르, 최인락 옮김, 『민주주의와 독재』, 연구사, 1990.

백상현, 『라캉 미술관의 유령들: 그림으로 읽는 욕망의 윤리학』, 책세상, 2014.

―――, 『고독의 매뉴얼』, SPF-위고, 2015.

백종천, 「군대교육과 국가발전: 한국의 경우」, 『한국정치학회보』, 제15집, 1981.

법제처, 홈페이지 종합법령정보, http://www.moleg.go.kr.

병무청, 『병무행정백서』, 병무청, 1971.

―――, 『병무행정사(상)』, 병무청, 1985.

―――, 『병무행정사(하)』, 병무청, 1986.

이니스 브레인, 김윤성 옮김, 『고문의 역사』, 들녘코기토, 2004.

페터 비트머, 홍준기·이승미 옮김, 『욕망의 전복: 자크 라캉 또는 제2의 정신분석 혁명』, 한울아카데미, 1998.

새마을운동중앙회, 『새마을운동30년자료집』, 새마을운동중앙회, 2000.

서동욱, 「역자 해설」, 들뢰즈, 서동욱 옮김, 『칸트의 비판 철학』, 민음사, 2006.

서승, 김경자 옮김, 『옥중 19년―사람의 마음은 쇠사슬로 묶을 수 없으리』, 역사비평사, 1999.

서영채, 『아첨의 영웅주의: 최남선과 이광수』, 소명출판, 2011.

──, 「자기희생의 구조──이광수의 『재생』과 오자키 고요의 『금색야차』」, 박헌호 편저, 『센티멘탈 이광수: 감성과 이데올로기』, 소명출판, 2013.

손호철, 『한국정치학의 새 구상』, 풀빛, 1991.

신경숙, 『외딴방』, 문학동네, 1999.

신병식, 「한국현대사와 제3의 길: 여운형, 김구, 조봉암의 노선을 중심으로」, 『한국정치학회보』, 34집 3호, 2000.

──, 「박정희시대의 일상생활과 군사주의──징병제와 '신성한 국방의 의무' 담론을 중심으로」, 『경제와 사회』, 겨울, 2006.

──, 「라캉 정신분석과 권력 개념: 초자아와 권력의 양면성」, 『라깡과 현대정신분석』, 11권 2호, 2009.

──, 「영화 '똥파리'를 통해 본 정신분석적 권력 개념」, 『라깡과 현대정신분석』, 12권 1호, 2010.

──, 「기표와 권력──박정희 시대 '신성한 국방의 의무'와 라캉의 주인 기표」, 『라깡과 현대정신분석』, 13권 1호, 2011.

──, 「라캉 정신분석과 정치의 종언: 정치와 민주주의의 관계를 중심으로」, 『라깡과 현대정신분석』, 15권 1호, 2013.

──, 「정신분석의 시각에서 본 현대 한국의 고문과 조작」, 『라깡과 현대정신분석』, 16권 2호, 2014.

──, 「한국 현대사와 정체성의 문제: 이광수, 조봉암, 김산을 중심으로」, 『한국라깡과현대정신분석학회 정기학술대회[전기] 프로시딩』, 2015년 9월 19일.

쓰루미 슌스케, 최영호 옮김, 『전향: 전시기 일본정신사 강의 1931~1945』, 논형, 2005.

조르조 아감벤, 박진우 옮김, 『호모 사케르: 주권 권력과 벌거벗은 생명』, 새물결, 2008.

루이 알튀세르, 「이데올로기와 이데올로기적 국가장치」, 김동수 옮김, 『루이 알뛰세르, 아미엥에서의 주장』, 솔출판사, 1991.

안정효, 『하얀 전쟁, 제1부 전쟁과 도시』, 고려원, 1989.

양귀자, 「숨은 꽃」, 『슬픔도 힘이 된다―개정판』, 쓰다, 2014.

──, 「천마총 가는 길」, 『슬픔도 힘이 된다―개정판』, 쓰다, 2014.

양운덕, 「푸코의 권력 계보학: 서구의 근대적 주체는 어떻게 만들어지는가?」, 『경제와 사회』, 35호, 가을, 1997.

──, 『미셸 푸코』, 살림, 2003.

딜런 에반스, 김종주 외 옮김, 『라깡 정신분석 사전』, 인간사랑, 1998.

와카쓰키 야스오, 김광식 옮김, 『일본군국주의를 벗긴다』, 화산문화, 1996.

요시다 유카타, 최혜주 옮김, 『일본의 군대: 병사의 눈으로 본 근대일본』, 논형, 2005.

님 웨일즈, 조우화 옮김, 『아리랑』, 동녘, 1984.

유훈, 『정책학원론, 제3정판』, 법문사, 1999.

육본군사연구실 편찬, 『한국군과 국가발전』, 화랑대연구소, 1992.

윤흥길, 「제식훈련변천약사」, 『장마』, 민음사, 2005.

이광수, 『그의 자서전』(전자책), SINYUL, 2013.

이광수 저, 최종고 편, 『나의 일생: 춘원 자서전』, 푸른사상, 2014.

이광수, 『민족개조론』(전자책), 도서출판 도디드, 2016.

이상문 외, 『쫄병수칙 2』, 글사랑, 1989.

이성민, 「주체의 진리와 자리」, 『라깡과 문화』, 한국라깡과현대정신분석학회 후기 정기학술대회 자료집, 2008.

──, 『사랑과 연합』, 도서출판 b, 2011.

이시카와 요시히로, 손승희 옮김, 『중국근현대사 3: 혁명과 내셔널리즘 1925-1945』, 삼천리, 2013.

이어령, 「대중문화 시대의 개막」, 『신동아』, 1월, 1967.

이영미, 「이광수의 신파성 줄타기」, 박헌호 편저, 『센티멘탈 이광수: 감성과 이데올로기』, 소명출판, 2013.

이원규, 『김산 평전』, 실천문학사, 2006.

──, 『조봉암 평전: 잃어버린 진보의 꿈』, 한길사, 2013.

이재전, 「온고지신」, 『국방일보』(2003. 2. 4 ~ 11. 22).

이정복, 「산업화와 한국정치체제의 변화」, 『한국정치학회보』, 제19집, 1985.

이종구 외, 『1960-1970년대 한국의 산업화와 노동자 정체성』, 한울아카데미, 2005.

이중오, 『이광수를 위한 변명——춘원이 선택한 삶에 대한 정신과 의사의 새로운 분석』, 중앙 M&B, 2000.

이진경, 「근대적 주체와 정체성: 정체성의 미시정치학을 위하여」, 『경제와 사회』, 35호, 가을, 1997.

——, 『맑스주의와 근대성——주체 생산의 역사이론을 위하여』, 문화과학사, 1997.

——, 『노마디즘 1: 천의 고원을 넘나드는 유쾌한 철학적 유목』, 휴머니스트, 2002.

——, 「푸코의 담론이론: 표상으로부터의 탈주」, 『철학의 외부』, 그린비, 2002.

——, 「권력의 미시정치학과 계급투쟁」, 『철학의 외부』, 그린비, 2002.

——, 「탈근대적 사유의 정치학: 근대정치 전복의 꿈」, 『철학의 외부』, 그린비, 2002.

——, 『자본을 넘어선 자본』, 그린비, 2004.

이현희, 『한국경찰사』, 한국학술정보, 2004.

임경석, 『이정 박헌영 일대기』, 역사비평사, 2004.

임철우, 「붉은방」, 『사평역』, 사피엔스21, 2012.

임현진·송호근, 「박정희 체제의 지배이데올로기」, 역사문제연구소, 『한국정치의 지배이데올로기와 대항이데올로기』, 1994.

임호철, 『몰래보는 장교수첩』, tell디자인, 1999.

장석린, 『개정판 소대장, 중대장을 위한 남기고 싶은 훈련 이야기』, 황금알, 2005.

전재호, 「박정희 체제의 민족주의 연구」, 서강대학교 대학원 정치학박사학위논문, 1997.

정근식, 「서장: 식민지 일상생활 연구의 의의와 과제」, 공제욱·정근식 편, 『식민지의 일상, 지배와 균열』, 문화과학사, 2006.

정승국, 「1970년대 자동차산업의 노동 형성: A자동차를 중심으로」, 『1960-1970년대 한국의 산업화와 노동자 정체성』, 한울아카데미, 2005.

정희진, 『페미니즘의 도전: 한국 사회 일상의 성정치학』, 교양인, 2005.

조갑제, 『고문과 조작의 기술자들—고문에 의한 인간파멸과정의 실증적 연구』, 한길사, 1987.

조봉암, 「존경하는 박헌영 동무에게」(1946), 정태영·오유석·권대복 엮음, 『죽산 조봉암전집 I: 죽산 조봉암선생 개인문집』, 세명서관, 1999.

——, 「내가 본 내외정국」, 『한국일보』(1955년 6월 16일-7월 11일), 정태영·오유석·권대복 엮음, 『죽산 조봉암전집 I: 죽산 조봉암선생 개인문집』, 세명서관, 1999.

——, 「내가 걸어온 길」, 『희망』, 1957년 2, 3, 5월, 정태영·오유석·권대복 엮음, 『죽산 조봉암전집 I: 죽산 조봉암선생 개인문집』, 세명서관, 1999.

——, 「나의 정치백서」, 『신태양』, 1957년 5월 별책, 정태영·오유석·권대복 엮음, 『죽산 조봉암전집 I: 죽산 조봉암선생 개인문집』, 세명서관, 1999.

조승래, 「근대 공사 구분의 지적 계보」, 『서양사론』, 110호, 2011.

조현연, 『한국 현대정치의 악몽—국가폭력』, 책세상, 2000.

알렌카 주판치치, 조창호 옮김, 『정오의 그림자—니체와 라캉』, 도서출판 b, 2005.

슬라보예 지젝, 이수련 옮김, 『이데올로기의 숭고한 대상』, 인간사랑, 2002.

——, 김소연·유재희 옮김, 『삐딱하게 보기: 대중문화를 통한 라캉의 이해』, 시각과 언어, 1995.

——, 주은우 옮김, 『당신의 징후를 즐겨라!』, 한나래, 1997.

——, 이성민 옮김, 『부정적인 것과 함께 머물기—칸트, 헤겔, 그리고 이데올로기 비판』, 도서출판 b, 2007.

——, 이만우 옮김, 『향락의 전이』, 인간사랑, 2001.

──, 「환상의 일곱 가지 베일」, 대니 노부스 엮음, 문심정연 옮김, 『라캉 정신분석의 핵심개념들』, 문학과지성사, 2013.

──, 이성민 옮김, 『까다로운 주체』, 도서출판 b, 2005.

──, 한보희 옮김, 『전체주의가 어쨌다구?』, 새물결, 2008.

──, 박정수 옮김, 『잃어버린 대의를 옹호하며』, 그린비, 2009.

──, 박정수 옮김, 『그들은 자신이 하는 일을 알지 못하나이다: 정치적 요인으로서의 향락』, 인간사랑, 2004.

──, 박정수 옮김, 『How To Read 라캉』, 웅진 지식하우스, 2007.

──, 「민주주의에서 신의 폭력으로」, 아감벤 외, 김상운 외 옮김, 『민주주의는 죽었는가?』, 난장, 2010.

──, 주형일 옮김, 『가장 숭고한 히스테리환자』, 인간사랑, 2013.

──, 주성우 옮김, 『멈춰라, 생각하라』, 와이즈베리, 2012.

──, 주디스 버틀러, 에르네스토 라클라우, 박대진·박미선 옮김, 『우연성, 헤게모니, 보편성』, 도서출판 b, 2009.

──, 「서문: 왜 칸트를 위해 싸울 가치가 있는가?」, 알렌카 주판치치, 이성민 옮김, 『실재의 윤리: 칸트와 라캉』, 도서출판 b, 2004.

차승기, 「고귀한 엄숙, 고요한 충성——이광수의 예의작법과 감성적인 것의 나눔」, 박헌호 편저, 『센티멘탈 이광수: 감성과 이데올로기』, 소명출판, 2013.

최갑석, 「장군이 된 이등병」, 『국방일보』(2003. 11. 25-2004. 12. 30).

최장집 지음, 박상훈 개정, 『민주화 이후의 민주주의: 한국 민주주의의 보수적 기원』, 후마니타스, 2010.

최주한, 『이광수와 식민지 문학의 윤리』, 소명출판, 2014.

로버트 치알디니, 이현우 옮김, 『설득의 심리학』, 21세기북스, 2002.

찰스 틸리, 이향순 옮김, 『국민국가의 형성과 계보』, 학문과 사상사, 1994.

미셸 푸코, 오생근 옮김, 『감시와 처벌: 감옥의 탄생』, 나남출판, 1994.

우테 프레베르트, 「병사, 국민으로서의 남성성」, 토마스 퀴네 외 지음, 조경식·박은주 옮김, 『남성의 역사』, 솔, 2001.

지그문트 프로이트, 「편집증 환자 슈레버」 (1911), 김명희 옮김, 『늑대 인간』, 열린책들, 1996.

브루스 핑크, 이성민 옮김, 『라캉의 주체: 언어와 향유 사이에서』, 도서출판 b, 2010.

――, 맹정현 옮김, 『라캉과 정신의학』, 민음사, 2002.

――, 김서영 옮김, 『에크리 읽기: 문자 그대로의 라캉』, 도서출판 b, 2007.

――, 「주인 기표와 네 담론」, 대니 노부스 엮음, 문심정연 옮김, 『라캉 정신분석의 핵심개념들』, 문학과지성사, 2013.

한국정치연구회 편, 『박정희를 넘어서』, 푸른숲, 1998.

한상진, 『한국 사회와 관료적 권위주의』, 문학과지성사, 1988.

한홍구, 「그들은 왜 말뚝을 안 박았을까」, 『한겨레21』, 358호(2001년 5월 8일).

――, 『대한민국사』, 한겨레신문사, 2003.

――, 『대한민국사 02』, 한겨레신문사, 2003.

――, 「베트남 파병과 병영국가의 길」, 이병천 엮음, 『개발독재와 박정희 시대: 우리 시대의 정치경제적 기원』, 창비, 2003.

――, 『유신: 오직 한 사람을 위한 시대』, 한겨레출판, 2013.

――, 『사법부』, 돌베개, 2016.

허경, 「역자 서문」, 자크 랑시에르 지음, 『민주주의는 죽었는가?』, 난장, 2011.

현기영, 『누란』, 창비, 2009.

숀 호머, 김서영 옮김, 『라캉 읽기』, 은행나무, 2006.

호사카 유우지, 『일본 제국주의의 민족동화정책 분석―조선과 만주, 대만을 중심으로―』, J&C, 2002.

에릭 홉스봄, 박지향·장문석 옮김, 『만들어진 전통』, 휴머니스트, 2004.

홍두승, 『증보판 한국군대의 사회학』, 나남출판, 1996.

홍성태, 「식민지체제와 일상의 군사화」, 김진균·정근식 편저, 『근대주체와 식민지 규율권력』, 문화과학사, 1997.

――, 「주민등록제도와 총체적 감시사회: 박정희 독재의 구조적 유산」, 『민주

사회와 정책연구』, 2006년 상반기(통권 9호).

홍일표, 「주체형성의 장의 변화: 가족에서 학교로」, 김진균·정근식 편저, 『근대주체와 식민지 규율권력』, 문화과학사, 1997.

홍준기, 「지제크의 라캉 읽기:『이데올로기의 숭고한 대상』을 중심으로」, 『문학과 사회』, 13권 4호, 2000.

───, 『라캉과 현대철학』, 문학과지성사, 1999.

Bachrach, Peter and Morton Baratz, "Decisions and Non-decisions: An Analytical Framework", 1963. *American Political Science Review*, reprinted in *Political Power*, New York: Free Press, 1969.

───, "Two Faces of Power", 1962. *American Political Science Review*, reprinted in *Political Power*, New York: Free Press, 1969.

Boggs, Carl, *The End of Politics, Corporate Power and the Decline of the Public Sphere*, New York and London, The Guilford Press, 2000.

Certeau, Michel de, *The Practice of Everyday Life*, trans. by Steven Rendall, University of California Press, 1984.

Dahl, Robert A., *Who Governs?* New Haven: Yale Universtity Press, 1961.

Duvall, Tim, "Review Article: How Can We End the End of Politics? A Review of The End of Politics", *Democracy & Nature*. Vol. 7. No. 1. 2001.

Hunter, Floyd, *Community Power Structure: A Study of Decision Makers*, University of North Carolina Press, 1953.

Kaszar, Gregory J., *The Conscription Society, Administered Mass Organizations*, Yale University Press, 1995.

Kestnbaum, Meyer, "Citizen-Soilders, National Service and the Mass Army: The Birth of Conscription in Revolutionary Europe and North America", *Comparative Social Research*, Vol. 20, 2002.

Lacan, Jacques, *Écrits*, 1966. Trans. Bruce Fink, Norton, 2006.

Mjoset, Las and Stephen Van Holde, "Killing for the State, Dying for the

Nation: An Introductory Essay on the Life Cycle of Conscription into Europe's Armed Force", *Comparative Social Research*, Vol. 20, 2002.

Mills, C. W., *The Power Elite*, New York: Oxford University Press, 1956.

Sawyer, Robert K., *Military Advisors in Korea: KMAG in Peace and War*, Office of Military History, Department of the Army, Washington. D.C., 1962.

Žižek, Slavoj, "Introduction: The Spectre of Ideology", in *Mapping Ideology*, Verso, 1994a.

http://jw.ccmz.net/tt/index.php?ct1=4 (2005/7/31).

사항 찾아보기

504

인명 찾아보기

• 신병식

서울대학교 정치학과를 졸업하고 동대학원에서 박사 학위를 받았다. 한국정치연구회 회장,
『평론 원주』 편집위원장 등을 역임했고, 현재 『라깡과 현대정신분석』의 편집위원이며 상지영
서대학교 교수로 재직 중이다. 주요 논문으로는 「대한민국 정부수립 과정에 관한 연구」,
「한국과 대만의 토지개혁 비교 연구」, 「한국의 토지개혁에 관한 정치경제적 연구」, 「역대선거
를 통해 본 강원지역 투표성향」, 「한국현대사와 제3의 길 ― 여운형, 김구, 조봉암의 노선을
중심으로」, 「박정희 시대의 일상생활과 군사주의」, 「강원지역의 4월 혁명과 사회운동」 등이
있다.

국가와 주체

초판 1쇄 발행   2017년 4월 4일

지은이 신병식 | 펴낸이 조기조 | 기획 이성민, 이신철, 이충훈, 정지은, 조영일 | 편집 김사이, 김장미,
백은주, 유서현 | 인쇄 주)상지사P&B | 펴낸곳 도서출판 b | 등록 2003년 2월 24일 제316-12-348호
| 주소 08772 서울특별시 관악구 난곡로 288 남진빌딩 401호 | 전화 02-6293-7070(대) | 팩시밀리
02-6293-8080 | 홈페이지 b-book.co.kr / 이메일 bbooks@naver.com

ISBN 979-11-87036-19-7 93400
값 28,000원